Colloid and Interface Chemistry

新编
胶体与界面化学

刘洪国　孙德军　郝京诚　编著

化学工业出版社
·北京·

本书以界面为主线，介绍了与气/液、液/液、气/固和液/固界面相关的基本原理和基础知识，并穿插介绍了与这些界面相关的部分分散体系，如泡沫、乳液、微乳液、溶胶等，还对表面活性分子在溶液中形成的胶束和囊泡分别进行了介绍。我们还特别针对近年来研究较为活跃的分散体系，如纳米乳液和Pickering 乳液等的基本概念和进展做了介绍；并对胶体与界面化学的基本原理在纳米材料和超分子组装方面的应用做了阶段性综述，包括气/液界面上低维超分子结构的构建、液/液界面在微纳米结构合成和组装中的应用、超疏水表面、液/固界面在微纳米结构的合成和超薄膜的组装等。

本书可供物理化学、材料化学等相关领域科研人员和技术人员参考，也可作为相关专业的本科生、研究生胶体与界面化学课程的参考书。

图书在版编目（CIP）数据

新编胶体与界面化学/刘洪国，孙德军，郝京诚编著.
北京：化学工业出版社，2016.9（2024.6 重印）
ISBN 978-7-122-27710-7

Ⅰ.①新… Ⅱ.①刘… ②孙… ③郝… Ⅲ.①胶体化学-研究②表面化学-研究 Ⅳ.①O648②O647.11

中国版本图书馆 CIP 数据核字（2016）第 173676 号

责任编辑：成荣霞　　　　　　　　　　　　文字编辑：王　琪
责任校对：王　静　　　　　　　　　　　　装帧设计：王晓宇

出版发行：化学工业出版社（北京市东城区青年湖南街 13 号　邮政编码 100011）
印　　装：北京虎彩文化传播有限公司
787mm×1092mm　1/16　印张 19¼　字数 495 千字　2024 年 6 月北京第 1 版第 4 次印刷

购书咨询：010-64518888　　　　　　　　　售后服务：010-64518899
网　　址：http://www.cip.com.cn
凡购买本书，如有缺损质量问题，本社销售中心负责调换。

定　　价：128.00 元

前 言
Foreword

　　胶体与界面化学是研究分散体系的物理化学性质和界面现象的科学，其基本原理和基础知识在工农业生产和人们的日常生活中一直有极为广泛和重要的应用。特别是近年来，胶体与界面化学在纳米材料化学和超分子化学等新兴的交叉学科的发展中也起到了重要作用。笔者自 2004 年起担任研究生专业课"胶体与界面"的教学工作，自 2005 年起担任研究生选修课"微纳米材料的胶体化学制备方法"的教学工作。本书基本上是在笔者为这两门课编写的讲义的基础上综合而成的。另外，孙德军教授编写了第六章，郝京诚教授编写了第七章。

　　本书是以界面为主线编写的，依次介绍气/液界面、液/液界面、气/固界面和液/固界面的基本知识及应用。由于固/固界面在胶体与界面化学中应用较少，故不介绍。与某一界面相关的胶体体系，如包括泡沫、胶束、乳液、囊泡和溶胶，分别在介绍完相应的界面之后再加以说明。本书特别注意到胶体与界面化学的新发展，如胶束理论、纳米乳液、无盐囊泡、气/液界面上的吸附动力学等，并注意到胶体与界面化学的基本原理在超分子组装和微纳米结构合成和组装中的应用，分别根据文献进行了编写。尽管胶体与界面化学在工农业生产和日常生活中有重要应用，但由于许多参考书都对此做过详尽的介绍，故本书基本上不涉及这部分内容。

　　在编写过程中，主要参考了很多相关参考文献，恕不一一列出。另外，还参阅了国内外同行所做的大量的相关研究论文。由于编者学识有限，假如没有能够准确理解文献作者深邃的学术思想，并有所曲解，恳请谅解并批评指正。

　　由于本书是以讲义为基础编写的，因此，有些章节难免有些冗长、啰唆，还望读者谅解。由于编者学识有限，特别是有些研究领域编者并未过多涉及，难免有理解不到之处，希望读者不吝赐教。

　　衷心感谢化学工业出版社对本书出版所给予的大力支持，感谢著名胶体化学家杨孔章教授对本书的编写给予了热情鼓励、支持及提出了有益的建议。冯绪胜教授在编写过程中参与了部分章节的讨论，并通读了全稿；研究生童坤和徐文龙同学也给予了很多帮助，在此一并致谢。

　　搁笔之时也难免有些遗憾。比如凝胶，特别是小分子形成的超分子凝胶已经成为胶体与界面化学和软物质科学的研究热点，但编者对此均尚未涉足，不敢贸然动笔，只好作罢。溶胶-凝胶法制备纳米结构材料及溶液中超分子的组装等方面，文献浩繁，编者也没有充分的时间和精力进行总结，但无疑这些也是胶体与界面化学的重要研究内容，而且近年来取得了很大的进展。胶体与界面科学与超分子科学和纳米材料科学的联系越来越紧密，祝愿胶体与界面化学有更大的发展。

刘洪国

2016 年 6 月于山东大学

目　录
Contents

第五章　胶束/反胶束

第六章　乳状液与微乳液

第九章　液/固界面

第十章　溶胶

第一章

绪论

一、 胶体

胶体是什么？要回答这个问题，首先来看一个概念——分散体系。

一种或几种物质以细分的状态分散于另一种物质中形成的体系叫作分散体系。其中被分散的物质叫作分散相，分散其他物质的物质叫作分散介质或者连续相。

大部分物质通常以气、液、固三种状态存在。因此，根据分散相和分散介质的存在状态可以把分散体系分为九类，如表 1-1 所示。

表 1-1　根据分散相和分散介质的存在状态分散体系的分类

分散相	分散介质	分散体系	实例
气	气	气/气分散体系	混合气体
气	液	气/液分散体系（泡沫）	泡沫
气	固	气/固分散体系（固体泡沫）	海绵
液	气	液/气分散体系（气溶胶）	云、雾
液	液	液/液分散体系（溶液、乳液）	酒、牛奶
液	固	液/固分散体系（凝胶）	豆腐
固	气	固/气分散体系（气溶胶）	烟、尘
固	液	固/液分散体系（溶胶、悬浮液）	涂料、泥浆、墨水
固	固	固/固分散体系	合金

胶体是一种特殊的分散体系。其特殊之处在于，分散相的颗粒大小被限定为 $1\sim100\text{nm}$（或 $1\mu\text{m}$）。换句话说，分散相的颗粒大小为 $1\sim100\text{nm}$（或 $1\mu\text{m}$）的分散体系叫作胶体分散体系，简称为胶体。根据分散相颗粒的大小，可以把分散体系分为三类，如表 1-2 所示。

表 1-2　根据分散相颗粒的大小分散体系的分类

分散体系	分散相颗粒大小	分散体系的性质（以固/液分散体系为例）
粗分散体系	$>100\text{nm}$	粒子粗大，不能透过滤纸，不扩散，不渗析，普通光学显微镜下可见，体系不稳定
胶体分散体系	$1\sim100\text{nm}$	粒子细小，可通过滤纸，但扩散极慢，普通光学显微镜下可见，体系有一定稳定性
分子分散体系	$<1\text{nm}$	颗粒（分子）扩散快，体系均相透明且稳定

由此可见，除了气/气分散体系外，表 1-1 中所列的其他分散体系均可形成胶体分散体系。气/气分散体系、部分液/液分散体系（由互溶的液体构成）和部分化合物的溶液（如盐

的水溶液）为均相分散体系。

不同的分类方法具有不同的特点及不足。例如，固体以离子状态溶于溶剂形成的均相体系就难以归属为固/液分散体系；而有的分子分散体系，如水溶性聚合物的水溶液，分子的尺寸远大于 1nm，体系透明且稳定，却属于胶体分散体系。

那么，分散相颗粒大小为 1～100nm 的分散体系为什么叫作"胶体"呢？"胶"字在这里有什么含义呢？这要从胶体化学的发展讲起。

尽管胶体体系及相关知识的应用可追溯到六七千年前的河姆渡文化和仰韶文化时期，但胶体化学作为一门学科则是从 1861 年开始的。时年，英国化学家 Graham 系统地研究了溶解于水中的物质的扩散作用及多种胶体体系的制备方法。他将可溶物质的水溶液置于一个广口瓶中，然后将羊皮纸（作为半透膜）缚于瓶口，再使瓶倒置于盛有水的大器皿中。一定时间后，通过测定大器皿中各物质的浓度来确定溶质的扩散速度。他发现，有些物质如无机盐和白糖等，可透过半透膜，扩散速率很快；而另一些物质，如明胶、蛋白质和氢氧化铝等，扩散速率慢，极难或不能透过半透膜。当水蒸发时，前一类物质易以结晶的方式析出；而后一类物质则形成黏稠的胶状物。由此，Graham 把物质分为两类：前一类为类晶质（crystalloid）；后一类为胶体（colloid）。colloid 这一名称由希腊文 κολλα（胶、糨糊）和 ειδοσ（类似物）而来。故 colloid 译为"类胶质"似乎更合原意。可见，这个"胶"字确实有"黏稠"、"胶态"的意味。

后来的研究表明，这种分类方法并不合适，因为许多晶体物质在适当的介质中，如 NaCl 在乙醇中也能形成具有胶体特征的分散体系。因此，胶体是处于一定的分散范围的物质的一种存在状态，而不是某一类物质固有的特性。事实上，Graham 本人并未认为胶状物不能结晶。他甚至认为胶体粒子可能是由许多小晶粒聚集而成的。后来经过 Borshov 和 Zsigmondy 等人的不断探索，证实所谓的晶体和胶体都是物质的存在状态。

前面已谈到过，按照分散相和分散介质的聚集状态，胶体分散体系可以分为八类。除此之外，还有其他的分类方式。若根据分散相颗粒与分散介质之间亲和力的强弱，胶体分散体系可分为憎液胶体和亲液胶体两类。若胶体粒子与分散介质之间的亲和力较弱，则为了使被分散的物质以适当的大小分散于分散介质中，必须通过外界做功。这种体系是热力学不稳定体系，如溶胶、泡沫、悬浮液、乳状液和气溶胶等。此处的"液"泛指分散介质。这种胶体分散体系是多相体系，其中分散相和分散介质各为独立的相。若胶体粒子与分散介质之间的亲和力较强，则分散体系可以自发形成。这样的体系叫作亲液胶体，是热力学稳定的体系。

以液体为分散介质的亲液胶体分为两类。一类是某些天然的或合成的大分子化合物（如聚合物）溶解于良溶剂中形成的溶液，其中大分子以单分子的状态存在。这类体系为真溶液，是均相体系，但分散相颗粒大小在胶体粒子的范围之内，且表现出胶体分散体系的某些特性。另一类是双亲表面活性物质在液体介质中构成的缔合体，如胶束、反胶束、囊泡等。这类胶体分散体系叫作缔合胶体。另外，双亲表面活性物质还可以定向地、有组织地吸附在液/液界面上，形成微乳液，也属于缔合胶体的范围。

不过，现在出现的新的胶体分散体系对这种分类法也提出了挑战。比如，由双亲表面活性物质或者聚合物修饰的无机纳米粒子分散于液体介质中形成的分散体系是属于传统的溶胶还是亲液胶体呢？

胶体的特性是：胶体分散体系中分散相的颗粒大小处于宏观和微观之间的介观领域，其性质既不同于体相物质，也不同于单个分子及原子，具有特殊性。

（1）胶体粒子具有大的比表面积，界面现象显著。比表面积指的是单位体积或单位质量的物质所具有的表面积。胶体粒子由于粒径小，具有大的比表面积，这意味着胶体分散体系具有高比例的界面原子。界面原子所处的状态与内部原子不同，它具有强的活泼性。故胶体分散体系具有显著的界面现象，如液滴的高蒸汽压、多孔性物质的强的吸附性能及超细粉的强的催化性能等。

（2）对于固态的胶体粒子而言，它具有纳米粒子所具有的所有特性。除了大的比表面积外，还具有小尺寸效应、体积效应和宏观量子隧道效应等，这使胶体粒子具有许多新奇的性质。

二、 界面

体系中任何一个均匀的、可用机械方法分离开的部分称为一个相。两相之间的接触面即为界面。界面通常可分为五类，即气/液界面、气/固界面、液/液界面、液/固界面和固/固界面，其中前两种与气相相关的界面又称表面。

界面并非一个几何平面，即不是一个二维平面，它是一个实际存在的有一定厚度的准三维的物理区域。界面的广度可以是无限的，厚度约为几个分子厚。由于非常薄，所以又被看作是准二维空间。

界面是由一相到另一相的过渡区域。随着从一相过渡到另一相，其组成和性质是渐变的。两个相的截然分界面是不存在的。尽管界面区内组成和性质是渐变的、不均匀的，但还是常常把界面区作为一相来处理，叫作界面相。与界面相相邻的两个均匀的相叫作本体相。

除了人们所感知的宏观界面和表面外，在自然界中还存在着常规条件下人们所感知不到的各种界面，如各种生物膜、表面活性剂形成的各种类型的有序组合体的微观界面及胶体粒子/分散介质的微观界面等。界面区内分子的存在状态与组成该界面的两体相内的分子的存在状态有很大的不同，这会导致界面区内发生一些独特的物理化学作用和过程，如吸附作用、界面反应、界面组织等，而这些作用和过程又与构成界面的物质的组成、结构等有关。故人们对界面进行了系统的研究。研究界面相的科学叫作界面科学，分为界面化学物理和界面物理化学。前者侧重于界面结构和界面键的研究，而后者侧重于整个不均匀体系的本性的研究，探讨界面性质如何随物质本性的改变而变化的规律。

三、 胶体化学与界面化学的关系

胶体化学是研究微不均相体系的科学，即研究胶体分散体系的科学。早在 1861 年，Graham 就提出了胶体的概念，胶体化学作为一门学科便开始了。而胶体化学真正为人们所熟知、所重视并获得较大发展则是从 1903 年开始的。这一年 Zsigmondy 发明了超显微镜，肯定了胶体体系的多相性，明确了界面的研究在胶体研究中的重要性。到了 1907 年，Ostwald 创办了第一个胶体化学的专门期刊《胶体化学和工业杂志》，胶体化学正式成了一门独立的学科。

人们注意到界面区具有的特殊性质并开始重视对界面现象的研究是从 19 世纪中期开始的。1875～1878 年间，Gibbs 应用数学推理的方法对界面区内物质的吸附进行了研究，创立了界面化学热力学。以后陆续发展出来表面张力、气体吸附量测定等表面测定技术。后来，Langmuir 在界面化学领域（如吸附和单分子膜等）做出了杰出的贡献。但在 20 世纪 50 年代以前，对界面的研究还从属于胶体化学。20 世纪 50 年代以后，由于超真空技术和测试技术的发展，界面科学迅速发展，可在微观水平上对表面现象进行研究；更由于对界面研究的范围大大扩展，到 20 世纪 70 年代初，界面化学发展成为一门独立的学科。

尽管大分子溶液可归属于胶体化学的研究范畴，但胶体化学所研究的主要还是微不均相体系，这必然会涉及对界面现象的研究（如胶体的生成及稳定等）要从界面的角度去说明。从上面所述的胶体化学和界面化学的发展简史来看，二者关系极为密切，故合在一起被称为胶体与界面化学。但作为独立的学科，胶体化学与界面化学又有各自独立的研究内容。比如说，胶体的其他性质，如光学性质、渗透性质等便与界面关系不大，胶体粒子的尺寸效应也与界面无关；界面化学的重要性并不仅限于胶体体系，许多非胶体体系的性质和功能（如电极过程、色谱分析、晶体制备及与生物膜相关的一些过程等）均与界面密切相关。

四、 胶体与界面化学的研究内容

胶体与界面化学是研究界面现象及除小分子分散体系以外的微多相分散体系物理化学性质的科学。经过多年的发展，现代胶体与界面化学的研究内容主要包括以下几个方面。

1. 分散体系

分散体系包括气溶胶、溶胶、乳液、凝胶等，主要研究分散体系的形成与稳定和分散体系的各种性质（如光学性能、流变性能等）。在这方面的研究中，有多个领域处于现代科学研究的前沿。

（1）纳米材料，纳米粒子的大小与溶胶胶粒的大小是一致的，纳米粒子所具有的特性自然就为溶胶胶粒所具有，只是作为分散体系而言，胶粒处于分散介质中。而当纳米粒子生成之后，它本身亦处于某种介质中，无论这种介质是固体、液体还是气体，抑或是附着于薄膜上。纳米粒子的制备、分散、稳定及组装均涉及胶体与界面化学。而对纳米粒子内部结构的研究及结构与性能关系的研究无疑扩展了胶体化学的研究内容。

（2）Pickering 乳液，即胶体粒子稳定的乳液及纳米乳液等新型乳液体系。

（3）小分子或大分子凝胶。

（4）介孔材料等。

2. 界面现象

界面现象包括界面吸附、界面润湿和摩擦、界面电现象和界面层的结构等。其中也不乏处于学科前沿的热点问题，如超亲水、超疏水及超双疏表面的研究等。而液/固界面的特性吸附和反应则是运用自组装法和层层组装法制备有序薄膜的基础。

3. 表面活性剂及有序分子组合体

表面活性剂及有序分子组合体包括溶液中的有序分子组合体（胶束、微乳液和囊泡等）、生物膜和仿生膜（包括 BLM 膜、Langmuir 单层膜、LB 膜、脂质体等）及表面活性剂有序组合体的物理化学应用，如增溶、胶束催化等。有序分子组合体恰恰是超分子化学中超分子有序体的部分研究内容。

五、 胶体与界面化学的应用及研究意义

胶体与界面化学的应用十分广泛，从人们的日常生活到工农业生产乃至高科技领域都有十分重要的应用。例如日常生活中的洗涤剂和化妆品，工农业生产中的代油煤浆、钻井液、完井液、驱油剂和杀虫剂等，高科技领域中的药物缓释和靶向给药微胶囊，纳米材料催化剂和光催化剂，以及未来计算机的芯片等的设计、制造和使用都与胶体与界面化学密切相关。同时，对胶体与界面化学的基本理论进行深入研究，并研究其与其他学科，特别是新兴学科（如纳米材料化学和超分子化学等）的交叉与融合将具有十分重要的意义。

第二章

气/液界面

第一节　纯液体的表面现象

一、表面和界面

所谓界面，即相与相之间的交界所形成的物理区域，而相则是系统中物理和化学性质完全均匀的一部分。由物质的聚集状态，可以形成五种界面：气/液界面、液/液界面、气/固界面、液/固界面和固/固界面。表面即其中一个相为气相时两相之间的接触面。因此，气/液界面和气/固界面便被称为液体和固体的表面。严格来讲，表面应该是液体或者固体与其饱和蒸汽形成的界面。一般所说的液体和固体的表面指的是液体和固体与其蒸汽和空气的混合气体所形成的界面。

界面相具有以下几个特点（图 2-1）：界面是一个准三维的物理区域，广度无限，厚度约几个分子的线度（10nm），并非几何平面；界面是由一相过渡到另一相的过渡区域，是体系的组成和性质连续变化的一个过渡区域；与界面相相邻的两均匀相叫作本体相。

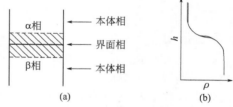

图 2-1　界面相/本体相示意图及高度-密度曲线
（a）界面相/本体相示意图；（b）高度-密度曲线

由于系统界面的特殊结构和性质而使系统呈现出特殊现象，如毛细现象、液滴呈球形等。这种现象叫作界面现象。产生这些现象的原因在于界面的特殊性，即界面所具有的界面张力和界面自由能。

二、表面张力和表面自由能

从日常生活中可以发现，无论是空气中的水滴、水中的气泡，还是油中的水滴或者水中的油滴，均呈球形。人们知道，体积一定的物体以球形存在时表面积最小，且体系稳定存在时的状态为本身能量最低的状态。因此，界面面积最小时体系能量最低。为什么物质要尽量地缩小其界面面积呢？这是因为界面上的分子与体相中的分子相比具有额外的能量——界（表）面自由能。

1. 表面自由能

图 2-2 为表面和体相分子的受力示意图。可以看出，表面相分子受力不平衡。因此与体相分子相比具有额外的能量——表面自由能。为什么界面相内的分子具有额外的能量呢？界面相内的分子是由体相内的分子移动到界面上的。本来受力均衡的分子变成了受力不均衡的分子，那么某些"键"（即分子间作用力）将会被打破。这就需要外界（环境）提供能量。环境对体系做了功，导致体系能量增加了。这部分增加的能量便被表面分子所占有，为"额外"获得的能量，叫作表面自由能。

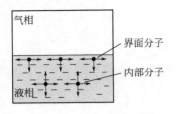

图 2-2　表面和体相分子的受力示意图

此时，环境对体系所做的功叫作表面功。所谓表面功，就是在恒温、恒压（组成不变）下可逆地使表面积增加 $\mathrm{d}A$ 所需对体系做的功。表面功是可逆非体积功。

令 γ 为增加单位面积表面时环境需对体系做的表面功，也就是体系自由能的增加，则环境对体系做功为：

$$- \delta W' = \gamma \mathrm{d}A$$

对于恒温、恒压下的可逆过程而言，有：

$$- \delta W' = (\mathrm{d}G)_{T, P}$$

即体系自由能的改变量等于外界对体系做的表面功。由上面两式可得：

$$\mathrm{d}G = \gamma \mathrm{d}A$$

因此

$$\gamma = \left(\frac{\partial G}{\partial A} \right)_{T, P, n_i} \qquad （多组分体系） \qquad (2\text{-}1)$$

$$\gamma = \left(\frac{\partial G}{\partial A} \right)_{T, P} \qquad （单组分体系） \qquad (2\text{-}2)$$

表面自由能 γ 的定义为：在恒温、恒压下，使体系增加（或形成）单位面积的表面，环境所需做的表面功。γ 的单位为 $\mathrm{J/m^2}$ 或 $\mathrm{erg/cm^2}$。

$$\gamma = - \frac{\delta W'}{\mathrm{d}A} = \left(\frac{\partial G^\mathrm{s}}{\partial A} \right)_{T, P, n_i} \qquad （多组分体系） \qquad (2\text{-}3)$$

$$\gamma = - \frac{\delta W'}{\mathrm{d}A} = \left(\frac{\partial G^\mathrm{s}}{\partial A} \right)_{T, P} \qquad （单组分体系） \qquad (2\text{-}4)$$

2. 表面张力

如图 2-3 所示，将一个内部连有一个丝线圈的金属圈置于皂液中取出，则在金属圈内形成一个皂膜，丝线圈漂浮在皂膜上。若将丝线圈内的皂膜刺破，则丝线圈被拉伸形成圆圈，在丝线圈和金属圈之间仍存在皂膜。可见，丝线受到了来自皂膜的拉力，拉力在皂膜内，且沿与丝线圈切线相垂直的方向。同时还可以看出，皂膜自动收缩，因为皂膜膜面积变小了。

如图 2-4 所示，将一端为可移动滑杆的金属框置于皂液中取出，则滑杆向皂膜一侧移动。可以看出，滑杆受到了垂直于滑杆向皂膜的拉力，且皂膜的表面具有自动收缩的趋势。

由以上两个实验均可看出，皂膜具有拉力，且具有自动收缩的趋势。自动收缩是由于液体表面具有表面自由能的缘故。由于能量越低体系越稳定，所以其表面具有自动收缩以减小表面积的趋势。

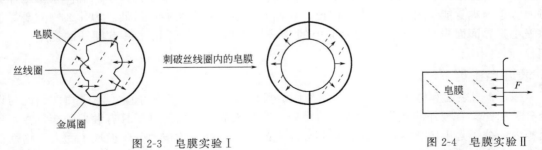

图 2-3　皂膜实验 I　　　　　　　　　　　　　　图 2-4　皂膜实验 II

这种自动收缩的另一个表现便是对丝线或者滑杆施加了"表面收缩力"，如图 2-3 和图 2-4 所示。其特点是：与表面平行；垂直于边界线并指向表面内部；或垂直作用于表面上任一曲线的两边。

这种"表面收缩力"叫作表面张力。

表面张力 γ' 的定义为：表面上单位长度边界线上指向表面内部（或表面上单位长度任意曲线两边）的表面收缩力。γ' 的单位为 N/m 或 dyn/cm。

3. 表面张力和表面自由能的关系

如图 2-5 所示，由于皂膜有两个表面，故滑杆受到皂膜表面张力 f 向左的拉力为：

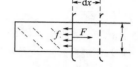

图 2-5 滑杆受力分析示意图

$$f = 2\gamma'l$$

若在滑杆上加一个向右的力 F，使其可逆地向右移动 dx 距离，并忽略滑杆与金属框间的摩擦力，则外力对体系做的表面功为：

$$-dW' = Fdx = fdx = 2\gamma'ldx = \gamma'dA$$

$dA = 2ldx$，dA 为膜表面积增量，注意膜有正、反两面。该表面功即为体系表面自由能的增加：

$$-dW' = \gamma dA$$

比较上面两式可知，$\gamma' = \gamma$，即表面张力 γ' 与表面自由能 γ 在数值上是相等的，同时还可以证明，二者的量纲是相同的。γ 既可表示表面自由能，又可表示表面张力。

尽管二者在数值上是相等的，但却具有不同的物理意义。表面自由能表示形成单位新表面使体系自由能增加，而表面张力通常指纯物质的表面层分子间实际存在着的收缩张力。

4. 表面自由能的热力学定义

（1）界面相和相界面

① 界面相　两相之间的物理边界是一个过渡区。这个性质不均匀的过渡区叫作界面相。整个体系由两个体相 α、β 和一个界面相 s 组成。体系的广度性质 Y 为：

$$Y = Y^\alpha + Y^\beta + Y^s \tag{2-5}$$

$$Y = n^\alpha \overline{Y^\alpha} + n^\beta \overline{Y^\beta} + n^s \overline{Y^s} \tag{2-6}$$

式中，$\overline{Y}$ 为偏摩尔量。

② 相界面　在两个体相的过渡区（界面相）内选定一个面 SS' 作为两个体相的分界面。假设 α 相的性质直到 SS' 面都是均匀的，β 相亦然，那么这个面叫作相界面。也叫 Gibbs 表面，是一个假想的几何分界面。α、β 的性质在该划分面上发生突变：

$$Y = Y^\alpha + Y^\beta + Y^\sigma \tag{2-7}$$

对于单组分体系，有 $V = V^\alpha + V^\beta$，$V^\sigma = 0$，$n = n^\alpha + n^\beta + n^\sigma$。

Y^σ 并非是表面上的物质所具有的 Y 量，而是体系因具有表面而额外具有的 Y 量，叫作过剩量。对于纯组分体系，一般选择 $n^\sigma = 0$ 处的 Gibbs 表面作为相界面，此时 $n = n^\alpha + n^\beta$。

那么，如何选择符合该条件的相界面呢？

图 2-6 为体系的高度-密度曲线。界面相中物质的总量即为曲线 BoA' 下的总面积。当相界面选定以后，α 和 β 相的密度一直到该假想面都是一样的，而且在该假想面上发生突变。对于纯液体来讲，要使该面的选择满足 $n = n^\alpha + n^\beta$ 和 $n^\sigma = 0$ 的条件，只有该面上下两个阴影部分的面积相等才行。这样，界面相内物质的量为 $SS'A'A$ 方框内的面积。由于 SS' 面上下两个阴影部分的面积一样，故以界面相方法计算界面相内物质的量时所包含的 Gibbs 表面上面阴影部分的面积恰好可以补偿以相界面方法计算界面相内物质的量时所包含的 Gibbs 表面下面阴影部分的面积，从而使这两种方法计算得到的界面相内的物质的总量不会发生变化。

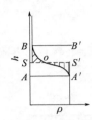

图 2-6　气/液界面
高度-密度曲线

这样便使以界面相方法计算时自 α 相剔除的部分算给了 β 相，从而使相界面上的过剩量 $n^\sigma=0$。如果 SS′ 面选在别处，则 $n=n^\alpha+n^\beta+n^\sigma$，$n^\sigma\neq0$。如果选在该面以上，则上面阴影部分的面积小于下面阴影部分的面积，$n^\sigma<0$；反之，$n^\sigma>0$。应该指出的是，$n=n^\alpha+n^\beta+n^\sigma$ 和 $n=n^\alpha+n^\beta+n^s$ 中相对应的 n^α 及 n^β 是不相等的。

（2）表面自由能的热力学定义　通常热力学讨论的体系往往忽略界面部分，而界面热力学研究的着眼点恰恰是界面，故选定的热力学体系为界面相和相邻的两体相所构成的不均匀的多相体系。与一般体系相比，界面热力学体系增加了强度变量 γ 和广度变量 A^s（界面面积）。在热力学变化过程中，多了一种能量传递形式——界面功 γdA^s。

① 狭义定义　保持体系温度、压力、组成不变时，增加单位表面积，体系 Gibbs 自由能的变化。

例如，以两相平衡体系为研究对象，对于纯组分体系：

$$dG=-SdT+VdP+\gamma dA$$

故

$$\gamma=\left(\frac{\partial G}{\partial A}\right)_{T,\,P} \tag{2-8}$$

② 广义定义　保持体系相应变量不变时，增加单位表面积，体系热力学函数的变化。

由选取的体系的不同，表面自由能的热力学定义有如下几种。

若以两相平衡体系为研究对象，有：

$$dU=TdS-PdV+\gamma dA+\sum_i\mu_i dn_i$$
$$dH=TdS+VdP+\gamma dA+\sum_i\mu_i dn_i$$
$$dF=-SdT-PdV+\gamma dA+\sum_i\mu_i dn_i$$
$$dG=-SdT+VdP+\gamma dA+\sum_i\mu_i dn_i$$

故

$$\gamma=\left(\frac{\partial U}{\partial A}\right)_{S,\,V,\,n_i}=\left(\frac{\partial H}{\partial A}\right)_{S,\,P,\,n_i}=\left(\frac{\partial F}{\partial A}\right)_{T,\,V,\,n_i}=\left(\frac{\partial G}{\partial A}\right)_{T,\,P,\,n_i} \tag{2-9}$$

表面自由能 γ 为在一定条件下，增加单位表面积时体系内能、焓、Helmholtz 自由能和 Gibbs 自由能的增量。

若以界面相为研究体系，有：

$$dU^s=TdS^s-PdV^s+\gamma dA+\sum_i\mu_i dn_i^s$$
$$dH^s=TdS^s+V^sdP+\gamma dA+\sum_i\mu_i dn_i^s$$
$$dF^s=-S^sdT-PdV^s+\gamma dA+\sum_i\mu_i dn_i^s$$
$$dG^s=-S^sdT+V^sdP+\gamma dA+\sum_i\mu_i dn_i^s$$

故

$$\gamma=\left(\frac{\partial U^s}{\partial A}\right)_{S^s,\,V^s,\,n_i^s}=\left(\frac{\partial H^s}{\partial A}\right)_{S^s,\,P,\,n_i^s}=\left(\frac{\partial F^s}{\partial A}\right)_{T,\,V^s,\,n_i^s}=\left(\frac{\partial G^s}{\partial A}\right)_{T,\,P,\,n_i^s} \tag{2-10}$$

表面自由能 γ 为在一定条件下，增加单位表面积时界面相的内能、焓、Helmholtz 自由能和 Gibbs 自由能的增量。

若以相界面为研究体系，则由于 $V^\sigma=0$，故：

$$dU^\sigma = dH^\sigma = TdS^\sigma + \gamma dA + \sum_i \mu_i dn_i^q$$

$$dF^\sigma = dG^\sigma = -S^\sigma dT + \gamma dA + \sum_i \mu_i dn_i^q$$

故 $\quad \gamma = \left(\frac{\partial U^\sigma}{\partial A}\right)_{S^\sigma, n_i^q} = \left(\frac{\partial H^\sigma}{\partial A}\right)_{S, n_i^q} = \left(\frac{\partial F^\sigma}{\partial A}\right)_{T, n_i^q} = \left(\frac{\partial G^\sigma}{\partial A}\right)_{T, n_i^q}$ （2-11）

表面自由能 γ 为在一定条件下，增加单位表面积时相界面的内能、焓、Helmholtz 自由能和 Gibbs 自由能的增量。

（3）对表面自由能 γ 的讨论 若以界面相为研究体系，对单组分体系，恒温、恒压时，有：

$$dG^s = \gamma dA + \mu dn^s$$

积分，有：

$$G^s = \gamma A + \mu n^s$$

变换，得：

$$\gamma = \frac{G^s}{A} - \frac{n^s}{A}\mu$$

上式右边第一项为单位面积表面相中的物质所具有的 Gibbs 自由能；第二项为单位面积表面相中所含的物质在处于本体相时所具有的 Gibbs 自由能。γ 为指定温度和压力下，构成单位表面相的纯物质所具有的 Gibbs 自由能比其在内部时所具有的 Gibbs 自由能多出的量，是过剩量——比表面自由能。γ 是 Gibbs 自由能的变化值，所以有确定的值。

若以相界面为研究体系，对单组分体系，有：

$$dG^\sigma = -S^\sigma dT + \gamma dA$$

恒温、恒压下，积分：

$$\gamma = \frac{G^\sigma}{A}$$

故表面自由能 γ 为单位面积 Gibbs 表面中的物质在指定条件下的 Gibbs 自由能值。由于 Gibbs 表面上的物理量本身便是过剩量，因此此处的 γ 即为一个过剩量。

（4）表面热力学函数 对于 Gibbs 相界面，界面熵、界面焓、界面内能和界面自由能分别为：

$$S^\sigma = \left(\frac{\partial S}{\partial A}\right)_{T, P}, \quad H^\sigma = \left(\frac{\partial H}{\partial A}\right)_{T, P}, \quad U^\sigma = \left(\frac{\partial U}{\partial A}\right)_{T, P}, \quad G^\sigma = \left(\frac{\partial G}{\partial A}\right)_{T, P} = \gamma$$

对 Gibbs 表面，有：

$$dU^\sigma = dH^\sigma = TdS^\sigma + \gamma dA + \sum_i \mu_i dn_i^q$$

$$dF^\sigma = dG^\sigma = -S^\sigma dT + \gamma dA + \sum_i \mu_i dn_i^q$$

恒温下积分，有：

$$U^\sigma = H^\sigma = TS^\sigma + \gamma A + \sum_i \mu_i n_i^q$$

$$F^\sigma = G^\sigma = \gamma A + \sum_i \mu_i n_i^\sigma$$

因此 $\quad\quad\quad\quad\quad\quad G^\sigma = H^\sigma - TS^\sigma$ （2-12）

（5）纯液体表面的热力学关系

① 表面熵 若以 Gibbs 表面为研究对象，对于单组分体系，有 $V^\sigma = 0$，$n^\sigma = 0$。因此：

$$dG^\sigma = -S^\sigma dT + \gamma dA$$

故

$$S^\sigma = \left(\frac{\partial S^\sigma}{\partial A}\right)_T = -\left(\frac{\partial \gamma}{\partial T}\right)_A$$

这表明，恒温下 Gibbs 表面增加单位表面积时所增加的熵值，即表面熵，可以通过测定表面张力 γ 随温度的变化来测定。

将此式代入到 $G^\sigma = H^\sigma - TS^\sigma$ 中，有：

$$H^\sigma = G^\sigma + TS^\sigma = \gamma - T\left(\frac{\partial \gamma}{\partial T}\right)_A \tag{2-13}$$

对于一般液体，γ 随着温度的升高而降低。因此，随温度升高，表面熵增加，表面变稀薄，混乱度增大，分子排列无序。同时，可以看出，$H^\sigma > \gamma$。

② 表面能和表面焓　对于两相平衡体系，有：

$$\gamma = \left(\frac{\partial F}{\partial A}\right)_{T,V,n_i} = \left[\frac{\partial(U-TS)}{\partial A}\right]_{T,V,n_i} = \left(\frac{\partial U}{\partial A}\right)_{T,V,n_i} - T\left(\frac{\partial S}{\partial A}\right)_{T,V,n_i}$$

对于两相平衡体系，恒温、恒容、恒定体系组成时，有：

$$dF = -SdT + \gamma dA$$

因此

$$\left(\frac{\partial S}{\partial A}\right)_{T,V,n_i} = -\left(\frac{\partial \gamma}{\partial T}\right)_{A,V,n_i}$$

因此

$$\gamma = \left(\frac{\partial U}{\partial A}\right)_{T,V,n_i} + T\left(\frac{\partial \gamma}{\partial T}\right)_{A,V,n_i}$$

所以

$$\left(\frac{\partial U}{\partial A}\right)_{T,V,n_i} = \gamma - T\left(\frac{\partial \gamma}{\partial T}\right)_{A,V,n_i} \tag{2-14}$$

式中，$\left(\frac{\partial U}{\partial A}\right)_{T,V,n_i}$ 为液体的总表面能；γ 为表面自由能，是表面形成过程中以功的形式获得的能量，也就是扩展单位界面时的可逆功；$-T\left(\frac{\partial \gamma}{\partial T}\right)_{A,V,n_i}$ 为界面形成过程中的热效应，叫作界面热。

由上式可知，表面能大于 γ。同样：

$$\gamma = \left(\frac{\partial G}{\partial A}\right)_{T,P,n_i} = \left[\frac{\partial(H-TS)}{\partial A}\right]_{T,P,n_i} = \left(\frac{\partial H}{\partial A}\right)_{T,P,n_i} - T\left(\frac{\partial S}{\partial A}\right)_{T,P,n_i}$$

恒压、恒定体系组成时：

$$dG = -SdT + \gamma dA$$

故

$$\left(\frac{\partial S}{\partial A}\right)_{T,P,n_i} = -\left(\frac{\partial \gamma}{\partial T}\right)_{A,P,n_i}$$

所以

$$\gamma = \left(\frac{\partial H}{\partial A}\right)_{T,P,n_i} + T\left(\frac{\partial \gamma}{\partial T}\right)_{A,P,n_i}$$

故

$$\left(\frac{\partial H}{\partial A}\right)_{T,P,n_i} = \gamma - T\left(\frac{\partial \gamma}{\partial T}\right)_{A,P,n_i} \tag{2-15}$$

故表面焓大于 γ。

5. 从分子水平上对表面张力和表面自由能的解释

（1）表面自由能的分子理论——对势加和法　形成新表面的过程是指液体内部两层分子间的距离从平衡距离移到无限远处，则必须克服两部分分子间的引力做功，体系增加的能量就是新生表面的自由能。表 2-1 为运用对势加和法对不同碳数的正烷烃的表面自由能进行计算得到的表面自由能数据，并与实验值相比较。可以看出，计算值和实验值是相符的。

表 2-1 对正烷烃表面自由能的验证

碳数		5	6	7	8	9	10	11	12	13	14	16
$\gamma/(mJ/m^2)$	计算	16.4	19.0	20.6	22.5	23.2	24.1	25.3	26.2	26.9	27.5	28.2
	实验	16.0	18.4~19.2	20.4	21.5~21.8	22.9	23.9	24.7	25.4	25.9	25.6~26.7	27.6

（2）表面张力的分子理论——表面空位假设　Gurney、Davis 和 Rideal 认为，表面层二维空间内分子间的距离与体相分子间的距离相比变大，使得表面分子间的引力大于斥力，使表面分子处于张力状态，抑制表面分子离开表面的趋势。这个力就是表面张力。

分子间的相互作用与分子间距离有关。分子间的平衡距离 r_0 的数量级约为 10^{-10} m。当 $r=r_0$ 时，作用力为零；$r>r_0$ 且在 $10^{-10}\sim10^{-9}$ m 时，为引力；$r>10^{-9}$ m，引力趋于零。

为什么表面层内分子间距与体相分子间距相比变大呢？这要从界面分子与内部分子的交换谈起。当一个新界面刚形成时，界面分子间的距离与内部分子间的距离是一样的。但是，界面分子具有比内部分子高的能量，且界面分子与内部分子一直处于动态交换之中。在界面形成的初期，界面分子进入到内部的数量要高于内部分子来到界面上的数量。一定时间后，交换达到平衡，单位时间内进入到内部和来到界面上的分子数相等，则界面分子数不再发生变化，但单位体积内的界面相内的分子数小于单位体积内的体相中的分子数，导致界面相内分子间距与体相内分子间距相比要大一点。

Prigogin 和 Saraga 用统计力学方法求算了 85K 时氩的表面自由能，发现无空位时为 $9mJ/m^2$，而有 30% 的空位时为 $13.0mJ/m^2$。实验值为 $13.2mJ/m^2$。由此可见，界面相内分子间距确实大一点。这使液体表面处于一种特殊的紧张状态，在宏观上表现为一个被拉紧的弹性薄膜而具有表面张力。

6. 影响表面张力的因素

表面张力的产生是表面层的分子受力不平衡的结果。凡是影响表面分子受力的因素都会影响表面张力大小。

（1）物质的本性　不同的物质其分子之间的引力大小不同，所以物质的本性决定了表面张力的大小。现在知道的最低的液体表面张力值是 1K 时液氦的表面张力 0.37mN/m；最高值是铁在它的熔点时的表面张力 1880mN/m。表 2-2 给出了不同类型液体的表面张力的大致范围。

表 2-2 不同类型液体的表面张力

液体种类	$\gamma/(mN/m)$
水	72.8
碳氟化合物	8~15
碳氢化合物	18~30
极性有机物	22~50
洗涤水溶液	24~40
熔融玻璃	200~400
熔融金属	350~1880

（2）温度　实验表明，许多纯液体的表面张力均随温度的升高而下降。当温度上升到接近临界温度 T_c 时，气/液界面逐渐消失，表面张力趋于零。

表面张力随温度升高而下降的变化规律，可以这样来解释。表面张力之所以产生，是由于物质分子之间的吸引力及表面层相邻两相的密度差。这两种因素都与温度有关。温度升高使分子之间的引力减弱，同时使相邻两相的密度差减小，因而表面张力降低。有一些经验公式描述了液体表面张力与温度之间的关系。最简单的经验公式是：

$$\gamma = \gamma_0(1 - bT) \tag{2-16}$$

式中，T 为热力学温度；γ_0 和 b 为随体系而变化的经验常数。由于在液体临界温度时气/液界面已不存在，这时表面张力应该为零，所以 γ 与 T 的关系可用对比温度来表示：

$$\gamma = \gamma_0\left(1 - \frac{T}{T_c}\right) \tag{2-17}$$

式中，T_c 为液体的临界温度。

此外，Guggenheim 根据实验结果总结出如下经验公式：

$$\gamma = \gamma_0\left(1 - \frac{T}{T_c}\right)^n \tag{2-18}$$

对有机液体 n 为 11/9，对液态金属 n 接近于 1。

总之，温度对液体或溶液的表面张力的影响是不可忽视的。因此在测定液体或溶液的表面张力时，实验须在良好的恒温条件下进行。

(3) 压力　压力的变化对表面张力的影响，实验研究不易进行。一般来说，增加压力必须引入第二种组分，否则不能维持体系的相组成，气/液界面将消失。第二种组分在液体中的吸附、溶解等会使问题变得更加复杂。所测表面张力的变化包括了溶解、吸附、压力等因素的综合影响，因此难以定量地讨论压力对表面张力的影响。

三、 弯曲液面下的附加压力/毛细现象

1. 弯曲液面下的附加压力——Laplace 公式

由于表面张力的作用，在弯曲液面的两侧存在一个压力差 ΔP，称为弯曲液面下的附加压力。

(1) 附加压力的产生　如图 2-7 所示，处于界面上的分子除了受到体相分子的作用外，还受到邻近分子的作用力。若所有分子均处于同一平面上，则位于中心的分子所受到的来自平面内周围分子的作用力可以相互抵消；但若位于中心的分子位置稍高于周围的分子，则它所受到的来自于周围分子的作用力便不能相互抵消，而产生一个向着曲率中心的净作用力。这应该是附加压力产生的根源。

可以将弯曲液面下的附加压力分为三种情况，如图 2-8 所示。

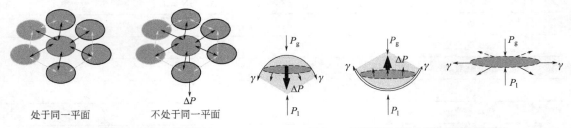

图 2-7　附加压力产生示意图　　　　图 2-8　不同液面下的附加压力示意图

对于凸液面来讲，在液体表面上取一个面积元，其周界上表面张力的方向与表面相切，并垂直于作用线上，向着缩小表面的方向，合力指向液面内。该面积元好像紧压在液体上，使液体表面产生向着内部的附加压力。对于凹液面，表面张力产生的附加压力

则使面积元好像要被拉出。此时，液体内部的压力小于外部的压力。而对于平液面，则不产生附加压力。

弯曲液面下之所以产生附加压力，是由于表面张力的存在使界面面积收缩至最小所致。附加压力具有如下特点：附加压力使弯曲液面内外压力不相等，与液面曲率中心同侧的压力恒大于另一侧；附加压力的方向恒指向曲率中心。

(2) 与附加压力有关的因素——Young-Laplace 公式　Young-Laplace 公式给出了弯曲液面下的附加压力与液体的表面张力和弯曲液面曲率半径之间的关系。该公式可以从多种角度出发进行推导。

① 从热力学基本公式推导　如图 2-9 所示，对于单组分体系，以整个体系为研究对象：

$$dF = -SdT - PdV + \gamma dA$$
$$= -S_l dT - S_g dT - P_l dV_l - P_g dV_g + \gamma dA$$

恒温、恒容下，有：

$$dF = -P_l dV_l - P_g dV_g + \gamma dA = 0$$

由于

$$dV_l = -dV_g$$

因此

$$-P_l dV_l + P_g dV_l + \gamma dA = 0$$

故

$$(P_l - P_g)dV_l = \gamma dA$$

所以

$$\Delta P = \gamma \frac{dA}{dV_l} \tag{2-19}$$

② 从功=自由能变化出发　如图 2-10 所示，对于液滴来讲，使液滴体积增加 dV，表面积增加 dA（此时 P_g 不变，P_l 变化）。则环境做功：

$$-(-\Delta P)A dR = \Delta P dV$$

图 2-9　密封箱中的液滴

（密封箱中气压为 P_g，液滴内部压力为 P_l，$P_l = P_g + \Delta P$）

图 2-10　毛细管口的液滴或者气泡

体系自由能增量为 γdA。由于二者相等，故：

$$\Delta P = \gamma \frac{dA}{dV}$$

对于气泡而言，加压，使气泡体积增加 dV，表面积增加 dA（此时，P_g 变化，P_l 不变）。则环境做功：

$$-(-\Delta P)A dR = \Delta P dV$$

体系自由能增量为 γdA。由于二者相等，故：

$$\Delta P = \gamma \frac{dA}{dV}$$

那么，如何求出 dA/dV 呢？

若液滴或者气泡为球形，有以下两种方法。

方法 1：

由于

$$V = \frac{4}{3}\pi R^3, \quad A = 4\pi R^2$$

所以

$$dV = 4\pi R^2 dR, \quad dA = 8\pi R dR$$

故
$$\Delta P = \frac{2\gamma}{R}$$
(2-20)

方法 2：

如下图，在半径为 R 的液滴上选取一个小球面 $ABCD$。当体积扩大 dV，面积元变为 $A'B'C'D'$。则：

$$dA = (x+dx)(y+dy) - xy = y\,dx + x\,dy$$
$$dV = xy\,dz$$

所以
$$\Delta P = \gamma \frac{dA}{dV} = \gamma\left(\frac{1}{x}\times\frac{dx}{dz} + \frac{1}{y}\times\frac{dy}{dz}\right)$$

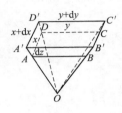
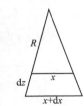

由相似三角形原理，有：

$$\frac{dx}{dz} = \frac{x}{R}, \quad \frac{dy}{dz} = \frac{y}{R}$$

故
$$\Delta P = \frac{2\gamma}{R}$$

若液滴不为球形，则需要用两个曲率半径来描述。可得到：

$$\Delta P = \gamma\left(\frac{1}{R_1} + \frac{1}{R_2}\right)$$
(2-21)

③ 从力学角度求　如图 2-11 所示，对球冠的平面底圆进行受力分析。由表面张力 γ 引起的垂直向下压力为：

$$F = 2\pi r(\gamma\sin\theta) = 2\pi r\gamma\frac{r}{R} = 2\gamma\frac{\pi r^2}{R} = 2\gamma\frac{A}{R}$$

故
$$\Delta P = \frac{F}{A} = \frac{2\gamma}{R}$$

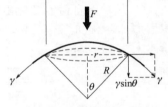

图 2-11　球冠的受力分析

④ 对 Young-Laplace 公式的讨论　对于凸液面，$R>0$，$\Delta P = P_1 - P_g > 0$，则液相压力大于气相；对于凹液面，$R<0$，$\Delta P = P_1 - P_g < 0$，则液相压力小于气相；对于平液面，$R=\infty$，$\Delta P = P_1 - P_g = 0$，则液相压力等于气相。

如下图，对于气泡，含一个凹液面和一个凸液面，ΔP 方向一致。

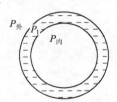

对于外表面　$\Delta P_1 = P_1 - P_外 = \frac{2\gamma}{|R|}$　$(R>0)$

对于内表面　$\Delta P_2 = P_1 - P_内 = -\frac{2\gamma}{|R|}$　$(R<0)$

内外压力差　$\Delta P = P_内 - P_外 = \Delta P_1 - \Delta P_2 = \frac{4\gamma}{R}$

注意：ΔP 恒指向曲率中心。

2. 毛细现象

由于弯曲液面两侧存在压力差所导致的液体在毛细管中上升或者下降的现象叫作毛细现象（图 2-12）。那么，为什么液体在毛细管中形成弯曲液面？什么因素决定了液体上升或者下降？

(1) 液柱会上升或者下降的原因　液体在毛细管中形成弯曲液面以及液体在毛细管中上升或者下降与液体对固体的润

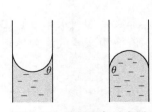

图 2-12　毛细现象示意图

湿性有关。图 2-13 为液滴被放置在固体表面上时的受力分析示意图。此时，液滴会保持一定的形状，并与固体间形成液/固界面。该界面的边缘为圆形的气/液/固三相线。在三相线上的任一点会受到气/固、气/液和液/固界面的界面张力。当这三种界面张力成平衡时，在固体表面上的液滴保持一定的形状。此时，气/液和液/固界面张力之间的夹角 θ 叫作接触角。当 $\theta < 90°$ 时，固体能被液体润湿；当 $\theta > 90°$ 时，固体不被液体润湿。液体对固体表面的润湿性决定了液体在毛细管中会形成弯曲液面；而接触角的大小则决定了液面上升或者下降。

图 2-14 为水在玻璃毛细管中液面上升示意图。人们知道，水可以润湿玻璃表面，接触角小于 90°。因此，水在玻璃毛细管中形成凹液面。当毛细管刚刚插入水中时，毛细管中液面下水的压力为 $P_{1'}$，平液面下水的压力为 P_1。P_1 等于气相压力 P_g。但由于水在毛细管中形成凹液面，该液面产生一个向上的附加压力。而由于毛细管是开口的，凹液面及平液面上方气相的压力 P_g 相同，这使得凹液面下的水的压力 $P_{1'}$ 低于 P_g，即低于平液面下水的压力 P_1。因此，水从平液面下流向凹液面下方，凹液面会上升。当上升形成的液柱的静压力与 $P_{1'}$ 之和与 P_1 相等时，液面上升即停止。

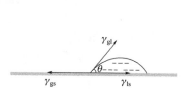

图 2-13 固体表面上液滴的受力分析示意图
($\theta < 90°$，固体能被液体润湿；
$\theta > 90°$，固体不被液体润湿)

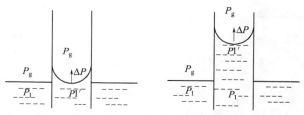

图 2-14 水在玻璃毛细管中上升示意图

(2) 液柱上升的高度 如图 2-15 所示，设液柱上升高度为 h，则：

$$P_1 = P_{1'} + \rho g h$$

而

$$P_1 = P_g$$

故

$$P_g = P_{1'} + \rho g h$$

$$\Delta P = P_{1'} - P_g = -\rho g h$$

故

$$\frac{2\gamma}{R} = -\rho g h \quad (\text{此时，} R < 0)$$

而

$$R = -\frac{r}{\cos\theta} \quad (r > 0)$$

故

$$\frac{2\gamma\cos\theta}{r} = \rho g h \tag{2-22}$$

可见，液柱上升的高度与接触角 θ 和毛细管半径 r 有关。

(3) 液柱上升规律 $\theta < 90°$，$\cos\theta > 0$，$\Delta P < 0$，$P_{1'} < P_g$，液柱上升，$h > 0$；$\theta > 90°$，$\cos\theta < 0$，$\Delta P > 0$，$P_{1'} > P_g$，液柱下降，$h < 0$；$\theta = 90°$，$\cos\theta = 0$，$h = 0$。

若设 W 为毛细管中液柱的重量，则：

$$W = \rho(\pi r^2 h)g = \pi r^2 (\rho g h) = \pi r^2 \frac{2\gamma\cos\theta}{r} = 2\pi r(\gamma\cos\theta) \tag{2-23}$$

这说明，假设弯月面是由毛细管壁吊上来的，那么吊上来的重量恰好等于作用在圆周上的表面张力的垂直分量与毛细管周长的乘积，如图 2-16 所示。

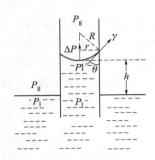

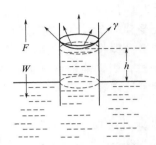

图 2-15   液面上升高度分析示意图   图 2-16   液面上升分析示意图

四、 弯曲液面下的饱和蒸汽压

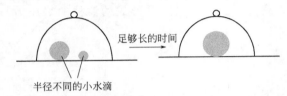

图 2-17   密封容器内大小液滴变化示意图

图 2-17 给出了密封容器内两个大小不同的液滴随时间变化的示意图。当将两个大小不同的液滴密封于一个容器内，一定时间后，发现小液滴逐渐变小而消失，大液滴逐渐变大。这说明，小液滴逐渐蒸发，且蒸汽逐渐凝结于大液滴上。根据液体蒸汽压的大小决定于液体分子向空间逃逸的倾向，可知 $P_{小液滴} > P_{大液滴}$，即 P 反比于曲率半径。

Laplace 公式说明，气相压力相同时，与之成平衡的大块液体中的压力不同于小液滴中的压力。因为 R 不同，附加压力不同。

Kelvin 公式则给出了与液体成平衡的气相的压力，即液体的蒸汽压与曲率的关系。

1. Kelvin 公式的形式及推导

（1）形式

$$\ln\frac{P_r}{P} = \frac{1}{RT} \times \frac{2\gamma M}{\rho r} \tag{2-24}$$

式中，P_r、P 分别为半径为 r 的液滴和大块液体的蒸汽压；ρ 为液体的密度；M 为液体的分子量；γ 为表面张力。该公式对应的液滴或者气泡是具有完美球形的，即只有一个曲率半径。若曲面需要用两个曲率半径表示，则 Kelvin 公式的形式为：

$$\ln\frac{P_r}{P} = \frac{1}{RT} \times \frac{\gamma M}{\rho}\left(\frac{1}{r_1} + \frac{1}{r_2}\right) \tag{2-25}$$

（2）推导   如下图，对途径 a：

① 过程恒温恒压可逆相变：$\Delta G_1 = 0$。

② 理想气体恒温变压：$\Delta G_2 = RT\ln\frac{P_r}{P}$。

③ 恒温恒压可逆相变：$\Delta G_3 = 0$。

故 $$\Delta G_a = \Delta G_1 + \Delta G_2 + \Delta G_3 = RT\ln\frac{P_r}{P}$$

对途径 b：

$$\Delta G_b = \int_P^{P_r} V_{m(l)}\,dP = \int_P^{P+\Delta P} V_{m(l)}\,dP$$

当压力变化不大时，液体的摩尔体积 $V_{m(l)}$ 可以认为是常数，则：

$$\Delta G_b = V_{m(l)}\Delta P = \frac{M}{\rho} \times \frac{2\gamma}{r}$$

因为 $\qquad \Delta G_a = \Delta G_b$

故 $\qquad \ln \frac{P_r}{P} = \frac{1}{RT} \times \frac{2\gamma M}{\rho r}$

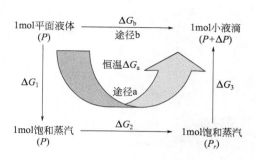

还可以从另一角度出发来推导 Kelvin 公式。设蒸汽为理想气体，则气、液平衡时，有：

$$G_1 = G_v = G_v^{\ominus} + RT\ln P \quad (P \text{ 为液体蒸汽压})$$

由 $\qquad dG = -SdT + VdP$

有 $\qquad \left(\frac{\partial G_1}{\partial P}\right)_T = V_{m(l)} = \left[\frac{\partial (G_v^{\ominus} + RT\ln P)}{\partial P}\right]_T$

故 $\qquad V_{m(l)}dP = RT\, d\ln P$

设 $V_{m(l)}$ 不随压力变化，将上式自 P_0 至 P_r 积分，得：

$$V_{m(l)}(P_r - P_0) = RT\ln \frac{P_r}{P_0}$$

此乃曲面蒸汽压与平面蒸汽压之间的关系。P_r 和 P_0 分别对应于半径为 r 的曲面液体和大块液体的蒸汽压，实际上分别与液体内部压力相平衡。

当液体由平面变为曲率半径为 r 的曲面时，液体内部压力由 P_0 变为 P_r。因为：

$$P_g = P_0$$

故 $\qquad P_r - P_0 = P_r - P_g = \Delta P = \frac{2\gamma}{r}$

所以 $\qquad V_{m(l)}\frac{2\gamma}{r} = RT\ln \frac{P_r}{P_0}$

而 $\qquad V_{m(l)} = \frac{M}{\rho}$

故 $\qquad \ln \frac{P_r}{P} = \frac{1}{RT} \times \frac{2\gamma M}{\rho r}$

下面介绍的是另一种推导过程。对水平液面，相平衡时，有：

$$P_{平}^l = P_{平}^g = P_{平}^* \quad (\text{分别为液体压力、气体压力和蒸汽压})$$

$$\mu_{平}^g(T, P_{平}^*) = \mu_{平}^l(T, P_{平}^*)$$

对弯曲液面，相平衡时，有：

$$P_W^l \neq P_W^g, \quad P_W^g = P_W^* \quad (\text{分别为液体压力、气体压力和蒸汽压})$$

$$\mu_W^g(T, P_W^*) = \mu_W^l(T, P_W^l)$$

以上两式相减，有：

$$\mu_W^g(T, P_W^*) - \mu_{平}^g(T, P_{平}^*) = \mu_W^l(T, P_W^l) - \mu_{平}^l(T, P_{平}^*)$$

因为 $\qquad dG = -SdT + VdP + \gamma dA + \sum_i \mu_i dn_i$

对于单组分单相体系，恒温时，有：

$$dG = VdP$$

故 ΔG 的变化即为气相、液相由平液面向弯曲液面的变化。积分上式，得：

$$\int_{P_{平}^*}^{P_W^*} V_{m(g)}dP_g = \int_{P_{平}^*}^{P_W^l} V_{m(l)}dP_l$$

若将蒸汽看作理想气体，而将 $V_{m(l)}$ 看作常数，则：

$$V_{m(g)} = \frac{RT}{P_g}$$

故

$$\int_{P_\Psi^*}^{P_W^*} \frac{RT}{P_g} dP_g = \int_{P_\Psi^*}^{P_W^l} V_{m(l)} dP_l$$

因此

$$RT\ln\frac{P_W^*}{P_\Psi^*} = V_{m(l)}(P_W^l - P_W^*) = V_{m(l)}(P_W^l - P_\Psi^g)$$

对于凸液面

$$P_W^l - P_W^* = \frac{2\gamma}{r}$$

故

$$P_W^l = P_W^* + \frac{2\gamma}{r}$$

$$RT\ln\frac{P_W^*}{P_\Psi^*} = V_{m(l)}(P_W^l - P_\Psi^g) = V_{m(l)}\left(P_W^* - P_\Psi^g + \frac{2\gamma}{r}\right)$$

在一般情况下，$P_W^* - P_\Psi^g$ 远低于 $\frac{2\gamma}{r}$，故：

$$RT\ln\frac{P_W^*}{P_\Psi^*} = V_{m(l)}\frac{2\gamma}{r}$$

$$\ln\frac{P_W^*}{P_\Psi^*} = \frac{1}{RT} \times \frac{2\gamma M}{\rho r}$$

对于凹液面

$$P_W^l - P_W^* = -\frac{2\gamma}{r}$$

可得

$$\ln\frac{P_W^*}{P_\Psi^*} = -\frac{1}{RT} \times \frac{2\gamma M}{\rho r}$$

2. Kelvin 公式的应用

运用 Kelvin 公式可以对过饱和蒸汽、过热液体、过冷液体和过饱和溶液等做出说明。

按照相平衡条件，应当凝聚而未凝聚的蒸汽叫作过饱和蒸汽。此时过饱和蒸汽的压力尽管已经超过了相应温度下大块液体的饱和蒸汽压，但液滴仍不能凝聚。由 Kelvin 公式，液滴的饱和蒸汽压与其大小相关，粒径越小，蒸汽压越高。由于此时过饱和蒸汽的压力仍小于该液体微小液滴的蒸汽压，故不凝聚。

由相平衡条件，应当沸腾而未沸腾的液体为过热液体。这是由于液体内微小气泡难以生成而不能在正常沸点下沸腾。

为什么液体内微小气泡难以生成呢？

假设有一个半径为 10^{-8} m 的小气泡，位于液面0.02m 以下，则该小气泡反抗的外压由三部分构成：大气压力、弯曲液面下的附加压力和液体的静压力。假设是纯水，则这三种压力分别为 101.325kPa、11774kPa 和 0.1878kPa，故总压力为 11876kPa。在水的正常沸点 100℃下，水的饱和蒸汽压即为大气压。由于气泡为凹液面，由 Kelvin 公式可知，气泡内的蒸汽压力低于平液面的蒸汽压。该气泡内的水的蒸汽压为 94.34kPa，远低于外压。故小气泡难以形成。

过冷液体即温度低于液体的冷凝点而没有固体颗粒析出的液体，而过饱和溶液则是指物质的浓度已超过饱和浓度而不析出固体颗粒的溶液。之所以会出现过冷液体和过饱和溶液，与小颗粒具有较高的溶解度有关。对于颗粒的溶解度与粒径的关系，Kelvin 公式可表示为：

$$\ln\frac{S_r}{S}=\frac{1}{RT}\times\frac{2\gamma M}{\rho r} \tag{2-26}$$

式中，S_r 和 S 分别为粒径为 r 的小颗粒的溶解度和大块固体的溶解度。此即 Ostwald-Freundlich 方程。可以看出，粒径越小，溶解度越大。当小颗粒开始从液体或者溶液中成核析出时，粒径很小，溶解度很高。因此，对于大块固体已经达到饱和的溶液，对于小颗粒则未必达到饱和。只有当形成的晶核的粒径达到一定大小时，固体颗粒才会析出。

五、 液体表面张力的测定

测定液体表面张力方法很多，这里介绍其中几种常用且简便易行的方法。

1. 毛细管上升法

毛细管上升法是常用的能较准确地测定液体表面张力的方法，也是较早发展起来的一种方法，在理论上和实验上都比较成熟且严密。因此后来发展起来的方法虽有不少的优点，但目前一直用毛细管上升法所测表面张力的数据作为标准。

将一只干净透明的毛细管插入待测液体中，若液体能润湿毛细管，则在表面张力的作用下沿毛细管内壁上升一定的高度。用测高仪测定液柱上升的高度 h，即毛细管内弯月面的最低点与管外的水平液面的高度差。可由下式计算被测液体的表面张力：

$$\gamma=\frac{1}{2}\rho ghr \tag{2-27}$$

式中，r 为毛细管半径；g 为重力加速度；ρ 为液体密度。

2. 环法

通常用铂丝制成圆形挂环，将它挂在扭力天平上。调整天平使铂丝圆环平面刚好与液面接触。然后测定圆环拉脱液面时的最大拉力 F，如图 2-18 所示。则可由下式计算表面张力：

$$\gamma=\frac{F}{4\pi(R'+r)}f \tag{2-28}$$

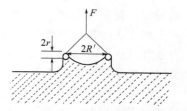

图 2-18 挂环法示意图

式中，R' 为圆环的内半径；r 为环丝半径；f 为校正因子。

将铂丝圆环拉脱液面时，所提拉起来的液体并非圆柱形的。所以，在实际计算时必须乘上一个校正因子 f。此校正系数是哈金斯等人引进的，对于不同体系的 f 的值可查阅有关的资料。

3. 滴重法

在所有测量液体表面张力的实验方法中，滴重法也许是最简便的一种，如图 2-19 所示。让被测液体通过毛细管流出，在平滑的毛细管口慢慢形成液滴并滴下，落入一个容器中。计算出每个液滴的平均重量 W 或体积 V，由下式计算表面张力：

$$\gamma=\frac{W}{2\pi r}f=\frac{mg}{2\pi r}f \quad \text{或} \quad \gamma=\frac{\rho g V}{2\pi r}f \tag{2-29}$$

这个公式是 1864 年由 Tate 提出来的，毛细管尖所能挂住的液滴的最大重量为管尖周长与液体表面张力的乘积。

实际上，只要仔细观察液滴形成的全过程，就不难发现，由于形成的细长的液柱在力学上是不稳定的，一部分半径缩小，另一部分半径扩大，最后形成液滴落下。因此真正落入容

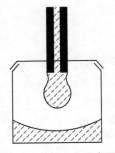

图 2-19　滴重法示意图

器的仅是在管口形成液滴的一部分，一般认为，多至液滴重量的 40％仍与管尖相连，当与下落部分分离后，它便又缩回去，成为第二滴液滴的一部分（图 2-19）。因此落下液滴实际重量 W' 要比计算值小得多。对于这种情况，哈金斯（Harkins）和布朗（Brown）引进了校正系数 f。他们用毛细管上升法测定了水和苯的表面张力，同时用不同半径的毛细管测定水和苯的滴重，计算出 f 的值，具体计算可查阅文献．

4. 最大泡压法

最大泡压法是测量液体表面张力的一种常用方法，此法的装置如图 2-20 所示。将一根毛细管插入被测液体中，从中缓缓吹入惰性气体。当管径较细时，可假定所生成的气泡都是球面的一部分。随着毛细管内外压差的逐渐增大，毛细管口的气泡慢慢长大。当气泡形状恰好为半球时，气泡的半径最小，即正好等于毛细管半径。而泡内的压力达到最大值。该值可以由 U 形管压力计的压力差 h 测得。所以根据泡内的最大压力 ΔP_{max} 和毛细管内圆半径 r，就可计算表面张力为：

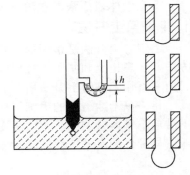

图 2-20　最大泡压法示意图

$$\Delta P_{max} = \rho g h = \frac{2\gamma}{r} \qquad (2\text{-}30)$$

其中，ρ 是 U 形管压力计内的液体的密度。根据以上所述，要求被测液体能很好地润湿毛细管，保证气泡在毛细管的内缘形成。

此方法与接触角无关，而且装置简单，测定迅速。毛细管端的气泡应控制在每秒钟一个为适宜。这个方法还可用于测量不易接近的或需要远距离操作的液体的表面张力。如熔融的金属、高温炉中的料液等。

但是此法所测的是新生的气/液界面，所以不能研究液体的表面张力随时间的变化。例如溶液表面张力，由于溶质在表面的吸附与时间有关，因此溶液的表面张力也随时间而异。

5. 吊片法

该方法是 Wilhelmy 于 1863 年提出来的，是一种不需校正的比较简便的方法。将一块方形薄片，例如显微镜盖玻片、铂片、云母片、滤纸片等，使其部分浸入液体中，薄片用细丝挂在天平的一端，有两种测定方法。吊片法如图 2-21 所示。

一种方法和挂环法一样，使薄片恰好与被测液面相接触，然后测定薄片与液面拉脱时的最大拉力。可用下式计算表面张力：

$$\Delta W = W_{总} - W_{片} = 2l\gamma \quad 或 \quad \gamma = \frac{\Delta W}{2l} \qquad (2\text{-}31)$$

另一种测定方法，称为静态法。先调节好天平砝码与薄片的平衡，然后将液面逐渐升高，当液面恰好与挂着的薄片相接触时，为使天平平衡所增加的砝码重量，就等于作用在薄片与液体接触的周界上的液体的表面张力，所以同样可以用上式计算。

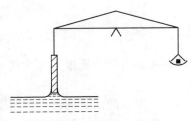

图 2-21　吊片法示意图

该法的准确度可达 0.1％，且无须校正。但挂片法要求被测液体能很好地润湿薄片。即液体与薄片的接触角为

$0°$。通常为了使液体能很好地润湿薄片，玻璃片用毛玻璃片、铂片涂上铂黑等。

第二节 溶液表面

一、 溶液的表面张力

1. 溶液的表面张力

对于纯液体而言，当压力和温度恒定时，其表面张力不变。但对于溶液来讲，即使压力和温度恒定，其表面张力还会随溶液的组成而变化。

人们知道，表面张力的产生是表面上的分子与液体内部的分子所处环境不同、受力不平衡的结果。根本原因是表面层分子间的相互吸引力。溶液中溶质分子的加入影响到溶剂分子间的相互作用，使表面层的组成发生变化，从而影响到表面张力。

按表面张力 γ 随溶质浓度的变化，可将溶液分为三类。

（1）表面张力随溶质浓度的增加而升高 这类溶液包括无机盐水溶液及多羟基化合物（如甘露醇）的水溶液等，其表面张力随浓度变化的关系如图 2-22 曲线 A 所示。为什么这类溶液的表面张力随溶质浓度的增加而升高呢？这是由于这些溶质与溶剂（水）之间存在着强的相互作用。例如，无机盐类在水中解离后可形成水合离子，多羟基化合物与水分子之间可以形成氢键。其结果，不但溶质分子本身难以到达溶液表面，还使得更少的水分子到达表面。因此，与纯溶剂相比，表面上溶剂分子之间间隔更远，引力更强。同时，到达表面的溶质分子与水分子之间的相互作用也比水分子之间的相互作用强，故表面张力增大。

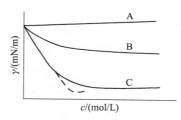

图 2-22 水溶液的表面张力与浓度的关系

A—无机盐水溶液及多羟基化合物的水溶液；B—二元液体混合物和分子量相对较低的有机物的水溶液；
C—长链有机化合物的水溶液

这类溶液的表面张力在相当宽的浓度范围内随溶质浓度的变化符合以下规律：

$$\gamma = \gamma_0 + kc \tag{2-32}$$

式中，γ_0 为溶剂的表面张力；c 为浓度；k 为常数。

（2）表面张力随溶质浓度的增加而持续降低 这类体系有两种。第一种是二元液体混合物，包括一般液体混合物、低温液化气体混合物、熔盐及熔融金属混合物等。组成这些二元液体混合物的两种组分常常是互溶的。第二种是分子量相对较低的有机物的水溶液。这类溶液的表面张力随浓度的变化关系如图 2-22 曲线 B 所示。

这类体系的表面张力-摩尔分数曲线有多种形式，其中最简单的是线性关系：

$$\gamma = \gamma_1^0 x_1 + \gamma_2^0 x_2 = \gamma_1^0 + (\gamma_2^0 - \gamma_1^0) x_2 \tag{2-33}$$

式中，γ_1^0、γ_2^0 分别为组分 1、2 的表面张力；x_1、x_2 分别为组分 1、2 的摩尔分数。

符合这一关系的有四氯化碳/苯的双液体系和氯化钠/溴化钠的熔盐体系等，但大多数体系有偏差。

为什么会存在这一规律呢？对于二元液体混合物而言，其表面张力大多处于两组分表面张力之间。若以表面张力较大者为溶剂，较小者为溶质，则随着溶质的加入，一方面使溶质分子迁移到表面的趋势增大，另一方面则影响了溶剂分子向表面的迁移，故体系的表面张力降低。对于较低分子量的有机物的水溶液来讲，溶质分子溶入后，由于其与水分子间的相互作用不强，有机化合物分子在水面上富集，水面上水分子减少。而有机化合物分子间的相互吸引力弱，故导致表面张力降低。

（3）表面张力随溶质浓度的增加而迅速降低，达到一定浓度后不再变化   这类体系是长链有机化合物的水溶液，其表面张力随浓度的变化关系如图 2-22 曲线 C 所示。这类长链有机化合物通常被称为表面活性剂或者双亲分子。

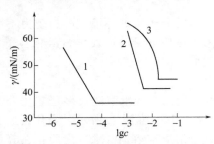

图 2-23   表面活性剂溶液的 γ-lg$c$ 曲线
1—$C_{12}H_{25}O(C_2H_4O)_6H$；
2—$C_{12}H_{25}SO_4Na$；3—$C_{12}H_{25}N(CH_3)_3Cl$

如果以 γ-lg$c$ 曲线来描述表面张力随溶质浓度的变化关系，则低浓度时 γ 随 lg$c$ 的增加缓慢降低；浓度增大时下降速度变大，达到一定浓度时 γ-lg$c$ 呈直线关系；经过一个转折点后，γ 大多趋于恒定，如图 2-23 所示。

当溶质浓度小于临界胶束浓度（critical micelle concentration），即 cmc 时，γ 与 c 之间有如下关系：

$$\frac{\gamma_0 - \gamma}{\gamma_0} = b\ln\left(\frac{c}{a} + 1\right) \qquad (2\text{-}34)$$

式中，γ_0 为水的表面张力；a 和 b 为常数。对于同系物，b 相同，a 随脂链中碳的数目而变化。此式为 Szyszkowski 公式。

当 $\frac{c}{a} \ll 1$ 时，$\ln\left(\frac{c}{a}+1\right) \approx \frac{c}{a}$，则上式可变为：

$$\gamma = \gamma_0 - \gamma_0 \frac{b}{a} c$$

γ 与 c 呈线性关系。这对应于表面活性剂浓度较低的情况。

当浓度增加，使 $c/a \gg 1$ 时，则变为：

$$\gamma = \gamma_0(1 + b\ln a) - \gamma_0 b\ln c$$

此时，γ 与 ln$c$ 呈线性关系。

这类化合物有强烈的向表面迁移并在表面富集的倾向，这导致表面上水分子数目的明显减少。而这类化合物分子间的相互作用较弱，故表面张力降低。当浓度高于转折点后，表面上几乎全部由这类化合物所填充，所以表面张力不再变化。

2. 表面活性剂

表面活性剂（surfactant，surface active agent）是一种能溶于水且可显著降低水的表面张力的物质。传统观念上，表面活性剂是一种即使在很低浓度时也能显著降低表面张力的物质。目前一般认为，只要在较低浓度时能显著改变表面性质的物质都可以划归表面活性剂的范畴。

（1）结构特点   表面活性剂分子一般由两部分构成：其中一部分为非极性的疏水的基团，称为疏水基（hydrophobic group）或者亲油基（lipophilic group）；另一部分为极性的亲水的基团，称为亲水基（hydrophilic group）或者亲水头基（hydrophilic head group）。疏水基通常为含八个碳以上的烃链，而亲水基则通常为极性的基团，如羧基、羟基、磺酸基、氨基、酰氨基、季铵基、醚氧基等。

表面活性剂分子既亲水又亲油，具有两亲性，故又被称为双亲分子（amphiphilic

molecules)。

（2）表面活性剂的分类　由亲水头基的类型，可将表面活性剂分为三类。

离子型表面活性剂的头基可以解离。这类表面活性剂包括：阳离子型的，如季铵盐类的 $[RN(CH_3)_3]^+X^-$；阴离子型的，如磺酸盐类的 $(RSO_4)^-Na^+$；两性型的，如氨基酸类的 $R(NH_2)^+CH_2COO^-$；正负离子型的，如 $R[N(CH_3)_3]^+R(SO_4)^-$。值得一提的正负离子型的表面活性剂，由于可以通过静电相互作用将两种表面活性剂分子结合在一起，故可以将功能性的分子结合进表面活性分子中，形成所谓的"超双亲分子"，并用来做进一步的组装而形成超分子结构。这已是当前超分子研究中一个较为活跃的领域。

非离子型表面活性剂的头基在水中不解离。可分为大极性头和小极性头两类，如 $R(OC_2H_4)_nOH$ 和 $RSOCH_3$。

混合型表面活性剂的极性头基中既有离子型的基团，也有非离子型的基团，如 $[R(OC_2H_4)_nSO_3]^-Na^+$。

若按非极性基团的类型来划分，可以将表面活性剂分为以下几类。

① 碳氢链型表面活性剂。这类表面活性剂的疏水基为碳原子数在 8～20 之间的碳氢链。只有当碳氢链达到一定大小时，表面活性剂在水中才会有一定的溶解度且同时又有足够的表面活性。碳氢链太小，则表面活性不够，成了第二类溶液中的溶质；碳氢链太大，则溶解度太小，在水面上形成了不溶物单层膜。一个苯环相当于 3～4 个碳氢链。

② 碳氟链型表面活性剂。这类表面活性剂的表面活性比碳氢链的高，化学性质稳定。其 cmc 值与链长为其一倍半的碳氢链的相当。这类表面活性剂的链长一般不超过 10 个碳原子。

③ 聚硅氧烷链型表面活性剂。

（3）表面活性剂与水之间的相互作用

① 疏水效应　表面活性剂的极性头基与水分子之间有强烈的吸引作用，而非极性基团却有逃离水的趋势。这就是疏水效应。

通常运用油水不相容或者相似相亲去解释疏水效应。因为非极性基团憎水，所以二者之间相互排斥，故逃离水。又因为非极性基团与水不相似，故不相亲，逃离水。但问题是，疏水基团之间的相互作用一定大于疏水基团与水分子之间的相互作用吗？

近年来人们从疏水力（hydrophobic force）的角度来解释表面活性剂的疏水效应。疏水力是一种熵力（entropic force）。它是一种现象力（phenomenological force），源自于整个体系熵增加的统计趋势而非某一基本的微观力（microcsopic force）。

人们知道，室温下自由取向的水分子可以通过两个质子与其他水分子形成两个氢键，同时还可以通过两个 sp³ 杂化孤电子对与其他水分子形成两个或者更多的氢键，从而形成一种三维网络结构，使体系能量降到最低。当引入一种不能形成氢键的微粒时，这种三维网络结构就会被破坏，溶质分子在一些方向上阻碍了水分子间的强烈的相互作用，体系能量增加了。一切溶质分子，包括无机盐和表面活性剂，都有这种作用。

如果引入的是离子性的或者极性的微粒，则水分子可以与之沿离子键的轨道轴或者极性分子的极化轴结合，这种取向使其易于运动，可最低限度地降低体系的熵。同时，由于溶质与水之间的强烈的相互作用，因此会放出热量。故体系的自由能会降低。

但如果引入的是表面活性分子，尽管它的极性的头基可以与水分子之间有强烈的相互作用，放出热量，但其非极性的尾基却难以与水形成氢键，被称为非氢键形成表面（non-hydrogen-bonding surface）。这种尾基的引入会打破水分子间的三维氢键网络。为了使水分子的三维氢键网络被破坏的程度降到最低，氢键沿着碳氢链表面切线的方向重新取向。这样就形成了围绕非极性表面的由结构水组成的"笼子（cage）"。组成"笼子"（即溶剂化层）的水分子的活动受到限制，其结构类似于冰中水分子的有序排列，故这种理论又被称为"似冰理论"。由于活动受限，水分子重新取向的时间与自由水分子相比大大增加，其平动熵和转动熵都大大降低，体系能量升高。

为了降低体系的自由能，须把组成"笼子"的水分子释放出来，使体系的熵增加。因此，在浓度较低时，表面活性分子首先通过界面吸附的方式释放碳氢链周围的水分子。当表面活性分子吸附于界面上后，只有极性的头基与水接触，碳氢链伸向气相。随着浓度的增加，吸附于界面上的表面活性分子越来越多。

② 表面活性　极性基团的亲水性和非极性基团的疏水性使表面活性剂既可溶于水，又有部分逃离水的趋势，这导致表面吸附和内部胶团化。吸附使水的表面张力降低。这就是表面活性。

表面活性用 $-\left(\dfrac{\mathrm{d}\gamma}{\mathrm{d}c}\right)_{c\to 0}$ 来表征。该值越大，表面活性越强。一般也用 cmc 以及 γ_{cmc} 来表征表面活性剂的表面活性的强弱。

表面活性剂的表面活性与其分子结构有关。分子中非极性基团越大，表面活性越高。每增加一个亚甲基，表面活性大致为原来的 3 倍（表 2-3）。这就是 Traubo 规则。

表 2-3　具有不同长度碳氢链的脂肪酸的表面活性

脂肪酸	乙酸	丙酸	丁酸	异戊酸
$(\gamma_0-\gamma)/c$	250	750	2130	6000

表面活性还可以用表面活性剂的亲水亲油平衡值（hydrophilic lipophilic balance value）来表征。1949 年，Griffin 提出用亲水亲油平衡值即 HLB 值来表征表面活性剂的亲水亲油性。它表示了表面活性剂的亲水基的亲水能力与亲油基的亲油能力之间所具有的平衡关系。HLB 值是一个相对值。规定亲油性强的石蜡（完全无亲水性）的 HLB 值为 0，亲水性强的聚乙二醇（完全是亲水性）的 HLB 值为 20，以此标准制定出其他表面活性剂的 HLB 值。HLB 值越小，亲油性越强；反之，亲水性越强。

也有这样的规定，即亲水性强的油酸钠的 HLB 值为 1，亲油性强的油酸的 HLB 值为18。由下面的公式计算其他表面活性剂的 HLB 值：

$$\text{HLB 值} = \left(\frac{\text{亲水基质量}}{\text{亲水基质量} + \text{亲油基质量}}\right) \times 20 \tag{2-35}$$

不同 HLB 值的表面活性剂具有不同的性能。

③ 亲水基与溶解特性　对于离子型表面活性剂来讲，其电荷与水的相互作用较强，cmc 较大。这类表面活性剂在水中的溶解度随着温度的升高而增加，达到一定温度后溶液的饱和浓度陡然上升。这一温度叫作 Krafft 点（T_k）。该温度是表面活性剂的临界胶束温度。只有当温度高于 T_k 时，溶液中才能形成胶束。在该温度之上，表面活性剂的溶解度大于 cmc。

对于非离子型表面活性剂来讲，由于氧原子的水合作用较弱，且水合作用随着温度的升高而减弱，故其溶解度随着温度的升高而减小。当温度升高到一定程度时会析出新相，溶液变浑浊。该温度为其浊点。非离子型表面活性剂在其浊点以上会失去表面活性剂的作用。

3. 溶液表面张力的测定

与纯溶剂相比，溶液中因为含有溶质，故一些测定表面张力的方法会受到限制。因为吸附作用需要一定的平衡时间，且表面活性物质在固体表面上的吸附会使溶液对固体的润湿性变差，接触角发生变化。因此，悬滴法最好。但常用吊片法，简单易行。

二、 溶液表面的吸附

表面浓度与内部浓度不同的现象叫作吸附，或物质在界面上富集的现象叫作吸附。纯液体的表面无所谓吸附。吸附指的是溶液表面的现象。

吸附分为正吸附和负吸附两种情况。表面浓度大于本体相浓度的现象叫作正吸附；表面浓度小于本体相浓度的现象叫作负吸附。

界面相浓度与本体相浓度之差叫作吸附量。所谓"浓度之差"，指单位体积的界面相内物质的量与单位体积的本体相内物质的量的差。对正吸附而言，吸附量为正值，叫作表面超量；对负吸附而言，吸附量为负值，叫作表面亏量。

1. 溶液表面吸附量的定义

(1) Guggenheim 等人发展的界面相法　对于以溶剂和溶质组成的溶液，界面相法把均匀的 α 相和 β 相之间的全部过渡区域定义为界面相 s，并将界面溶质的吸附量（界面溶质相对于溶剂的吸附量）定义为：

$$\Gamma_2^{(1)} = \left(n_2^s - \frac{n_2}{n_1} n_1^s \right) \Big/ A_s \tag{2-36}$$

式中，A_s 为界面面积；n_1 和 n_2 分别为溶剂和溶质在溶液中的物质的量；n_1^s 和 n_2^s 分别为二者在界面相中的物质的量。

上式右边第一项，即 n_2^s/A_s，为单位面积界面相内所含溶质的量。因为界面相的厚度难以确定，因此尽管界面相是一个准三维的区域，此处仍将其作为二维平面看待，相当于将界面相内所有溶质均集中在一个平面内。

上式右边第二项，即 $\left(\frac{n_2}{n_1} n_1^s \right) \Big/ A_s$，为单位面积的界面相内所含的溶剂假如处于本体相内所能溶解的溶质的量。由于界面相与本体相的组成不同，因此，等量的溶剂在界面相和本体相内所能溶解的溶质的量不同。故溶质相对于溶剂的界面吸附量 $\Gamma_2^{(1)}$ 是一个差值，为界面相浓度与本体相浓度之差。

需指出的是，该法实际上忽略了气相。

(2) Gibbs 提出的相界面法　Gibbs 相界面法将溶液相及其蒸汽相所组成的体系等效为两个均匀的体相和一个没有厚度的界面组成的体系。规定这两个体相的组成直到相界面在各自的相中均匀一致，而在相界面上发生突变。

则相界面中溶剂和溶质的物质的量分别为：

$$n_1^\sigma = n_1 - (V^\alpha c_1^\alpha + V^\beta c_1^\beta) \tag{2-37}$$

$$n_2^\sigma = n_2 - (V^\alpha c_2^\alpha + V^\beta c_2^\beta) \tag{2-38}$$

式中，n_i 为第 i 种组分的量；c_i^α 和 c_i^β 为第 i 种组分在两体相 α 和 β 相中的体积物质的量浓度；V^α 和 V^β 分别为以界面相法规定的 α 和 β 相的体积。

因此，$V^\alpha c_i^\alpha + V^\beta c_i^\beta$ 为存在于两体相中的第 i 种组分的量。将其从总量中减去即为过剩量或者吸附量。

故单位面积的吸附量，即界面过剩量为：

$$\Gamma_i = \frac{n_i^\sigma}{A_s} \tag{2-39}$$

前面介绍过 Gibbs 相界面的选择原则。由图 2-6 可以看出，当 SS' 面的位置变化时，V^α

和 V^β 将发生变化，而 $c_i^\alpha \neq c_i^\beta$，故 n_i^σ 变化，从而导致 Γ_i 变化。因此，Γ_i 的大小与 Gibbs 面的位置有关。那么，如何选择合适的 Gibbs 面，从而求出 Γ_i 呢？

首先应求算 $(c_1^\alpha-c_1^\beta)n_2^\sigma - (c_2^\alpha-c_2^\beta)n_1^\sigma$ 的值。

将式 (2-37) 和式 (2-38) 代入上式，则：

$(c_1^\alpha-c_1^\beta)n_2^\sigma - (c_2^\alpha-c_2^\beta)n_1^\sigma$

$= (c_1^\alpha-c_1^\beta)(n_2-V^\alpha c_2^\alpha-V^\beta c_2^\beta) - (c_2^\alpha-c_2^\beta)(n_1-V^\alpha c_1^\alpha-V^\beta c_1^\beta)$

$= n_2(c_1^\alpha-c_1^\beta)-V^\alpha c_1^\alpha c_2^\alpha-V^\beta c_1^\beta c_2^\beta+V^\alpha c_1^\beta c_2^\alpha+V^\beta c_1^\beta c_2^\beta-n_1(c_2^\alpha-c_2^\beta)+V^\alpha c_1^\alpha c_2^\alpha+V^\beta c_1^\beta c_2^\alpha-V^\alpha c_1^\alpha c_2^\beta-V^\beta c_1^\alpha c_2^\beta$

$= n_2(c_1^\alpha-c_1^\beta)-n_1(c_2^\alpha-c_2^\beta)+(V^\alpha+V^\beta)c_1^\beta c_2^\alpha-(V^\alpha+V^\beta) c_1^\alpha c_2^\beta$

$= n_2(c_1^\alpha-c_1^\beta)-n_1(c_2^\alpha-c_2^\beta)+V c_1^\beta c_2^\alpha-V c_1^\alpha c_2^\beta$

上式两边同除以 $c_1^\alpha-c_1^\beta$，则有：

$n_2^\sigma-\dfrac{c_2^\alpha-c_2^\beta}{c_1^\alpha-c_1^\beta}n_1^\sigma$

$= n_2-\dfrac{c_2^\alpha-c_2^\beta}{c_1^\alpha-c_1^\beta}n_1+V\dfrac{c_1^\beta c_2^\alpha}{c_1^\alpha-c_1^\beta}-V\dfrac{c_1^\alpha c_2^\beta}{c_1^\alpha-c_1^\beta}$

$= n_2-\dfrac{c_2^\alpha-c_2^\beta}{c_1^\alpha-c_1^\beta}n_1+V\dfrac{c_1^\beta c_2^\alpha-c_1^\alpha c_2^\alpha}{c_1^\alpha-c_1^\beta}-V\dfrac{c_1^\alpha c_2^\beta-c_1^\alpha c_2^\alpha}{c_1^\alpha-c_1^\beta}$

$= n_2-\dfrac{c_2^\alpha-c_2^\beta}{c_1^\alpha-c_1^\beta}n_1-V c_2^\alpha\dfrac{c_1^\alpha-c_1^\beta}{c_1^\alpha-c_1^\beta}+V c_1^\alpha\dfrac{c_2^\alpha-c_2^\beta}{c_1^\alpha-c_1^\beta}$

$= (n_2-V c_2^\alpha)-(n_1-V c_1^\alpha)\dfrac{c_2^\alpha-c_2^\beta}{c_1^\alpha-c_1^\beta}$

上式两边再同除以 A_s，则：

$n_2^\sigma/A_s-\dfrac{c_2^\alpha-c_2^\beta}{c_1^\alpha-c_1^\beta}n_1^\sigma/A_s = (n_2-V c_2^\alpha)/A_s-(n_1-V c_1^\alpha)\dfrac{c_2^\alpha-c_2^\beta}{c_1^\alpha-c_1^\beta}\Big/A_s$

即 $\quad \Gamma_2-\Gamma_1\dfrac{c_2^\alpha-c_2^\beta}{c_1^\alpha-c_1^\beta} = (n_2-V c_2^\alpha)/A_s-(n_1-V c_1^\alpha)\dfrac{c_2^\alpha-c_2^\beta}{c_1^\alpha-c_1^\beta}\Big/A_s$ (2-40)

Gibbs 定义溶质的相对单位面积吸附量为：

$$\Gamma_2^{(1)}=\Gamma_2-\Gamma_1\dfrac{c_2^\alpha-c_2^\beta}{c_1^\alpha-c_1^\beta}$$ (2-41)

这样，式 (2-40) 的右边消掉了 V^α 和 V^β，故尽管 Γ_1 和 Γ_2 与 SS' 面的选择有关，$\Gamma_2^{(1)}$ 却与相界面的选择无关。因此，SS' 面可以任意选择，对溶质的相对单位面积吸附量没有影响。

现在对上式做一个变化，可以看出 Guggenheim 界面相法和 Gibbs 相界面法对 $\Gamma_2^{(1)}$ 的定义其实是一致的。

由于 β 相为气相，故 c_1^β 和 c_2^β 均很小，相对于 c_1^α 和 c_2^α 可以忽略（这与界面相法相一致。用界面相法进行处理时，实际上忽略了气相）。因此：

$$\Gamma_2^{(1)}\approx\Gamma_2-\Gamma_1\dfrac{c_2^\alpha-c_2^\beta}{c_1^\alpha-c_1^\beta}$$

$$\approx \Gamma_2 - \Gamma_1 \frac{c_2^\alpha}{c_1^\alpha}$$

$$= \frac{n_2^\sigma}{A_s} - \frac{n_1^\sigma}{A_s} \times \frac{c_2^\alpha V^\alpha}{c_1^\alpha V^\alpha}$$

$$= \left(n_2^\sigma - \frac{n_2}{n_1} n_1^\sigma \right) \Big/ A_s$$

可以看出，该式与界面相法对 $\Gamma_2^{(1)}$ 的定义相似。

而由 Gibbs 相界面法对 $\Gamma_2^{(1)}$ 的定义，$\Gamma_2^{(1)}$ 与相界面的选择无关。故当相界面选择在一个适当的位置，使 $\Gamma_1 = 0$ 时：

$$\Gamma_2^{(1)} = \Gamma_2(\Gamma_1 = 0) = \frac{n_2^\sigma}{A_s} \tag{2-42}$$

而 n_2^σ 本身即为一差值。可以认为，$n_2^\sigma = n_2^s - \frac{n_2}{n_1} n_1^s$。

为计算方便，通常在溶剂无界面过剩的条件下确定 SS' 面的位置。此时，溶质相对于溶剂的吸附量即为式（2-42）所述。

那么，如何确定相界面的位置呢？

如图 2-24 所示，当 SS' 面移动时，V^α 和 V^β 均发生变化，则 n_1^σ 随之发生变化。

图 2-24（a）中由 B 到 A' 的曲线 BoA' 为界面相中溶剂的浓度变化曲线。可以选择这样一个 SS' 面作为相界面，使 BSo 的面积恰好等于 $A'S'o$ 的面积，即 SS 面上下两部分阴影面积相等。这样，整个体系中溶剂的量为 BB' 面以上的部分、AA' 面以下的部分和 $BoA'AS$ 所包围的面积三部分组成。

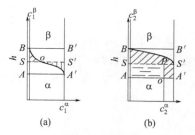

图 2-24　表面过剩量示意图
（a）溶剂；（b）溶质

由于 BSo 和 $A'S'o$ 所包围的部分面积相等，可以补偿。故按照 Gibbs 面的定义，体系中溶剂的量为 SS' 面以上的部分和该面以下的部分所组成，与上面所述三部分之和相等，故 n_1^σ 为 0。

选定 SS' 面之后，便可求算 n_2^σ。如图 2-23（b）所示，体系中溶质的量为 BB' 面以上的部分、Ao 面以下的部分和 $BS'oASB$ 所包围的面积之和。按照 Gibbs 面的定义，则应为 SS' 面以上的气相部分、Sp 面以下的液相部分和 Gibbs 面上的过剩量之和。n_2^σ 即为两种计算方法所得数值相等时所列方程之解。

故 n_2^σ 即为 $BS'opSB$ 所包围的以斜线表示的阴影部分的面积。

2. Gibbs 公式的推导及应用

（1）相界面法推导　设某个体系发生微小的可逆变化。对 Gibbs 表面来讲，其热力学函数的变化为：

$$dU^\sigma = dH^\sigma = T dS^\sigma + \gamma dA + \sum_i \mu_i dn_i^\sigma$$

$$dF^\sigma = dG^\sigma = -S^\sigma dT + \gamma dA + \sum_i \mu_i dn_i^\sigma$$

假定在此微小变化中，各热力学函数、熵、面积 A 和超量 n_i^σ 的数量是从零增至某一常数的，而温度 T、表面张力 γ、化学位 μ 均保持恒定，则对上式进行积分（从 0 开始，简化了推导过程），有：

$$U^{\sigma} = H^{\sigma} = TS^{\sigma} + \gamma A + \sum_i \mu_i n_i^{\sigma}$$

$$F^{\sigma} = G^{\sigma} = \gamma A + \sum_i \mu_i n_i^{\sigma}$$

对上式进行全微分，有：

$$dU^{\sigma} = dH^{\sigma} = TdS^{\sigma} + S^{\sigma}dT + \gamma dA + Ad\gamma + \sum_i \mu_i dn_i^{\sigma} + \sum_i n_i^{\sigma}d\mu_i$$

$$dF^{\sigma} = dG^{\sigma} = \gamma dA + Ad\gamma + \sum_i \mu_i dn_i^{\sigma} + \sum_i n_i^{\sigma}d\mu_i$$

将全微分式分别与上面的热力学函数关系式相比较，则有：

$$S^{\sigma}dT + Ad\gamma + \sum_i n_i^{\sigma}d\mu_i = 0 \tag{2-43}$$

该式为界面的 Gibbs-Duhem 公式。

恒温条件下，有：

$$-Ad\gamma = \sum_i n_i^{\sigma}d\mu_i \tag{2-44}$$

由 $\mu_i = \mu_i^0 + RT\ln a_i$ 有：

$$d\mu_i = RTd\ln a_i$$

将其代入上式，有：

$$-d\gamma = \sum_i (n_i^{\sigma}/A)RTd\ln a_i = \sum_i \Gamma_i^{(1)}RTd\ln a_i \tag{2-45}$$

该式即为 Gibbs 吸附公式。它反映了表面张力、活度和吸附量之间的关系。$\Gamma_i^{(1)}$ 为第 i 种溶质组分的表面过剩。此时，溶剂的表面过剩为零，加和中不包括溶剂项。

对于由一种溶质与溶剂组成的体系，有：

$$-d\gamma = \Gamma_2^{(1)}RTd\ln a_2 = \Gamma_2^{(1)}(RT/a_2)da_2$$

故

$$\Gamma_2^{(1)} = -\frac{1}{RT}\left(\frac{d\gamma}{d\ln a_2}\right)_T = -\frac{a_2}{RT}\left(\frac{d\gamma}{da_2}\right)_T \tag{2-46}$$

若 Gibbs 公式写作 $-d\gamma = \sum_i \Gamma_i' RTd\ln a_i$，则包括溶剂项。

(2) 界面相法推导　设气/液平衡体系由气相 β、液相 α 和界面相 s 组成，则：

$$n_i^s = n_i - (c_i^{\alpha}V^{\alpha} + c_i^{\beta}V^{\beta}) \quad (\text{注意，此处的 } V^{\alpha}\text{、}V^{\beta} \text{ 与相界面法不同})$$

对于界面相，有：

$$dU^s = TdS^s - PdV^s + \gamma dA + \sum_i \mu_i dn_i^s$$

积分，有：

$$U^s = TS^s - PV^s + \gamma A + \sum_i \mu_i n_i^s$$

全微分，有：

$$dU^s = TdS^s + S^s dT - PdV^s - V^s dP + \gamma dA + Ad\gamma + \sum_i \mu_i dn_i^s + \sum_i n_i^s d\mu_i$$

故恒温、恒压下，由以上两式可得：

$$Ad\gamma + \sum_i n_i^s d\mu_i = 0 \tag{2-47}$$

将此式应用于溶液相。因溶液相无界面，故：

$$d\gamma = 0$$

因此

$$\sum_i n_i^{\alpha}d\mu_i = 0 \quad (\text{注意，此处上标 s 变为 α})$$

故
$$\sum_i (n_i^{\alpha}/n_i)\mathrm{d}\mu_i = 0$$

即
$$\sum_i x_i^{\alpha}\mathrm{d}\mu_i = 0 \quad (x_i^{\alpha} \text{为摩尔分数})$$

因此
$$\mathrm{d}\mu_i = -\sum_j (x_j^{\alpha}/x_i^{\alpha})\mathrm{d}\mu_j \quad (j \neq i)$$

对同一组分来讲,平衡时各相中化学势相等,故将其代入到式(2-47)中,有:
$$-\mathrm{d}\gamma = \sum_j \left(\frac{n_j^s}{A} - \frac{n_j^s}{A} \times \frac{x_j^{\alpha}}{x_i^{\alpha}}\right)\mathrm{d}\mu_j \quad (j \neq i) \tag{2-48}$$

对于两组分体系,由式(2-47),有:
$$A\mathrm{d}\gamma + n_1^s\mathrm{d}\mu_1 + n_2^s\mathrm{d}\mu_2 = 0$$

因为
$$\mathrm{d}\mu_1 = -\frac{x_2^{\alpha}}{x_1^{\alpha}}\mathrm{d}\mu_2$$

所以
$$A\mathrm{d}\gamma + n_1^s\left(-\frac{x_2^{\alpha}}{x_1^{\alpha}}\right)\mathrm{d}\mu_2 + n_2^s\mathrm{d}\mu_2 = 0$$

故
$$-\mathrm{d}\gamma = \left(\frac{n_2^s}{A} - \frac{x_2^{\alpha}}{x_1^{\alpha}} \times \frac{n_1^s}{A}\right)\mathrm{d}\mu_2$$

$$= \left(\frac{n_2^s}{A} - \frac{x_2^{\alpha}}{x_1^{\alpha}} \times \frac{n_1^s}{A}\right)RT\mathrm{d}\ln a_2$$

而
$$\frac{x_2^{\alpha}}{x_1^{\alpha}} = \frac{n_2^{\alpha}}{n_1^{\alpha}}$$

故
$$-\mathrm{d}\gamma = \left(\frac{n_2^s}{A} - \frac{n_2^{\alpha}}{n_1^{\alpha}} \times \frac{n_1^s}{A}\right)RT\mathrm{d}\ln a_2$$

由界面相法对界面吸附量的定义,即可得到:
$$-\mathrm{d}\gamma = \Gamma_2^{(1)}RT\mathrm{d}\ln a_2$$

故
$$\Gamma_2^{(1)} = -\frac{1}{RT} \times \frac{\mathrm{d}\gamma}{\mathrm{d}\ln a_2} = -\frac{a_2}{RT} \times \frac{\mathrm{d}\gamma}{\mathrm{d}a_2}$$

可以看出,该公式与相界面法所导出的 Gibbs 公式是一致的。对于多组分体系,也可以进行处理,只是过程稍嫌烦琐。

(3) 两种方法的比较　Gibbs 吸附模型是对物理界面等效的数学简化。该模型从宏观热力学出发,避开了对具体界面的分类讨论和分子间作用力的分析,使得热力学处理简单化,具有理论奠基的性质。该模型参考平面的划分不是唯一的,但参考平面的变化不会影响到溶质相对于溶剂的吸附量。通常按照溶剂的过剩量为零的划分只是最常用的一种方式。该模型的缺点在于,吸附量的物理意义不太明确,不容易理解。

Guggenheim 指出了 Gibbs 界面划分法的不足,阐释了一些令人困惑的问题,如吸附量的单位和吸附量的物理意义。他认为,Gibbs 所采用的几何界面划分法中,任意将一种组分的表面过剩量设定为 0,以至于很难得到关于界面的物理图像。Guggenheim 还对界面相进行了界定,认为表面相的不均匀性只在第一层分子厚度上。他提出了具有明确物理意义的界面吸附量的概念。尽管 Guggenheim 的模型更真实、更接近客观实际,但数学处理复杂,并没有得到推广。

但两种模型所定义的吸附量是相同的。后人高度评价 Gibbs 和 Guggenheim 的工作:"If

not for Gibbs' genius，we could never look into the surface. But if not for Guggenheim，we could never understand Gibbs' genius. "

（4）Gibbs 公式的验证　Gibbs 公式是继 Laplace 公式和 Kelvin 公式之后的表面化学的第三个基本公式，发表于 1875 年。该公式由热力学推导而来，适用于各种界面。

由于以下两个原因，Gibbs 公式需要有实验验证。

第一，热力学定律是现象学规律，其中有的参数可由实验直接观察，而有的参数则是经过计算人为定义的。故在热力学推导出来的公式中，对人为的定义参数的界限往往不太明确。

第二，在热力学推导中包含十分严格的逻辑运算，完全有可能由于疏忽而在不知不觉中混进一些没有前提的运算。

1932 年，McBain 等人用切片机法对 Gibbs 公式进行了验证；1950 年，Sally 用同位素示踪法研究了气体和液体的表面过剩；1968 年，Smith 通过测量水银表面光反射的椭圆率研究了表面吸附。这些实验都验证了 Gibbs 公式的正确性。

（5）Gibbs 公式的应用　Gibbs 公式描述了吸附量、表面张力和体相浓度之间的关系，适用于一切界面。当溶质在溶液的表面吸附时，有：

$$\Gamma_2^{(1)} = -\frac{1}{RT}\left(\frac{\partial \gamma}{\partial \ln a_2}\right)_T \tag{2-49}$$

若溶液浓度足够低，则可用浓度代替活度，有：

$$\Gamma_2^{(1)} = -\frac{1}{RT}\left(\frac{\partial \gamma}{\partial \ln c_2}\right)_T = -\frac{c_2}{RT}\left(\frac{\partial \gamma}{\partial c_2}\right)_T \tag{2-50}$$

因此，当 $(\partial \gamma / \partial c_2)_T < 0$ 时，$\Gamma_2^{(1)} > 0$，γ 随 c_2 增大而减小，发生正吸附；当 $(\partial \gamma / \partial c_2)_T > 0$ 时，$\Gamma_2^{(1)} < 0$，γ 随 c_2 增大而增大，发生负吸附。

① Gibbs 吸附公式对非电解质溶液表面的应用　对于非电解质二元溶液，可以直接用 Gibbs 公式计算表面吸附量。当浓度不太高时，有：

$$\Gamma_2^{(1)} = -\frac{c}{RT}\left(\frac{\partial \gamma}{\partial c}\right)_T$$

由 Szyszkowski 公式 $\frac{\gamma_0 - \gamma}{\gamma_0} = b\ln\left(\frac{c}{a}+1\right)$，可得 $\gamma = \gamma_0 + b\gamma_0\ln a - b\gamma_0\ln(a+c)$，故：

$$\mathrm{d}\gamma = -\frac{b\gamma_0}{a+c}\mathrm{d}c$$

从而有：

$$\left(\frac{\partial \gamma}{\partial c}\right)_T = -\frac{b\gamma_0}{a+c}$$

将其代入到 Gibbs 公式中，则有：

$$\Gamma_2^{(1)} = -\frac{c}{RT}\left(-\frac{b\gamma_0}{a+c}\right) = \frac{b\gamma_0}{RT} \times \frac{c}{a+c} \tag{2-51}$$

该式为 Langmuir 吸附等温式。

讨论：当 $c \ll a$ 时，浓度很低，上式可变为 $\Gamma_2^{(1)} = \frac{b\gamma_0}{aRT}c$，$\Gamma_2^{(1)}$ 随浓度增加线性增加；当 $c \gg a$ 时，浓度足够高，上式可变为 $\Gamma_2^{(1)} = \frac{b\gamma_0}{RT} = \Gamma_m$，$\Gamma_m$ 为饱和吸附量。

Langmuir 吸附等温线如图 2-25 所示。

由饱和吸附量可以求算每分子平均占有面积。设达到饱和吸附时，吸附层为单分子层，则每分子平均占有面积为（$\text{Å}^2/$分子）：

$$S = \frac{10^{20}}{[\Gamma_2^{(1)} + m]N_a} \tag{2-52}$$

式中，m 为界面相中含 $\Gamma_2^{(1)}$ 溶质的同量的溶剂在体相中溶解溶质的量；$\Gamma_2^{(1)}$ 为过剩量，并非界面上溶质的量，故界面上的量应为过剩量与 m 的加和；N_a 为 Avogadro 常数。当溶质浓度很小溶液即达到饱和时，m 可以忽略。此时 $\Gamma_2^{(1)} \gg m$，且界面上溶剂很少，故其在溶液中溶解的物质的量亦极少。

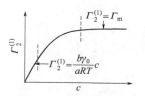

图 2-25 吸附量与浓度的关系曲线

② Gibbs 吸附公式对电解质溶液的应用　离子型表面活性剂有重要应用，因此，离子型表面活性剂溶液表面的吸附非常重要。当应用 Gibbs 吸附公式处理这类溶液的表面吸附时，应考虑到表面活性剂的电离、水解以及水的解离等因素。

由 Gibbs 吸附量的定义，各种离子吸附量之间的关系应符合电中性原则：

$$\sum_i \Gamma_{+i}^{(1)} = \sum_j \Gamma_{-j}^{(1)}$$

由于电解质分为强电解质和弱电解质，它们在水溶液中的解离程度不同，应用 Gibbs 吸附公式时应分开处理。

第一种情况，对 1-1 价型的强电解质（如 RNa 水溶液）来讲，考虑到电解质分子的解离和水的解离，Gibbs 吸附公式可以写作：

$$-d\gamma = RT[\Gamma_{\text{Na}^+}^{(1)} d\ln a_{\text{Na}^+} + \Gamma_{\text{R}^-}^{(1)} d\ln a_{\text{R}^-} + \Gamma_{\text{H}^+}^{(1)} d\ln a_{\text{H}^+} + \Gamma_{\text{OH}^-}^{(1)} d\ln a_{\text{OH}^-}]$$

一般来讲，$c_{\text{Na}^+} \gg c_{\text{H}^+}$，$c_{\text{R}^-} \gg c_{\text{OH}^-}$，$\text{R}^-$ 为表面活性的。

故 $\Gamma_{\text{Na}^+}^{(1)} \gg \Gamma_{\text{H}^+}^{(1)}$，$\Gamma_{\text{R}^-}^{(1)} \gg \Gamma_{\text{OH}^-}^{(1)}$。由电中性原则，有：

$$\Gamma_{\text{Na}^+}^{(1)} + \Gamma_{\text{H}^+}^{(1)} = \Gamma_{\text{R}^-}^{(1)} + \Gamma_{\text{OH}^-}^{(1)}$$

故

$$\Gamma_{\text{Na}^+}^{(1)} = \Gamma_{\text{R}^-}^{(1)}$$

因此，Gibbs 吸附公式中与 H^+ 和 OH^- 的相关项可以略去。则有：

$$-d\gamma = RT[\Gamma_{\text{Na}^+}^{(1)} d\ln a_{\text{Na}^+} + \Gamma_{\text{R}^-}^{(1)} d\ln a_{\text{R}^-}] = RT\Gamma_{\text{R}^-}^{(1)}(d\ln a_{\text{Na}^+} + d\ln a_{\text{R}^-})$$

$$= RT\Gamma_{\text{R}^-}^{(1)} d\ln(a_{\text{Na}^+} a_{\text{R}^-}) = RT\Gamma_{\text{R}^-}^{(1)} d\ln(m_{\text{Na}^+} m_{\text{R}^-} f_\pm^2) = RT\Gamma_{\text{R}^-}^{(1)} d\ln(m_{\text{R}^-} f_\pm)^2$$

$$= 2RT\Gamma_{\text{R}^-}^{(1)}(d\ln m_{\text{R}^-} + d\ln f_\pm)$$

式中，m 为电解质浓度；$f_\pm$ 为平均活度系数。

由 Debye-Huckel 理论，$\ln f_\pm = -K|Z_+ Z_-|\sqrt{\mu}$，而离子强度为：

$$\mu_i = \frac{1}{2}\sum_i c_i Z_i^2$$

当浓度足够低时，$f_\pm = 1$，因此：

$$-d\gamma = 2RT\Gamma_{\text{R}^-}^{(1)} d\ln m_{\text{RNa}} \tag{2-53}$$

对任意价数的强电解质，有 $-d\gamma = xRT\Gamma_{\text{R}^-}^{(1)} d\ln m$，$x$ 为每个表面活性分子完全解离时形成的离子数。例如，对于 Gemini 型表面活性剂 RNa_2，可以推导出 $-d\gamma = 3RT\Gamma_{\text{R}^{2-}}^{(1)} d\ln m$。

当在溶液中加入与表面活性剂离子具有共同反离子的中性盐时，如在 RNa 水溶液中加入 NaCl，使溶液离子强度恒定，则对于指定体系，恒温、恒离子强度时电解质平均活度系数不变，表面活性剂反离子的活度也不变，则：

$$-d\gamma = RT[\Gamma_{\text{Na}^+}^{(1)} d\ln a_{\text{Na}^+} + \Gamma_{\text{R}^-}^{(1)} d\ln a_{\text{R}^-} + \Gamma_{\text{H}^+}^{(1)} d\ln a_{\text{H}^+} + \Gamma_{\text{OH}^-}^{(1)} d\ln a_{\text{OH}^-} + \Gamma_{\text{Cl}^-}^{(1)} d\ln a_{\text{Cl}^-}]$$

由于加入了 NaCl，Na^+ 和 Cl^- 的离子强度恒定，故上式中含 Na^+ 和 Cl^- 的项为 0。又因为 H^+ 和 OH^- 的界面吸附量远低于其他物种的界面吸附量，故含 H^+ 和 OH^- 的项也可忽略，因此，上式简化为：

$$- \mathrm{d}\gamma = RT\Gamma_{R^-}^{(1)} \mathrm{dln}a_{R^-} = RT\Gamma_{R^-}^{(1)} \mathrm{dln}a_{RNa} = RT\Gamma_{R^-}^{(1)} \mathrm{dln}m_{RNa}$$

因此，加入电解质 NaCl 后，前面的系数发生了改变。

第二种情况，对于 1-1 价型的弱电解质，除了电解质的解离和水的解离外，还会发生水解。现以 RNa 为例说明之。

$$R^- + H^+ \longrightarrow RH, \quad K_a = a_{R^-}a_{H^+}/a_{RH}$$

$$OH^- + H^+ \longrightarrow H_2O, \quad K_w = a_{H^+}a_{OH^-}$$

体系中含有 R^-、Na^+、RH、OH^- 和 H^+。则 Gibbs 公式可写作：

$$- \mathrm{d}\gamma = RT[\Gamma_{Na^+}^{(1)} \mathrm{dln}a_{Na^+} + \Gamma_{R^-}^{(1)} \mathrm{dln}a_{R^-} + \Gamma_{H^+}^{(1)} \mathrm{dln}a_{H^+} + \Gamma_{OH^-}^{(1)} \mathrm{dln}a_{OH^-} + \Gamma_{RH}^{(1)} \mathrm{dln}a_{RH}]$$

由 $K_w = a_{H^+}a_{OH^-}$，可得：

$$- \mathrm{dln}a_{H^+} = \mathrm{dln}a_{OH^-}$$

由 $K_a = a_{R^-}a_{H^+}/a_{RH}$，可得：

$$\mathrm{dln}a_{RH} = \mathrm{dln}a_{H^+} + \mathrm{dln}a_{R^-}$$

因此，Gibbs 吸附公式变为：

$$- \mathrm{d}\gamma = RT[\Gamma_{Na^+}^{(1)} \mathrm{dln}a_{Na^+} + \Gamma_{R^-}^{(1)} \mathrm{dln}a_{R^-} + \Gamma_{H^+}^{(1)} \mathrm{dln}a_{H^+} - \Gamma_{OH^-}^{(1)} \mathrm{dln}a_{H^+} + \Gamma_{RH}^{(1)} \mathrm{dln}a_{R^-} + \Gamma_{RH}^{(1)} \mathrm{dln}a_{H^+}]$$

$$= RT\{\Gamma_{Na^+}^{(1)} \mathrm{dln}a_{Na^+} + [\Gamma_{R^-}^{(1)} + \Gamma_{RH}^{(1)}]\mathrm{dln}a_{R^-} + [\Gamma_{H^+}^{(1)} - \Gamma_{OH^-}^{(1)} + \Gamma_{RH}^{(1)}]\mathrm{dln}a_{H^+}\}$$

由电中性原则

$$\Gamma_{Na^+}^{(1)} + \Gamma_{H^+}^{(1)} = \Gamma_{R^-}^{(1)} + \Gamma_{OH^-}^{(1)}$$

可得到

$$\Gamma_{H^+}^{(1)} - \Gamma_{OH^-}^{(1)} = \Gamma_{R^-}^{(1)} - \Gamma_{Na^+}^{(1)}$$

因此有

$$\Gamma_{H^+}^{(1)} - \Gamma_{OH^-}^{(1)} + \Gamma_{RH}^{(1)} = \Gamma_{R^-}^{(1)} - \Gamma_{Na^+}^{(1)} + \Gamma_{RH}^{(1)}$$

故 Gibbs 吸附公式变为：

$$- \mathrm{d}\gamma = RT\{\Gamma_{Na^+}^{(1)} \mathrm{dln}a_{Na^+} + [\Gamma_{R^-}^{(1)} + \Gamma_{RH}^{(1)}]\mathrm{dln}a_{R^-} + [\Gamma_{R^-}^{(1)} - \Gamma_{Na^+}^{(1)} + \Gamma_{RH}^{(1)}]\mathrm{dln}a_{H^+}\}$$

$$= RT\{\Gamma_{Na^+}^{(1)} \mathrm{dln}a_{Na^+} + [\Gamma_{R^-}^{(1)} + \Gamma_{RH}^{(1)}]\mathrm{dln}a_{R^-} + [\Gamma_{R^-}^{(1)} + \Gamma_{RH}^{(1)}]\mathrm{dln}a_{H^+} - \Gamma_{Na^+}^{(1)} \mathrm{dln}a_{H^+}\}$$

$$= RT\{\Gamma_{Na^+}^{(1)} \mathrm{dln}(a_{Na^+}/a_{H^+}) + [\Gamma_{R^-}^{(1)} + \Gamma_{RH}^{(1)}]\mathrm{dln}(a_{R^-}a_{H^+})\}$$

若加入既有共同反离子又有缓冲作用的无机盐，则 a_{Na^+} 和 a_{H^+} 均保持不变，则上式可简化为：

$$- \mathrm{d}\gamma = RT[\Gamma_{R^-}^{(1)} + \Gamma_{RH}^{(1)}]\mathrm{dln}a_{R^-} = RT\Gamma_R^{(1)} \mathrm{dln}m_{RNa} \quad (f_{\pm} = 1) \quad (2\text{-}54)$$

式中，$\Gamma_R^{(1)}$ 为总吸附量，$\Gamma_R^{(1)} = \Gamma_{R^-}^{(1)} + \Gamma_{RH}^{(1)}$。

③ Gibbs 吸附公式应用于多组分溶液　运用 Gibbs 吸附公式可以研究多组分溶液中表面活性物质在表面的吸附量、界面组成及不同表面活性物质的吸附性质。

例如，对于含有两种溶质的溶液，Gibbs 吸附公式为：

$$- \mathrm{d}\gamma = RT[\Gamma_2^{(1)} \mathrm{dln}a_2 + \Gamma_3^{(1)} \mathrm{dln}a_3]$$

假设 a_2 与 a_3 呈一定的比例关系，如 $a_2/a_3 = k$，则 $a_2 = ka_3$（k 为常数），那么有 $\ln a_2 = \ln k + \ln a_3$，故 $\mathrm{dln}a_2 = \mathrm{dln}a_3$，因此有：

$$- \mathrm{d}\gamma = RT[\Gamma_2^{(1)} \mathrm{dln}a_2 + \Gamma_3^{(1)} \mathrm{dln}a_3] = RT[\Gamma_2^{(1)} + \Gamma_3^{(1)}]\mathrm{dln}a_2 = RT\Gamma_T^{(1)} \mathrm{dln}a_2$$

式中，$\Gamma_T^{(1)}$ 为混合溶液表面的总吸附量，$\Gamma_T^{(1)} = \Gamma_2^{(1)} + \Gamma_3^{(1)}$。

然后使溶液中一种溶质的浓度保持恒定，则可以 Gibbs 吸附公式求算另一种溶质的吸附量。若 a_3 恒定，则 $\mathrm{dln}a_3 = 0$，那么吸附公式为：

$$-\mathrm{d}\gamma = RT\Gamma_2^{(1)}\,\mathrm{dln}a_2$$

当 $\Gamma_2^{(1)}$ 和 $\Gamma_T^{(1)}$ 都测定后, $\Gamma_3^{(1)} = \Gamma_T^{(1)} - \Gamma_2^{(1)}$ 便可求出。同时,表面相的组成也可以确定。

$$x_2^s = \Gamma_2^{(1)}/\Gamma_T^{(1)};\quad x_3^s = \Gamma_3^{(1)}/\Gamma_T^{(1)}$$

从混合溶液的表面性质和单一溶液的表面性质来看,多组分溶液可分为以下两类。

第一类,总吸附量和 γ_{cmc} 均介于两个单一溶质溶液的吸附量和 γ_{cmc} 之间,各组分在混合溶液中饱和吸附时的吸附量低于单一溶质溶液时的吸附量,即:

$$\Gamma_{2(纯)}^{(1)} < \Gamma_T^{(1)} < \Gamma_{3(纯)}^{(1)};\quad \Gamma_{2(混)}^{(1)} < \Gamma_{2(纯)}^{(1)};\quad \Gamma_{3(混)}^{(1)} < \Gamma_{3(纯)}^{(1)}$$

这类体系中两种溶质分子间没有特性相互作用,在吸附过程中竞争表面位置,吸附自由能较大者占优势。

第二类,总的饱和吸附量大于各组分溶液的饱和吸附量,即:

$$\Gamma_T^{(1)} > \Gamma_{2(纯)}^{(1)};\quad \Gamma_T^{(1)} > \Gamma_{3(纯)}^{(1)}$$

cmc 明显低于各单一组分溶液的数值。混合后溶液的表面活性增强了。这反映了这类体系中两种溶质分子间有特性相互作用,如亲水基之间的异性电荷之间的吸引作用。这是协同吸附效应。

④ 气/液界面吸附的另一种形式 若纯溶剂暴露于某种蒸汽中,液体表面吸附气体分子时,表面张力降低,有:

$$\Gamma = -\frac{P}{RT}\times\frac{\mathrm{d}\gamma}{\mathrm{d}P} = -\frac{1}{RT}\times\frac{\mathrm{d}\gamma}{\mathrm{dln}P} \tag{2-55}$$

式中, P 为气体压力。

⑤ 气/固界面的吸附 对于气/固界面的吸附,有:

$$\Gamma = -\frac{1}{kT}\times\frac{\mathrm{d}\gamma}{\mathrm{dln}P} \tag{2-56}$$

式中, k 为 Boltzmann 常数; P 为气体压力。

上式可变化为 $\mathrm{d}\gamma = -\Gamma kT\mathrm{dln}P$, 积分,有 $\gamma_0 - \gamma = -\int\Gamma kT\mathrm{dln}P$。

故可在测出吸附量之后求算固体表面张力的变化。

三、 溶液表面吸附层的状态方程

表面吸附层的状态方程将表面组成(表面浓度)和表面性质(表面张力 γ 或者表面压 π)联系在一起。

1. 二维空间气体模型及由此推导的状态方程

(1) 二维空间气体模型 表面压是指表面活性剂溶液的表面张力小于纯溶剂的表面张力,二者之间存在一个压力差。随着浓度的增加,这一压力差也增加。该压力差叫作表面压,又叫作二维压力,用 π 表示。

$$\pi = \gamma_0 - \gamma \tag{2-57}$$

下面介绍一个经典的实验,即 PLAWM (Pockels-Langmuir-Adam-Wilson-Mcbain) 槽实验,如图 2-26 所示。

槽用可移动的浮障隔开,两边分别注入溶剂和溶液。由于受到大小不同、方向相反的表面张力的作用,浮障向溶剂一边运动。此时将推动浮障的力叫作二维压力或者表面压。

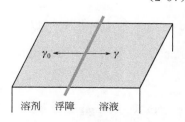

图 2-26 PLAWM 槽实验

$$\pi = \gamma_{溶剂} - \gamma_{溶液} \tag{2-58}$$

　　表面压的物理意义是，在分隔两个表面的每单位长度的浮障上所受的力。也可以将表面压看作是被正吸附的溶质分子在二维方向上运动时撞击浮障所产生的结果。此时把吸附分子看作是具有平动能的自由运动的质点。这些分子之间没有相互作用且体积为零。这类似于气体分子碰撞器壁产生气体压力一样。因此，该模型叫作二维空间气体模型。

　　(2) 溶液浓度足够低时的吸附层状态方程　对于稀溶液，其表面张力可以由 Szyszkowski 公式给出：

$$\gamma = \gamma_0 - \frac{b\gamma_0}{a}c$$

因此有

$$\pi = \frac{b\gamma_0}{a}c \ \text{和} \ \frac{d\gamma}{dc} = -\frac{b\gamma_0}{a}$$

所以

$$\frac{d\gamma}{dc} = -\frac{\pi}{c}$$

再由 Gibbs 吸附公式 $\Gamma = -\dfrac{c}{RT}\left(\dfrac{\partial \gamma}{\partial c}\right)_T$，有：

$$\frac{d\gamma}{dc} = -\frac{\Gamma RT}{c}$$

两式对照，有：

$$\pi = \Gamma RT$$

而

$$\Gamma = \frac{n^\sigma}{A}$$

故

$$\pi A = n^\sigma RT \tag{2-59}$$

式中，A 为界面面积。对于稀溶液来讲，体相浓度很低，所以 n^σ 可近似看作是表面相中吸附溶质的量。此时 $n^\sigma = n^{\sigma\prime} - m$ 中的 m 可以忽略。

　　当 $n^\sigma = 1$ 时，A 为 1mol 吸附分子所占有的面积，故：

$$\pi A = RT$$

此即为浓度足够低时的吸附层的状态方程。此时 π 很小。

　　(3) 溶液浓度较高或者表面压较大时的吸附层状态方程　上面所导出的吸附层状态方程在溶液浓度足够低时是正确的。这已由实验验证了。但在浓度较大时则出现了偏差。二维空间气体理论将出现这种偏差的原因归结为吸附分子实际上不是质点而是占有面积的，而且吸附分子间存在相互作用。故从这两点出发分别进行了校正。

　　① 对吸附分子占有面积的校正　若 1mol 分子独占的面积为 A_0，则表面吸附分子的有效活动面积为 $A - A_0$。吸附层状态方程可以写成：

$$\pi(A - A_0) = RT \ \text{或者} \ \pi A = \pi A_0 + RT \tag{2-60}$$

这就是 Volmer 公式。进一步变形，则有：

$$\frac{\pi A}{RT} = \frac{\pi A_0}{RT} + 1$$

当 π 很小时，A_0 可以忽略。当 π 较大时，$\dfrac{\pi A}{RT}$ 随 π 的增加而线性增加。

　　② 对吸附分子间的相互作用进行校正　可将方程写作：

$$\pi(A - A_0) = xRT \ \text{或者} \ \frac{\pi A}{RT} = \frac{\pi A_0}{RT} + x \tag{2-61}$$

该式为 Amagat 方程。或者将表面压分解，即：

$$\pi = \pi_k + \pi_{int} = \pi_k + \pi_a + \pi_e$$

式中，π_k 为表面压的动能成分；π_a 和 π_e 分别为疏水基间和亲水基间的相互作用对表面压的贡献，二者构成了表面压的相互作用成分 π_{int}。

总之，二维空间气体模型物理图像清晰，主要参数易与分子性质相联系，但是所得到的状态方程尚不是很成功。

2. 二维空间溶液模型及由此推导的表面状态方程

（1）二维空间溶液理论的基本公式——Butler 公式 由化学势的定义，当强度变数恒定时，增加 1mol 组分 i，体系 Gibbs 自由能的增量为：

$$\mu_i = \left(\frac{\partial G}{\partial n_i}\right)_{T, P, n_j(j \neq i)} = \mu_i^{\ominus}(T, P) + RT \ln a_i \tag{2-62}$$

式中，$\mu_i^{\ominus}(T, P)$ 为 i 组分的标准化学势，即在某一温度和压力下，$a_i = 1$ 时 i 组分的化学势。

对于表面相中的组分，化学势可以表示为：

$$\mu_i^* = \left(\frac{\partial G}{\partial n_i}\right)_{T, P, \gamma, n_j(j \neq i)} \tag{2-63}$$

对于整个体系，其自由能的变化为：

$$dG = -SdT + VdP + \gamma dA + \sum_i \mu_i d(n_i^\alpha + n_i^\beta + n_i^s)$$

可得：

$$\mu_i = \left(\frac{\partial G}{\partial n_i^\alpha}\right)_{T,P,A,n_j(j \neq i)} = \left(\frac{\partial G}{\partial n_i^\beta}\right)_{T,P,A,n_j(j \neq i)} = \left(\frac{\partial G}{\partial n_i^s}\right)_{T,P,A,n_j(j \neq i)} = \mu_i^\alpha = \mu_i^\beta = \mu_i^s$$

这说明，吸附平衡时，i 组分在各相中的化学势相等。同时可以看出，由于恒定的变数不同，$\mu_i^* \neq \mu_i^s$。

那么，二者之间有什么关联呢？

由整个体系自由能的变化式还可以推出：

$$\mu_i^* = \left(\frac{\partial G}{\partial n_i}\right)_{T, P, \gamma, n_j(j \neq i)} = \left(\frac{\partial G}{\partial n_i}\right)_{T, P, A, n_j(j \neq i)} + \gamma\left(\frac{\partial A}{\partial n_i}\right)_{T, P, \gamma, n_j(j \neq i)} = \mu_i^s + \gamma \overline{A}_i \tag{2-64}$$

式中，$\overline{A}_i$ 是 i 组分的偏摩尔面积。γ 和 A 是一对共轭变数。因此：

$$\mu_i^s = \mu_i^* - \gamma \overline{A}_i = \mu_i^{*\ominus} + RT \ln a_i^s - \gamma \overline{A}_i$$

式中，$\mu_i^{*\ominus}$ 为 i 组分的标准化学势，即某一温度、压力和 γ 下，$a_i^s = 1$ 时 i 组分的化学势。此时，$\gamma = \gamma_0$，而：

$$\mu_i^s = \mu_i^{s\ominus} + RT \ln a_i^s$$

式中，$\mu_i^{s\ominus}$ 也是 i 组分的标准化学势，为某一温度、压力和 A 下，$a_i^s = 1$ 时 i 组分的化学势。此时，$\gamma = \gamma_0$。

由以上两个方程可以得到：

$$\mu_i^{*\ominus} = \mu_i^{s\ominus} + \gamma \overline{A}_i = \mu_i^{s\ominus} + \gamma_0 \overline{A}_i$$

因此有

$$\mu_i^s = \mu_i^{*\ominus} + RT \ln a_i^s - \gamma \overline{A}_i$$

$$= \mu_i^{s\ominus} + \gamma_0 \overline{A}_i + RT \ln a_i^s - \gamma \overline{A}_i$$

$$= \mu_i^{s\ominus} + RT \ln a_i^s + (\gamma_0 - \gamma) \overline{A}_i$$

$$= \mu_i^{s\ominus} + RT \ln a_i^s + \pi \overline{A}_i \tag{2-65}$$

这就是 Butler 公式。它将表面相中第 i 组分的化学势、活度和表面压联系起来。由于活度为活度系数与浓度的乘积，即 $a_i = f_i x_i$，故 Butler 公式也可以写成：

$$\mu_i^s = \mu_i^{s\ominus} + RT\ln(f_i x_i) + \pi\overline{A}_i \tag{2-66}$$

（2）表面状态方程 由 Butler 公式，有：

$$\pi = \frac{1}{\overline{A}_i}(\mu_i^s - \mu_i^{s\ominus} - RT\ln a_i^s)$$

$$= \frac{1}{\overline{A}_i}(\mu_i^\alpha - \mu_i^{s\ominus} - RT\ln a_i^s)$$

$$= \frac{1}{\overline{A}_i}(\mu_i^{\alpha\ominus} - \mu_i^{s\ominus} + RT\ln a_i^\alpha - RT\ln a_i^s)$$

$$= \frac{\mu_i^{\alpha\ominus} - \mu_i^{s\ominus}}{\overline{A}_i} - \frac{RT}{\overline{A}_i}\ln\left(\frac{a_i^s}{a_i^\alpha}\right)$$

$$= \frac{\mu_i^{\alpha\ominus} - \mu_i^{s\ominus}}{\overline{A}_i} - \frac{RT}{\overline{A}_i}\ln\left(\frac{f_i^s x_i^s}{f_i^\alpha x_i^\alpha}\right)$$

故

$$\ln\left(\frac{f_i^\alpha x_i^\alpha}{f_i^s x_i^s}\right) = \frac{\pi\overline{A}_i}{RT} + \frac{\mu_i^{s\ominus} - \mu_i^{\alpha\ominus}}{RT} \tag{2-67}$$

变换为：

$$f_i^s x_i^s = f_i^\alpha x_i^\alpha \exp\left(\frac{\mu_i^{\alpha\ominus} - \mu_i^{s\ominus}}{RT} - \frac{\pi\overline{A}_i}{RT}\right)$$

$$= f_i^\alpha x_i^\alpha \exp\left(-\frac{\pi\overline{A}_i}{RT}\right)\bigg/ \exp\left(\frac{\mu_i^{s\ominus} - \mu_i^{\alpha\ominus}}{RT}\right)$$

$$= f_i^\alpha x_i^\alpha \exp\left(-\frac{\pi\overline{A}_i}{RT}\right)\bigg/ \theta_i^\ominus \tag{2-68}$$

此式即为由二维溶液模型推导出的表面状态方程。该方程将表面相的组成 x_i^s、体相的组成 x_i^α 和表面相的性质 π 联系在一起。

3. 表面状态方程的应用

（1）应用于纯溶剂 此时，$\mu_1^{\alpha\ominus} = \mu_1^\alpha = \mu_1^s = \mu_1^{s\ominus}$，$\theta_1^\ominus = 1$，故表面状态方程为：

$$f_1^s x_1^s = f_1^\alpha x_1^\alpha \exp\left(-\frac{\pi\overline{A}_1}{RT}\right)$$

对于纯液体的表面，$f_1^s = 1$，$f_1^\alpha = 1$，$x_1^s = 1$，$x_1^\alpha = 1$，$\pi = 0$。

（2）应用于稀溶液 此时，$f_1^\alpha \approx 1$，$x_1^\alpha \approx 1$，故 $f_1^\alpha x_1^\alpha \approx 1$，即 $a_1^\alpha \approx 1$，且：

$$\theta_i^\ominus = \exp\left(\frac{\mu_i^{s\ominus} - \mu_i^{\alpha\ominus}}{RT}\right)$$

对于稀溶液来讲，在表面相中溶剂占绝大部分。因此，$f_1^s \approx 1$，$x_1^s \approx 1$，则 $a_1^s = f_1^s x_1^s \approx 1$。吸附平衡时，$\mu_1^s = \mu_1^\alpha$，而 $a_1^s \approx 1$，$a_1^\alpha \approx 1$，故 $\mu_1^{s\ominus} \approx \mu_1^{\alpha\ominus}$。

因此，$\theta_1^\ominus \approx 1$，故此时表面状态方程简化为：

$$f_1^s x_1^s = \exp\left(-\frac{\pi\overline{A}_1}{RT}\right)$$

转化为

$$\pi = -\frac{RT}{\overline{A}_1}(\ln f_1^s + \ln x_1^s) \approx -\frac{RT}{\overline{A}_1}\ln x_1^s$$

式中，$x_1^s = n_1^s \big/ \sum\limits_i n_i^s$，$n_i^s$ 为单位面积上某组分的物质的量。

对于表面活性剂溶液，可用 Γ 代替 n，Γ_i 为单位面积上某组分的吸附量，则有：

$$\sum_i \Gamma_i \overline{A}_i = 1$$

故

$$x_1^s = \frac{\Gamma_1}{\sum\limits_i \Gamma_i} = \frac{\Gamma_1 \overline{A}_1}{\overline{A}_1 \sum\limits_i \Gamma_i} = \frac{\Gamma_1 \overline{A}_1}{\Gamma_1 \overline{A}_1 + \overline{A}_1 \sum\limits_j \Gamma_{j(j \neq 1)}}$$

$$= \frac{1 - \sum\limits_j \Gamma_{j(j \neq 1)} \overline{A}_{j(j \neq 1)}}{1 - \sum\limits_j \Gamma_{j(j \neq 1)} \overline{A}_{j(j \neq 1)} + \overline{A}_1 \sum\limits_j \Gamma_{j(j \neq 1)}} = \frac{1 - \sum\limits_j \Gamma_{j(j \neq 1)} \overline{A}_{j(j \neq 1)}}{1 + \sum\limits_j (\overline{A}_1 - \overline{A}_{j(j \neq 1)}) \Gamma_{j(j \neq 1)}}$$

故表面状态方程可写为：

$$\pi = -\frac{RT}{\overline{A}_1} \ln \frac{1 - \sum\limits_j \Gamma_{j(j \neq 1)} \overline{A}_{j(j \neq 1)}}{1 + \sum\limits_j (\overline{A}_1 - \overline{A}_{j(j \neq 1)}) \Gamma_{j(j \neq 1)}}$$

例如，对于单一非电解质溶液，无限稀释时，有：

$$\pi = -\frac{RT}{\overline{A}_1} \ln \frac{1 - \Gamma_2 \overline{A}_2}{1 + (\overline{A}_1 - \overline{A}_2) \Gamma_2}$$

将 Γ_2 用 1 mol 吸附分子所占的面积 A 来表示，$\Gamma_2 = 1/A$，则：

$$\pi = -\frac{RT}{\overline{A}_1} \ln \frac{1 - \dfrac{\overline{A}_2}{A}}{1 + \dfrac{\overline{A}_1 - \overline{A}_2}{A}} = -\frac{RT}{\overline{A}_1} \ln \frac{A - \overline{A}_2}{A + \overline{A}_1 - \overline{A}_2} = -\frac{RT}{\overline{A}_1} \ln \frac{A + \overline{A}_1 - \overline{A}_2 - \overline{A}_1}{A + \overline{A}_1 - \overline{A}_2}$$

$$= -\frac{RT}{\overline{A}_1} \ln \left(1 - \frac{\overline{A}_1}{A + \overline{A}_1 - \overline{A}_2} \right)$$

无限稀释时，$A \gg \overline{A}_1$，$A \gg \overline{A}_2$，故 $\dfrac{\overline{A}_1}{A + \overline{A}_1 - \overline{A}_2} \approx \dfrac{\overline{A}_1}{A} \ll 1$。

因此

$$\pi \approx -\frac{RT}{\overline{A}_1} \left(-\frac{\overline{A}_1}{A} \right) = \frac{RT}{A}$$

故

$$\pi A = RT$$

（3）应用于二元溶液混合物　若组成二元溶液混合物的两组分性质十分相近，则这种溶液叫作完美溶液。若将这种溶液的表面看作单分子层，则：

$$n_1^s \overline{A}_1 + n_2^s \overline{A}_2 = A$$

式中，n_1^s 和 n_2^s 为面积为 A 的溶液表面上组分 1 和 2 的物质的量；$\overline{A}_1$ 和 $\overline{A}_2$ 为组分 1 和 2 的偏摩尔面积。由于两组分性质十分相近，可将偏摩尔面积近似看作各组分分别形成饱和单层时的摩尔面积，且与溶液组成无关。

对于理想溶液，两组分均以纯态为标准态。由于：

$$\mu_i^s = \mu_i^{s\ominus} + RT \ln a_i^s, \quad \mu_i^\alpha = \mu_i^{\alpha\ominus} + RT \ln a_i^\alpha$$

且吸附平衡时，同一组分在体相和表面相中的化学势相等，故：

$$\mu_i^{s\ominus} + RT \ln a_i^s = \mu_i^{\alpha\ominus} + RT \ln a_i^\alpha$$

而两组分均以纯态作为标准态，故标准态时 $a_i^s = a_i^\alpha = 1$，因此：

$$\mu_i^{s\ominus} = \mu_i^{\alpha\ominus}$$

故有
$$\theta_1^{\ominus} = \exp\frac{\mu_i^{s\ominus} - \mu_i^{\alpha\ominus}}{RT} = 1$$

又由于 $f_i^s = f_i^{\alpha} = 1$，故表面状态方程可以简化为：

$$x_i^s = x_i^{\alpha}\exp\left(-\frac{\pi\overline{A_i}}{RT}\right)$$

故
$$-\frac{\pi\overline{A_i}}{RT} = \ln\frac{x_i^s}{x_i^{\alpha}}$$

又由于 $\pi = \gamma_0 - \gamma$，因此有：

$$\gamma = \gamma_i^{\ominus} + \frac{RT}{\overline{A_i}}\ln\frac{x_i^s}{x_i^{\alpha}} = \gamma_1^{\ominus} + \frac{RT}{\overline{A_1}}\ln\frac{x_1^s}{x_1^{\alpha}} = \gamma_2^{\ominus} + \frac{RT}{\overline{A_2}}\ln\frac{x_2^s}{x_2^{\alpha}}$$

应该注意的是，这里的 π 和 γ 是两组分共同作用的结果，而 γ_0 则是对组分 1 或者 2 而言的，对应于标准态的 $\gamma_i^{\ominus}$，即一定温度和压力下，$a_i^{\alpha} = 1$ 时的 γ，即纯态的 γ_0。

对于理想溶液，$\overline{A_1} = \overline{A_2} = \overline{A}$，故表面状态方程变化为：

$$x_i^s = x_i^{\alpha}\exp\frac{\overline{A}(\gamma - \gamma_i^{\ominus})}{RT}$$

因此，对于这种二元溶液混合物，利用表面状态方程及相关参数，如 $\gamma_i^{\ominus}$、$\overline{A}$ 和 x_i^{α}，当测出溶液的表面张力 γ 后，可以求算溶液的表面组成。

而由 $\gamma = \gamma_1^{\ominus} + \dfrac{RT}{\overline{A_1}}\ln\dfrac{x_1^s}{x_1^{\alpha}} = \gamma_2^{\ominus} + \dfrac{RT}{\overline{A_2}}\ln\dfrac{x_2^s}{x_2^{\alpha}}$，可得：

$$\frac{\gamma\overline{A}}{RT} = \frac{\gamma_1^{\ominus}\overline{A}}{RT} + \ln\frac{x_1^s}{x_1^{\alpha}} = \frac{\gamma_2^{\ominus}\overline{A}}{RT} + \ln\frac{x_2^s}{x_2^{\alpha}}$$

由此可以得到以下两式：

$$x_1^{\alpha}\exp\left(-\frac{\gamma\overline{A}}{RT}\right) = x_1^{\alpha}\exp\left(-\frac{\gamma_1^{\ominus}\overline{A}}{RT}\right) - x_1^s$$

$$x_2^{\alpha}\exp\left(-\frac{\gamma\overline{A}}{RT}\right) = x_2^{\alpha}\exp\left(-\frac{\gamma_2^{\ominus}\overline{A}}{RT}\right) - x_2^s$$

两式相加，由于 $x_1^{\alpha} + x_2^{\alpha} = 1$，$x_1^s + x_2^s = 1$，有：

$$\exp\left(-\frac{\gamma\overline{A}}{RT}\right) = x_1^{\alpha}\exp\left(-\frac{\gamma_1^{\ominus}\overline{A}}{RT}\right) + x_2^{\alpha}\exp\left(-\frac{\gamma_2^{\ominus}\overline{A}}{RT}\right) - 1$$

因此，若 x_1^{α}、x_2^{α}、$\gamma_1^{\ominus}$ 和 $\gamma_2^{\ominus}$ 为已知，则可以求算二元溶液混合物的表面张力 γ，并进一步求算溶液的表面组成。

同时，还可以导出：

$$\gamma_2^{\ominus} - \gamma_1^{\ominus} = \frac{RT}{\overline{A}}\ln\left(\frac{x_1^s}{x_1^{\alpha}} \times \frac{x_2^{\alpha}}{x_2^s}\right)$$

若 $\gamma_2^{\ominus} > \gamma_1^{\ominus}$，则 $\dfrac{x_1^s}{x_1^{\alpha}} \times \dfrac{x_2^{\alpha}}{x_2^s} > 0$，故 $x_1^s x_2^{\alpha} > x_1^{\alpha} x_2^s$；而若 $x_1^{\alpha} = x_2^{\alpha}$，则 $x_1^s > x_2^s$。这说明，表面张力小的组分优先被吸附。

四、吸附过程的标准热力学函数

1. 标准自由能

由 Butler 公式，有：

$$\pi = \frac{1}{A_i}(\mu_i^{\alpha\ominus} - \mu_i^{s\ominus} + RT\ln a_i^{\alpha} - RT\ln a_i^{s})$$

因此

$$\mu_i^{s\ominus} - \mu_i^{\alpha\ominus} = RT\ln \frac{a_i^{\alpha}}{a_i^{s}} - \pi \overline{A_i}$$

定义 $\Delta G_{ad}^{\ominus} = \mu_i^{s\ominus} - \mu_i^{\alpha\ominus}$ 为吸附标准自由能，为界面相 i 组分的标准化学势与 α 相 i 组分的标准化学势之差。它反映了无限稀释时第 i 种组分的体表分布以及在标准状态下降低表面张力的能力。故：

$$\Delta G_{ad}^{\ominus} = RT\ln \frac{a_i^{\alpha}}{a_i^{s}} - \pi\overline{A}_i \tag{2-69}$$

而 $a^s = f^s\pi$，$a^{\alpha} = f^{\alpha}c$，π 和 c 分别为表面压和表面浓度。在面积恒定的条件下，$\overline{A}_i = 0$，故有：

$$\Delta G_{ad}^{\ominus} = RT\ln \frac{f_i^{\alpha}c}{f_i^{s}\pi} \tag{2-70}$$

定义表面吸附层有效表面压为 1mN/m、溶质内部浓度为 1mol/L 的状态为标准状态。标准自由能有如下几种求算方法。

（1）从无限稀释时的 $\partial\gamma/\partial c$ 求算 此时，$f^s \to 1$，$f^{\alpha} \to 1$，有：

$$-\Delta G_{ad}^{\ominus} = RT\ln \frac{f_i^{s}\pi}{f_i^{\alpha}c} = RT\ln\left(\frac{\pi}{c}\right)_{c\to 0}$$

对于极稀溶液，$\pi = kc$，故 $\dfrac{\pi}{c} = k$，且 $\dfrac{d\pi}{dc} = k$，因此：

$$\frac{\pi}{c} = \frac{d\pi}{dc}$$

而又由于 $\pi = \gamma_0 - \gamma$，可得，$d\pi = -d\gamma$，故有：

$$-\Delta G_{ad}^{\ominus} = RT\ln\left(\frac{\pi}{c}\right)_{c\to 0} = RT\ln\left(-\frac{\partial\gamma}{\partial c}\right)_{c\to 0} \tag{2-71}$$

（2）从较大范围的 γ-c 关系求算 对于稀溶液，由 Szyszkowski 公式，有：

$$\gamma = \gamma_0 - \frac{b\gamma_0}{a}c$$

故

$$\left(\frac{d\gamma}{dc}\right)_{c\to 0} = -\frac{b\gamma_0}{a}$$

当 γ_0、a 和 b 求出后，便可以求出 $\left(\dfrac{d\gamma}{dc}\right)_{c\to 0}$，从而求算 $\Delta G_{ad}^{\ominus}$。

2. 标准焓和标准熵

由 Gibbs-Helmholtz 公式，有 $\dfrac{\partial \Delta G_{ad}^{\ominus}}{\partial T} = -\Delta S_{ad}^{\ominus}$，可求标准熵；再由 $\Delta H_{ad}^{\ominus} = \Delta G_{ad}^{\ominus} + T\Delta S_{ad}^{\ominus}$，可求标准焓。

3. 标准热力学函数的变化规律

一些表面活性剂水溶液吸附时的标准热力学函数见表 2-4。

表 2-4　一些表面活性剂水溶液吸附时的标准热力学函数

体系	温度/℃	$\Delta G_{ad}^{\ominus}$ /(kJ/mol)	$\Delta H_{ad}^{\ominus}$/(kJ/mol)	$\Delta S_{ad}^{\ominus}$ /[J/(K·mol)]	备注
$C_{10}H_{21}SO_4Na$ +0.1mol/L NaCl	25	−24.77	−8.4	55.2	离子型表面活性剂，水合作用强，焓驱动及熵驱动
	35	−25.36	−8.4	55.2	
	45	−25.90	−8.4	55.2	
$C_{12}H_{25}SO_4Na$ +0.1 mol/L NaCl	25	−30.54	−13.8	56.5	
	35	−31.17	−13.8	56.5	
	45	−31.38	−13.8	55.2	
$C_{12}H_{25}(OC_2H_4)_2OH$	10	−23.9	1.0	24	非离子型表面活性剂，水合作用弱，熵驱动
	25	−25.6	1.0	24	
	40	−26.9	1.0	24	
$C_{12}H_{25}(OC_2H_4)_4OH$	10	−22.1	2.0	26	
	25	−23.9	2.0	26	
	40	−25.4	2.0	26	
$C_{12}H_{25}(OC_2H_4)_6OH$	10	−21.2	3.0	29	
	25	−23.3	3.0	29	
	40	−24.8	3.0	29	

由表中数据可以看出，$\Delta G_{ad}^{\ominus}$ 主要取决于疏水基的大小。$-\Delta G_{ad}^{\ominus}$ 随疏水基增大而增加。平均每个亚甲基对 $-\Delta G_{ad}^{\ominus}$ 的贡献约为 3kJ/mol。非离子型表面活性剂的聚氧乙烯链对 $-\Delta G_{ad}^{\ominus}$ 没有明显影响，说明 $-\Delta G_{ad}^{\ominus}$ 与亲水基的关系不大。疏水基相同时，离子型表面活性剂的 $-\Delta G_{ad}^{\ominus}$ 比非离子型的大，因为亲水基性质不同。吸附标准自由能是表面活性剂的一个特征参数。

吸附标准焓可正可负，吸附过程可吸热也可放热，但吸附标准熵总为正。因此，在吸附过程中，焓效应有时有利，有时不利，但熵效应总是有利于吸附进行的。溶液表面的吸附是一个熵驱动的过程。这与前面谈到表面活性剂的疏水效应时应用似冰理论所得出的结论是一致的。

五、 吸附过程动力学

表面活性剂溶液达吸附平衡时，平衡表面张力可以测出，吸附量可以由 Gibbs 公式给出。但吸附是一个动力学现象，表面活性剂分子是如何自溶液到达界面的？在此期间界面的组成和性质是如何变化的？要了解这些问题，需要了解吸附过程动力学。

人们很早就注意到，表面活性剂溶液的平衡表面张力不是即时就可以达到的[1]。1869年，Dupre 给出了皂液新鲜表面的表面张力与平衡值不同的证据。Gibbs 和 Rayleigh 也注意到了这一问题。1907 年，Milner 测定了油酸钠水溶液的动态表面张力，提出界面的形成是表面活性剂自体相向表面扩散的结果。后来，许多人，包括 Langmuir 和 Blodgett 等都对此进行了探讨。直到 1946 年，Ward 和 Tordai 提出了扩散控制的表面活性剂吸附的定量模型[2]。该模型成为以后探讨吸附过程动力学的基础。

吸附过程动力学的研究依靠的是动态表面张力的测定。人们知道，表面活性剂溶液表面的吸附达到平衡的时间非常短，因此，动态表面张力是不易测定的。后来，随着测定技术的进步，吸附动力学理论逐渐发展起来。因为所提出的任何模型，其正确性或者实用性必须经过实验验证。

1. 气/液界面上的吸附动力学模型

有两个模型描述了表面活性剂分子自体相向界面的吸附过程，即扩散控制模型和扩散-活化混合模型（图 2-27）。在吸附模型中，有一个想象的平面，它距表面有几个分子直径大小，称之为次表面（subsurface）。这两种吸附动力学模型与分子在次表面上的不同表现有关。

（1）扩散控制模型 假定分子自体相向界面扩散，分子一旦到达次表面，便被吸附在界面上。自体相向次表面的扩散行为决定了吸附的速度，而自次表面向界面的吸附非常快。

（2）扩散-活化混合模型 假定分子自体相向界面扩散时，当到达次表面后，有一个吸附势垒阻止了单体向界面的吸附。单体如果要吸附在界面上，就必须越过这个势垒成为活化分子才行。势垒的高度就是活化能。由于吸附

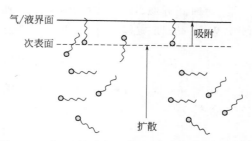

图 2-27 表面活性剂分子向界面扩散、吸附示意图

势垒的存在，单体自次表面向界面的迁移决定了吸附的速度。相对来讲，单体分子向次表面的扩散要快得多。

那么这个吸附势垒是如何产生的呢？有以下这么几个因素可能产生吸附势垒：由先吸附的分子产生的表面压而引起，由吸附空位的减少而引起，也可能是界面附近分子的阻碍导致的，抑或是分子须取正确的取向才有利于吸附等。由于吸附势垒的存在，会引起分子的反向扩散。

2. 气/液界面吸附动力学理论

（1）扩散控制机制

① Ward-Tordai 方程 假定吸附仅受扩散控制，并认为界面上的物质交换与体相扩散相比处于平衡态（局部平衡），则吸附增量等于界面上的扩散流[2,3]。考虑到界面是一个几何平面，在选定的坐标系中 x 轴垂直于界面并指向溶液，由 Fick 第二扩散定律，有：

$$\frac{\partial c(x,t)}{\partial t} = D\frac{\partial^2 c(x,t)}{\partial x}\tag{2-72}$$

该方程求解的初始条件为：$c(x,0)=c_0$；边界条件为：$\lim_{x\to\infty}c(x,t)=c_0$ 和 $c(0,t)=c_s(t)$。式中，c_0 为体相浓度；$c_s(t)$ 为次表面（$x=0$）处的浓度。

在 x=0 处，由 *Fick* 第一扩散定律，有：

$$\frac{d\Gamma(t)}{dt}\Big|_{x=0}=D\frac{\partial c(x,t)}{\partial x}\Big|_{x=0}\tag{2-73}$$

将式（2-72）通过 Laplace 变换得到的关于 $c(x,t)$ 的解代入到式（2-73）[4]，积分，有：

$$\Gamma(t)=2c_0\sqrt{\frac{Dt}{\pi}}-\sqrt{\frac{D}{\pi}}\int_0^t\frac{c_s(\tau)}{\sqrt{t-\tau}}d\tau\tag{2-74}$$

式中，τ 为虚拟积分变量。这就是 Ward-Tordai 方程。

Ward-Tordai 方程说明了单体自体相向界面的扩散以及当界面变得过于拥堵时单体向体

相的反向扩散。吸附过程开始时，单体自次表面直接吸附，每个分子到达界面时都如同到达一个空的吸附位一样。然而，随着表面变得越来越拥挤，单体到达一个已被占据的吸附位的可能性越来越高，因此必须考虑到自次表面向体相的反吸附。上式中右边第一项为吸附对 Γ 的贡献，第二项则为反向吸附对 Γ 的贡献。

② Ward-Tordai 方程的渐近解   Ward-Tordai 方程的求解十分复杂，因此人们便寻求某种条件下的渐近解。又由于动态吸附量难以测定，而表面张力是可以测定的。如果能建立动态表面状态方程，将 $\Gamma(t)$ 与 $\gamma(t)$ 联系起来，则可以通过测定动态表面张力的方式研究吸附动力学。

a. 短时间近似，$t \to 0$ 时的情况[5]   吸附刚开始时，不存在反向吸附。此时，$c_s(\tau)=0$。因此，Ward-Tordai 方程中的第二项可以略去。则：

$$\Gamma(t) = 2c_0 \sqrt{\frac{Dt}{\pi}} \tag{2-75}$$

当吸附开始时，$\gamma \to \gamma_0$，表面活性剂溶液可以按稀溶液处理。此时，表面压与吸附量之间存在线性关系（即 Henry 定律区域）：

$$\gamma_0 - \gamma = nRT\Gamma \tag{2-76}$$

将式（2-76）代入到式（2-75），有：

$$\gamma = \gamma_0 - 2nRTc_0 \sqrt{\frac{Dt}{\pi}} \tag{2-77}$$

b. 长时间近似，$t \to \infty$ 时的情况   Hansen[6,7]、Joos[8] 和 Miller[5] 等人分别对吸附动力学方程进行了近似处理，得到了不同的表达式。

③ Hansen 的处理[6,7,9]   Hansen 推导出了一个与 Ward-Tordai 方程等价的方程：

$$\Gamma = 2\sqrt{\frac{Dt}{\pi}} \left[c_0 - \int_0^{\pi/2} c(0,\ t\sin^2\lambda)\sin\lambda\, \mathrm{d}\lambda \right] \tag{2-78}$$

式中，λ 为虚拟积分变量。由此式出发，Hansen 推导了长时间吸附时的近似解：

$$\Delta c = \Gamma \sqrt{\frac{1}{\pi Dt}} \tag{2-79}$$

当时 Hansen 并未求解。后来，Hunsel[10] 完成了这一工作。设 $c_0 - c_s \approx 1/\sqrt{t}$，结合 Gibbs 吸附等温式 $\mathrm{d}\gamma = -nRT\Gamma\mathrm{d}\ln c$，有：

$$\Delta\gamma_{t\to\infty} = \gamma_t - \gamma_{eq} = \frac{nRT\Gamma^2}{c_0}\sqrt{\frac{1}{\pi Dt}} \tag{2-80}$$

④ Joos 的处理[8]   当 $t \to \infty$ 时次表面上的浓度接近于体相中的浓度，即 $c(0,\ t-\tau) c_s =$ 常数，因此式（2-74）积分式中的 c_s 项应该移出，且积分为 1。故得到：

$$\Delta c_{t\to\infty} = c_0 - c_s = \Gamma\sqrt{\frac{\pi}{4Dt}} \tag{2-81}$$

由 Gibbs 吸附等温式 $\mathrm{d}\gamma = -nRT\Gamma\mathrm{d}\ln c$，有：

$$\mathrm{d}\ln c = -\frac{\mathrm{d}\gamma}{nRT\Gamma}$$

当 $t \to \infty$ 时，$\Delta c \to 0$。此时：

$$\Delta c = \mathrm{d}c = -\mathrm{d}\ln c = \frac{\mathrm{d}\gamma}{nRT\Gamma} \tag{2-82}$$

结合式（2-81），有：

$$\gamma_t - \gamma_{eq} = \frac{nRT\Gamma^2}{c_0} \sqrt{\frac{\pi}{4Dt}} \tag{2-83}$$

式（2-77）为吸附刚开始时的表面张力随时间变化的关系式。一般认为该式能准确描述刚开始吸附时的实际情况。至于式（2-80）和式（2-83），尽管有研究[11]认为 Hansen 表达式能正确描述长时间吸附时的 Ward-Tordai 方程，但多数实验研究倾向于认为，Joos（或 Miller）表达式更好一些。

（2）扩散-活化混合机制　刚开始吸附时，扩散控制机制能正确反映吸附情况。但吸附到一定程度后，产生表面压，使得后来的分子必须做功，越过一定的能量势垒才能吸附在表面上。这就需要分子具有一定的能量成为活化分子。对于一些长链表面活性剂、聚合物和蛋白质等，分子必须以正确的取向接近表面才能被吸附。另外，胶束的存在也会影响吸附。这种情况下，扩散控制机制不能正确描述实际情况。因此，发展了扩散-活化混合机制。

Liggieri 和 Ravera[3,12]对混合吸附机制的发展做出了重要贡献。他们基于 Ward-Tordai 方程提出了混合吸附模型，考虑到向次表面的扩散和越过势垒的吸附而引入了一个有效扩散系数（或重正化扩散系数）。在次表面上，只有能量高于吸附活化能 E_a 的分子才会被吸附，而在被吸附的分子中，只有能量高于脱附活化能 E_d 的分子才会脱附。

有效扩散系数 D_{eff} 将吸附活化能考虑在内，并与物理扩散系数和吸附活化能之间建立了 Arrhenius 类型的关系式：

$$D_{eff} = D \exp\left(-\frac{E_a}{RT}\right) \tag{2-84}$$

当 $E_a \to 0$ 时，$D_{eff} \to D$，混合吸附机制回归为扩散控制机制。仍将吸附过程看作是扩散控制的，将 D 用 D_{eff} 代替，则 Ward-Tordai 方程可写作：

$$\Gamma(t) = 2c_0 \sqrt{\frac{D_a t}{\pi}} - \sqrt{\frac{D_a}{\pi}} \int_0^t \frac{c_s(\tau)}{\sqrt{t-\tau}} d\tau \tag{2-85}$$

规定表观扩散系数为：

$$D_a = \frac{D_{eff}^2}{D} = D \exp\left(-\frac{2E_a}{RT}\right) \tag{2-86}$$

（3）Rosen 经验公式　Rosen 等人归纳出了一个关于动态表面张力随时间变化的经验公式[13]：

$$\frac{\gamma_0 - \gamma_t}{\gamma_t - \gamma_{eq}} = \left(\frac{t}{t^*}\right)^n \tag{2-87}$$

式中，γ_t 为 t 时刻的表面张力；γ_{eq} 为平衡时的表面张力；γ_0 为溶剂的表面张力；t^* 和 n 为常数。该式可变形为：

$$\lg \frac{\gamma_0 - \gamma_t}{\gamma_t - \gamma_{eq}} = n \lg t - n \lg t^* \tag{2-88}$$

亦可变形为[14]：

$$\pi_t = \frac{\pi_{eq}}{1 + \frac{1}{a} \exp(-ny)} \tag{2-89}$$

式中，π_t 为 t 时刻的表面压，$\pi_t = \gamma_0 - \gamma_t$；$\pi_{eq}$ 为平衡表面压，$\pi_{eq} = \gamma_0 - \gamma_{eq}$；$y = \ln t$；$a = (1/t^*)^n$；$n$ 为常数。

Rosen 经验公式是在总结实验数据的基础上归纳出来的，与实验数据符合得相当好。Rosen 将动态表面张力曲线（γ-$\lg t$ 曲线）分为诱发区、快速下降区、介平衡区和平衡区四个部分，其中前三个区内的表面张力随时间的变化与 Rosen 经验公式符合得很好。

3. 应用

用实验数据验证上述方程式的一个简单方法是作出表面张力随时间的变化曲线，然后与由吸附动力学方程式计算得到的数据进行对比。例如，Eastoe 等人[15]研究了非离子型表面活性剂——一种双链葡萄糖酰胺 $(C_6H_{13})_2[CH_2NHCO(CHOH)_4CH_2OH]_2$ 在水溶液表面上的吸附机制。他们测定了不同温度下表面活性剂溶液在不同时间的表面张力，给出了动态表面张力随时间变化的 $\gamma\text{-}t$ 曲线，然后根据单体扩散系数、不同温度下的平衡表面张力和吸附量（由其他技术测出）等数据由 Joos 方程［式（2-83）］进行计算，并绘于图中（图 2-28）。对比发现，50℃下的测定值与计算值符合得很好，说明在该温度下长时间时的吸附符合扩散机制；而 10℃时则符合得不好，说明在该温度下长时间时的吸附不符合扩散机制，而应该是扩散-活化机制。由此也可以看出温度对表面活性剂吸附的影响。

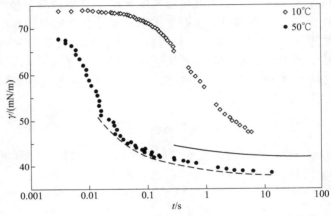

图 2-28　10℃和 50℃时 $5\times10^{-4}\,mol/dm^3$ 的双链葡萄糖酰胺水溶液的动态表面张力与
时间的关系（图中实线和虚线分别为这两个温度下的计算结果）[15]

但一般通过作 $\gamma\text{-}t^{1/2}$ 和 $\gamma\text{-}t^{-1/2}$ 曲线，对曲线某部分做最小二乘法直线拟合，分别由短时间时或长时间时的吸附动力学方程式来进行研究。短时间时的动力学方程式即为式（2-77）。若吸附开始时的数据可拟合为直线关系，则开始时的吸附符合扩散控制机制。例如，Eastoe 等人[16]研究了不同浓度的正负离子型表面活性剂十二烷基硫酸己铵水溶液的表面吸附动力学，得到了 $\gamma\text{-}t^{1/2}$ 关系（图 2-29）。由拟合直线得到了其斜率。将其与根据式（2-77）计算得到的斜率对比，发现二者相近，说明开始时的吸附符合扩散机制。他们还计算了表观扩散系数与扩散系数的比，发现在研究浓度下平均值为 0.70，接近于 1，也说明开始时的吸附符合扩散机制。另外，从图 2-29 还可以看出，这些拟合直线具有相同的截距，即溶剂的表面张力 γ_0。

若探讨长时间吸附时的动力学，则作 $\gamma\text{-}t^{-1/2}$ 关系图，由 Hansen 关系式［式（2-80）］或者 Joos（Miller）关系式［式（2-83）］并结合有效扩散系数来解释。Eastoe 等人对上述不同浓度下的动态表面张力数据作 $\gamma\text{-}t^{-1/2}$ 曲线（图 2-30），并对长时间的数据点做最小二乘法线性拟合，拟合直线的截距为不同浓度下的平衡表面张力。为了说明拟合原则，给出了图 2-30（b），在两段数据点均可作线性拟合的情况下，以截距能与 γ_{eq} 相符为准。由拟合直线的斜率求算出表观扩散系数，并与同浓度下的单体扩散系数相对比。结果表明，在给定浓度下，随着浓度由高到低，表观扩散系数与单体扩散系数的比分别为 0.55、0.51、0.05、0.10、0.13 和 0.07，说明浓度对吸附有影响。高浓度下符合 Joos（Miller）关系式，可认为是扩散控制；而低浓度时，则存在吸附势垒。

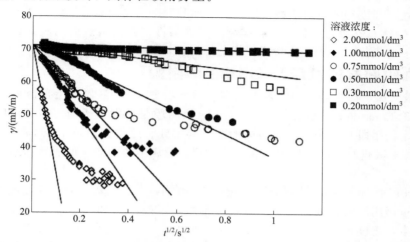

图 2-29　25℃时十二烷基硫酸己铵水溶液的 γ-$t^{1/2}$ 关系图（直线为 $t\rightarrow0$ 时最小二乘法拟合结果）[16]

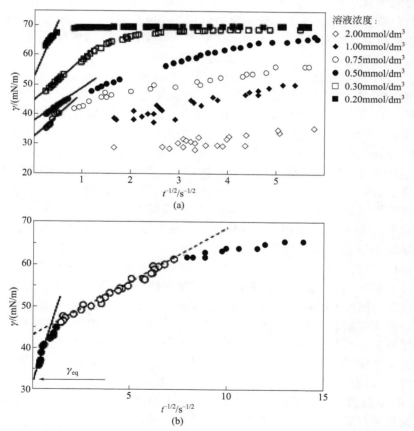

图 2-30　25℃时十二烷基硫酸己铵水溶液的 γ-$t^{-1/2}$ 关系图（直线为 $t\rightarrow\infty$ 时最小二乘法拟合结果）及浓度为 0.75 mmol/dm³ 时的 γ-$t^{-1/2}$ 关系图（实线和虚线均为线性拟合线，实线的截距与测定值相符）

（a）25℃时十二烷基硫酸己铵水溶液的 r-$t^{-1/2}$ 关系图；（b）浓度为 0.75 mmol/dm³ 时的 r-$t^{-1/2}$ 关系图

在得到表观扩散系数 D_a 或有效扩散系数 D_{eff} 后，可作 $\ln D_{eff}/D$-$1/T$[15] 或者 $\ln D_a$-$1/T$[17] 关系图，线性拟合后由其斜率求出吸附活化能 E_a。注意在应用 $\ln D_a$-$1/T$ 关系曲线时，实际上假定单体的扩散系数在给定温度范围内是不变的，或者变化可以忽略。

如上所述，温度和浓度对表面活性剂的表面吸附动力学有很大影响。另外，分子结构也有重要影响[17,18]。迄今，人们对各种类型的表面活性剂在溶液表面的吸附动力学进行了研究，得到了一些规律[1]，但仍需要更深入的探讨。

六、 表面吸附层的状态及 Gibbs 吸附膜

Gibbs 吸附膜，即水溶液中的表面活性剂分子吸附于气/液界面上形成的单层膜。与下一节将要讨论的 Langmuir 单层膜不同，Gibbs 吸附膜是自发形成的。但其刚性较差，故一般用原位测定的手段［如表面压随时间的变化等温线、原位光谱技术及 Brewster 角显微镜（BAM）等］对其进行研究，以揭示其形成过程、形成中的相变、形成后的结构及形成的影响因素等。

Vollhardt 对 Gibbs 吸附膜进行了大量研究。在 N-十二烷基-γ-羟基丁酰胺在水溶液表面上形成 Gibbs 吸附膜时，表面压自新鲜表面形成后随时间增加，一定时间后基本上不再变化。该转变点与温度和溶液的浓度有关。一定温度下，浓度越高，转变点来得越早；一定浓度下，温度越低，转变点来得越早。该转变点对应着一级相变。这说明表面活性剂分子的吸附与温度和浓度有关。该分子在纯水表面上可以形成 Langmuir 单层膜。不同温度下的表面压-面积等温线中也出现了对应着一级相变的相变点。他发现，Langmuir 单层膜的相变点与 Gibbs 吸附膜的相变点很相近。BAM 观察证实了不同温度下不同形貌（如枝状结构）的凝聚相的形成，且与相应的 Langmuir 单层膜的形貌类似[19]。在对 N-（γ-羟丙基）三癸酰胺和 N-（γ-羟丙基）四癸酰胺 Gibbs 吸附膜的研究中，发现在吸附过程中也存在一级相变，且相变点与温度有关。另外，Gibbs 吸附膜的相变点与 Langmuir 单层膜的很相近，说明 Gibbs 吸附膜与 Langmuir 单层膜有类似的相行为。除了用 BAM 观察形貌外，还使用了同步辐射掠角 XRD 研究了凝聚态的结晶结构，发现形成的 Gibbs 吸附膜中的凝聚相为单斜晶系，亦与 Langmuir 单层膜类似。他认为，最终的结构和形貌与形成过程关系不大[20]。

Kato 等人也对 Gibbs 吸附膜的形成及结构进行了研究。在二乙二醇单十四烷基醚在水溶液表面上形成 Gibbs 吸附膜时[21]，表面压随时间的变化也出现了一个一级相变点。但该相变点随温度的增加是提前的，这与 Vollhardt 的观察不同[19]。或许这与分子结构及分子间相互作用有关。BAM 观察表明，不同温度下形成了条带形、扇形及圆形的畴。他们还研究了十四烷基磷酸酯的 Gibbs 吸附膜，利用表面压-时间等温线及 BAM 观察了其相变过程[22]。他们对十六烷基磷酸酯与 L-精氨酸的混合 Gibbs 吸附膜进行了研究，发现存在一个由气态膜向液态扩张相及由液态扩张相向液态凝聚相转变的三相点。在该三相点之上，零表面压时发生气态膜向液态扩张相的一级相变；表面压稍高时，发生液态扩张相向液态凝聚相的一级相变。但在三相点之下，只能发生由气态膜向液态扩张相的一级相变[23]。他们还用红外光谱技术研究了 Gibbs 吸附膜中固态圆形畴内分子脂链的取向和结晶态[24]。

其他研究者也从不同角度对 Gibbs 吸附膜进行了探讨。例如，Moroi 等人研究了空气/水界面上、空气/表面活性剂水溶液界面上水分子的蒸发以及当有十七烷醇在空气/水界面上形成 Langmuir 单层膜时水分子的蒸发，发现表面活性剂水溶液的蒸发与纯水没有什么不同，无论表面活性剂的浓度高于或者低于临界胶束浓度，说明由 Gibbs 表面过剩而导致的分子面积不影响水的蒸发；但不溶物单层膜却减缓了蒸发速度。这清楚地表明，Gibbs 吸附膜和不溶物单层膜之间存在着不同[25]。

Kawai 等利用红外线表面反射技术研究了十二烷基硫酸钠（SDS）和十六烷基吡啶盐形成的混合 Gibbs 吸附膜，发现气/液界面上膜中分子的脂链均为全反式构象，而与混合膜中两组分的比例无关。他们还发现，除了 X_{SDS} 为 0.6～0.7 时形成多层膜之外，其他比例时形

成的均为单层膜。红外光谱随时间的变化表明，单层膜是经两步过程形成的：第一步是单层膜的快速形成，接着慢慢形成单层膜[26]。

由这些研究可知，Gibbs 吸附膜形成过程中随时间的延长，吸附量增加会发生相变。发生相变的时间即相变点与温度和浓度有关，也和表面活性剂分子的结构等有关。不同的表面活性剂分子的相变点与温度的关系可能是相反的。相变过程与同种分子的 Langmuir 单层膜中发生的相变具有相似性，且相变点也很相近，形成的吸附膜的形貌也类似，但不同分子吸附膜的形貌可能会相差很大。表面活性剂形成的 Gibbs 吸附膜与不溶性的双亲分子形成的 Langmuir 单层膜间存在差异。Gibbs 吸附膜可以是单层膜，也可能形成多层膜。

除了实验研究之外，研究者还用量子化学计算及动力学模拟等对 Gibbs 吸附膜进行研究，例如对气/液界面上奇数脂肪醇簇合物的形成热力学进行量子化学分析[27]、对气/液界面上脂肪醇聚集和重新组织的转变态进行计算[28]及对气/液界面上氟代脂肪醇的结构和热力学进行量子化学半经验法计算[29]等。

笔者注意到，在研究吸附动力学的文献中，动态表面张力自开始变化到达平衡时的时间较短，一般为十几秒[15,17]或者几十秒[4]，但 Gibbs 吸附膜的研究中则长得多，达几百秒甚至几千秒[19,20]。这应该是表面活性分子的分子结构不同所导致的。

第三节　气/液界面上形成的不溶物单分子膜及 Langmuir-Blodgett（LB）膜

一、 Langmuir 单层膜及 LB 膜的基本知识

1. Langmuir 单层膜和 LB 膜的概念

所谓不溶物单分子层，是指在气/液界面上形成的不溶于液相的一层致密的超薄膜，其厚度为一个分子大小。英文用 mono-molecular layer 或者 monolayer 来表示。若该层不致密，则为亚单分子层（submonolayer）；若形成了多层（有些分子亲水性较弱，在外压下于气/液界面上可能形成双层甚至多层），则为多层膜（multilayer）。液相一般为纯水或者水溶液，称为亚相（subphase）。

此处的不溶物指的是不溶于水的双亲分子（amphiphilic molecules）。这类分子一般由亲水的头基（head group）和疏水的尾基（tail group）组成，但不同于一般的表面活性剂。

所谓 LB 膜，是指沉积在固体基片上的 Langmuir 单层膜和多层膜，尤其指以 LB 技术即竖直提拉法将气/液界面上形成的 Langmuir 单层膜转移到固体基片上后形成的单层膜及多层膜。

2. 气/液界面上单分子膜的形成

气/液界面上的不溶物单分子膜有两种形成方式：一种是将不溶物（液体或者固体）置于水面上，依靠其与水的相互作用及扩散形成单层膜；另一种最常用的方式则是先将不溶于水的双亲分子溶于有机溶剂形成具有一定浓度的溶液，然后将一定量的该溶液用微量注射器滴加在亚相表面上。由于有机溶剂的表面张力小于水的表面张力，故液滴在水面上铺展，带动了双亲分子在水面上展开。当有机溶剂挥发后，留在水面上的双亲分子形成亚单层膜。通过压缩，则最终形成致密的单层膜。

气/液界面上单分子膜的形成应满足以下几个条件。

（1）室温下，有机相中的溶质和溶剂在水中的溶解度可以忽略。

（2）有机溶剂与溶质不形成复合物，且有机溶剂与亚相中的组分不起化学反应。

（3）有机溶剂应有足够大的挥发性。

（4）有时为了溶解极性较大的分子，需要加入极性较强的溶剂，如 DMF、甲醇等。但这些极性较强的溶剂在溶液中的比例不宜过高，一般低于 30%。

3. Langmuir 单层膜槽

Langmuir 单层膜槽又叫 Langmuir 膜天平，是形成 Langmuir 单层膜的仪器。Langmuir 最初用的槽子是一个长方形的玻璃槽（图 2-31），边上涂上石蜡以使其具有疏水性[30]。将一根涂有石蜡的玻璃棒用作浮障（barrier），该浮障将槽子分成了两部分，其中一部分用于形成单层膜。其上连着一个架在刀口上的横梁，在横梁的另一端挂着一个托盘。实验时，将水注入槽子，使液面凸出。将一定量的硬脂酸的有机溶液滴加在浮障一侧的水面上。由于气/液界面上硬脂酸分子的存在，表面张力降低。由于浮障两侧液面施加的表面张力不同，浮障向纯水一侧位移。为使浮障回到未滴加铺展液时的平衡位置，则在托盘中加砝码。由所加砝码的重量计算出该滴加量时的表面张力，从而求出表面压。继续滴加，浮障偏移，加砝码使其回到平衡位置，再计算出该滴加量时的表面压。如此便可以测出不同滴加量时的表面压。由于槽面积是固定的，故可以求出不同滴加量时的平均分子占有面积。这样便可以得到表面压-面积等温线。由于该装置与机械天平的原理一致，故又被称为 Langmuir 膜天平（Langmuir film balance）。

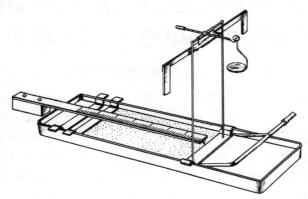

图 2-31　Langmuir 最初设计使用的膜天平[30]

现代膜天平的槽体及浮障均用热膨胀系数低且化学稳定性高的聚四氟乙烯制成，表面压用 Wilhemy 吊片法测定并与光电装置相连，浮障的移动由微型电机控制。实验时将一定量一定浓度的双亲分子的有机溶液铺展在干净的液面上，溶剂挥发后压缩。由于铺展的双亲分子的量是一定的，故随着压缩平均分子面积减小而表面压升高，可得到表面压-面积等温线。

4. Langmuir 单层膜的表征手段

（1）表面压-面积等温线　在 Langmuir 膜天平中，膜对单位长度的浮障所施加的作用力，叫作表面压。表面压 π 在数值上等于干净水面的表面张力 γ_0 与铺展了膜的液面的表面张力 γ 之差，即：

$$\pi = \gamma_0 - \gamma$$

这与 PLAWM 槽中溶液表面吸附膜的表面压相一致。

假设浮障长度为 l，则膜对其施加的压力为 πl。若膜将浮障推动了 $\mathrm{d}x$ 距离，则所做的功为 $(\pi l)\mathrm{d}x$。由于浮障的移动，铺展了膜的液面面积增加了 $l\mathrm{d}x$，而纯水表面面积减少了

ldx，故体系自由能减少了 $(\gamma_0-\gamma)dx$。因此：

$$(\pi l)dx=(\gamma_0-\gamma)dx$$

故

$$\pi=\gamma_0-\gamma$$

表面压的物理意义是：表面压是膜分子施加在单位长度上的浮障上的力。其数值等于水的表面张力被膜分子降低的值。

通过实验，可以得到表面压-面积（π-A）等温线，从中可以获得有关单层膜结构的信息。对等温线进行处理，可以得到膜在不同状态下的压缩系数和弹性系数的数据。

有时为研究膜在一定表面压下的稳定性，还在恒定表面压下测定单分子面积随时间的变化，得到 A-t 曲线；有时为研究膜中分子间的相互作用的强弱等，在膜被压缩到一定表面压时采用扩张模式，使浮障以一定速度扩张，得到所谓的回滞曲线（hysteresis）。恒定表面压下，单分子面积随时间变化越小，膜越稳定。压缩等温线与扩张等温线间的差别越大，膜中分子间相互作用越强。

（2）原位光谱 包括 UV-vis、IR 及 XRD 和 SHG 等。

（3）原位形貌观察 包括荧光显微镜和 Brewster 角显微镜。

这两种显微镜均为光学显微镜。若成膜分子本身即具有荧光特性，则可以方便地用荧光显微镜对膜的形态进行观察；若分子本身没有荧光特性，则需要加入探针分子，但这会影响到膜中分子的组织和膜的形态。

Brewster 角显微镜则是 Honig 和 Mobius 利用光在水面的反射-折射原理而各自独立研制的光学显微镜。当线偏振光以 Brewster 角（约 $52°$）入射干净水面时，光全部折射而不反射；但若表面有微小的变化，比如有单分子膜存在时，则反射光明显变化，且变化的幅度与膜的厚度有关。将此变化用图像方式记录便得到显微图像。Brewster 角显微镜非常敏感且使用方便，是单分子膜形貌原位观察的重要手段。

气/液界面上的单层膜还可以通过测定表面电势和表面黏度等来进行原位观察。

5. LB 膜的沉积方式

为了更好地表征膜的形貌、结构及性质，以及探讨膜的应用，需将气/液界面上形成的单层膜沉积到固体基片上。沉积的方式有三种，即竖直提拉法、水平附着法和亚相降低法。

在恒定表面压下，使固体基片垂直地插入水面，以一定速度向上或者向下运动，则气/液界面上形成的单层膜即可均匀地沉积在基片上。若使用表面亲水的基片，则在铺展双亲分子之前就应将基片垂直插入亚相中，沉积第一层膜时基片向上运动；若使用表面疏水的基片，则在单层膜形成后沉积第一层时使基片垂直插入且向下运动。沉积过程如图 2-32（a）所示。Blodgett 于 1935 年提出了这种沉积技术[31]，其装置如图 2-33 所示。故用这种沉积方式得到的膜被称为 Langmuir-Blodgett（LB）膜。用现代膜天平沉积 LB 膜时，在设定表面压、基片运动速度、每两层沉积后的干燥时间及层数后，可以自动进行。当用该方法沉积时，随着单层膜向基片的转移，为保持表面压的恒定，膜不断地被浮障压向固体基片的方向。此时膜是不断运动着的。这可能会引起膜的形态及膜中分子组织的变化。尽管有这个缺点，竖直提拉法由于操作简便、沉积效率高而被广泛使用。

在恒定表面压下，使疏水化的固体基片向下移动，水平地缓缓接近并接触气/液界面上形成的单层膜，使膜附着在基片上，如图 2-32（b）所示。将基片周围水面上的膜去除或者隔开，然后缓缓使基片上升离开水面，这样一层膜便被转移到了基片上。去除或者隔开基片周围的膜，是为了避免基片上升时可能发生的第二层的沉积。重复操作可以得到多层膜。这种方法即为水平附着法。这种膜又被叫作 Langmuir-Schafer（LS）膜。这种沉积方法的优点是避免了沉积过程中单层膜在水面的移动，尽量保持了膜在气/液界面上的状态。

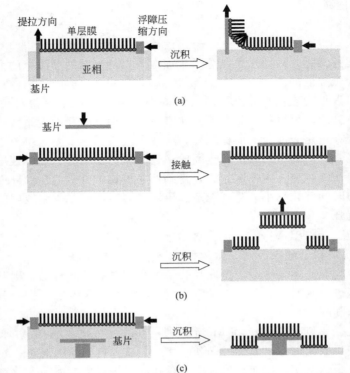

图 2-32　气/液界面上的单层膜沉积在固体基片上时沉积过程示意图

（a）竖直提拉法；（b）水平附着法；（c）亚相降低法

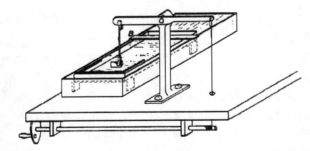

图 2-33　单分子膜自水面上向固体基片上转移的装置[31]

　　在双亲分子的有机溶液被铺展之前将亲水化的固体基片放置在水面之下。当 Langmuir 单层膜形成之后于恒定表面压下，将亚相慢慢抽出，则单层膜随着液面的降低缓缓降低，最终单层膜沉积在基片上，如图 2-32（c）所示。这就是所谓的亚相降低法。连续沉积可以得到多层膜。该法的最大优点是最大限度地保持了单层膜在气/液界面上的状态。在单层膜与基片相接触时，为有利于排出单层膜与基片间的水，使基片稍稍倾斜放置为宜。但该法在沉积多层膜时费时且先沉积的膜在水中长时间放置会有变化或者部分脱落等（毕竟膜与基片间的作用力较弱），故该法并不是沉积多层膜的常用方法。

6. LB 膜的类型

　　将气/液界面上形成的单层膜沉积到固体基片上，便得到 LB 膜。若只沉积一层，则为 LB 单层膜；若沉积多层，则为 LB 多层膜。对于 LB 多层膜来讲，有以下几种类型，如图 2-34所示。

（1）X 型膜 若沉积第一层时，单层膜疏水的脂链部分沉积在疏水化的基片表面上，而之后沉积时均为疏水的脂链部分朝向基片，得到的多层膜中相邻层的分子以头基-尾基-头基-尾基相连的方式排列。这种形式的多层膜称为 X 型膜。

（2）Y 型膜 若沉积得到的多层膜中相邻层的分子以头基-尾基-尾基-头基相连的方式排列，则为 Y 型膜。

（3）Z 型膜 这种膜与 X 型膜类似，多层膜中相邻层的分子亦以头基-尾基-头基-尾基相连的方式排列，只不过沉积第一层时单层膜亲水的头基部分与基片相黏附。

（4）交替膜 若两种或者两种以上的双亲分子各自形成 Langmuir 单层膜，则通过适当的沉积方式可以得到交替沉积的多层膜。例如，单层膜 A 与单层膜 B 交替沉积时，可以得到 ABAB 型多层膜，也可以得到 AABA、ABBA 等类型的交替膜。

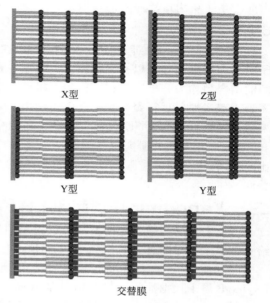

图 2-34　不同类型的 LB 膜示意图

用竖直提拉法制备的 LB 膜大多为 Y 型膜，有时也可以制备出 X 型和 Z 型膜，这取决于 Langmuir 单层膜间亲水基-疏水基间的相互作用，难以人为控制。用水平附着法时，容易得到 X 型膜；而用亚相降低法时，则可以得到 Z 型膜。

用这三种沉积方法均可以得到交替膜。有的槽子，如 NIMA2000 型 LB 膜槽具有双槽沉积模式。在两个槽子的亚相表面上各自形成双亲分子 A 和 B 的单层膜，利用竖直提拉法可以沉积得到各种类型的交替膜。

X 型和 Z 型膜具有不对称中心，故选用适当材料时可观察到较强的二阶非线性光学效应，如 SHG 效应。Y 型膜具有对称中心。交替膜则是为了专门的目的而沉积的，比如研究分隔不同距离的生色团间的相互作用、能量及电子转移过程等。

7. LB 膜的表征

（1）厚度测定 一般用椭圆偏振术测定薄膜的厚度。

（2）结构测定 一般用低角 X 射线衍射，由 Bragg 公式计算层间距离。

（3）光谱性质表征 运用 UV-vis 和 FTIR 光谱可以探讨膜中分子间的相互作用等。利用偏振光谱及掠角入射光谱等可以研究膜中生色团和脂链的取向、排列方式等。

（4）形貌表征 一般使用扫描力显微镜（如原子力显微镜和扫描隧道显微镜等）进行形貌观察。由于形成 LB 膜的双亲分子大多不含有重元素，故透射电子显微镜一般不适用。若分子中含有金属原子，也可以用透射电子显微镜及高分辨电镜进行观察。由于 LB 膜很均匀，故一般不用扫描电子显微镜进行观察。

（5）性能研究 性能研究取决于成膜材料的性能或者膜中所夹带的物质的特性。例如，用含有生色团的化合物（如卟啉、酞菁等）时，常常探讨形成的 LB 膜的气敏性、电化学特性等；由三明治型稀土-大环夹心化合物形成的 LB 膜具有场发射特性[32]。这些性能均与 LB 膜的超薄、有序性相关。近年来，LB 技术被广泛用于纳米粒子的制备和纳米结构的组装，由此产生了更为广泛深入的与纳米粒子相关的性能探索，如电子传导、发光、磁性等。

8. LB 膜的优缺点

LB 膜的优点主要有：分子级平整，可在常温、常压下形成及转移，膜的厚度及膜中分子的取向和排列等可以精确调控。其缺点主要有：LB 膜第一层与基片间的结合力以及各层间的结合力均为分子间弱相互作用，机械稳定性较差。另外，LB 膜对分子有较高要求，即需具有双亲性。尽管聚合物也已引入到 LB 膜中，也有尝试加入所谓的"胶水"使其交联来增强其稳定性[33]，并且沉积 LB 膜后利用聚合反应制备可从基片上剥离的自支持（free-standing）超薄膜的研究也有报道[34]，但与旋涂法或者层层组装法制备自支持的超薄膜相比，LB 技术烦琐且受限制。尽管如此，LB 技术作为一种超薄膜组装手段仍受到了大家的关注。

二、 Langmuir 单层膜和 LB 膜的研究历史

水面上单分子膜研究的发端可以追溯到美国政治家 B. Franklin 的工作。1774 年，他在给英国皇家学会的著名通信中[35]生动地描述了他在英国的不同水域铺展油膜的实验。当把一勺油（油酸）铺展到水面上后，他发现池塘中的波浪渐渐平息了。一个世纪之后，Rayleigh 爵士根据油的用量及池塘的水面面积计算出水面上形成的油膜的厚度为 1.6nm。与此同时，A. Pockels 女士设计了第一个研究单分子膜的装置：涂有石蜡的方形瓷盘、可移动的涂蜡障片以及表面张力测定装置。通过用不同种类的油进行实验，她发现，当膜中每个脂肪酸分子占有的面积大于 0.20nm^2 时，铺展在水表面上的脂肪酸分子膜的表面压很少变化。在 Rayleigh 爵士的帮助下，Pockels 于 1891 年将实验结果发表在《自然》上[36]。

1917 年，I. Langmuir 利用他设计的膜天平，即现在被称为 Langmuir 槽的装置，对多种分子在水面上形成的单层膜进行了研究，提出了完整的单分子层理论[30]。1920 年，他报道了将水表面的脂肪酸单分子层转移到固体基片上的实验[37]。后来，Langmuir 与 Blodgett 女士密切合作，成功地将空气/水界面上的单分子层转移到固体基片上，并实现了连续多分子层的组装[31]。这种按照原来的状态转移到固体基片上的单分子层或多分子层被称为 Langmuir-Blodgett 膜，简称为 LB 膜；而气/液界面的单分子层则被称为 Langmuir 单层膜。20 世纪 60 年代，Kuhn 首先意识到运用 LB 技术能够组装分子有序体系。Kuhn 第一次将光活性的染料分子引入到 LB 膜中，这对 LB 膜的发展产生了重大的影响。他对单分子膜的组装体系和膜中的能量转移研究做出了重要贡献，使 LB 膜的研究进入了一个新的阶段[38]。此后，由于物理学、化学、电子学和生物学家共同努力，LB 膜的研究内容和研究技术都取得了迅速的发展，人们对成膜分子的设计和组装、膜的结构和分子聚集态、膜的光物理性质和表面黏弹性、分子和离子在膜中的传输及膜中的能量转移都有了深入的了解。到 20 世纪 80 年代，运用 LB 技术进行分子组装和开发新材料成为高新技术领域中研究的一个热点。

由于电子和计算机技术的迅速发展，目前人们已经设计和制造了多种不同类型的 LB 装置，组装结构和性质各异的 LB 膜。LB 膜在固体物理学、表面化学、光化学、材料科学、生物学、分子电子器件、化学生物传感器等领域中重大的科学价值和广泛的应用前景已经引起各国科学和技术界的极大关注。特别是随着超分子科学和纳米材料科学的发展，Langmuir 单层膜和 LB 膜技术获得了越来越广泛的应用。

三、 Langmuir 单层膜的各种状态

对于 Gibbs 吸附膜来讲，表面压 π 随着溶液浓度的增加而增大。由于吸附量随浓度增加而增加，故表面压随着吸附分子平均占有面积的减少而增大。达饱和吸附后，表面压不再变化。那么，对于不溶物单层膜来讲，随着膜被压缩，单分子面积逐渐减少时，表面压 π 如

何变化呢?

一般来讲,随着压缩,表面积减少,单分子占有面积减少,表面压升高。但 Langmuir 单层膜与 Gibbs 吸附膜不同。前者是不溶性双亲分子在气/液界面上受到外压后形成的,是热力学不稳定体系;而后者是可溶性的表面活性物质由于界面上吸附和自组织而自发形成的,是热力学稳定体系。不溶物单分子膜的表面压除了与双亲分子的界面浓度有关外,还与分子取向、分子间相互作用和温度等有关。不溶物单分子膜的 π-A 等温线中可以给出许多细节,对应于不同的存在状态。

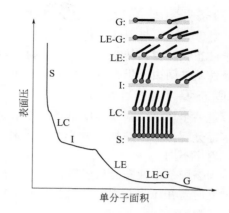

图 2-35 单分子膜的各种相态:气态膜(G)、气液平衡膜(LE-G)、液态扩张膜(LE)、转变膜(I)、液态凝聚膜(LC)和固态膜(S)

在理想情况下,当一种双亲分子形成单分子膜时,随着压缩的进行和分子面积的减小,会依次出现气态膜、气液平衡膜、液态扩张膜、转变膜、液态凝聚膜和固态膜几种状态(图 2-35)。

1. 气态膜(gaseous film)

当成膜分子所占的分子面积很大而表面压很小(<0.1mN/m)时,分子表现出气态膜的行为。此时,$\pi a = kT$,a 为单分子面积,k 为 Boltzmann 常数,T 为热力学温度。

对于偏离理想气态膜的情况,可对分子面积进行校正:$\pi(a-a_0) = kT$,a_0 为分子的真实面积。此时尽管二维压力很小,但若除以膜的厚度将其换算成三维压力,就会发现三维压力是很可观的。当 $\pi = 0.1mN/m$ 时,得到的三维压力 P 约为 1atm❶。

当分子处于气态膜时,分子平躺于水面,占有很大面积,分子间距离很远,可以自由移动。

2. 气液平衡膜(liquid expanded-gaseous film)

当 a 减小到一定程度后,π-A 等温线上有时会出现一个平台区,此时 π 值不再随 a 的减小而变化。这个平台区即为气液平衡态。这一平台区对应着气态膜向液态扩张膜的转变,是一个一级相变。此时的 π 值为膜的饱和蒸汽压,叫作二维蒸汽压力。

气液平衡态出现与否与温度有关。当温度高于某一值时,这一状态便不会出现。该温度为二维气液平衡的临界温度。

3. 液态扩张膜(liquid expanded film)

当平台区结束后,π 再一次随 a 的减小而渐渐增大。这段区域对应着液态扩张膜。此时,双亲分子的极性基与水面接触,而疏水部分倾斜着伸向气相,分子取向介于"平躺"和"直立"之间。此时分子已相互接近,但彼此之间仍有距离,仍有一定的自由度。

4. 转变膜(intermediate film)

进一步压缩,则曲线上出现转折点,压缩率明显增加。此时膜的相态进入了由液态扩张膜向液态凝聚膜转变的两相平衡态,代表一个二级相变。此时,分子疏水链渐渐垂直取向,且分子聚集在一起,逐渐失去转动自由度。但也有人认为,此时的相变区内液态扩张膜与液态凝聚膜共存,是一个一级相变。之所以出现随压缩表面压上升的情况,是由于有杂质的存在所致。

---

❶ 1atm=101325Pa。

5. 液态凝聚膜（ liquid condensed film ）

　　继续压缩，等温线中再一次出现转折点。此时膜进入了液态凝聚相，膜的压缩系数明显小于液态扩张膜和转变膜。π 与 a 的关系为：$\pi = b - ca$，b、c 为常数。此时脂链紧密堆积而极性基之间由于仍带有一些水分子而没有紧密排列。

6. 固态膜（ solid film ）

　　进一步压缩，则得到压缩系数极小的固态膜。此时，极性基之间的水被完全排出，无论疏水部分还是极性基均紧密排列。此时表面压与面积也呈线性关系，只是与液态凝聚膜相比，斜率不同。

　　固态膜是由液态凝聚膜转化而来。有人认为这个相变为二级相变。

　　此时若在压缩，则膜会崩溃（崩塌）或破裂（collapse），对应的压力为崩溃压。膜崩溃后一般形成多层。

　　在大多数情况下，膜会出现气、液、固三种相态，但难以出现所有相态。膜的形态与多种因素（如分子结构、温度、铺展量等）有关。

　　分子结构是最重要的影响因素，它决定着分子间及分子与亚相间的相互作用的强弱。若分子间相互作用太强，则铺展后就可能形成了聚集体，为气态膜和液态凝聚膜共存的相态。压缩时也只是使聚集体逐渐靠近并融合，等温线可能从气态膜直接转变为液态凝聚膜。此时，随着压缩，表面压不变，一直到完全转变为液态凝聚膜。这种由气态膜向液态凝聚膜的转变也属一级相变。若分子间相互作用太弱，则可能液态扩张膜为主要相态，最终也难以达到液态凝聚膜。

　　研究单分子膜的相态变化，除了对单分子膜本身能有所了解外，还可以确定单分子膜转移到固体基片上时的适当表面压，因为凝聚态的膜才较易于沉积。同时，还可以达到膜处于凝聚态时分子所占有的面积。将其与理论值［如由 CPK（Corey-Pauling-Koltun）模型计算得到］相对比，可以对分子在膜中的取向等进行合理推测。

四、 单分子膜中的化学反应

1. 研究单分子膜中化学反应的目的

　　（1）模拟复相反应，有助于对发生在复杂的固体表面上的化学反应的理解。因为在固体表面上进行复相反应时，由于固体表面不均匀，不同位置所具有的能量或者反应活性不同，且表面性质难以重现，故不易进行研究。而液体表面则是易于重复的均匀表面。

　　（2）借助于表面分子的聚合反应，可形成更为有序且稳定的单层膜。

　　（3）借助于发生在表面分子与金属离子间的配位作用，可形成配位聚合物薄膜，制备功能材料。

　　（4）利用单分子膜的模板作用，借助于界面化学反应，制备功能纳米材料。

　　（5）由于生物体内的反应大多在界面膜内进行，故可模拟生物体内的化学变化。

2. 表面化学反应的影响因素

　　（1）双亲分子的存在状态　分子在表面上的存在状态（如取向、相互间的距离等）对反应有影响，而这些因素又受到表面压、平均分子面积和温度等的影响。

　　例如，当酯水解时，水解速率不仅与亚相中的酸碱度有关，还取决于膜中分子的状态。对于硬脂酸乙酯来讲，当分子面积为 $0.72 nm^2$ 时，分子间有较大空隙。由于具有疏水性，乙基也位于界面上，这样使酯基位于水面下，有利于 H^+ 或者 OH^- 与其接触而发生反应，$k = 0.037 min^{-1}$；当压缩单层膜至分子面积为 $0.20 nm^2$ 时，乙基被压入水面下，形成了一层脂链膜。这样，酯基与水被这层膜隔开，不利于其与 H^+ 或者 OH^- 相接触，$k = 0.005 min^{-1}$。

再如，双炔酸的聚合[39]。当 10,12-二十五碳二炔酸（PDA）在一定浓度的氯化钙水溶液表面上形成单层膜后，紫外线照射可以使之聚合。研究表明，随着分子面积由 0.29nm² 降至 0.23nm²，分子间距由大到小变化，聚合膜出现蓝膜到红膜的变化。所谓蓝膜和红膜，指的是不同条件下 PDA 聚合后的薄膜由于侧链排列的差异所导致的不同吸收而呈现出不同的颜色。蓝膜中侧链较规整，红膜则无序程度高。当分子面积低于 0.22nm² 时，分子间距太小，则难以进行光聚合。另外，pH 对形成的聚合膜也有影响。不同条件下 PDA 单层膜的光聚合如图 2-36 所示。

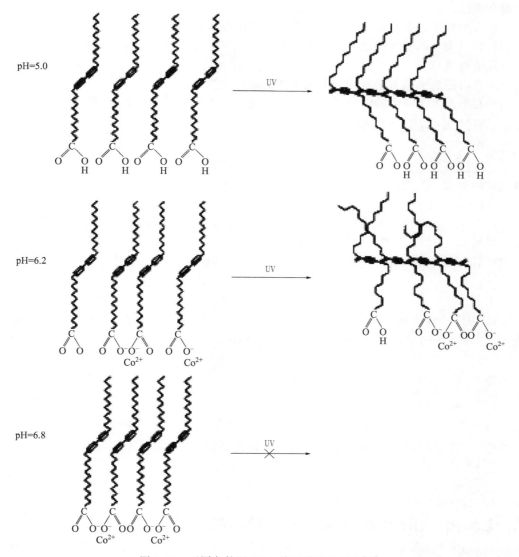

图 2-36　不同条件下 PDA 单层膜的光聚合[39]

（2）表面电荷的催化效应　对于极性头基可以解离的双亲分子，表面电荷对反应有影响。其原因在于：电力线的分布集中在表面下边，且很快趋于平行，这就造成了很大的电势梯度，可在几纳米甚至几十纳米内保持很高的电能；长链离子被表面强烈吸附，使离子在表面上紧密排列。

这会影响到化学反应的进行。在表面电荷的电场作用下，极性分子强烈定向，从而影响了表面离子和定向分子或表面上其他的离子或分子之间的化学反应速率；带电表面附加的离子浓度常与体相溶液的有很大区别，这会影响到反应速率。例如，亚相浓度为 0.001mol/L 的盐溶液，当表面上形成脂肪酸的单层膜后，界面相内的金属离子浓度甚至可达几摩尔/升。

五、 混合单分子膜或复合单分子膜

1. 研究混合单层膜的目的

（1）有的分子，本身没有明显的双亲性，但却具有显著的功能性。故将其与典型的双亲分子混合成膜。

（2）有的分子，本身可以形成单层膜，但却难以转移到固体基片上。

（3）有时为了调节功能分子的性质而混合，如卟啉分子具有荧光浓度猝灭的特点，混合可以将其浓度稀释。

（4）有时是为了调节功能性分子聚集体的结构和性质。

（5）有时是为了研究特定分子间的相互作用，如磷脂类分子与胆固醇。

2. 混合膜的表面压-面积等温线

混合单层膜可分为以下几种情况。

（1）理想混合。此时分子在二维界面上形成一相，但二者间没有特殊的相互作用，等温线为二者的加和。总面积为：

$$A_{12,\ exp} = A_{12,\ ideal} = A_1 x_1 + A_2 x_2 \tag{2-90}$$

（2）分相。此时两组分形成各自的畴（domain），等温线不同于任何一个。总分子面积亦如上式所示。

（3）有相互作用（吸引或者排斥），但并非特殊的相互作用。此时：

$$A_{12,\ exp} \neq A_{12,\ ideal} \tag{2-91}$$

$$\Delta A_{ex} = A_{12,\ exp} - A_{12,\ ideal} \tag{2-92}$$

ΔA_{ex} 叫作过剩面积（excess area）。若 $\Delta A_{ex} > 0$，则两组分相排斥；反之则相吸引。由此还可以引出另一个关于混合膜的概念，即过剩 Gibbs 自由能 ΔG_{ex}。

$$\Delta G_{ex} = \Delta G_{mix} - \Delta G_{ideal}$$

$$= \int_0^\pi \Delta A_{ex} d\pi$$

$$= \int_0^\pi [A_{12,\ exp} - (A_1 x_1 + A_2 x_2)] d\pi \tag{2-93}$$

另外，无论对于单组分膜还是混合膜，其压缩系数 C_s 可表示为：

$$C_s = -\frac{1}{A}\left(\frac{\partial A}{\partial \pi}\right)_T \tag{2-94}$$

（4）当两组分间形成复合物时，则不遵从上述规律。

六、 Langmuir 单层膜和 LB 膜技术的应用

Langmuir 单层膜和 LB 膜技术在许多方面都有重要的应用，例如生物膜体系的模拟、生物膜仿生矿化的研究等。本节主要讨论该技术在低维超分子体系的组装和纳米薄膜及纳米功能材料的合成与组装这两方面的应用。

1. 低维超分子体系的组装

自 Kuhn 将光活性的分子引入到 LB 膜中，越来越多的具有光电活性的双亲分子被用来组装 Langmuir 单层膜及 LB 膜，Langmuir 单层膜技术也逐渐成为组装低维超分子体系的一种重要手段。本节以卟啉分子的 LB 膜的组装为例，说明运用 Langmuir 单层膜技术组装超

分子体系的发展过程。

对超分子化学来讲，卟啉分子是一种有吸引力的、具有多种用途的构建块（building blocks）。卟啉分子所具有的结构特性和优良的光、电、磁性质使其成为多种超分子体系的构建材料。首先，卟啉分子大环具有较强的刚性。其次，卟啉分子作为构建块，具有高的分子对称性。分子对称性高，构象自由度和取向自由度就低，分子的堆积方式便受到极大的限制，组装过程可被简化，有利于按设定的结构进行组装。再次，卟啉分子具有一定的大小，这可降低一个确定体积的结构中的自由度的数目，有利于组装。另外，卟啉分子还具有一定的化学稳定性和热稳定性，有合适的平面结构，有多种取代基等。

实际上，该化合物在自然界中已被广泛应用了几百万年。用于细胞色素的金属卟啉环绕细胞传递电子；用于肌血球素和血红蛋白中的金属卟啉可为整个有机体输送配位的分子氧；许多酶利用金属卟啉的配位性质去控制氧化及其他反应。在这些体系中，卟啉化合物是作为构成超分子体系的一员而发挥作用的。过去数十年中，人们合成了大量的分子以模拟光合机理的某些方面，发现根据距离、取向及氧化还原电势控制分子的排列十分重要；且组合体的结构很大程度上取决于膜中卟啉分子的聚集和相互作用，而这种结构直接决定最初的电荷分离。另外，在固态，卟啉及其他许多有机半导体，其行为类似于准一维导体，其分子间的交叠及由此而产生的电导率，在垂直于分子平面的方向上最大。

Langmuir 单层膜技术是组装低维有序分子组合体的一种非常有用的方法，运用该技术可以在分子水平上调控有序体系内分子的取向、间距和相互作用，进而调控组合体的功能性。因此，自 20 世纪 80 年代以来，将双亲卟啉分子用 Langmuir 单层膜技术进行组装，研究组装规律和组装体的结构和性质，进行光电功能性的研究及生物模拟研究等一直受到大家的关注，而如何调控组合体内卟啉环的取向、环间距等则成为重要问题。

（1）卟啉的结构特点　卟啉是卟吩的衍生物。卟吩的结构如图 2-37 所示。卟吩环上的碳、氮原子均采用 sp² 杂化，剩余一个 p 轨道被孤对电子或单电子占据，形成一个具有 24 个中心、26 个电子的大 π 键。环上有 22 个 π 电子，其中 18 个发生离域作用，具有 4n+2 个 π 电子的芳香性和共轭稳定性。卟吩为两性化合物，可接受或者失去质子。当接受质子时，成为质子化的卟啉；当失去质子时，则卟啉环内嵌入金属离子，成为金属卟啉。当分子内没有吸电子基或者供电子基时，卟吩环近似平面结构，但易受取代基及金属卟啉中心金属离子的影响而产生变形，特别是半径较大的离子或者高价离子，如稀土卟啉配合物。

IUPAC 命名法中的 5 位、10 位、15 位、20 位上的碳 [图 2-37（a）]，即吡咯环之间的碳一般称为 *meso* 位碳，吡咯环上不同位置的碳则称为 α 碳和 β 碳 [图 2-37（b）]。卟吩环上的取代反应一般发生在 *meso* 碳或者 β 碳上。图中还标出了卟吩环面内的相互垂直的两条跃迁偶极矩，其跃迁对应着紫外-可见光谱中的 Soret 吸收带。当分子处于单体状态时，如在卟啉的稀溶液中，这两条跃迁偶极矩是简并的，给出一个 Soret 峰。但当卟啉分子形成聚集体时，这两条跃迁偶极矩由于环境的变化可能不再是简并的，相应的 Soret 吸收会发生变化，相对于单体的吸收峰会红移、蓝移或者裂分。根据光谱峰的变化可以分析聚集体内卟啉环的取向、相对位置和环间相互作用等。

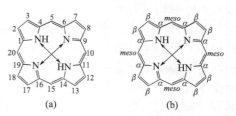

图 2-37　卟吩的结构及碳原子的位置标记
（a）IUPAC 命名法；（b）习惯命名法

（2）激子理论及纸牌堆积模型　Kasha 等人[40]发展起来的分子激子理论在分子晶体领域及分子借助于弱相互作用形成的二聚体、三聚体和高度有序的聚集体中得到了广泛的应用。它基于这样一个观点，即如果在亚单元组分间有明显的电子转移存在，那么无论在分子聚集体中还是在复合体系中，均可观察到激子效应。聚集体或复合分子激发态激子裂分的结果表现为吸收带较强的峰移和裂分。同时，作为多重激发态分子裂分的结果，将导致三重激发态的增强。分子激子模型是一种态相互作用理论。若分子间的电子交叠较小，在复合分子或聚集体中，分子单元将保持其个性，分子激子模型则将符合微扰理论的要求，从而对聚集体求解，用各组分的态的波函数和能量表示聚集体的波函数和能量。经过一系列的推导，得到了复合分子或聚集体的跃迁能为：

$$\Delta E_{\text{composite}} = \Delta E_{\text{unit}} + \Delta D \pm \Delta \varepsilon \tag{2-95}$$

式中，ΔE_{unit} 为单体的能量；ΔD 为扩散能量项，反映了从单体到复合分子和聚集体的环境变化；$\Delta \varepsilon$ 为激子裂分能。

若两个跃迁偶极矩 u 和 v 相互平行，形成二聚体，则其相互作用导致的能量变化如图2-38所示。两个跃迁偶极矩中心连线间的距离为 r_{uv}，中心连线与跃迁方向间的夹角为 θ，偶极矩大小为 μ，则由激子理论，二聚体内电子跃迁能量为：

$$\Delta \varepsilon = 2 |\mu|^2 (1 - 3\cos^2\theta) / r_{uv}^3 \tag{2-96}$$

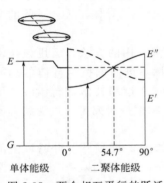

图2-38　两个相互平行的跃迁
偶极矩相互作用示意图

图2-38中实线表示跃迁允许，虚线表示跃迁禁阻。可以看出，二聚体内电子跃迁的能量相对于单体增加或者减少取决于 θ。当 θ 大于 $54.7°$ 时，则二聚体内电子跃迁能高于单体内的跃迁能，光谱中聚集体的吸收峰相对于单体的蓝移；当 θ 小于 $54.7°$ 时，则红移。θ 被称为魔角（magic angle）。

对于多聚体，则电子跃迁能为：

$$\Delta \varepsilon = \frac{N}{N-1} |\mu|^2 (1 - 3\cos^2\theta) / r_{uv}^3 \tag{2-97}$$

可见，聚集体内分子数目越多，电子跃迁能与单体内相比差别越小。

另外，Kasha等人还对跃迁偶极矩倾斜（不平行）和非共面的情况做了探讨。一般认为，由 π-π 相互作用形成的卟啉聚集体内跃迁矩是平行的，所以对这两种情况不做介绍。

单层膜中的卟啉分子的纸牌堆积模型是Schick等人[41]发展起来的，如图2-39所示。尽管在对卟啉和酞菁的聚集体的研究中早就提出了这样的简单模型，但自Schick等人的研究之后才被普遍运用。该模型认为，在超分子聚集体中，卟啉环以相互平行的方式排列。在这样的一列分子中，卟啉环可能会倾斜、扭转，但所有的卟啉环均采取同样的取向，故卟啉环所在的平面只能相互平行而不会相交。这样，卟啉环内对应于Soret吸收带的、相互垂直的两条跃迁矩与相邻卟啉环内所对应的两条跃迁矩相互平行。因此，卟啉分子的跃迁矩就处于共面、倾斜的构型，可以运用分子激子模型进行处理。需要说明的是，该模型对大多数卟啉分子形成的Langmuir单层膜是适用的，但对于在气/液界面上组装的由卟啉形成的手性螺旋状结构则可能不适用。

（3）卟啉环平行时的排列方式及气/液界面上卟啉分子的构型　对于卟啉分子来讲，对应于Soret吸收带的有两条跃迁矩。它们均在大环平面内，且相互垂直，由一个吡咯环上的N指向对角的N，对应的激发态是二重简并的。在单层膜中，卟啉的堆积、排列一般用纸牌堆积模型来说明，各对应的相互作用的跃迁矩相互平行，不会出现斜交的情况，且不相平行的跃迁矩间没有相互作用。由于卟啉分子具有两条跃迁矩，因此在各对应的相互平行的分子间的跃迁矩相互取向时，中心连线与跃迁矩间的夹角以 θ_1 和 θ_2 来表示。在聚集体中，

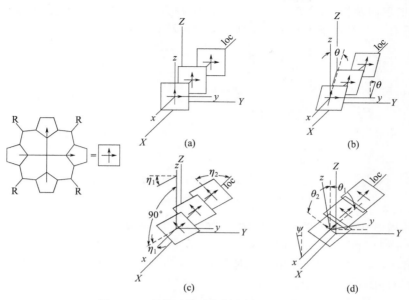

图 2-39　卟啉环排列的纸牌堆积模型[41]

（a）面对面排列；（b）相当于其坐标倾斜 θ 角；（c）倾斜的聚集体绕其 z 轴滑动 η_1 角；

（d）倾斜的、滑动的聚集体又沿其中心连线（loc）旋转 ψ 角

卟啉环可能采取如图 2-40 所示的几种排列方式。

① 面对面型　此时，$\theta_1 = \theta_2 = 90°$，聚集体的 Soret 吸收带相对于单体的将蓝移。这类聚集体跃迁能高，不稳定。

② 边对边型　此时，$\theta_1 = 0°$，$\theta_2 = 90°$，可以观察到 Soret 吸收带红移。这种情况下，本来还应有蓝移的 Soret 带，但由于太弱而被掩盖。

③ 头对尾型　此时，$\theta_1 = \theta_2 = 45°$，Soret 吸收带红移。

④ 滑移的面对面型　分为三种情况。第一种，$\theta_1 < 54.7°$，$\theta_2 > 54.7°$，Soret 带裂分；第二种，$\theta_1 < 54.7°$，$\theta_2 = 90°$，Soret 带红移；第三种，$\theta_1 > 54.7°$，$\theta_2 = 90°$，Soret 带蓝移。

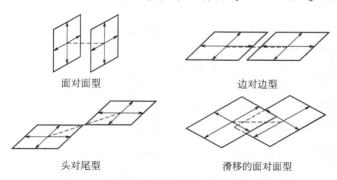

面对面型　　　　　　　　边对边型

头对尾型　　　　　　　滑移的面对面型

图 2-40　聚集体中卟啉环可能的排列方式

而在 Langmuir 单层膜中，面对面的取向很难形成。当卟啉环平躺在水面上时，边对边和头对尾的取向是可以存在的，但大多数的取向为滑移的面对面的方式。由于卟啉环上 meso 位和 β 位碳均可接取代基，一般的合成卟啉分子为 4 个 meso 位或者 8 个 β 位对称取代的衍生物，而取代基上有较强的亲水性的基团。考虑到 meso 位、β 位与跃迁矩的相对位置，除了边对边和头对尾外，当其中两个亲水性的取代基与水面接触时，一般双亲性卟啉分子在

气/液界面上的取向及排列有如图 2-41 所示的两种方式。若取代基的亲水基团的亲水性较弱，则可能只有一个亲水基团与水面接触，采取滑移且扭转的取向。

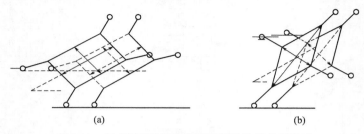

图 2-41　气/液界面上卟啉环可能采取的排列方式
（a）*meso* 位取代的卟啉；（b）*β* 位取代的卟啉

对于大环周围有疏水取代基的化合物，如卟啉和酞菁等，分子在界面上可能采取两种构型，即 face-on 构型和 edge-on 构型，如图 2-42 所示。采取哪种构型，取决于大环与大环间的相互作用和大环与水的相互作用的相对强弱。一般来讲，卟啉衍生物大多取 face-on 构型，酞菁衍生物有时取 edge-on 构型。

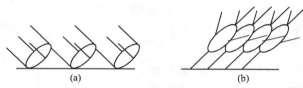

图 2-42　大环化合物在气/液界面上可能采取的两种构型
（a）face-on 构型；（b）edge-on 构型

卟啉环相对于水面或者基片平面的取向角，即二者间的夹角，常常用测定薄膜的偏振紫外-可见光谱的方法来确定[42]。用这个方法确定的其实是某个跃迁矩相对于水面或者基片平面的夹角 θ。根据该跃迁矩与卟啉环的相对取向即可以推出卟啉环与基片平面的夹角 α。对于图 2-41（a）所示的取向，$\alpha=\theta$；而对于图 2-41（b）所示的取向，则 $\cos\theta=\dfrac{\sqrt{2}}{2}\cos\alpha$。

当夹角 θ 测定后，利用激子理论可以求算聚集体中相互作用的相邻跃迁矩间的距离[43~45]。由式（2-97）变形可得：

$$\Delta\lambda=\lambda_1-\lambda_2=\frac{2(N-1)}{N}\times\frac{|\mu|^2}{r_{uv}^3}(1-3\cos^2\theta)\frac{\lambda_1\lambda_2}{hc}\qquad(2\text{-}98)$$

式中，λ_1、λ_2 分别为单体、聚集体 Soret 吸收带的波长；h 为 Planck 常数；c 为光速。求出 $|\mu|^2$ 后，即可求跃迁矩的间距。一般认为 N 足够大，故 $(N-1)/N\rightarrow1$。

由卟啉溶液的紫外-可见光谱求出 Soret 带的积分吸光系数 A。由 $A=\dfrac{8\pi^2 N_a\nu|\mu^*|^2}{3000hc}$ 求出跃迁矩。式中，N_a 为 Avgardero 常数；ν 为 Soret 吸收峰的频率。

注意由上式求出的 μ^* 为两条简并的偶极矩的和，因为溶液中分子以单体方式存在。由该值可进一步求出每条偶极矩的值 μ。由式（2-98），有：

$$r_{uv}^3=\frac{2|\mu|^2\lambda_1\lambda_2(1-3\cos^2\theta)}{hc\Delta\lambda}\qquad(2\text{-}99)$$

当卟啉环的取向角 α 和环间距 r_{uv} 求出后，卟啉分子形成的一维超分子的结构即可确定。结合 π-A 等温线得到的单分子面积数据可以求得平行排列的卟啉分子的列间距。这样，卟啉分子在气/液界面上形成的超分子结构即可确定（图 2-43）。

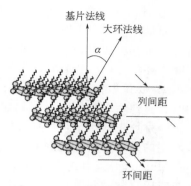

图 2-43　气/液界面上形成的卟啉超分子结构示意图

（4）由环间及链间相互作用构建的卟啉单层膜的结构调控　卟啉单层膜的研究可追溯到 20 世纪 30 年代[46]。但直到 20 世纪 80 年代初，卟啉的各种衍生物（天然的及合成的）才被大量用于气/液界面上的单层膜及 LB 膜的研究。开始时研究的内容主要集中于对某个卟啉化合物形成的单层膜及 LB 膜的各种初步表征上，用各种观测手段（如紫外-可见光谱、荧光光谱、红外光谱、电性质的测定等）研究了膜中卟啉的光谱性质和电性质[47~51]。有的卟啉膜表现出导电性，有的则表现出绝缘性。卟啉在薄膜中的光谱特征与在溶液中的不同。这种不同常常被归因于膜环境中生色团间的电子相互作用[52,53]。

在这些初期的研究中，渐渐意识到了卟啉环的取向是影响膜光电性质的一个重要因素[54]，因此，开展了这方面的研究，并提出了运用偏振紫外-可见光谱和偏振红外光谱来确定卟啉环在膜中的取向[42]。人们研究了多种卟啉 LB 膜中卟啉环的取向，如在苯环的对位或间位被一条、二条或四条醚脂链取代的四苯基卟啉衍生物[41,42,55]、四（3-十八烷基吡啶基）卟啉[56,57]及中位卟啉IX二甲酯[57]等。Möwald 等人[55]给出了气/液界面上卟啉的可能的排列方式。Schick 等人[41]报道了 5,10,15,20-四-对［4-（1-辛烷基）］苯基卟啉在单层膜中的取向。中位卟啉IX二甲酯的卟啉环与基片表面呈 64°角[58]。5-（4-N-十六烷基吡啶）-10,15,20-三苯基卟啉溴化物的卟啉环在与脂肪酸的混合膜中以近乎躺平于表面的方式取向，卟啉环与基片平面的夹角约为 20°[59]。

尽管对卟啉单层膜及 LB 膜的性质、结构做了大量研究，但均未对卟啉膜的光谱性质与卟啉膜结构之间的关系做深入分析和说明。Schick 等人的工作[41]率先对此进行了研究。他们对 5,10,15,20-四-对［4-（1-辛氧基）］苯基卟啉自由碱及 Zn（Ⅱ）、Cu（Ⅱ）及 Co（Ⅱ）的配合物所形成的单层膜进行了研究，运用偏振紫外-可见光谱及荧光光谱进行了观测，发现在卟啉单层膜的光谱中，Soret 带相对于有机溶剂中的吸收（单体）出现了裂分。由各种实验数据归纳出：膜中单个分子的结构与其在稀溶液中的结构之间的不同可以忽略，即结构无大的变化；卟啉存在于至少由七个相互作用（电作用）的分子所形成的畴中（这种畴实际上是超分子体系）；畴的取向分布由单层膜的形成条件决定。因此，光谱的不同由卟啉环间的相互作用所致。那么，究竟存在什么样的作用？畴的结构又如何？作者引入了 Kasha 提出的激子理论[40]，并提出了卟啉分子的纸牌堆积模型研究了这些问题。他们认为，之所以造成光谱峰的裂分（既有红移，又有蓝移），是由于相平行的卟啉环相互作用时，各卟啉环中相对应的跃迁矩彼此平行，且两个 θ 角，一个大于 54.7°，另一个小于 54.7°。他们还讨论了不存在卟啉环相对扭曲，使相对应的跃迁矩出现斜交的情况。经过细致计算和分析，他们给出了聚集体的结构，在所研究的卟啉聚集体中，卟啉环以纸牌堆积方式边对边排列，相距 0.4~0.5nm，彼此相对滑移约 47°，倾斜约 40°，聚集体绕平行于表面的轴以约 13°角旋转。在以后的相关文献中，普遍以激子理论去解释各种光谱现象，以纸牌堆积模型给出各种卟啉聚集体的结构，使卟啉衍生物单层膜的结构与性质相关联。其后，人们对单层膜的结构和性质的关联进行了大量系统性的研究。

调控卟啉环间的相互作用及电子传递性质，调控聚集体的光学性能、电学性能，主要在于调控卟啉聚集体的结构。这包括两个方面，即卟啉环取向的调控和环间距离的调控。

　　① 卟啉环取向的调控　大量的实验数据表明，Langmuir 单层膜中卟啉环的取向主要取决于卟啉环上的亲水取代基的亲水性强弱。可以由亲水取代基的亲水性将卟啉分为四类，即含强亲水基、较强亲水基、中等亲水基和弱亲水基的卟啉[60]。同类卟啉分子形成的单层膜中卟啉环具有类似的取向，而不同类别的分子的取向及分子间的相互作用则有明显不同。现在以 meso 位取代的卟啉为例进行说明。

　　含有强亲水基的卟啉，如四磺酸基卟啉和四吡啶盐基卟啉，当形成 Langmuir 单层膜时，卟啉环中的四个亲水基均与水面接触，卟啉环平躺在水面上。卟啉环可能采取边对边或头对尾的排列方式，光谱中 Soret 带相当于溶液的红移。

　　Mobius 等人对这类体系进行了系统研究[61~65]。他们首先将四（N-甲基-4-吡啶基）卟吩与二肉豆蔻酰基磷脂酸（DMPA）以 1:4 的摩尔比混合铺展在水面上，用原位紫外-可见光谱观察 Soret 带随膜压缩时的变化，发现当表面压从 5mN/m 增加到 35mN/m 时，Soret 带由 430nm 蓝移至 420nm。他们认为随着压缩，卟啉环发生了双层堆积，Soret 带的蓝移可用偶极模型[66]来解释。但于 35mN/m 下沉积在固体基片上的单层膜中，卟啉的 Soret 吸收带则位于 430nm，且偏振光谱测定结果为卟啉环平躺于水面上[61]。当用 LiCl、KClO₄ 等改变亚相的离子构成时，上述体系表面膜中存在着单层与双层之间的平衡[62]。后来，还用 BAM 对该体系进行了进一步研究[63]，并探讨了膜的电化学性质[64]。他们还研究了二（十八烷基）二甲基溴化铵与四（4-磺酸基苯基）卟啉以摩尔比 4:1 混合共铺展在水面上的 Langmuir 膜，得出了与上述研究类似的结论[65]。

　　含有较强亲水基的卟啉，当形成 Langmuir 单层膜时，卟啉环中的两个亲水基与水面接触，另外两个亲水基由于环间的相互作用而翘起，从而使卟啉环采取倾斜的取向，取向角一般在 30°左右。此时，卟啉环中的两个跃迁矩与相邻卟啉环中相应的两个跃迁矩中心连线与跃迁方向间的夹角，一个为 90°，另一个小于 54.7°，故膜中卟啉的 Soret 带与单体的相比红移。这类卟啉分子所含亲水基通常为羧基、酯基、酰氨基、硝基等。

　　例如，王海水等人[67~69]分别测定了几个含不同长度侧链的卟啉衍生物在 LB 膜中的取向，卟啉环与基片平面的夹角分别为：meso-四-对（乙酯苯基）卟啉，35.7°；meso-四-对（异戊酯苯基）卟啉，31°；meso-四-对（山嵛酸乙酯-α-氧代苯基）卟啉，37°。这些卟啉分子所含的亲水基均为酯基，取向角非常相近。

　　Chou 等人[70]做出了很有意义的工作。他们用 π-A 等温线、紫外-可见光谱、偏振光谱研究了四（对硝基苯基）卟啉的硝基依次被一条、二条、三条及四条硬脂酸酰氨基取代后的衍生物形成单层膜，发现在单层膜的电子光谱中，Soret 带与各自溶液相比均红移，但程度不同；链越多，红移越少。由偏振光谱得到了卟啉环的取向角，在气/液界面上均约为 45°，在固态基片上则都约为 33°。这二者的不同与转移到基片上后压力的消除有关。但奇怪的是，在同一条件下，不论含几条脂链，取向角都倾向于一致，且与由 π-A 等温线得到的面积数据所推测的取向不一致。他们认为，卟啉环的取向由卟啉环上的亲水基与亚相间的相互作用来决定，与脂链的多少无关。此后，Kroon[71]、侯原军等人[72]也发表了类似的工作。

　　笔者将 5,10,15,20-四（乙酸-α-氧基）苯基卟啉在有机溶液中与十八胺以不同比例（1:1、1:2、1:3 和 1:4）、与二（十六烷基）二甲基溴化铵以 1:4、与四（十六烷基）溴化铵以 1:4 混合，铺展在水面上形成 Langmuir 单层膜。笔者发现，由等温线得到的面积数据大于计算值，说明二者在界面上不是理想混合或者分相，而是形成了具有不同脂链的复合物。偏振紫外-可见光谱的测定表明，纯卟啉及这些复合物形成的单层膜中卟啉环具有相近的取向角，约为 30°，说明脂链的多少不影响环的取向。有意思的是，1:2 复合体系中，Soret 带出现了两个峰，分别对应着十八胺与卟啉以顺式和反式相结合的复合物[73]。

含有中等亲水性的亲水基的卟啉在形成 Langmuir 单层膜时，由于与水的相互作用较弱，只有一个亲水基与水面接触，而另外三个是悬空的。可想而知，在这种情况下，卟啉环的自由度增大了，它不但可以倾斜，还可以偏转。因此，此时两个偶极矩的取向角一个会大于 54.7°，而另一个会小于 54.7°，Soret 吸收带上会出现两个峰，相对于单体的分别蓝移和红移。蓝移的峰强度会减弱，而红移的会加强。这也是为什么当取向角为 90°时常常观察不到谱峰的原因。这类亲水基主要是醚氧原子。

Schick 所研究的体系即为 5，10，15，20-四 [4-（1-辛氧基）苯基] 卟啉形成的单层膜[41]。他们发现 Soret 带裂分且卟啉环倾斜、偏转。Tian 等人[74]首先开展了这方面的工作。他们研究了四（对羟基苯基）卟啉（THPP）上的羟基分别被一条、二条、三条、四条十六烷氧基取代后形成的衍生物（分别记为 THPPH1、cis-THPPH2、trans-THPPH2、THPPH3、THPPH4）的 LB 膜，发现 THPPH1、cis-THPPH2 和 trans-THPPH2 的 Soret 带相对于溶液的吸收红移，而 THPPH3 和 THPPH4 的 Soret 带则出现了裂分。根据激子相互作用对此做了初步说明，并推断了膜中卟啉环的排列。之所以前三种卟啉分子形成的单层膜中卟啉的 Soret 吸收带只红移而不裂分，与羟基的亲水性较强有关。这三种卟啉应该为含较强亲水基的卟啉。后来他们给出了 THPPH3 单层膜中卟啉排布的详细模型[75]，环相对于基片倾斜 73°，有适当的扭转（32°），面内、面外跃迁矩均倾斜取向，与偶极中心连线的夹角分别为 42°和 78°，环中心与中心间距为 0.526nm，并以此说明了谱带的裂分。

第四类卟啉为含弱亲水基或不含亲水基的卟啉，如四苯基卟啉等。通常这类卟啉分子难以单独成膜，卟啉环的取向由所在介质决定，取向角通常较高。

若卟啉分子与其他组分形成混合膜，则卟啉环的取向还会受到第二组分的影响。Matsumoto 等人[76~84]对此做了系统的研究。他们用 ESR 测定了膜中卟啉环的取向，发现在 meso-四 [3,5-二（叔丁基）苯基] 卟啉铜与花生酸镉的混合膜中，卟啉环的取向可由加入的少量的引发分子（trigger molecule）正三十六烷所调节。随着烷烃含量的增加，卟啉环与基片间的夹角由 58°渐增至 80°。对 CuTPP，则取向由倾斜变为垂直于表面。但并非对所有卟啉均起作用，如八乙基卟啉铜，则不论有无烷烃，取向均平行于表面。对共轭相连的卟啉铜二聚体的实验表明，加入正三十六烷后，卟啉环的取向角由 60°变为 75°。长链烷烃的链长对卟啉环取向的变化有不同的影响。为研究卟啉环取向变化的机理，用了氘代的正三十六烷进行了实验，发现在花生酸与氘代三十六烷的混合膜中，链与表面法线的夹角分别为 13°和 12°。但加入卟啉后，花生酸链取向不变，而烷烃的链的取向角变为 37°，说明卟啉与烷烃间的相互作用是导致卟啉环取向变化的原因。这些研究说明，在不对分子结构做任何化学修饰的情况下可以通过形成混合膜的方法调节膜中分子的取向。Kaga 等人发现中位卟啉Ⅸ二甲酯自由碱与花生酸镉的混合单层膜及 LB 膜中卟啉大环的取向与两组分的摩尔比有关[85]。

卟啉环内的中心金属离子也会影响到环的取向。笔者测定了 5，10，15，20-四（硬脂酸-α-氧基）苯基卟啉及其金属配合物卟啉铜和卟啉锰在单层膜中的取向角，发现分别为 31°、0°和 52°[86]。卟啉铜的取向角变小是由于中心铜离子的亲水性所致；而卟啉锰的取向角变大则是由于分子的特殊结构而引起的。在卟啉锰中，锰离子在卟啉环之外且与其他离子（如 Cl⁻）配位。

卟啉环的取向和环间相互作用当然可以通过表面压来控制，如单层膜的反射光谱随表面压的变化而变化[61~65]。Miguel 等人[87]研究了一种非对称取代的卟啉 5- [4-（1,2,6-三（十七氧基）苯基）] -10,15,20-三 [4-（1-磺酸基）苯基] 卟啉在碱性水溶液表面上形成的单层膜随表面压变化的反射紫外-可见光谱，发现在低表面压下，Soret 带与溶液中相比仅有很小的红移。随着表面压的升高，红移程度提高，但到一定程度时出现了裂分；继续压缩，则裂分消失，红移程度更高。这反映了随着膜被压缩，卟啉环取向的变化和环间距的变化。后来，他们还探讨了 pH 的影响[88]。

②　环间距离的调控　环间距离的调控主要是通过环上疏水取代基的数目和长度来实现的。例如，Chou[70] 等人除了发现环的取向不受脂链数目影响外，还运用激子理论对卟啉环间的距离做了比较。他们认为取代链越多者，环间距离越大，相互作用越弱。笔者[73] 在研究含四个羧基的卟啉与十八胺以不同卟啉形成混合膜时也发现，不同比例时形成的单层膜中卟啉的 Soret 带相对于溶液来讲红移程度不同。随着脂链的增多，红移减弱。这说明，脂链数目影响了环间距离和环间的相互作用。除了取代基的数目外，取代基的链长也会影响到环间距及环间相互作用。笔者发现 5,10,15,20-四（硬脂酸-α-氧基）苯基卟啉、5,10,15,20-四（癸酸-α-氧基）苯基卟啉和 5,10,15,20-四（乙酸-α-氧基）苯基卟啉的卟啉环在 Langmuir 单层膜中具有相近的取向角，但其 Soret 带相对于溶液的红移程度随着脂链长度的增加而降低，说明脂链越长，环间距离越大，环间相互作用越弱。笔者还根据式（2-99）求算了环间距和列间距，发现随着脂链数目的增加或者脂链的增长，环间距变大且列间距也变大，因为列间距也是由相邻列的卟啉环上的脂链交叠而决定的[60]。

(5)　由配位及氢键相互作用形成超分子　利用卟啉分子间的配位及氢键相互作用可以在气/液界面上得到二维超分子体系。钱东金[89] 等人利用四吡啶基卟啉锌（ZnTPyP）与 Cd^{2+} 间的配位作用，将卟啉铺展在 $CdCl_2$ 水溶液表面上，形成了 Langmuir 单层膜。他们发现，尽管配位形成的膜中与纯水表面上得到的膜中卟啉环的取向角非常相近（分别为 33° 和 30°），但配位后的膜中卟啉的 Soret 带相对于溶液的红移程度比纯水表面上得到的膜相对于溶液红移的程度低，说明配位后膜中环间距变大了，如图 2-44 所示。后来，他们还利用四吡啶基卟啉锰与 $PdCl_4^{2-}$ 间的配位作用得到了二维多卟啉阵列单层膜并研究了其电化学性质[90]。Ruggles 等人[91] 用类似的方法得到了四吡啶基卟啉与 Cd^{2+} 和 Cu^{2+} 在界面上配位形成的多卟啉结构。Armand 等人[92] 则利用 *meso*-四（三甲基硅烷乙炔基）卟啉中的乙炔基与 Ag^+ 间的配位作用组装了配位超分子。

利用氢键相互作用也可以在气/液界面上构建卟啉超分子体系。如 Ni 等人[93] 将两个四苯基卟啉连接起来，而连接基与巴比妥酸之间可形成氢键。将该卟啉分子铺展在巴比妥酸水溶液上时，由于氢键相互作用，形成一维超分子链，如图 2-45 所示。在纯水表面上形成的膜中卟啉环的倾斜角为 84°，在巴比妥酸水溶液表面上形成的膜中为 87°，近乎垂直取向。

(6)　卟啉的手性组装体系　由上面介绍的研究工作，似乎可以这样说，单层膜中卟啉分子的共轭环都平行排列，且相对应的跃迁矩均相互平行。Schick 等人[41] 提出纸牌堆积模型时认为膜中卟啉环的堆积是这样的。但是，人们知道，卟啉分子上有亲水或者疏水的取代基。单层膜中卟啉分子间的相互作用包括环间的 π-π 相互作用、链间的疏水相互作用、亲水基间的相互作用（如氢键、静电相互作用、配位键）等，π-π 堆积只是其中一种。卟啉环间以什么样的方式排列，是多种相互作用协同的结果，且可能还与熵效应或者焓效应有关。即使是 π-π 堆积，也不一定非要跃迁矩平行才行，只是平行排列时相互作用最强而已，况且 π-π 堆积的实质仍是电性相互作用。例如，前面介绍过的 Mobius 组装卟啉 H-二聚体的研究，两个卟啉环面对面堆积，但是却错开了 45°，因为吡啶盐基正电荷间相互排斥[61~65]。即使前面介绍的诸多文献这样认为，也只是过去某个阶段的认识而已。

那么，为什么这样讲呢？这与近年来发现的 Langmuir 单层膜中卟啉分子的螺旋状堆积有关。刘鸣华等人[94~102] 在这方面做了系统、深入的研究工作。最初他们发现[94]，将十八胺（ODA）、十六烷基三甲基溴化铵（CTAB）或者二（十八烷基）二甲基溴化铵（DOAB）铺展在 pH 为 3.1 的四（4-磺酸基苯基）卟啉（TPPS）的水溶液表面上，在由二者间的静

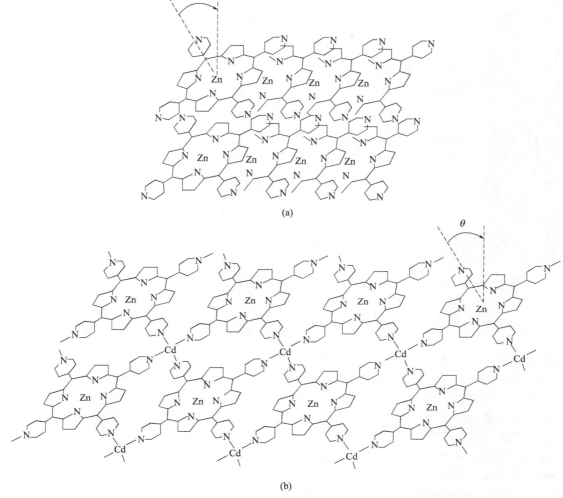

图 2-44 ZnTPyP 单层膜和 Cd²⁺-ZnTPyP 多卟啉阵列单层膜结构示意图[89]

(a) ZnTPyP 单层膜；(b) Cd²⁺-ZnTPyP 多卟啉阵列单层膜

电相互作用得到的 Langmuir 单层膜中卟啉分子形成了 J-聚体。这些膜都具有强的手性，而这种手性只有在膜中形成 J-聚体时才能观察到。他们将这种手性归因于分子平面的线形螺旋排列（图 2-46），假如当卟啉分子面对面排列时在某一方向上稍有扭曲，则可形成手性的 J-聚体。一般来讲，假如形成螺旋形的 J-聚体，左旋和右旋的概率是均等的。但某些条件下可能会发生镜面对称性破缺，从而显示出手性。气/液界面能够提供这种非手性分子形成手性聚集体的对称性破缺。AFM 给出了带状及线形结构（图 2-47），证明了线形聚集体的形成。

与 Mobius 等人关于同类体系的研究进行对比[61~65]，可以看出二者所得结果完全不同。这可能是由于实验方法不同所造成的。Mobius 等人使用的是共铺展法，而刘鸣华等人使用的是吸附法。他们还用偏振紫外-可见光谱测定了膜中卟啉环的取向，发现在这三种体系中，卟啉大环相对于基片平面的夹角分别为 41.5°、40.5°和 44.9°。这倒是与前面讲的关于光谱红移的内容相一致。

后来他们使 TPPS 与 D-色氨酸或 L-色氨酸的长链取代的衍生物用两种方式形成复合膜[95]：一种是将色氨酸衍生物铺展在 pH 为 3.1 的卟啉水溶液表面上；另一种是色氨酸衍

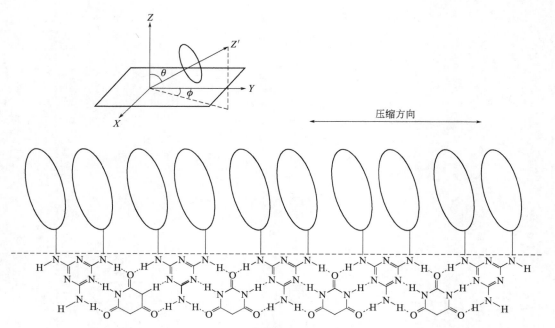

图 2-45   卟啉/巴比妥酸氢键相互作用形成的超分子结构示意图[93]
（图中给出了一个卟啉环的取向。XYZ 为坐标系，XY 面与水面平行。Z' 轴垂直于卟啉环平面）

生物形成的单层膜转移到基片上后，浸没于卟啉水溶液中进行吸附。这两种复合膜均表现出手性，但第一种复合膜的手性与色氨酸衍生物的手性无关，第二种则与色氨酸衍生物的手性相关。

他们在以前的研究中是偶然发现卟啉组合体的手性的，因此在此用了一个手性的色氨酸衍生物，目的在于观察是否可以控制卟啉组合体的手性。但在气/液界面上形成的超分子体系的手性并不受双亲分子手性的影响。这是由于铺展在界面上的双亲分子与卟啉形成复合分子后，卟啉环间的相互作用

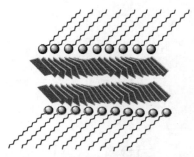

图 2-46   螺旋状卟啉聚集体的形成示意图[94]

左右了复合分子间的相互作用，表现出来的确实是卟啉超分子的手性。这种手性源自于组装过程中 J-聚体的形成和对称性破缺。而在固体基片上的吸附膜，其手性与色氨酸衍生物的一致。此时，色氨酸衍生物本来在气/液界面上就组装成了手性超分子，是卟啉分子吸附的模板，卟啉分子此时难以形成 J-聚体，表现不出其聚集体的手性。

他们还用 Gemini 型双亲分子诱导 TPPS 形成手性超分子，并探讨了双亲分子中间隔基的影响[96]。含不同间隔基的 Gemini 型表面活性剂铺展在 TPPS 水溶液表面上可形成复合单层膜，膜中卟啉分子形成了 J-聚体，形貌为纳米纤维。膜具有手性。他们认为，多层膜的超分子手性源自于 Gemini 单层膜下的卟啉的螺旋状堆积。π-A 等温线上表面压有一个转变点。研究发现，间隔基对手性有影响。当在等温线上转变点以下转移单层膜时，只有间隔基大于四个亚甲基时才给出裂分的 CD 信号；在表面压转变点以上转移时，均给出 J-聚体 Soret 带的裂分的 CD 信号，这归因于 J-聚体间的相互作用；对于在转变点以上转移的膜，CD 信号随着间隔基长度的增加而变弱。

他们给出了如下的解释：当使用 Gemini 型双亲分子时，分子的两个荷正电的头基与水

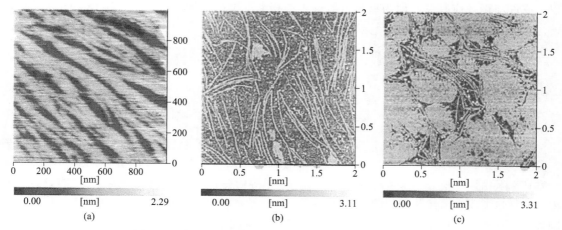

图 2-47　气/液界面上形成的卟啉单层膜的 AFM 图像[94]

（a）TPPS/ODA；（b）TPPS/CTAB；（c）TPPS/DOAB

面接触，而间隔基平躺或者平行于水面。随着间隔基长度的增加，间隔基的疏水性增强，间隔基会离开水面向上拱起。由于头基荷正电，TPPS 将自头基开始聚集。在聚集过程中，TPPS 将形成螺旋状聚集体并显示出超分子手性。对于 Gemini 分子，TPPS 将自其两端开始聚集。TPPS 在 Gemini 型双亲分子的两端之间堆积。当间隔基较短时，间隔基平行于水面，将给 TPPS 聚集体以有力支持；随着间隔基变长，向上拱起，间隔基对 TPPS 聚集体的支持力度逐渐降低，TPPS 分子排列越来越疏松，导致 CD 信号强度的降低。不同间隔基时的堆积情况如图 2-48 所示。

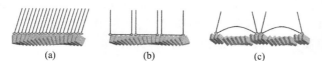

图 2-48　不同间隔基的 Gemini 型双亲分子与 TPPS 形成螺旋状堆积示意图[96]

（a）一般单链表面活性剂；（b）间隔基为 2 个或者 4 个亚甲基的 Gemini 型双亲分子；

（c）间隔基为 6 个、8 个或者 10 个亚甲基的 Gemini 型双亲分子

　　他们继续对由 TPPS 构建的手性超分子体系做了深入研究[97]。将十八胺或者 L-谷氨酸的衍生物铺展在 pH 为 3.1 和 5.1 的 TPPS 的水溶液表面上，原位组装单层膜。当自 pH 为 3.1 的亚相沉积时，得到 J-聚体；而自 pH 为 5.1 的亚相沉积时，有 H-二聚体存在。该膜具有可逆的酸二色性。当暴露在氨气中时，膜呈小麦色，卟啉聚集成 H-二聚体；当用干燥 HCl 处理时，膜变成淡黄色，H-二聚体转变成质子化卟啉。当接着暴露在水蒸气中时，膜变成黄色，卟啉形成 J-聚体。当分别用氨气、HCl 和水蒸气处理时，H-二聚体、质子化卟啉和 J-聚体依次出现，膜的颜色依次变化。当卟啉形成 J-聚体时，超分子显示出手性。但当暴露在氨气和 HCl 中时，超分子手性变化并消失。

　　颜色变化与卟啉质子化和去质子化以及由此引起的卟啉分子的聚集状态有关。至于手性，自气/液界面上沉积的形成 J-聚体的膜为手性超分子膜，但经过上述一系列处理过程重新变为 J-聚体的膜后手性丧失了。卟啉环有三种堆积方式（图 2-49），即线性堆积、随机堆积和螺旋状堆积，这三种均可形成 J-聚体，紫外-可见光谱相差无几，但 CD 谱完全不同。这说明，气/液界面上的组装有利于螺旋状堆积，这是一种在限定的二维阵列中的协同排列。而处理后的膜中无法形成这样的排列。线性堆积时，距离相同时相互作用应最强；随机堆

积，或许与熵效应有关，因为这种方式分子堆积混乱度高；螺旋状堆积，则是卟啉分子间各
种作用的协同结果。

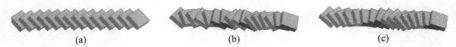

（a）　　　　　　　　　　　（b）　　　　　　　　　　　（c）

图 2-49　卟啉环的几种堆积方式[97]
（a）线性堆积；（b）随机堆积；（c）螺旋状堆积

除上述体系外，他们还构建了由双亲性卟啉分子形成的手性超分子。例如 5-［4-（乙氧基羰
基）甲氧基苯基］-10,15,20-三［4-（十二烷氧基）苯基］卟啉，该卟啉分子形成的卟啉铜和
卟啉锌以及由该卟啉分子水解得到的含羧基的卟啉等均在气/液界面上形成单层膜[98]。研究发
现，卟啉铜形成 J-聚体及 H-聚体，且有强的 CD 信号。自由碱也能形成手性超分子，但卟啉锌
的超分子体系几乎检测不到 CD 信号。另外，将酯水解为羧酸，超分子手性降低。

对于含酯基的自由碱，脂链间的相互作用和环间的 π-π 堆积使其在气/液界面上形成很
好的超分子手性组合体。卟啉锌和卟啉铜的分子结构不同。由于 Zn^{2+} 的离子半径稍大一点，
它会稍稍凸出一点，卟啉环是弯曲的，而 Cu^{2+} 深深地嵌入环中，卟啉环不变形。这使得卟
啉铜形成的超分子中卟啉环间的 π-π 交叠更强，形成的超分子手性更强。而当酯基水解为羧
基时，分子间形成的氢键可能影响到卟啉分子的堆积，从而使超分子的手性减弱。

对于质子化的卟啉，形成手性超分子时，反离子会影响到超分子手性的强度[99]。
5,10,15,20-四（3,5-二甲氧基苯基）卟啉，在酸性水溶液表面上形成单层膜，有手性，但
手性强弱与反离子有关。当用 HCl 时，手性最强；用 HBr，手性减弱；用 HI 或者 HNO_3，
手性更弱。当用 HBr/NaCl 或者 HNO_3/NaCl 的混合水溶液时，手性与用 HCl 一样。这说
明，Cl^- 作为反离子有利于手性超分子的形成。卟啉环的协同堆积与 π-π 交叠及相邻卟啉分
子间距有关。当双质子化的卟啉分子相堆积时，若 Cl^- 作为反离子，由于其半径最小，卟啉
环间 π-π 交叠程度最高，环间距离最短。而较大的反离子，会使卟啉环间 π-π 交叠程度降
低，环间距离变大。

卟啉环上取代基的亲水/疏水性和后续退火处理也会影响超分子的手性[100]。他们使含
亲水基或者疏水基的八种卟啉分子在气/液界面上形成单层膜，但形成的均为非手性的超分
子组装体。经热处理后，带亲水取代基的卟啉形成的超分子显示出手性，而带疏水取代基的
仍为非手性的。这说明，热处理可使某些非手性的超分子发生对称性破缺，转变为具有手性
的超分子（图 2-50），取代基的亲水/疏水性对这种转变有影响。

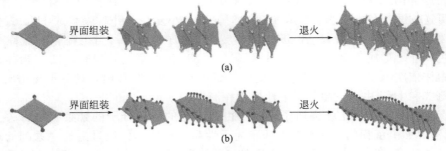

图 2-50　退火诱导手性超分子的形成示意图[100]
（a）带有疏水取代基的卟啉；（b）带有亲水取代基的卟啉

当分子铺展在界面上时，存在两种相互作用的竞争，即分子之间的相互作用和分子与水

的相互作用。含疏水基的卟啉，分子间的相互作用强而与水的相互作用弱，铺展后即形成预聚体。这样，镜面对称性破缺基本上没有机会发生，形成的是非手性的分子组合体。尽管加热可引发分子重排，但仍显示非手性。

当含亲水基的卟啉铺展在界面上时，尽管可能形成预聚体，但形成的膜较为扩张。尽管在预聚体处镜面对称性破缺是局部禁阻的，但在单层膜处却是局部允许的。这样可能会形成少量的手性组合体。这些手性组合体作为种子，可在热处理过程中诱发分子重排。这就是退火引发的超分子手性放大。

在最近的研究中，他们探讨了取代基的微小改变对超分子手性的影响[101]。5-（4-甲氧基羰基苯基）-10,15,20-三苯基卟啉、5-（4-羧基苯基）-10,15,20-三苯基卟啉在气/液界面上形成单层膜。前者形成过度拥挤的膜，后者则形成扩张的膜。前者不形成手性组合体，而后者形成手性组合体，并以此为种子，经退火处理形成手性超分子（图 2-51）。非手性分子在气/液界面上可以组装成手性超分子体系，主要源于组装体对称性的破缺。过度拥挤的膜

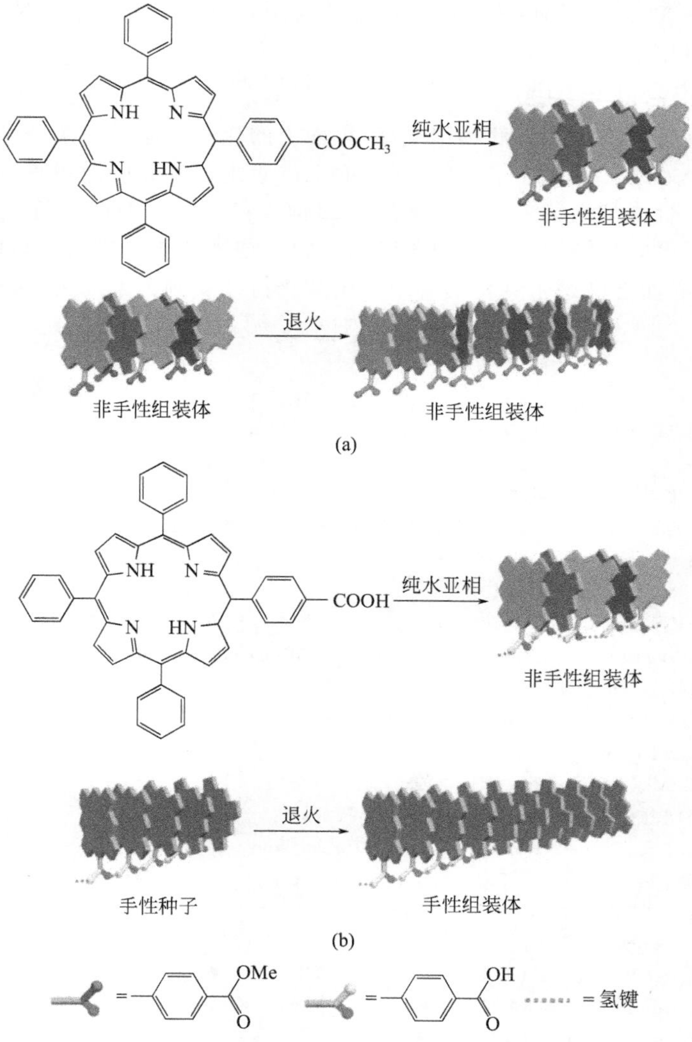

图 2-51　手性超分子形成中氢键的影响及退火诱发手性放大示意图[101]

（a）卟啉分子在气/液界面上的组装；（b）沉淀到固体基片上的组装体的退火处理

无法进行进一步的对称性调整，难以显示手性，而扩张膜可以。后者之所以形成手性超分子，在于组装过程中 π-π 相互作用与分子间氢键相互作用的协同作用。当用氢氧化钠水溶液时，则后者也不能形成手性超分子，原因在于不能形成分子间氢键。

这些研究工作不但利用气/液界面由非手性的卟啉分子组装得到了手性的超分子，而且引起了笔者对于卟啉在气/液界面上组装行为的思考，那就是，卟啉分子是否如以前的大多数研究中如纸牌堆积模型所显示的那样在气/液界面上形成特别规整排列的超分子结构呢？答案恐怕是不确定的。正如图 2-49 所揭示的那样，卟啉分子在界面上可能形成排列特别规整的结构，也可能形成排列不那么规整的结构，这取决于卟啉分子间各种相互作用的协同，因为卟啉分子并不仅仅是一个卟吩环，取代基间的相互作用和取代基与亚相间的相互作用对卟啉分子间的组织也会起到重要作用。但正如刘鸣华等人所指出的，尽管可能存在这几种排列方式，CD 谱有很大不同，但紫外-可见光谱却是一样的。这说明，排列方式的些微差别尽管极大地影响了超分子的手性特征，但对于跃迁矩间的相互作用影响不大。也就是说，以前的研究工作还是有意义的，那些模型也可以继续应用，只是笔者把单层膜中卟啉环堆积形成的超分子结构理想化了而已。

2. 微纳米结构的合成与组装

自 20 世纪 90 年代以来，人们利用气/液界面上的化学反应、双亲分子形成的 Langmuir 单层膜的模板诱导效应、胶体粒子在气/液界面上的吸附、表面修饰的胶体粒子在气/液界面上的有序排列等，合成和组装了大量的微纳米结构，包括纳米薄膜、特定形状的纳米粒子、纳米粒子形成的有序阵列结构、溶胶粒子吸附薄膜、纳米粒子形成的超晶格、三维胶体晶体等。目前，气/液界面上微纳米结构的合成与组装仍持续受到大家的关注。

参 考 文 献

[1]　Eastoe J，Dalton J S. Adv Colloid Interf Sci，2000，85：103.

[2]　Ward A F H，Tordai L. J Chem Phys，1946，14：453.

[3]　Liggieri L，Ravera F，Passerone A. Colloids Surf A，1996，114：351.

[4]　刘俊吉，王创业，徐凌. 化学工业与工程，2005，22（1）：4.

[5]　Fainerman V B，Makievski A V，Miller R. Colloid Surf A，1994，87：61.

[6]　Hansen R S. J Phys Chem，1960，64：637.

[7]　Hansen R S. J Colloid Sci，1961，16：549.

[8]　Rillaerts E，Joos P. J Phys Chem，1982，86：3471.

[9]　Makievski A V，Fainerman V B，Miller R，Bree M，Liggieri L，Ravera F. Colloids Surf A，1997，122：269.

[10]　van Hunsel J. PhD Thesis，University of Antwerp，1987.

[11]　Daniel R，Berg J C. J Colloid Interf Sci，2001，237：294.

[12]　Ravera F，Liggieri L，Steinchen A. J Colloid Interf Sci，1993，156：109.

[13]　Hua X Y，Rosen M J. J Colloid Interf Sci，1988，124：652.

[14]　Gao T，Rosen M J. J Colloid Interf Sci，1995，172：242.

[15]　Eastoe J，Dalton J S，Rogueda P G A，Griffiths P C. Langmuir，1998，14：979.

[16]　Eastoe J，Dalton J S，Rogueda P，Sharpe D，Dong J，Webster J R P. Langmuir，1996，12：2706.

[17]　周天华，赵剑曦. 物理化学学报，2007，23（7）：1047.

[18]　刘金彦，郭贵宝，王正德，安晓萍. 应用化学，2008，25（8）：937.

[19]　Vollhardt D，Melzer V. J Phys Chem B，1997，101：3370.

[20]　Melzer V，Vollhardt D，Brezesinski G，Mohwald H. J Phys Chem B，1998，102：501.

[21]　Islam M N，Kato T. Langmuir，2004，20：6297.

[22]　Hossain M M，Suzuki T，Kato T. J Colloid Interface Sci，2005，288：342.

[23]　Hossain M M，Suzuki T，Iimura K I，Kato T. Langmuir，2006，22：1074.

[24]　Islam M N，Ren Y，Kato T. Langmuir，2002，18：9422.

[25] Moro Y，Rusdi M，Kubo I. J Phys Chem B，2004，108：6351.

[26] Kawai T，Yamada Y，Kondo T. J Phys Chem C，2008，112：2040.

[27] Vysotsky Y B，Bryantsev V S，Fainerman V B，Vollhardt D. J Phys Chem B，2002，106：11285.

[28] Vysotsky Y B，Bryantsev V S，Fainerman V B，Vollhardt D，Miller R，Aksenenko E V. J Phys Chem B，2004，108：8330.

[29] Vysotsky Y B，Bryantsev V S，Boldyreva F L，Fainerman V B，Vollhardt D. J Phys Chem B，2005，109：454.

[30] Langmuir I. J Am Chem Soc，1917，39：1848.

[31] Blodgett K B. J Am Chem Soc，1935，57：1007.

[32] Chen Y，Su W，Bai M，Jiang J，Li X，Liu Y，Wang L，Wang S. J Am Chem Soc，2005，127：15700.

[33] Yan X，Janout V，Hsu J T，Regen S L. J Am Chem Soc，2003，125：8094.

[34] Endo H，Kado Y，Mitsuishi M，Miyashita T. Macromolecules，2006，39：5559.

[35] Franklin B. Philiosophical Transactions of the Royal Society，1774，64：445.

[36] Pockels A. Nature，1891，43：437.

[37] Langmuir I. Trans Farad Soc，1920，15：62.

[38] Kuhn H，Mobius D，Bucher H. Physical Methods of Chemistry. Vol. 1. Part Ⅲ B. New York：Wiley-Interscience，1972.

[39] Mino N，Tamura H，Ogawa K. Langmuir，1992，8：594.

[40] Kasha M，Rawls H R，El-Bayoumi M A. Pure Appl Chem，1965，11：371.

[41] Schick G A，Schreiman I C，Wagner R W，Lindsey J S，Bocian D F. J Am Chem Soc，1989，111：1344.

[42] Vandervyver M，Ruaudel-Teixier A，Barraud A，Maikkard P，Gianotti C. J Colloid Interf Sci，1982，85：571.

[43] 黄涛，王永强，田永驰，李伯符，梁映秋. 化学世界，1997，648.

[44] 柳汀汀，于安池，罗国斌，赵新生，应立明，黄岩谊，黄春辉. 物理化学学报，2000，16：49.

[45] Chen Z，Yang Y，Qin J，Yao J. Langmuir，2000，16：722.

[46] Alexander A E. J Chem Soc，1937，1813.

[47] Jones R，Tredgold R H，Hoorfar A，Hodge P. Thin Solid Films，1984，113：115.

[48] Bardwell J A，Bolton J R. Photochem Photobiol，1984，39：319.

[49] Miller A，Knoll W，Mohwald H，Ruaudel-Teixier A，Lehmann T，Fuhrhop J H. Thin Solid Films，1986，141：261.

[50] Ringust M，Gagnon J，Leblanc R M. Langmuir，1986，2：700.

[51] Ruaudel-Teixier A，Barraud A，Belbeoch B，Roulliay M. Thin Solid Films，1983，99：33.

[52] Bull R A，Bulkowski J E. J Colloid Interf Sci，1983，92：1.

[53] Bulkowski J E，Bull R A，Sauerbrum S R. ACS Symp Ser，1981，146：279.

[54] Cave R J，Siders P，Marcus R A. J Phys Chem，1986，90：1436.

[55] Mohwald H，Miller A，Stich W，Knoll W，Ruaudel-Teixier A，Lehmann T，Fuhrhop J H. Thin Solid Films，1986，141：261.

[56] Mobius D，Orrit M，Gruniger H，Meyer H. Thin Solid Films，1985，132：41.

[57] Lesieur P，Vandeyver M，Ruaudel-Teixier A，Barraud A. Thin Solid Films，1988，159：315.

[58] Luk S Y，Mayers F R，Williams J O. Thin Solid Films，1988，157：69.

[59] Nagamura T，Koga T，Ogawa T. J Photochem Photobiol A，1992，66：127.

[60] Liu H G，Feng X S，Zhang L J，Ji G L，Qian D J，Lee Y I，Yang K Z. Mater Sci Eng C，2003，23：585.

[61] Martin M T，Prieto I，Camacho L，Mobius D. Langmuir，1996，12：6554.

[62] Prieto I，Camacho L，Martin M T，Mobius D. Langmuir，1998，14：1853.

[63] Prieto I，Martin M T，Camacho L，Mobius D. Langmuir，1998，14：4172.

[64] Prieto I，Martin M T，Mobius D，Camacho L. J Phys Chem B，1998，102：2523.

[65] Perez-Morales M，Pedrosa J M，Martin-Romero M T，Mobius D，Camacho L. J Phys Chem B，2004，108：4457.

[66] Czikkely V，Forsterling H D，Kuhn H. Chem Phys Lett，1970，6：207.

[67] 王海水，王新平，金日镇，席时权. 化学物理学报，1995，8：62.

[68] 王海水，周宇清，金日镇，席时权. 应用化学，1993，19（2）：87.

[69] 王海水，曾广赋，谷淑珍，席时权. 化学通报，1994，（2）：31.

[70] Chou H，Chen C T，Stork K F，Bohn P W，Suslick K S. J Phys Chem，1994，98：383.

[71] Kroon J M，Sudholter E J R，Schenning A P H J，Nolte R J M. Langmuir，1995，11：214.

[72] 侯原军，徐灵戈，黎甜楷，佟振合. 中国科学（B）.1994，24：561.

[73] Liu H G，Qian D J，Feng X S，Xue Q B，Yang K Z. Langmuir，2000，16：5079.

[74] Tian Y，Wang Y，Huang T，Li G，Liang Y. Bull Inst Chem Res，Kyoto Univ，1993，71（2）：157.

[75] 黄涛，王永强，田永驰，李伯符，梁映秋. 化学世界.1997，648.

[76] Matsumoto M，Tachibana H，Azumi R. Mater Sci Eng C，1997，4：255.

[77] Matsumoto M. Recent Res Devel Phys Chem，1999，3：79.

[78] Azumi R，Matsumoto M，Kuroda S I，Crossley M J. Mol Cryst Liq Cryst，1997，295，171.

[79] Azumi R，Matsumoto M，Kawabata Y，Kuroda S I，Sugi M，Crossley M J. J Am Chem Soc，1992，114：10662.

[80] Tachibana H，Matsumoto M. Adv Mater，1993，5：796.

[81] Azumi R，Matsumoto M，Kuroda S I，Crossley M J. Langmuir，1995，11：4495.

[82] Azumi R，Matsumoto M，Kawabata Y，Kuroda S I，King L G，Crossley M J. Langmuir，1995，11：4056.

[83] Azumi R，Matsumoto M，Kawabata Y，Kuroda S I，Sugi M，King L G，Crossley M J J. Phys Chem，1993，97：12862.

[84] Azumi R，Tanaka M，Matsumoto M，Kuroda S I，Sugi M，Le T H，Crossley M J. Thin Solid Films，1994，242：300.

[85] Koga T，Nakamura T，Ogawa T. Thin Solid Films，1994，243：606.

[86] Liu H G，Feng X S，Xue Q B，Wang L，Yang K Z. Thin Solid Films，1999，340：265.

[87] de Miguel G，Hosomizu K，Umeyama T，Matano Y，Imahori H，Martin-Romero M T，Camacho L. Chem Phys Chem，2008，9：1511.

[88] de Miguel G，Hosomizu K，Umeyama T，Matano Y，Imahori H，Pérez-Morales M，Martín-Romero M，Camacho L. J Colloid Interface Sci，2011，356：775.

[89] Qian D J，Nakamura C，Miyake J. Langmuir，2000，16：9615.

[90] Zhang C F，Chen M，Nakamura C，Miyake J，Qian D J. Langmuir，2008，24：13490.

[91] Ruggles J L，Foran G J，Tanida H，Nagatani H，Jimura Y，Watanabe I，Gentle I R. Langmuir，2006，22：681.

[92] Armand F，Albouy P A，Cruz F D，Normand M，Huc V，Goron E. Langmuir，2001，17：3431.

[93] Ni Y，Puthenkovilakom R R，Huo Q. Langmuir，2004，20：2765.

[94] Zhang L，Lu Q，Liu M. J Phys Chem B，2003，107：2565.

[95] Zhang L，Yuan J，Liu M. J Phys Chem B，2003，107：17268.

[96] Zhai X，Zhang L，Liu M. J Phys Chem B，2004，108：7180.

[97] Liu L，Li Y，Liu M. J Phys Chem B，2008，112：4861.

[98] Yu W，Li Z，Wang T，Liu M. J Colloid Interf Sci，2008，326：460.

[99] Zhang Y，Chen P，Ma Y，He S，Liu M. ACS Appl Mater Interf，2009，1：2036.

[100] Qiu Y，Chen P，Liu M. Langmuir，2010，26：15272.

[101] Rong Y，Chen P，Wang D，Liu M. Langmuir，2012，28：6356.

[102] 冯绪胜，刘洪国，孙德军，穆劲. 有序分子膜技术. 北京：化学工业出版社，2009.

第三章

泡沫

第一节　皂膜

笔者在讨论表面张力的概念时曾做过将丝线圈或者一边为滑杆的金属框置于皂液中形成液膜的实验。形成的液膜即为皂膜。皂膜是被气体环绕的液体薄层。它由液层和两个气/液界面组成。皂膜的结构如图 3-1 所示。

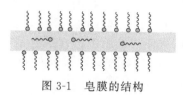

图 3-1　皂膜的结构

一、 皂膜的稳定性

皂膜有两个气/液界面，具有高的表面自由能。因此，皂膜从热力学角度来讲是不稳定的。但皂膜仍具有一定的稳定性。其稳定性主要来源于以下两个因素。

1. 分离压

纯液体难以形成皂膜。要形成皂膜，需要双亲性的表面活性物质的参与。溶解于水中的表面活性剂在两个气/液界面上吸附并形成规则排列。而规则排列的两个平整的表面活性分子层相互平行，在两个表面间产生排斥力，阻止液膜变薄及破裂。排斥力与分离压（disjoining pressure）有关。主要的排斥机制有空间排斥，即表面活性分子不会相互缠绕。若表面活性分子是离子型的，还存在静电排斥作用。

所谓的分离压（π_d）是由 Derjaguin 提出来的。对于两个相距为 x 的平整且平行的表面，分离压表示为：

$$\pi_d = -\frac{1}{A}\left(\frac{\partial G}{\partial x}\right)_{T, V, A} \tag{3-1}$$

式中，A 和 G 分别为相互作用的两个表面的面积和自由能。膜中的压力为：

$$P = P_0 + \pi_d \tag{3-2}$$

式中，P 和 P_0 分别为膜中液体和体相液体的压力。可以看出，膜中液体压力高，故分离压的存在使膜不易变薄。

分离压与多种相互作用有关，如色散力、荷电表面间的静电力、表面上吸附的非离子分子层间的相互作用及溶剂的效应等。

2. 膜的表面弹性效应

（1）膜的弹性　吸附在膜表面的表面活性分子还使膜具有弹性。液膜的弹性定义为增加单位表面积 A 时表面张力的增加值，表示液膜受到冲击时调整其表面张力的能力，即：

$$E = 2A \frac{d\gamma}{dA} = \frac{2d\gamma}{d\ln A} \tag{3-3}$$

也可以表示为：

$$E = 4(\Gamma_2)^2 \frac{d\mu_2}{dm_2} \tag{3-4}$$

式中，Γ_2、μ_2 和 m_2 分别为组分 2 在液面上的吸附量、化学势和浓度。

对于纯液体而言，表面积发生变化时，表面张力不变化，故 $E=0$。所以纯液体的液膜没有弹性，即纯液体不能形成稳定的液膜。要形成稳定的液膜，须向液体中加入表面活性物质。

（2）Marangoni 效应　Marangoni 效应是由于表面张力梯度的存在而发生在两流体间沿界面的传质过程。物理学家 J. Thomson 最先将该效应与所谓的"葡萄酒的眼泪"相联系。后来，物理学家 C. Marangoni 对其进行了系统研究，J. W. Gibbs 则给出了完整的理论说明。因此，该效应又被称为 Gibbs-Marangoni 效应。

所谓"葡萄酒的眼泪"，指的是置于杯中的葡萄酒在酒杯壁上的挂珠现象。这一现象的出现可以由 Marangoni 效应来解释。盛放于杯中的葡萄酒由于毛细力的作用会沿着杯壁向上形成一层液膜。葡萄酒由乙醇、水和其他微量的物质组成。形成液膜后，这些物质会很快挥发，而乙醇的挥发速度比水快，这使得液膜中的水的含量比杯中葡萄酒中的高，表面张力大。因此，在液膜与杯中的葡萄酒之间就存在表面张力差。这使得杯中的葡萄酒流向杯壁上的液膜。由于重力的作用，壁上的液体会徐徐下流，形成所谓的"眼泪"。

Marangoni 效应的机制是，由于表面张力梯度的存在，低表面张力处的液体会沿着界面向高表面张力处的液体流动。表面张力梯度可由浓度梯度引起，也可由温度梯度引起，因为表面张力与温度有关。还可以由其他因素引起，比如下面将要介绍的液膜表面上表面活性分子的浓度引起的表面张力的变化。

（3）Marangoni 效应对液膜稳定性的贡献　如图 3-2 所示，当膜受到外界扰动发生扩张或压缩时，膜的某些部分的厚度会发生变化。假设膜面积增加了，某一部分变薄了，则发生形变的这一区域上表面活性分子的数目减少了，表面张力变大。因此，与未发生形变的区域就产生了表面张力梯度。由 Marangoni 效应，未发生形变的低表面张力处的液体向发生形变的高表面张力处流动，使得变薄处厚度增加，同时表面活性分子也向变薄处移动，表面张力降低，最终恢复形变前的状态。液膜的这种自我修复作用叫作 Marangoni 弹性效应。此时，$d\gamma > 0$，$dA > 0$，故 $E > 0$，即液膜具有弹性。假如某一部分的膜变厚了，该处的表面活性分子的数目会增加，从而导致表面张力的降低，与邻近的未形变区域也形成表面张力梯度。未形变区域的液体向发生形变的区域流动，同样会恢复变形前的状态。

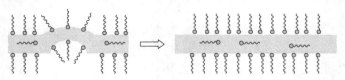

图 3-2　Marangoni 表面弹性效应示意图

有的教科书也这样解释：变薄处的表面张力增大，与未形变处的表面张力形成表面压。在表面压的作用下，周围的修复分子向变形处扩散，同时带动临近的液体一同移动，使变形处的表面张力降低，同时液膜变厚。但若运用 Marangoni 效应解释，则应为液体的移动带动了表面活性分子的移动。或许这两种作用都存在。

由于表面张力梯度是表面活性分子在界面上的分布不均匀造成的，而界面上表面活性分子的分布与其吸附行为有关，故液膜中表面活性分子的性质和浓度会影响到液膜的稳定性。对于单一表面活性分子的溶液所形成的液膜，其弹性系数为：

$$E = 4RT\frac{\Gamma^2}{c} \times \frac{1 + \dfrac{\mathrm{d}\ln\gamma}{\mathrm{d}\ln c}}{h + \dfrac{2\mathrm{d}\gamma}{\mathrm{d}c}} \tag{3-5}$$

因此，E 与吸附量 Γ、浓度 c 和膜的厚度 h 有关。Γ^2/c 越大、h 越小，膜的弹性越好。而吸附量与浓度是相关联的。对于表面活性分子溶液来讲，有一个使 Γ^2/c 最大的最佳浓度。当 c 小于该浓度时，Γ 随着 c 的增加而增加，Γ^2/c 也随着 c 的增加而增加，达到最大值；当 c 大于该浓度时，吸附达到饱和，故随着 c 的增加，Γ^2/c 反而变小。

另外，表面活性分子向界面的扩散和吸附速度也会影响到液膜的稳定性。当液膜某处发生变形扩张时，表面活性分子的表面浓度降低，表面张力升高。此时，由 Marangoni 效应，液膜在表面张力梯度下的移动带动了吸附分子的移动，或者表面压的作用驱使临近区域分子移动而带动液体的移动，使分子重新分布均匀，液膜恢复。但除了表面上的吸附分子进行重新排布之外，溶液中的表面活性分子也可以吸附在发生变形扩张处的区域。这样变形处的表面张力降低后，与未变形处的表面张力之间就不再存在梯度，因此，未变形处的液体便无法流向变形处。这样，变形处就无法恢复原状，液膜面积增加了。由于液膜具有高表面张力，故液膜趋向于减少其面积以保持稳定。面积的增加会使液膜处于不稳定状态。

因此，吸附量高，且自液膜内部扩散到表面的速度不大的表面活性分子有助于形成稳定的皂膜。

二、 皂膜的形状及颜色

由于表面积越大，表面自由能越高，膜越不稳定，故皂膜趋向于达到其最小的表面积。如前面所述的在有一边可以移动的滑杆的矩形框上形成的皂膜，其形状为矩形平面。若形成皂膜后使滑杆移动，则皂膜的面积会减小，因为其表面张力拉动滑杆。可以形成各种形状的皂膜，皂膜的形状取决于其载体。但不论采用何种载体，皂膜总是采取其表面积最小的形状。

由于反射光的干涉现象，皂膜呈现出彩虹色，这取决于其厚度。

三、 皂膜的排液和破裂

皂膜以两种方式排出其中的液体：一是蒸发；二是流出。如果皂膜不是水平放置，则在重力作用下膜中液体向下流动，使膜的上部变薄。当膜薄到一定程度时，则会爆裂。

当皂膜爆裂时，先是在某处形成一个小孔，然后小孔迅速扩大，使膜爆裂。表面张力的作用与液体的惯量（inertia）之间的平衡决定了孔缝隙打开的速度为：

$$v = \sqrt{\frac{2\gamma}{\rho h}} \tag{3-6}$$

式中，γ、ρ 和 h 分别为液体的表面张力和密度及膜的厚度。

第二节　泡沫

一、 定义

泡沫是气体分散在液相中的一种分散体系。

泡沫分为球形泡沫和多面体泡沫。前者为气体被较厚的液膜隔开，且为球状时的泡沫。有人认为这类似于气体分散于液体中形成的"乳液"。后者则是气体被网状的薄膜分隔开，各个被液膜包围的气泡为了保持压力的平衡而变形为多面体，如图 3-3 所示。后者可由前者经充分排液后形成。

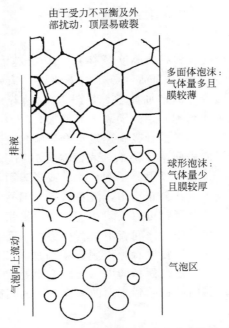

图 3-3　泡沫柱中形成的球形泡沫和多面体泡沫[1,2]

二、　形成

泡沫的形成需要环境对体系做功，使其表面积扩大。则有 $W = \gamma \Delta A$。

具体到形成方法，有分散法和凝聚法两种。

(1) 分散法　可将气体通过一定孔径的毛细管引入到液体中来制备泡沫，如图 3-4 所示。

当单个气泡在毛细管中形成时，它受到浮力 f_1 和表面张力 f_2 的作用：

$$f_1 = \frac{4}{3}\pi R^3 \rho g$$

$$f_2 = 2\pi r \gamma$$

式中，R 和 r 分别为形成的气泡的半径和毛细管的内半径；γ 为液体的表面张力；g 为重力加速度；ρ 为液气密度差。由于气体的密度远低于液体的，故可认为是液体的密度。

当 $f_1 = f_2$ 时，可求出：

$$R = \left(\frac{3r\gamma}{2\rho g}\right)^{1/3} \tag{3-7}$$

此时的 R 为气泡恰好能离开毛细管口时气泡的半径，叫作临界半径。R 的大小受到气流流速和液体黏度的影响。若气流流速小，则该结论正确；若气流流速大，当液体黏度低时，气泡易于进行泡颈收缩而脱离管口，气泡在没有达到临界半径时便脱离，R 变小；而若液体黏度高，则泡颈收缩慢，可能气泡半径已大于临界半径而仍未脱离管口，使 R 变大。

气泡形成后，若液体介质黏度高，则气泡不易接近，以球形泡沫的方式存在；若液体黏度低，气泡相互靠近，泡壁相连且充分排液，则形成多面体泡沫。多面体泡沫的形成与排液有关。假如球形泡沫相互接近，最密堆积时堆积率为 0.74。当继续排液时，球形泡沫便无法继续保持其中的球形气泡而变为多面体。

气泡形成后，则上浮至液面。气泡/溶液界面上吸附了一层表面活性分子，而在液面上也有一吸附分子层。因此，当该气泡上浮至液面时，就会形成双层表面活性分子且中间含有液体的皂膜。持续不断上浮的气泡要么与液面上的吸附层形成双层膜，要么与早先上浮的气泡相接触而在气泡之间形成双层膜。若气泡足够稳定，则液面被气泡和泡沫所覆盖。这就是分散形成法制备泡沫的过程，所形成的各种结构如图 3-5 所示。

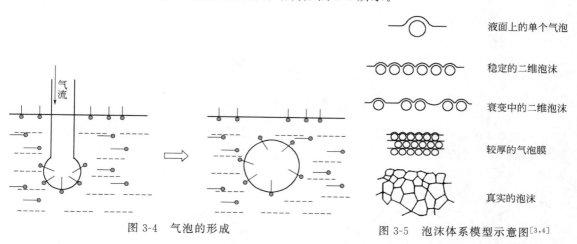

图 3-4　气泡的形成　　　　　图 3-5　泡沫体系模型示意图[3,4]

（2）凝聚法　泡沫还可以用凝聚法来制备。例如当压力释放时，碳酸饮料和气酒形成的泡沫。

三、 多面体泡沫的结构

球形泡沫中液体含量多，为湿泡沫。此时，气泡为球形，以使气/液界面具有最小的表面积。当充分排液后，液体含量减少，为干泡沫。此时，泡沫中的气泡为多面体。

泡沫中气体体积与泡沫总体积的比值叫作泡沫特征值。湿泡沫的特征值一般低于 0.52，而干泡沫的特征值一般高于 0.74。假设湿泡沫中球形气泡大小均匀，它们呈最密堆积时特征值即为 0.74，这可由密堆积的结构参数计算出来。当特征值高于此值时，排液导致形成多面体泡沫。

若两个气泡聚结在一起，它们之间存在一层薄的液膜，气泡变形，如图 3-6 所示。

对于半径为 R 的气泡，气泡内气体受到的附加压力为：

$$\Delta P = \frac{4\gamma}{R}$$

若半径为 R_1 和 R_2 的两个气泡相接触，则有：

$$P_1 - P_0 = \frac{4\gamma}{R_1}, \quad P_2 - P_0 = \frac{4\gamma}{R_2}$$

则接触界面之间的压力差为：

$$P_1 - P_2 = 4\gamma\left(\frac{1}{R_1} - \frac{1}{R_2}\right)$$

设两气泡接触面的曲率半径为 R_0，则由 Laplace 公式，可以直接得到接触面之间的压力差为：

$$P_1 - P_2 = 4\gamma \frac{1}{R_0}$$

因此，有：

$$\frac{1}{R_0} = \frac{1}{R_1} - \frac{1}{R_2}$$

因此，若 $R_1 = R_2$，则 $R_0 = \infty$，两气泡接触面为一平面；若二者不相等，则 R_0 有确定的值，界面为一曲面。此时，小气泡内的压力比大气泡内的大，界面凹向小气泡。当 $R_2 = 2R_1$ 时，界面的曲率半径与大气泡的相等。

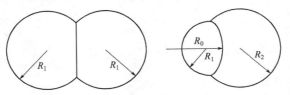

图 3-6　两个气泡聚成泡沫示意图

如图 3-7 所示，若三个气泡聚结在一起，则它们之间形成三角样状液膜。该液膜区称为 Plateau 边界。若四个气泡聚在一起，则其三三相连形成四个 Plateau 边界。比利时物理学家 J. Plateau 研究了干泡沫的结构，得出了关于干泡沫结构的 Plateau 定律。

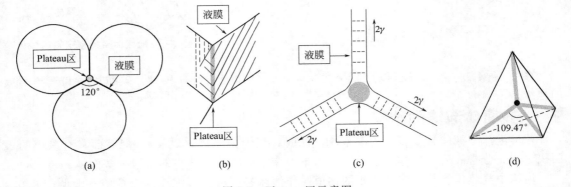

图 3-7　Plateau 区示意图

(a) 三个气泡相聚，排液后两两形成液膜，液膜交于 Plateau 区；

(b)，(c) 液膜相交于 Plateau 区；(d) 四个气泡相聚形成四条 Plateau 边界并交于一点

第一，皂膜由完全平整的表面构成。

第二，在同一片皂膜上的任何一点，某部分皂膜的平均曲率处处相等。

第三，皂膜总是沿着一条称为 Plateau 边界（Plateau border）的边（edge）相遇，并且它们两两之间的夹角为 120°（四个或者更多的面交接于同一条线上形成的结构不稳定）。

第四，四条 Plateau 边界在一个顶点交接，它们两两之间的夹角为 109.47°（四面体角）。

构造不符合 Plateau 定律的泡沫不稳定，皂膜会很快重新排布以符合这些定律。三个气泡交界面之间成 120° 的角是由力的平衡原理决定的，因为在每一个交界面上都具有相同的界面张力。

当多面体的数目和体积一定时，拥有最小总膜面积的泡沫最稳定。数学计算表明，多面体平均有 13.4 个面。实验观察表明，泡沫中的多面体以十四面体为最多，其次为十二面体。

Plateau 边界区又叫 Gibbs 三角区。其曲率比气泡接触面的曲率大。在 Plateau 区与接触面之间存在较大的压力差。

实际上，泡沫是一个多尺度结构。首先是具有一定大小的气泡。当气泡的大小在胶体粒子粒度范围时，可将其作为胶体分散体系。但一般泡沫体系的气泡尺度均远大于 100nm。比气泡小一级的尺度便是干泡沫中的皂膜的厚度。这些膜以 Plateau 定律相互连接形成网状结构。再低一级的结构便是皂膜上的气/液界面的吸附层。它们由表面活性分子构成，也可以由微粒构成。

四、 泡沫的稳定性

首先，泡沫具有大的气/液界面，是热力学不稳定体系。主要因素有以下几个。

（1）排液 泡沫壁中的液体会逐渐渗出。在重力作用下，膜中的液体会向下流，液膜的上部渐渐变薄，达到一定程度时则破裂。另外，由于 Plateau 区的曲率大于液膜的曲率，故由 Laplace 公式，由于气相压力相同而不同曲率处的附加压力不同，Plateau 区内的液体的压力小于皂膜中的液体的压力，故膜中液体流向 Plateau 区，从而使液膜变薄，导致破裂。同时，液膜中液体的蒸发也有影响。

（2）气体扩散 当大小不同的气泡形成多面体泡沫时，小气泡内的气体压力比大气泡内的高，气体自动由小气泡渗透进入大气泡，最后小气泡消失。这样，在液膜不破裂的情况下，泡沫也会发生变化，减少了其总膜面积。

（3）破裂 泡沫具有大的比表面积和高的表面能，故自发破裂以降低其能量。破裂时先形成小孔。液膜越薄，形成小孔的活化能越低。对于很薄的膜，甚至可降至分子动能大小。

但泡沫在合适的条件下，也可以稳定存在一定时间。其能稳定存在的因素除了前面介绍过的有关皂膜的分离压的存在及 Marangoni 表面弹性效应以外，增强膜的强度也是重要方面。膜强度可以用表面黏度来衡量。表面黏度越大，液膜越不易受到外界扰动而破裂，且使排液减缓，并限制了气体透过液膜的扩散，使泡沫稳定。但也并非表面黏度越大越好。当表面黏度太大时，膜的刚性太强，反而容易破裂。故液膜以具有较高黏度和良好的弹性为最好。

同时还可以在泡沫形成时加入适当的固体粉末，使其吸附在界面上而形成固、液、气三相泡沫，即所谓的固态膜泡沫。这样可以增强膜的机械强度，使其难以减薄。加入的固体粉末应该有适当的润湿性（即合适的接触角）和适当的大小（太大则太重，太小则膜太薄）。

泡沫的稳定性可用单泡寿命法等来衡量。

五、 起泡剂和消泡剂

生成稳定的泡沫所需的表面活性剂叫作起泡剂。良好的起泡剂应具有较高的表面活性（较低的 cmc 值），在气/液界面上能形成紧密的且有一定弹性的稳定薄膜，且向气/液界面的吸附速度不宜过快。起泡剂的疏水链最好是长而直的碳氢链，因为带有支链的表面活性剂在碳数相同的情况下 cmc 值变大，表面活性分子间的横向作用减弱，从而使吸附层的表面黏度和表面弹性降低，不利于泡沫稳定。通常，离子型的表面活性剂的起泡能力和形成的泡沫的稳定性比非离子型的好。因为非离子型的表面活性剂头基大，占有较大的分子面积，使尾基间距较大，膜不紧密，表面黏度低。同时，大的头基水化后移动困难，表面弹性效应弱。而且，非离子型表面活性剂的两吸附层之间也不存在静电排斥作用。

起泡剂的起泡能力可用气流法和搅动法来测定。这两种方法还可衡量泡沫稳定性。

使泡沫破裂消失的外加物质叫作消泡剂。能抑制泡沫生成的物质叫作泡沫抑制剂。

　　消泡剂一般具有很高的表面活性，可取代泡沫上的起泡剂和泡沫稳定剂，从而使该处的表面张力降低。由 Marangoni 效应，此处的液体在表面张力梯度下流向高表面张力处，从而使该处变薄而破裂。消泡剂取代起泡剂后，还破坏了液膜的弹性，降低了液膜的表面黏度。这样，排液和气体扩散速度加快，泡沫破裂。

　　泡沫抑制剂的作用原理是当泡沫扩张时，扩张处的表面张力不变化。这样，Marangoni 弹性效应便不适用，扩张处变薄，使泡沫很快破裂，难以形成。聚醚类表面活性剂常被用作泡沫抑制剂，可能是由于这类表面活性剂吸附速度很快的缘故。

　　泡沫一般用光散射及光透过方法等进行表征。泡沫的应用很广泛，如泡沫灭火、泡沫浮选和泡沫驱油等。读者可以参考相关的专著或者教科书。

参 考 文 献

[1]　Pugh R J. Adv Colloid Interf Sci，1996，64：67.

[2]　Pugh R J. Adv Colloid Interf Sci，2005，114-115：239.

[3]　Szekrényesy T，Liktor K，Sándor N. Colloids Surf，1992，68：267.

[4]　Szekrényesy T，Liktor K，Sándor N. Colloids Surf，1992，68：275.

第四章

液/液界面

第一节　分子间力和长程力

　　界面区分子间引力不平衡是产生界面现象的根本原因。因此，为了更好地理解界面现象，首先应对分子间力及由此引起的长程力有一定的了解。

　　分子间引力，即范德华（van der Waals）力，是一种弱相互作用。其作用范围在 $0.3\sim0.5nm$ 之间，相互作用能仅为几千焦/摩尔，远小于配位键和共价键的相互作用能。

　　作用范围比范德华力大得多的力叫作长程力。长程力是两相间的范德华力通过某种方式加和或者传递而产生的。例如，气体在固体表面上的吸附就是气体分子与固体间的长程力的作用导致的。气体分子运动到固体表面上时，二者间的相互作用使气体分子可以暂时停留在固体表面上，这就是固体表面对气体的吸附。这种吸附是物理吸附，吸附膜常常是多分子层。另外，两块相隔一定距离的平板之间存在长程力的作用。如平板状的 Fe_2O_3 胶粒在分散介质中相平行排列，层间距可达几百纳米。

一、　分子间力

　　一般以能量的形式而不是以力的形式讨论分子间的相互作用。能量（功）＝力×距离。由于极性分子内电荷分布不对称，故产生正、负电荷中心，形成偶极。永久偶极矩可表示为：$\mu=dq$。式中，d 为偶极中正、负电荷中心之间的距离，q 为正、负电荷中心的电量。对于非极性分子来讲，可在某些条件下产生诱导偶极和瞬间偶极，故存在诱导偶极矩和瞬间偶极矩。偶极矩之间的相互作用导致了分子间的范德华力。

1. 静电力

　　Keeson 认为，极性分子的永久偶极矩之间有静电相互作用。这种相互作用叫作静电力，又叫 Keeson 力。

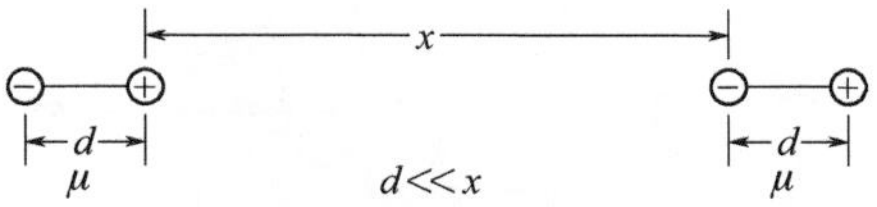

图 4-1　处于同一轴线的两个偶极子

　　如图 4-1 所示，若两个相同的永久偶极矩顺轴向排列，处于同一轴线，则偶极子之间的相互作用为每个电荷相互作用之和：

$$\varepsilon(\mu,\ \mu)=-\frac{q^2}{x+2d}-\frac{q^2}{x}+\frac{2q^2}{x+d}=-\frac{2d^2q^2}{x(x+d)(x+2d)} \tag{4-1}$$

　　由于 $\mu=dq$，且 $x\gg d$，故：

$$\varepsilon(\mu,\ \mu)=-\frac{2\mu^2}{x^3} \tag{4-2}$$

若两个偶极子的偶极矩分别为 μ_1、μ_2，则：

$$\varepsilon(\mu_1, \mu_2) = -\frac{2\mu_1\mu_2}{x^3} \qquad (4-3)$$

实际上，偶极子的取向是混乱的，故相互作用与偶极子的取向有关：

$$\varepsilon(\mu_1, \mu_2) = -\frac{2\mu_1\mu_2}{x^3}f \qquad (4-4)$$

两个非同轴取向的偶极子偶极矩的分解如图 4-2 所示。将偶极矩沿三个坐标轴分解，加和所有的相互作用，则有：

$$f = 2\cos\theta_1\cos\theta_2 - \sin\theta_1\sin\theta_2\cos(\phi_1 - \phi_2) \qquad (4-5)$$

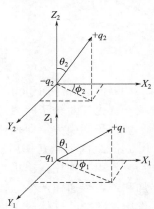

若两个偶极子处于同一轴线且顺轴向时，$\theta_1 = \theta_2 = 0°$，$\phi_1 = \phi_2 = 90°$。则 $f = 2$，$\varepsilon(\mu_1, \mu_2) = -\frac{2\mu_1\mu_2}{x^3}$；若两个偶极子处于同一轴线且反轴向时，$\theta_1 = 0°$，$\theta_2 = 180°$，$\phi_1 = \phi_2 = 90°$。此时，$f = -2$，$\varepsilon(\mu_1, \mu_2) = \frac{2\mu_1\mu_2}{x^3}$；若两个偶极子相互平行，则 $\theta_1 = \theta_2$，$\phi_1 = \phi_2$，$f = 2\cos^2\theta - \sin^2\theta = 3\cos^2\theta - 1$；若各种取向概率相等，则 $\varepsilon(\mu_1, \mu_2) = 0$。

尽管偶极子的取向是混乱的，但其取向符合 Boltzmann 能量分布定律，即位能较低者取向概率大。由此可以得到平衡时位能的平均值为：

$$\varepsilon(\mu_1, \mu_2) = -\frac{2}{3} \times \frac{{\mu_1}^2{\mu_2}^2}{kTx^6} \qquad (4-6)$$

图 4-2　两个非同轴取向的偶极子偶极矩的分解

对同类分子，有：

$$\varepsilon(\mu, \mu) = -\frac{2}{3} \times \frac{\mu^4}{kTx^6} \qquad (4-7)$$

这就是表示两个永久偶极子相互作用能的 Keeson 公式。

2. 诱导力

非极性的对称性分子在永久偶极矩的电场作用下因变形极化而产生诱导偶极矩。永久偶极矩与其诱导的偶极矩之间的相互作用叫作诱导力，又叫 Debye 力。

要确定诱导力的大小，需以下两步过程，即求出永久偶极矩的电场强度和诱导偶极矩在该电场中所具有的电位能。

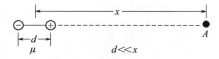

图 4-3　处于永久偶极矩轴线上的 A 点

（1）永久偶极矩在某点所产生的电场强度　如图 4-3 所示，若 A 点处于永久偶极矩的轴向上，则 A 点的电场强度 E 为每一个电荷所产生的场强 E^+ 和 E^- 的矢量和：

$$E = E^+ + E^- = \frac{q}{\left(x - \frac{1}{2}d\right)^2} - \frac{q}{\left(x + \frac{1}{2}d\right)^2} = \frac{2x\,\mathrm{d}q}{\left(x - \frac{1}{2}d\right)^2\left(x + \frac{1}{2}d\right)^2} \qquad (4-8)$$

由于 $\mu = dq$，且 $x \gg d$，故：

$$E = \frac{2\mu}{x^3} \qquad (4-9)$$

而在实际情况中，A 点不可能恰好处于永久偶极矩的轴线上。假设有一点 P，其在永久偶极矩电场中的位置如图 4-4 所示，则 P 点的位置由 x 和 θ 决定。将 P 点的场强相对于 P 点与永久偶极矩中心连线的方向分解成两部分，则：

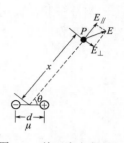

$$E_{/\!/} = -\frac{2\mu}{x^3}\cos\theta，\ E_{\perp} = -\frac{\mu}{x^3}\sin\theta$$

因此，有：

$$E = \sqrt{E_{/\!/}{}^2 + E_{\perp}{}^2} = \frac{\mu}{x^3}\sqrt{4\cos^2\theta + \sin^2\theta} = \frac{\mu}{x^3}\sqrt{1 + 3\cos^2\theta}$$

$$(4-10)$$

图 4-4　处于永久偶极矩电场中的任一点 P

而 $\cos^2\theta$ 的平均值为 1/3。故距永久偶极矩 x 处的场强平方的平均值为：

$$\overline{E^2} = \frac{2\mu^2}{x^6} \qquad (4-11)$$

(2) 诱导偶极矩在电场中所具有的电位能　在永久偶极矩的电场作用下，非极性分子中正、负电荷中心距离增大，分子受到变形极化，极化程度用诱导偶极矩 μ_{ind} 表示：

$$\mu_{\text{ind}} = \alpha E \qquad (4-12)$$

式中，α 为非极性分子的极化率。

电场 E 作用在非极性分子电荷 q 上的力为 Eq。在该力的作用下，非极性分子正、负电荷中心之间的距离由零被拉长到 d，则：

$$\mu_{\text{ind}} = qd \qquad (4-13)$$

同时，所需的功为：

$$W = \int_0^d Eq\,\mathrm{d}d = \int_0^d q\frac{\mu_{\text{ind}}}{\alpha}\mathrm{d}d = \int_0^d q\frac{qd}{\alpha}\mathrm{d}d = \frac{q^2}{\alpha}\int_0^d d\,\mathrm{d}d = \frac{1}{2}\times\frac{q^2 d^2}{\alpha}$$

$$= \frac{1}{2}\times\frac{\mu_{\text{ind}}^2}{\alpha} = \frac{1}{2}\alpha E^2 \qquad (4-14)$$

这就是诱导偶极矩所具有的能量。

生成的诱导偶极矩与电场 E 会发生相互作用，相互作用能为：

$$\varepsilon = -Vq + \left(V + \frac{\mathrm{d}V}{\mathrm{d}x}d\right)q \qquad (4-15)$$

式中，V 为电势，$V = q'/x$，q' 为永久偶极矩的正、负电荷中心所具有的电量。该式右边第一项为诱导偶极矩的负电荷中心与电场 E 之间的相互作用，第二项为正电荷中心与电场 E 之间的相互作用。若负电荷中心所处的位置的电势为 V，则正电荷中心所处的位置的电势随距离变化。

将上式展开，有：

$$\varepsilon = \frac{\mathrm{d}V}{\mathrm{d}x}dq = (-E)\mu_{\text{ind}} = -\alpha E^2$$

因此，总位能为功和相互作用能之和：

$$\varepsilon(\alpha,\ E) = \frac{1}{2}\alpha E^2 - \alpha E^2 = -\frac{1}{2}\alpha E^2 \qquad (4-16)$$

即偶极矩为 μ_1 的分子 I 与极化率为 α_2 的分子 II 之间的相互作用位能为：

$$\varepsilon(\alpha_2,\ E_1) = -\frac{1}{2}\alpha_2 E_1^2 = -\frac{1}{2}\alpha_2\frac{2\mu_1^2}{x^6} = -\frac{\alpha_2\mu_1^2}{x^6}$$

当分子Ⅱ被极化后，产生诱导偶极矩 μ_2。μ_2 反过来使永久偶极矩 μ_1 进一步极化，同样存在相互作用能：

$$\varepsilon(\alpha_1,\ E_2) = -\frac{\alpha_1\mu_2^2}{x^6}$$

故总的作用能为：

$$\varepsilon_{\text{Debye}} = -\frac{\alpha_1\mu_2^2 + \alpha_2\mu_1^2}{x^6} \tag{4-17}$$

3. 色散力

(1) 色散力的发现　惰性气体分子的电子云是球形对称的，其偶极矩为零，因此分子间没有静电力和诱导力。但实验却表明，惰性气体分子间仍有分子间引力。另外，对极性分子而言，用静电力和诱导力求出的范德华引力比实验值小。因此，可能存在第三种分子间的引力。1930 年 London 发现了分子间存在的第三种相互作用力，叫作色散力，又叫London 力。

(2) 色散力的产生　原子或者分子中核与电子在各种不同的瞬间相对位置不同，分子具有瞬间的周期性变化的偶极矩。伴随着这种周期性变化的偶极矩有一同步（频）电场，并使邻近分子极化。邻近分子的极化反过来又使瞬变偶极矩的变化幅度增加。在这样的反复作用下产生了色散力。

London 利用量子力学理论对惰性气体原子间的吸引作用进行处理。他所使用的理论与处理光色散的量子力学理论很相似，因此将这种作用称为色散力（dispersion effect）。

(3) 色散力的计算公式　通过详细推导，可得到色散力的计算公式为：

$$\varepsilon(x) = -\frac{3}{2}\times\frac{h}{x^6}\times\frac{\nu_1\nu_2}{\nu_1+\nu_2}\alpha_1\alpha_2 \tag{4-18}$$

式中，h 为 Planck 常数；ν_1、ν_2 分别为分子Ⅰ、Ⅱ中电子振动特征频率。对于同种分子，$\nu_1 = \nu_2 = \nu_0$，则：

$$\varepsilon(x) = -\frac{3}{4}\times\frac{\alpha^2 h\nu_0}{x^6} \tag{4-19}$$

4. 讨论

(1) 这三种力本质不同　色散力具有加和性。两个分子间色散力的存在不影响它们与其他分子的色散作用。静电力和诱导力不具有加和性。一个偶极子的存在会阻碍其他偶极子的诱导和定向作用。

如果一对分子同时具有偶极矩和极化率，则三种力均存在。对于非极性分子，偶极矩为零，只有色散力。

一对同类分子之间的范德华引力为三种力之和：

$$\varepsilon_A = -\left(\frac{2}{3}\times\frac{\mu^4}{kT} + 2\alpha\mu^2 + \frac{3}{4}h\nu_0\alpha^2\right)x^{-6} = -\beta x^{-6} \tag{4-20}$$

式中，β 为范德华相互作用参数。每种力所占的比例为 f_K、f_D 和 f_L，$f_K + f_D + f_L = 1$。

(2) 几种分子的范德华力的分配　由表 4-1 中数据可以看出，非极性分子之间只存在色散力；随着分子极性的增强，静电力和诱导力所占的比例逐渐增加。对于强极性分子（水除外），静电力占有较高分数。但无论分子极性如何，诱导力所占分数均不高。

表 4-1 一些分子之间范德华力中静电力、诱导力和色散力所占的百分数[1]

分子	f_K	f_D	f_L	分子	f_K	f_D	f_L
四氯化碳	0	0	100	苯胺	13.6	8.5	77.9
苯	0	0	100	苯酚	14.5	8.6	76.9
甲苯	0.1	0.9	99	噻吩	0.3	1.3	98.5
二苯胺	1.5	3.7	94.7	乙醚	10.2	7.1	82.7
苯甲醚	5.5	6.0	88.5	叔丁醇	23.1	9.7	67.2
氟化苯	10.6	7.5	81.9	乙醇	42.6	9.7	47.6
氯苯	13.3	8.6	78.1	水	84.8	4.5	10.5

二、 长程力

由作用原理的不同，长程力分为两类：一类是依靠粒子间的电场传播，如色散力；另一类是通过一个分子到另一个分子逐个传播而达到长程，如诱导力。

1. 色散力的加和

一个原子和一块面积无限、厚度为 δ 的平板之间总的作用力可以通过这块板上的每一个原子和这个原子的色散力的总和来求：

$$\varepsilon(x)_{原子/板} = -\frac{\pi}{6}nc_1\left[\frac{1}{x^3} - \frac{1}{(x+\delta)^3}\right] \tag{4-21}$$

式中，n 为板内每单位体积内的原子数；$c_1 = \frac{3}{4}h\nu_0\alpha_1\alpha_2$，来自于两个原子间的色散力公式；$\delta$ 为无限平板的厚度；x 为原子与板之间的距离。

当板的厚度无限，即 $\delta \to \infty$ 时，有：

$$\varepsilon(x)_{原子/板} = -\frac{\pi}{6}nc_1\frac{1}{x^3} \tag{4-22}$$

对一块面积为 A、厚度无限的平板与一块面积无限、厚度无限的平板来讲，若两板单位体积内的原子数相同，则它们之间的相互作用为：

$$\varepsilon(x)_{板/板} = -\frac{\pi}{12}c_1n^2\frac{1}{x^2}A \tag{4-23}$$

当取单位面积时，有：

$$\varepsilon(x)_{板/板} = -\frac{1}{12\pi} \times \frac{H}{x^2} \tag{4-24}$$

式中，H 为 Hamaker 常数，$H = \pi^2 n^2 c_1$。当粒子间的分散介质为真空或者空气时，H 的数量级为 10^{-13}erg❶。

用色散力公式 $\varepsilon(x) = -\frac{c_1}{x^6}$ 对不同宏观形状的物体积分，可得到不同的计算长程力的公式。

（1）一块无限平板与另一块单位面积、无限厚度的平板：

$$\varepsilon(x) = -\frac{H}{12\pi x^2}, \quad H = \pi^2 n^2 c_1 = \frac{3}{4}\pi^2 h\nu_0(n\alpha)^2 \tag{4-25}$$

---

❶ 1erg=10^{-7}J。

(2) 两块厚度均为 δ 的无限平板：

$$\varepsilon(x) = -\frac{H}{12\pi}\left[\frac{1}{x^2} + \frac{1}{(x+2\delta)^2} - \frac{2}{(x+\delta)^2}\right] \tag{4-26}$$

(3) 两个半径为 a 的球：

$$\varepsilon(x) = -\frac{H}{6}\left(\frac{2}{S^2-4} + \frac{2}{S^2} + \ln\frac{S^2-4}{S^2}\right) \tag{4-27}$$

式中，$S = \dfrac{R}{a}$，R 为球心距。

(4) 两个半径为 a 的球，当 $x \ll a$ 时，有：

$$\varepsilon(x) = -\frac{aH}{12x} \tag{4-28}$$

式中，x 为球面之间的距离。

(5) 两个半径分别为 a_1、a_2 的球：

$$\varepsilon(x) = -\frac{H}{6}\left[\frac{2a_1 a_2}{R^2-(a_1+a_2)^2} + \frac{2a_1 a_2}{R^2-(a_1-a_2)^2} + \ln\frac{R^2-(a_1+a_2)^2}{R^2-(a_1-a_2)^2}\right] \tag{4-29}$$

(6) 一块无限平板与一个半径为 a 的球：

$$\varepsilon(x) = -\frac{H}{12}\left(\frac{2}{x'} + \frac{2}{x'+2} + 2\ln\frac{x'}{x'+2}\right) \tag{4-30}$$

式中，$x' = \dfrac{x}{a}$。

2. 偶极矩→诱导偶极矩的传播

这种力依靠短程力逐个分子地传播而到达长程。假设表面上有单个电荷 ze（图 4-5），它使被吸附的分子极化，从而产生诱导偶极矩。

那么表面电荷 ze 与诱导偶极矩之间的相互作用能为：

$$\varepsilon_{01} = -\frac{1}{2}\alpha E^2 = -\frac{1}{2}\alpha\left(\frac{ze}{d^2}\right)^2 = -\frac{(ze)^2}{2d} \times \frac{\alpha}{d^3}$$

式中，d 为分子相隔距离，亦即诱导偶极矩正、负电荷中心之间的距离。产生的诱导偶极矩为：

$$\mu_{\text{ind}} = \alpha E = \alpha\frac{ze}{d^2} = \alpha\frac{zed}{d^3} = \frac{ze\alpha}{d^3}d = qd$$

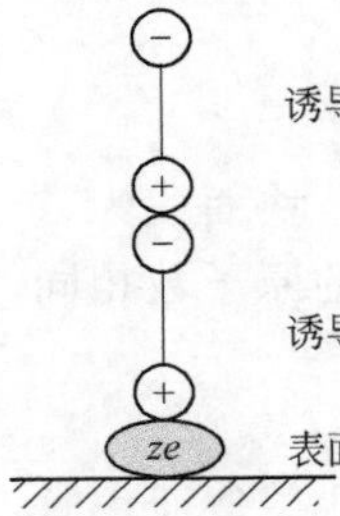

因此，$q = \dfrac{ze\alpha}{d^3}$。产生的诱导偶极矩相当于在沿表面法线方向

图 4-5 诱导力传播示意图

上产生了一对大小相等、符号相反的电荷 $\dfrac{ze\alpha}{d^3}$。假设再吸附第二层分子，则电荷 $\dfrac{ze\alpha}{d^3}$ 将诱导相邻的第二层分子产生诱导偶极矩。则第一、二层分子间的相互作用能为：

$$\varepsilon_{12} = -\frac{1}{2}\alpha E^2 = -\frac{1}{2}\alpha\left(\frac{\frac{ze\alpha}{d^3}}{d^2}\right) = \left[-\frac{(ze)^2}{2d} \times \frac{\alpha}{d^3}\right]\left(\frac{\alpha}{d^3}\right)^2 = \varepsilon_{01}\left(\frac{\alpha}{d^3}\right)^2$$

一层层传下去，有：

$$\varepsilon_{i(i+1)} = \varepsilon_{(i-1)i}\left(\frac{\alpha}{d^3}\right)^2 = \varepsilon_{01}\left(\frac{\alpha}{d^3}\right)^{2i} \tag{4-31}$$

设原子为球状，直径为 d_0，离开表面的距离为 x，则 $i = x/d_0$。因此，有：

$$\varepsilon_{i(i+1)} = \varepsilon_{01}\left(\frac{\alpha}{d^3}\right)^{\frac{2x}{d_0}} = \varepsilon_{01}\exp\left[\frac{x}{d_0}\ln\left(\frac{\alpha}{d^3}\right)\right]^2$$

令 $a = -\dfrac{1}{d_0}\ln\left(\dfrac{\alpha}{d^3}\right)$，则：

$$\varepsilon_{i(i+1)} = \varepsilon_{01}\,e^{-ax} \tag{4-32}$$

可见，偶极矩→诱导偶极矩在传播时，吸引能随距离的增加以指数形式衰减。相互作用能与被吸附物质的极化率有关。色散力在传播时，相互作用能与被吸附物质的极化率及固体表面的极化率都有关。

由表 4-1 可以看出，对于大多数物质来讲，在组成范德华力的三种相互作用，即静电力、诱导力和色散力中，色散力是主要的吸引力。1950 年 Lifschitz 证明，色散力在凝聚态中是十分重要的吸引力，它具有以下特征：总是相互吸引，作用距离较远，作用可越过相间。这种特征在下一节讨论液/液界面张力及第八章讨论气/固界面吸附的色散模型时会有充分体现。尽管在这三种力中，诱导力所占的分数不高，但由于诱导力也可以逐渐传播至长程，因此也是可以穿越相间的力。有时诱导力是不可被忽视的。例如，气/固界面吸附的极化模型对某些体系取得了很好的结果，而该模型即是以诱导力的传播为基础的。

第二节 液/液界面张力

一、 一种液体在另一种液体上的展开

当将一种液滴滴在另一种液体形成的液面上时，一般来讲会出现两种现象。第一种，被滴加的液体在液面上展开；第二种，被滴加的液体在液面上不展开，形成所谓的"透镜"。例如，当将油滴在水面上时，出现第一种现象的可能性大；而将水滴加在油面上时，很可能出现第二种现象。那么，是什么因素决定了某种液体在另一种液体的液面上的铺展行为呢？

1. 铺展系数

令两组分分别为 a 和 b，a 在 b 上铺展。当组分 a 的面积扩大 dA_a 时，组分 b 的面积相应地减少了 dA_b，同时在 a 和 b 之间形成了一个新的液/液界面 a/b，面积为 dA_{ab}。它们之间的关系为：

$$dA_a = -dA_b = dA_{ab}$$

体系自由能的变化为：

$$dG = \left(\frac{\partial G}{\partial A_a}\right)dA_a + \left(\frac{\partial G}{\partial A_b}\right)dA_b + \left(\frac{\partial G}{\partial A_{ab}}\right)dA_{ab}$$
$$= \gamma_a dA_a - \gamma_b dA_a + \gamma_{ab} dA_a \tag{4-33}$$

故
$$\frac{dG}{dA_a} = \gamma_a - \gamma_b + \gamma_{ab} \tag{4-34}$$

若令 $S = -\dfrac{dG}{dA_a}$ 为 a 在 b 上的铺展系数，则：

$$S = -\frac{dG}{dA_a} = \gamma_b - \gamma_a - \gamma_{ab} \tag{4-35}$$

若 $S>0$，则 $\dfrac{dG}{dA_a}<0$，此时 $\gamma_b > \gamma_a + \gamma_{ab}$，即消失的液体 b 的气/液界面的界面自由能大于两个新生成的界面，即液体 a 的气/液界面和液体 a、b 的液/液界面的界面自由能之和，故 a 在 b 上可以铺展，此时整个体系的界面自由能降低了。

而若 $S<0$，则 $\dfrac{\mathrm{d}G}{\mathrm{d}A_a}>0$，此时 $\gamma_b<\gamma_a+\gamma_{ab}$，a 在 b 上不可以铺展，因为整个体系的界面自由能升高了。

界面张力一般小于表面张力。故当 γ_{ab} 小到可以被忽略时，若 $\gamma_b>\gamma_a$，则 a 在 b 上可以铺展；若 $\gamma_b<\gamma_a$，则 a 在 b 上不能铺展。也就是说，表面张力小的液体可以在表面张力大的液体表面铺展。这也就是为什么大多数的有机溶剂可以在水面上铺展而水不能在大多数有机溶剂表面上铺展的原因。

以上从表面张力和能量的角度探讨了一种液体在另一种液体上铺展的问题。

2. 内聚功和黏附功

分割一个液体 a 时，可产生两个气/液界面 [图 4-6（a）]，体系的自由能增加了。此时需要环境对体系做功。这种功与体系内分子间的内聚力相平衡，叫作内聚功（work of cohesion），记作 W_c：

$$W_c=\Delta G=2\gamma_a A \tag{4-36}$$

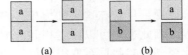

将一个黏附着的液/液界面 a/b 分开，产生两个气/液界面 [图 4-6（b）]。液/液界面上分子 a 和 b 之间具有黏附力。若将界面分开，则需对体系做功以克服两液体间的黏附力。所做的功叫作黏附功（work of adhesion），记作 W_a：

图 4-6 界面分割示意图
（a）分割一个液体 a 时；
（b）将一个黏附着的液/液界面 a/b 分开

$$W_a=\Delta G=(\gamma_a+\gamma_b)A-\gamma_{ab}A \tag{4-37}$$

假设将 a 滴加在 b 的表面上，当内聚功大于黏附功时，被铺展的同种液体分子间的相互作用大于两种分子间的相互作用，故 a 难以在 b 上铺展。

此时，由 $2\gamma_a A>(\gamma_a+\gamma_b)A-\gamma_{ab}A$ 可得到 $\gamma_b<\gamma_a+\gamma_{ab}$，即铺展系数 $S<0$，故 a 在 b 的表面上不能铺展。

反之，当内聚功小于黏附功时，可以得出 $\gamma_b>\gamma_a+\gamma_{ab}$，即 $S>0$，a 可以在 b 上铺展。

以上是从分子间相互作用的角度讨论了一种液体在另一种液体表面上的铺展问题。由此可见，无论是从哪个角度进行探讨，所得结论是一致的。

二、 液/液界面张力

前面所述的 γ_{ab} 即为液/液界面的界面张力。液/液界面的界面张力与界面的组成有关，且极大地影响了界面的物理化学性质。与气/液界面的表面张力一样，液/液界面的界面张力也是由于界面两侧分子性质不同所导致的界面上的分子受力不平衡而产生的，如图 4-7 所示。γ_{ab} 可由实验测定。但长期以来人们发展了许多方法，试图用其他相关数据去计算它，以理解 γ_{ab} 产生的根源及其本质。下面讲述几种方法。

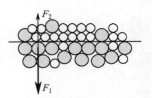

图 4-7 液/液界面上分子受力分析

1. Antonoff 规则

Antonoff 认为，两个相互饱和的液相所构成的液/液界面的界面张力 γ_{ab} 为二者的气/液界面的表面张力 γ_a 与 γ_b 之差。即：

$$\gamma_{ab}=|\gamma_a-\gamma_b| \tag{4-38}$$

Gibbs 研究了汞/水形成的液/液界面。他认为，具有高表面能的液体汞被具有较低表面能的水饱和时，水在汞表面上吸附以降低表面能，所吸附的水形成足够厚的水膜，且其性质与液体水相同。故汞被水饱和后的总表面自由能为：

$$\gamma_{Hg(H_2O)} = \gamma_{H_2O(Hg)} + \gamma_{Hg/H_2O}$$

式中，$\gamma_{Hg(H_2O)}$、$\gamma_{H_2O(Hg)}$ 和 γ_{Hg/H_2O} 分别为汞被水饱和后的表面自由能、水被汞饱和后的表面自由能和相互饱和的两个液相所构成的液/液界面的界面自由能。此式也可以参照接触角的概念来理解，即此时被汞饱和的水与被水饱和的汞的表面上的接触角为 $0°$，如图 4-8 所示。

图 4-8　汞/水界面自由能示意图

由 Young 方程，可以得到：

$$\gamma_{Hg(H_2O)} = \gamma_{H_2O(Hg)} \cos 0° + \gamma_{Hg/H_2O} = \gamma_{H_2O(Hg)} + \gamma_{Hg/H_2O}$$

因此，可以得到：

$$\gamma_{Hg/H_2O} = \gamma_{Hg(H_2O)} - \gamma_{H_2O(Hg)}$$

朱珴瑶在《表面化学》一书中认为，Antonoff 规则可以看作是 Gibbs 结果无条件的一般化。所以对有些体系，如符合 Gibbs 设想的表面机制的体系可能适用，而对有些体系不适用。

表 4-2 中给出了许多体系的实测和计算结果。可以看出，对于水与有机液体形成的体系，是否符合 Antonoff 规则，可能与有机分子本身的极性有关。因此，也可能与分子间的相互作用有关。γ_a 和 γ_b 是气/液界面上的分子受气、液两相的分子的作用力不平衡所导致的，而气相分子密度低，与液相分子对界面分子的相互作用相比，气相分子与界面分子的相互作用可以忽略。当将气相消除，合成了一个液/液界面后，液/液界面上的分子除了受到同相分子所施加的将其拉向体相的力之外，还受到了另一相的分子将其拉向界面的力。这两种施加在界面分子上的力使界面分子处于受力不平衡状态，故产生了液/液界面张力，而界面上的分子受力不平衡的程度可以用二者之差来衡量（这里似乎有一个隐含的假设，即另一相的有机分子施加在界面上的水分子上的作用力与其施加在有机分子上的作用力相当。对水分子也一样）。

表 4-2　不同的液/液界面的界面张力的测量值和计算值[2]

液体（o）	水被液体饱和后的表面张力 $\gamma_{H_2O(o)}$/(mN/m)	液体被水饱和后的表面张力 $\gamma_{o(H_2O)}$/(mN/m)	实测界面张力 $\gamma_o - \gamma_{H_2O}$/(mN/m)	差值 $\gamma_{H_2O(o)} - \gamma_{o(H_2O)}$/(mN/m)
苯	62.1	28.2	33.9	33.9
四氯化碳	69.7	26.2	43.5	43.5
甲苯	63.7	28.0	35.7	35.7
硝基苯	67.7	42.8	25.1	24.9
正丙苯	68.0	25.5	39.1	39.5
氯仿	51.7	27.4	23.0	24.3
乙醚	26.8	17.4	8.1	9.4
二硫化碳	70.5	31.8	48.6	38.7
异戊醇	27.6	24.6	4.7	3.0
正庚醇	29.0	26.9	7.7	2.1
亚甲基碘	71.9	52.3	40.5	19.6

从表 4-2 中所列数据可以看出，对于前三种体系，实测界面张力与计算值相一致。这三种体系的特点是，与水相组成液/液界面的另一相为非极性或者极弱极性的有机液体。中间四种体系，实测值与计算值相差不大，该规则还是适用的。这四种体系中的油相为弱极性有机液体。而后四种体系，实测值与计算值就存在着较大差别。这四种体系中，油相均为强极性的有机液体。

为什么该规则对某些体系适用，而对某些体系不适用呢？液/液界面的形成，可以看作是两种液体中较低自由能者在较高自由能的表面上形成饱和的凝聚吸附层，降低了较高自由能液体的界面张力的过程。这一吸附层有足够的厚度，其性质与纯液体的相同。对于非极性分子来讲，其与水相中的水分子间的作用力为色散力及诱导力。界面相是具有一定厚度的，并非一个单分子层。因此，有机相分子与界面相中的分子均有相互作用。色散力和诱导力可以通过传播达到长程。因此，当形成液/液界面后，有机相分子对界面上水分子的作用力（该力与水相中水分子对界面上水分子的作用力一起使界面水分子处于受力不平衡状态，产生界面张力）与有机相内分子间的作用力（该力是产生有机液体表面张力的原因）相比，种类没有变化，故大小应该相当。故 Antonoff 规则适用。而对弱极性分子来讲，其与水分子间的相互作用是可以通过界面的色散力和诱导力，而静电力是无法越过相间达到长程的。但在有机相内，分子间的相互作用是包括这三种力的。这样，与有机相内的分子施加在气/液界面上的分子的作用力相比，形成液/液界面后，有机相分子对界面上另一相分子的作用减弱了。水分子的受力不平衡状态与该规则预测的状态不完全相符，实测值与计算值有差别，且实测值应大于计算值。不过，由于静电力所占分数不大，故差别不大。且由于其他因素的影响，实测值与计算值大小之间并无规律。对于强极性有机分子，分子间的相互作用中静电力所占分数较大，影响也大。从表中可见，后四种体系界面张力的实测值均明显高于计算值，可能正是这种水分子受力不平衡的体现。对于强极性的有机溶剂，其分子间的相互作用除了范德华力之外，还可能有氢键的作用，而且它们在水中的溶解度也较大，这使得 Antonoff 规则基本上不适用于这类体系。

应该指出的是，该规则与铺展系数并不矛盾。讨论铺展系数时，对象是纯液体；而 Antonoff 规则所应用的对象是被另一相所饱和的溶液。$\gamma_{O(H_2O)}$ 并不是纯水的 γ_{H_2O}。

从表 4-2 中数据还可以看出，液/液界面张力的大小与有机相的极性关系不大，而与有机相的亲水疏水性有关。例如，苯/水界面张力为 33.9mN/m，而二硫化碳/水界面张力为 48.6mN/m，二硫化碳是强极性分子而苯是非极性分子。对于正丙苯、甲苯、苯和硝基苯与水形成的液/液界面，界面张力分别为 39.1mN/m、35.7mN/m、33.9mN/m 和 25.1mN/m。这四种分子极性不同，但界面张力与此无关。界面张力降低的顺序正是这些分子亲水性增强的顺序。异戊醇和正庚醇也有相似的规律。因此，有机相分子与水作用力的强弱应该是影响与水形成的液/液界面的界面张力的因素。

但有意思的是，在文献 [3] 中也给出了一个运用 Antonoff 规则进行液/液界面张力计算的数据表，如表 4-3 所示。

表 4-3　不同的液/液界面的界面张力的测量值和计算值[3]

液体（o）	水被液体饱和后的表面张力 $\gamma_{H_2O(o)}$/(mN/m)	液体被水饱和后的表面张力 $\gamma_{o(H_2O)}$/(mN/m)	实测界面张力 $\gamma_o - \gamma_{H_2O}$/(mN/m)	差值 $\gamma_{H_2O(o)} - \gamma_{o(H_2O)}$/(mN/m)
苯	63.2	28.8	34.4	34.4
乙醚	28.1	17.5	10.6	10.6
氯仿	59.8	26.4	33.3	33.4

续表

液体（o）	水被液体饱和后的表面张力 $\gamma_{H_2O(o)}$/(mN/m)	液体被水饱和后的表面张力 $\gamma_{o(H_2O)}$/(mN/m)	实测界面张力 $\gamma_o - \gamma_{H_2O}$/(mN/m)	差值 $\gamma_{H_2O(o)} - \gamma_{o(H_2O)}$/(mN/m)
四氯化碳	70.9	43.2	24.7	24.7
戊醇	26.3	21.5	4.8	4.8
5%戊醇+95%苯	41.4	28.0	16.1	13.4

与表 4-2 相比，有些数据的微小差别可能是测定温度不同所致。但从表 4-3 可以看出，无论对于非极性的苯和弱极性的氯仿，还是对于强极性的戊醇，实测值与计算值均基本上完全一致。这种差别似乎不易理解。

2. Good-Girifalo 理论

Good 和 Girifalo 假定两液相间的黏附功与各自的内聚功之间存在着几何平均关系，即：

$$W_a = \sqrt{W_{c(a)} W_{c(b)}} \tag{4-39}$$

而功即为分子间相互作用的表现，即 a 与 b 分子间的相互作用与 a 与 a 和 b 与 b 分子间的相互作用存在着这种几何平均关系。可以得到：

$$\gamma_a + \gamma_b - \gamma_{ab} = \sqrt{2\gamma_a \times 2\gamma_b}$$

故
$$\gamma_{ab} = \gamma_a + \gamma_b - 2\sqrt{\gamma_a \gamma_b} \tag{4-40}$$

式中，γ_a、γ_b 为纯液体的表面张力，为同种分子对界面分子的作用，阻止分子移向界面，对界面张力的贡献为正；$2\sqrt{\gamma_a \gamma_b}$ 为不同分子间的相互作用，促使分子移向界面，对界面张力的贡献为负。因此，可以用两种纯液体的表面张力推算其形成液/液界面后的界面张力。

但这一公式并非对所有的体系均适用，需对其进行校正。

（1）对色散力进行校正　液/液界面由两相的界面区组成，两界面区的分子分别受到不对称的分子引力而处于张力状态。不仅受到内部同种分子将其拉向体相的力，还受到另一侧种类不同的分子将其拉向界面的力。而受到不同种分子的拉力时，这种力需要能够越过相间达到长程才行。尽管前面讲过，色散力和诱导力均能达到长程，但此处只对色散力进行校正。公式可以写为：

$$\gamma_{ab} = \gamma_a + \gamma_b - 2\sqrt{(\phi_a \gamma_a)(\phi_b \gamma_b)} \tag{4-41}$$

式中，$\phi_i \gamma_i$ 为表面张力中色散力所致的部分。

对于氟碳化合物（注意该化合物既疏水又疏油）与液态烃构成的液/液界面，分子间的相互作用只存色散力，故 $\phi_a = \phi_b = 1$，公式不用校正；而对于其他有机溶剂与水形成的体系，由于 ϕ_a 和 ϕ_b 不为 1，故须校正。

（2）对分子大小与范德华力进行校正　校正公式为：

$$\gamma_{ab} = \gamma_a + \gamma_b - 2\phi\sqrt{\gamma_a \gamma_b} \tag{4-42}$$

式中，$\phi = \phi_V \phi_A$，ϕ_V 是与分子大小相关的校正项，ϕ_A 是与范德华力相关的校正项。

$$\phi_V = \frac{4V_a^{1/3}V_b^{1/3}}{(V_a^{1/3} + V_a^{1/3})^2}$$

$$\phi_A = \frac{\left[\dfrac{3}{4}\alpha_a\alpha_b\left(\dfrac{2I_aI_b}{I_a + I_b}\right) + \alpha_a\mu_b^2 + \alpha_b\mu_a^2 + \dfrac{2}{3}\times\dfrac{\mu_a^2\mu_b^2}{kT}\right]^2}{\left(\dfrac{3}{4}\alpha_a^2I_a + 2\alpha_a\mu_a^2 + \dfrac{2}{3}\times\dfrac{\mu_a^4}{kT}\right)\left(\dfrac{3}{4}\alpha_b^2I_b + 2\alpha_b\mu_b^2 + \dfrac{2}{3}\times\dfrac{\mu_b^4}{kT}\right)}$$

式中，V 为相互作用单元的摩尔体积；I 为电离能。

若 $V_a = V_b$，则 $\phi_V = 1$，$\phi = \phi_A$；若两液体特征完全相同，则 $\phi_A = 1$。

对于非极性液体，有：

$$\phi_A = \frac{2(I_a I_b)^{1/2}}{I_a + I_b}$$

通过对某些体系进行计算，得到了 ϕ 的计算值。与实验值相对比，发现该校正对某些体系适用，而对另外一些体系仍不适用。水与有机液体形成的液/液界面的 ϕ 值见表 4-4。

表 4-4   水与有机液体形成的液/液界面的 ϕ 值[2]

化合物	ϕ（测定）	ϕ（计算）
正己烷	0.546	0.552
二碘甲烷	0.617	0.615
2,2-二甲基丁烷	0.572	0.551
二硫化碳	0.584	0.552
苯	0.739	0.550
乙基苯	0.687	0.555
四氯化碳	0.618	0.553
硝基苯	0.805	0.960

可见，该校正系数的实测值与计算值间是否相符并无规律可循。同为非极性液体，正己烷的数据可以符合得相当好，而苯的数据就存在着较大差值。

3. Fowkes 理论

Fowkes 认为，表面张力是分子间的各种相互作用，包括色散力、氢键、金属键、π-π 相互作用和离子相互作用之和：

$$\gamma = \gamma^d + \gamma^h + \gamma^M + \gamma^\pi + \gamma^i \tag{4-43}$$

而这些相互作用中只有色散力成分可以通过相界面，因此有：

$$\gamma_{ab} = \gamma_a + \gamma_b - 2\sqrt{\gamma_a^d \gamma_b^d} \tag{4-44}$$

上式右边前两项，为内部分子对同类界面分子的作用，可以是上述各种力；第三项为另一相的分子对界面分子的作用。因为该力要通过界面，故只能是色散力。Fowkes 公式其实与 Good-Girifalo 理论中的第一个校正公式是一致的。但利用 Fowkes 公式，可以通过实验方法得到一些基本数据，然后再计算液/液界面张力。

具体的实验及计算方法分为下面几步。

(1) 对于饱和的碳氢化合物来讲，分子间只有色散力，故 $\gamma_a = \gamma_a^d$。

(2) 使其与表面张力为 γ_b 的液体形成液/液界面，测出液/液界面的界面张力 γ_{ab}。

(3) 由 Fowkes 公式，可以求出 γ_b^d。

(4) 当许多液体的 γ 和 γ^d 确定后，便可以利用该公式求算液/液界面张力了。

他们用该方法计算出汞/水界面的界面张力为 424.8mN/m，与实测值 426～427mN/m 很接近，说明该方法是适用的。同时也说明了从分子间的相互作用的角度出发考虑液/液界面张力产生的根源是有道理的。

4. 倒数平均法

Fowkes 理论对一些体系可以得到很好的结果，但对某些体系则有较大误差。长程力有两种，即色散力依靠粒子之间的电场传播而达到长程和诱导力通过从一个分子到另一个分子的逐个传播而达到长程。这两种力均能够通过界面。而 Good-Girifalo 理论的校正公式及 Fowkes 公式均只考虑了色散力的成分。对此，Wu 做出了进一步的改进。

Wu 的改进有以下两点。

（1）两种分子通过界面的相互作用除了色散力之外，还有极性的作用力，即诱导力。

故有：

$$\gamma_{ab} = \gamma_a + \gamma_b - 2\sqrt{\gamma_a^d \gamma_b^d} - 2\sqrt{\gamma_a^p \gamma_b^p} \tag{4-45}$$

（2）就色散力的性质而言，几何平均法并不是唯一的合理的方法。除此之外，还有倒数平均法。

色散力的引力常数为：

$$A_{aa} = \frac{3}{4} h \nu_a \alpha_a^2$$

$$A_{bb} = \frac{3}{4} h \nu_b \alpha_b^2$$

$$A_{ab} = \frac{3h}{2} \times \frac{\nu_a \nu_b}{\nu_a + \nu_b} \alpha_a \alpha_b$$

若消去 α_a 和 α_b，则：

$$A_{ab} = \frac{2(\nu_a \nu_b)^{1/2}}{\nu_a + \nu_b} (A_{aa} A_{bb})^{1/2}$$

若 $\nu_a \approx \nu_b$，则 $A_{ab} = \sqrt{A_{aa} A_{bb}}$，采用几何平均法较为合理。

若消去 ν_a 和 ν_b，则：

$$A_{ab} = \frac{2 A_{aa} A_{bb}}{A_{aa} \frac{\alpha_b}{\alpha_a} + A_{bb} \frac{\alpha_a}{\alpha_b}}$$

若 $\alpha_a \approx \alpha_b$，则 $A_{ab} = \frac{2 A_{aa} A_{bb}}{A_{aa} + A_{bb}}$，采用倒数平均法较为合理。

故采取哪一种平均法要视两种液体分子的特征振动频率更接近还是极化率更接近而定。故有下面两个公式：

$$\gamma_{ab} = \gamma_a + \gamma_b - 2\sqrt{\gamma_a^d \gamma_b^d} - 2\sqrt{\gamma_a^p \gamma_b^p} \tag{4-46}$$

$$\gamma_{ab} = \gamma_a + \gamma_b - \frac{4\gamma_a^d \gamma_b^d}{\gamma_a^d + \gamma_b^d} - \frac{4\gamma_a^p \gamma_b^p}{\gamma_a^p + \gamma_b^p} \tag{4-47}$$

可以看出，从 Antonoff 规则这一纯粹的经验规则出发，经过 Good-Girifalo 理论及其考虑到色散力可穿越界面的修正式和只考虑色散力穿越界面的 Fowkes 理论，再到 Wu 提出的色散力和诱导力均可穿越界面并视两种分子的特征而提出的两种平均法，对液/液界面的界面张力本质的认识逐步深入了。

第三节　液/液界面吸附

一、 Gibbs 吸附公式和吸附等温线

1. 公式

当两种液体形成液/液界面，液体内溶有其他组分时，也会发生界面吸附。若液体 1 与

液体 2 形成了液/液界面，同时溶有在两相中均有分布的溶质 3，且两种液体也有一定的互溶度，则由 Gibbs 吸附公式，有：

$$- \mathrm{d}\gamma_{12} = \sum_i \Gamma_i \mathrm{d}\mu_i = \Gamma_1 \mathrm{d}\mu_1 + \Gamma_2 \mathrm{d}\mu_2 + \Gamma_3 \mathrm{d}\mu_3$$

若将相界面的位置定于 $\Gamma_1 = 0$ 处，则：

$$- \mathrm{d}\gamma_{12} = \Gamma_2^{(1)} \mathrm{d}\mu_2 + \Gamma_3^{(1)} \mathrm{d}\mu_3$$

此式中仍有两个化学势变量，故应找出二者间的关系。

若 α 相是以组分 1 为主的相，β 相是以组分 2 为主的相，设 x_i^α 为 α 相中各组分的摩尔分数，x_i^β 为 β 相中各组分的摩尔分数。将 Gibbs-Duhem 公式 $A \mathrm{d}\gamma + \sum_i n_i^s \mathrm{d}\mu_i = 0$ 分别应用于 α 相和 β 相。因为液相无界面，故 $\mathrm{d}\gamma = 0$。因此有：

$$x_1^\alpha \mathrm{d}\mu_1 + x_2^\alpha \mathrm{d}\mu_2 + x_3^\alpha \mathrm{d}\mu_3 = 0$$
$$x_1^\beta \mathrm{d}\mu_1 + x_2^\beta \mathrm{d}\mu_2 + x_3^\beta \mathrm{d}\mu_3 = 0$$

将两式联立，消去 $\mathrm{d}\mu_1$，得：

$$\left(\frac{x_2^\alpha}{x_1^\alpha} - \frac{x_2^\beta}{x_1^\beta} \right) \mathrm{d}\mu_2 = \left(\frac{x_3^\beta}{x_1^\beta} - \frac{x_3^\alpha}{x_1^\alpha} \right) \mathrm{d}\mu_3$$

故

$$(x_2^\alpha x_1^\beta - x_1^\alpha x_2^\beta) \mathrm{d}\mu_2 = (x_1^\alpha x_3^\beta - x_3^\alpha x_1^\beta) \mathrm{d}\mu_3$$

$$\mathrm{d}\mu_2 = \frac{x_1^\alpha x_3^\beta - x_1^\beta x_3^\alpha}{x_1^\beta x_2^\alpha - x_1^\alpha x_2^\beta} \mathrm{d}\mu_3$$

将此关系式代入到 Gibbs 吸附公式中，消去 $\mathrm{d}\mu_2$，有：

$$- \mathrm{d}\gamma_{12} = \left[\Gamma_3^{(1)} + \frac{x_1^\alpha x_3^\beta - x_1^\beta x_3^\alpha}{x_1^\beta x_2^\alpha - x_1^\alpha x_2^\beta} \Gamma_2^{(1)} \right] \mathrm{d}\mu_3$$

$$= \left[\Gamma_3^{(1)} + \frac{x_1^\alpha x_3^\beta - x_1^\beta x_3^\alpha}{x_1^\beta x_2^\alpha - x_1^\alpha x_2^\beta} \Gamma_2^{(1)} \right] RT \mathrm{dln}a_3$$

$$= \Gamma_3^{(1)'} RT \mathrm{dln}a_3$$

故

$$\Gamma_3^{(1)'} = \Gamma_3^{(1)} + \frac{x_1^\alpha x_3^\beta - x_1^\beta x_3^\alpha}{x_1^\beta x_2^\alpha - x_1^\alpha x_2^\beta} \Gamma_2^{(1)} = - \frac{1}{RT} \times \frac{\partial \gamma_{12}}{\partial \ln a_3} \tag{4-48}$$

故通过测定界面张力随溶质活度的变化可以求出溶质在界面上的吸附量。由于涉及各组分在两相中的浓度，故计算繁复，可做以下简化。

(1) 该式可用于一种非电解质溶质的液/液界面吸附，或者用于加入了过量的有共同反离子的无机盐的电解质溶质的液/液界面吸附。

对于不加入过量的有共同反离子的无机盐时的离子型表面活性物质的吸附，则有：

$$\Gamma_3^{(1)'} = - \frac{1}{nRT} \times \frac{\partial \gamma_{12}}{\partial \ln a_3}$$

式中，n 为表面活性物质解离出的离子数。如对于 1-1 价电解质，有：

$$\Gamma_3^{(1)'} = - \frac{1}{2RT} \times \frac{\partial \gamma_{12}}{\partial \ln a_3}$$

此时，$n = 2$。

(2) 式中的 $\mathrm{dln}a_3$，可以是 α 相或 β 相内的活度变化。尽管在这两相中 a_3 不同，但 $\partial \gamma_{12} / \partial \ln a_3$ 是一样的。

(3) 对于表面活性剂溶液，由于 $\Gamma_3^{(1)} \gg \Gamma_2^{(1)}$，同时 $\dfrac{x_1^\alpha x_3^\beta - x_1^\beta x_3^\alpha}{x_1^\beta x_2^\alpha - x_1^\alpha x_2^\beta} < 1$，故：

$$\Gamma_3^{(1)'} \approx \Gamma_3^{(1)}$$

$$\Gamma_3^{(1)} = -\frac{1}{2RT} \times \frac{\partial \gamma_{12}}{\partial \ln a_3}$$

这说明，对于表面活性物质的溶液，可直接用该式求表面活性剂在液/液界面上的吸附量。

（4）若1、2不相混溶，则 $x_1^\beta = 0$，$x_2^\alpha = 0$，则公式可简化为：

$$\Gamma_3^{(1)'} = \Gamma_3^{(1)} - \frac{x_3^\beta}{x_2^\beta} \Gamma_2^{(1)} = -\frac{1}{RT} \times \frac{\partial \gamma_{12}}{\partial \ln a_3}$$

若在1、2不相混溶的情况下，溶质只溶于 α 相，则 $x_3^\beta = 0$，公式进一步简化为：

$$\Gamma_3^{(1)'} = \Gamma_3^{(1)} = -\frac{1}{RT} \times \frac{\partial \gamma_{12}}{\partial \ln a_3}$$

测出 γ_{12} 随 a_3 的变化曲线即可求出 $\Gamma_3^{(1)}$。

2. 吸附等温线

液/液界面上的吸附等温线的形状与气/液界面上 Gibbs 吸附膜的相同，为 Langmuir 型，但饱和吸附量低于气/液界面上的，每个吸附分子占有的面积较大，吸附膜的形态更为扩张，如图 4-9 所示。这是由于在液/液界面上，大量的有机分子插入到吸附分子的碳氢链形成的区域之中，吸附分子间的距离变大所致。也有可能在液/液界面上吸附分子取更为倾斜的构象。

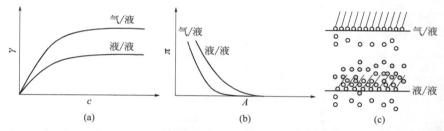

图 4-9　液/液界面和气/液界面上吸附膜的吸附等温线、表面压-面积等温线和吸附膜的状态示意图
(a) 吸附膜的吸附等温线；(b) 表面压-面积等温线；(c) 吸附膜的状态示意图

3. 界面膜的状态方程

吸附膜的状态方程为：

$$\pi(A - A_0) = ikT \tag{4-49}$$

式中，π 为无表面活性剂时的液/液界面的界面张力与有表面活性剂时的界面张力之差，$\pi = \gamma_{ab}^0 - \gamma_{ab}$；$A_0$ 和 A 分别为某一分子独占的面积和平均占有面积。A 和 γ_{ab} 均随浓度而变化。

4. 液/液界面 Gibbs 吸附膜的研究

与气/液界面上 Gibbs 吸附膜的研究相比，关于液/液界面上的吸附膜的研究较少。尽管如此，还是有一些研究工作值得参考，如关于己烷/水界面上由脂肪醇形成的 Gibbs 吸附膜的形貌随温度的变化及膜的相变的研究[4]和甲苯/水界面上由疏水的四苯基卟啉锰和亲水的四苯磺酸基卟啉形成的 Gibbs 吸附膜的研究[5]等。

二、 液/液界面的吸附对界面张力的影响

液/液界面上表面活性物质的吸附可以降低界面张力。因为双亲性的表面活性物质在液/

液界面上形成吸附膜，膜中亲水的头基与水相接触，疏水的尾基与有机相接触。处于液/液界面上的双亲性分子所受到的油水两相作用力之差比任何一相的分子（水分子或有机分子）所受到的作用力之差都要小，故降低了界面张力。

1. 单一表面活性剂溶液的界面张力

界面张力对表面活性剂溶液浓度对数的曲线与表面活性剂水溶液的表面张力对浓度对数的曲线大体上相同，曲线的转折点对应的浓度为表面活性剂的临界胶束浓度。但由于气/液界面中的另一相为气体，而液/液界面中的另一相为有机液体，故二者对应的临界胶束浓度的值稍有差别，气/液界面的应稍高一点。

一般用 γ_{cmc} 即达到临界胶束浓度时的界面张力来衡量表面活性剂降低界面张力的能力（表 4-5）。若有机相为饱和烃，则表面活性剂降低液/液界面张力的能力和效率比气/液界面高。因为饱和烃与表面活性剂的碳氢链之间的相互作用强，使其在液/液界面上受力更趋均衡。若有机相为不饱和烃或者芳香烃，则表面活性剂降低液/液界面张力的能力和效率比气/液界面低。其原因可能是由于不饱和键的存在，所富含的 π 电子与表面活性剂脂链的相互作用弱所致。

表 4-5　不同表面活性剂水溶液的 γ_{cmc} 及液/液界面的 γ_{cmc}[6]

表面活性剂	水中 γ_{cmc} / (mN/m)	庚烷/水体系的 γ_{cmc}/(mN/m)	苯/水体系的 γ_{cmc}/(mN/m)
$C_8H_{17}N(CH_3)_3Br$	39	14	
$C_8H_{17}SO_4Na$	41	33[①]	
$C_7F_{15}COONa$	26	13	
$C_{12}H_{25}SO_4Na$	39.5	29	43
$C_8H_{17}N(CH_3)_3Br+C_8H_{17}SO_4Na$	23	0.2	
$C_8H_{17}N(CH_3)_3Br+C_7F_{15}COONa$	15.1	0.4	

① 文献 [6] 正文中给出的数据为 33mN/m，而表中给出的却为 11mN/m。结合辛基硫酸钠和十二烷基硫酸钠降低庚烷/水界面的界面张力的数据，可以认为 33mN/m 更可信。

不同表面活性剂降低界面张力的能力不一样。由于含有碳氟链的表面活性剂既疏水又疏油，故这类表面活性剂虽然降低气/液界面张力的能力很强，但降低液/液界面张力的能力并不强，因为其与油相的作用弱。

宋瑛等人报道了不同温度下正庚烷/水体系的界面张力的数据[7]，室温下为 51mN/m。可见，在表面活性剂浓度为其 cmc 时，辛基三甲基溴化铵使水的表面张力从 72.8mN/m 降至 39mN/m，降低了 33.8mN/m，而使庚烷/水的界面张力降低了 37mN/m。即与水溶液的表面张力相比，液/液界面张力的降低是有机相和表面活性剂共同作用的结果。对辛基硫酸钠和十二烷基硫酸钠的数据做一比较可以看出，无论是降低表面张力，还是降低界面张力，后者的能力强于前者。

从表 4-5 中数据还可以看出，十二烷基硫酸钠降低庚烷/水的界面张力的能力强于降低苯/水界面张力的能力。苯/水界面张力在 34mN/m 左右。可以看出，当表面活性剂为十二烷基硫酸钠时，界面张力不仅不降低，反而小幅度升高至 43mN/m。但若用油酸钠，如下所述，界面张力却可降至 2.64mN/m。

2. 混合表面活性剂的界面张力

表面活性剂的混合物常常具有比单一表面活性剂更强的降低界面张力的能力。阴阳离子表面活性剂复配及碳氟链/碳氢链表面活性剂复配均可有效地降低液/液界面的界面张力。原因应该是复配使表面活性剂复配物与油水两相的相互作用增强了，从而使界面分子受力更趋均衡。

3. 超低界面张力

界面张力在 $0.001 \sim 0.1mN/m$ 之间的叫作低界面张力；小于 $0.001mN/m$ 的叫作超低界面张力。1926 年，Harkins 和 Zollman 发现，20℃时，在苯/水体系中加入油酸钠，当水溶液浓度为 $0.1mol/L$ 时，苯/水界面张力从 $35mN/m$ 降至 $2.64mN/m$。若同时加入 NaOH 及 NaCl 分别达到 $0.1mol/L$，则界面张力进一步降至 $0.04mN/m$。20 世纪 60 年代，成功测出了低至 $10^{-6}mN/m$ 的超低界面张力。

人们对低界面张力及超低界面张力的理论解释和形成机理的研究还在进行，目前说明甚少。但已总结出了一些低界面张力体系的经验规律。

显示低界面张力的体系通常由水、油、表面活性剂或者表面活性剂的混合物及无机盐组成。体系的低界面张力状态对体系的成分十分敏感，稍有改变都可能使低界面张力状态消失。

（1）油相组成 若表面活性剂和无机盐的配方固定，以不同碳原子数的烃的同系物为油相构成油/水界面，则界面张力随碳原子数而变化，在某一碳原子数时界面张力最低。该碳原子数用 n_{min} 表示，相应的最低界面张力用 γ_{min} 表示。

（2）表面活性剂的影响 表面活性剂的结构对形成低表面张力的体系的性质有影响。烷基链的大小、形态（直链、支链）、位置等均影响 n_{min} 和 γ_{min}。当其他因素固定时，界面张力随表面活性剂的浓度变化，随浓度增加而降低，而后又增大。故存在一个使体系的界面张力达到最低的浓度。

（3）盐浓度 当其他条件固定时，界面张力随盐浓度而变化。体系有一个形成低界面张力的最佳的盐浓度或者浓度范围。

第四节　液/液界面在微纳米结构合成和组装中的应用

一、 液/液界面的特点和性质

1. 液/液界面的特点

与气/液界面相比，由互不相溶的两种液体组成的液/液界面具有如下特点[8]。

（1）具有独特的热力学性质，如黏度、密度。

（2）是一个不均匀的区域，具有几纳米的厚度。

（3）由于一相在另一相中多多少少溶解一点，故界面区内各性质不发生急剧变化。

（4）离子和溶剂分子的分布决定了液/液界面的结构，而离子的大小和离子与溶剂之间的相互作用影响了靠近界面的离子的分布[9]。

液/液界面的这些特点使其在微纳米结构的合成和组装中获得了广泛的应用。例如，界面区内各性质是渐变的，这就有可能使界面上的反应以一种较平缓可控的方式进行；而界面区两侧的离子分布对界面反应有很大影响，则可以通过控制实验条件来调节。液/液界面上的合成或者组装条件较为温和，一般在室温和常压下进行。另外，液/液界面上可以直接形成纳米结构薄膜，且很容易转移到固体基底上。适当条件下，某些体系还可以直接形成自支持薄膜。因此，近年来，利用平的液/液界面（不包括乳液等弯曲界面）进行纳米粒子合成和纳米结构组装的研究越来越受到人们的关注[8,10,11]。

2. 液/液界面的性质

Thomas 等人[11]从以下几个方面对液/液界面的性质进行了总结。

(1) 界面的结构　由于界面一直在变化之中，所以很难给出一个清晰的图像。界面是清晰的还是模糊的，这取决于所涉及的时间尺度。近几十年来实验和计算技术的发展促进了关于界面的实验及理论研究。研究表明，两种液体形成的界面应被视作被热毛细波粗糙化的清晰的边界。界面厚度可由式（4-50）给出[12]：

$$\sigma^2 = \frac{k_B T}{2\pi\gamma} \int_{q_{min}}^{q_{max}} \frac{q\,dq}{q^2 + \Delta\rho_m g/\gamma} \approx \frac{k_B T}{2\pi\gamma} \lg\left(\frac{q_{max}}{q_{min}}\right) \tag{4-50}$$

式中，T 为温度；γ 为界面张力；$\Delta\rho_m$ 为两液相的密度差；q 为毛细波的面内波矢。温度和界面张力对界面厚度有重要影响。对于水与一般有机液体形成的液/液界面，厚度一般在 2nm 左右。

(2) 界面上分子、离子的取向、迁移和分布　由于界面的高度不对称性，分子在界面上择优取向。对于由两种极性液体形成的界面来讲，会自发地形成穿越界面的双电层。这样一个界面层对于电荷传递动力学、离子的扩散能力和穿越界面的质量输送等均有重要影响。双电层一般用 Gouy-Chapman 理论及一系列改进的理论来说明。

无论是自发的，还是在外加电场作用下进行的离子穿越界面的运动，都会扰动界面。离子穿越界面的迁移动力学会受到界面本性及热毛细波的影响。界面上会发生一些重要现象，如自发乳化[13]、界面的跳动、界面张力的振荡及一些溶剂萃取引起的扰动等。

(3) 扩散、质量输送及界面反应　界面对穿越界面的质量输送有很大阻力。有一个双层模型可对此做出说明（图 4-10）[11]。界面阻力被认为来自于界面两侧不流动的厚达几微米的液层。在这些液层中，分子运动以非湍流扩散为主，物质流被限定为朝向垂直于界面的方向。在这些区域内离子的浓度明显偏离由标准分配系数给出的浓度。图 4-10 中使用了两个隔离面来表明浓度梯度所能达到的区域。大量的有关界面反应的动力学实验支持这些液层的存在。

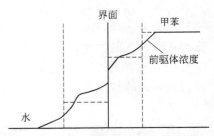

图 4-10　溶于甲苯的反应前驱体穿越水/甲苯界面的浓度梯度曲线示意图[11]

Albery 认为界面反应发生时处于过渡态的分子应该位于距界面零点几纳米的区域内[14]。反应物应被两种液体溶剂化。许多界面反应常常发生在界面附近而不是发生在界面上。这些反应在所谓的反应层（reaction layer）内进行，该层的厚度由扩散系数、反应速率常数和离子浓度来决定：

$$\delta_{RL} = \sqrt{\frac{D}{k[ion]}} \tag{4-51}$$

反应层常常位于界面的一侧，厚度可以从零点几纳米延伸到 $10\mu m$。

(4) 固体粒子在界面上的吸附　固体粒子黏附在界面上可有效地降低两个互不相溶的液相之间的界面面积。粒子吸附自由能的变化与其表面积、粒子表面与水和油的接触角及油水界面张力有关[15]（可参见本书第六章和第八章中关于 Pickering 乳液和接触角的介绍）。对于球形粒子，有：

$$\Delta G = \pi r^2 \gamma_{lo}(1 - \cos\theta)^2 \tag{4-52}$$

当 θ 为 90° 时，界面将粒子一分为二，吸附最强。界面张力越高，粒子越大，越有利于吸附。非球形粒子的吸附则与粒子形状和粒子在界面上的取向密切相关。

(5) 界面上粒子间的相互作用 界面上的粒子受到静电力、毛细力、热力及弹性力等作用。这些力的强度和效果与介质及粒子的性质相关。粒子朝向水的一面可能会有电荷积聚，由此产生的偶极矩可导致粒子间的长程排斥力。毛细力作用范围一般为粒子大小的 $1 \sim 8$ 倍，是粒子间的吸引力。距离更短时，范德华力为主要的作用力。

因此，尽管两种互不相溶的液体形成的界面相的厚度一般仅为 2nm，但在有反应物前驱体存在的情况下，其浓度梯度可以分布于界面两侧，且界面反应发生的区域，即反应层的厚度可高达 $10\mu m$。故界面反应与体相反应是类似的[11]。生成物在界面上的吸附及粒子间的相互作用对于界面上纳米粒子薄膜的形成非常重要。而对由预先制备的纳米粒子、固体微球甚至聚合物分子在界面上的吸附而形成微纳米结构来讲，这些物质在界面上的吸附及微粒（粒子或者分子）之间的相互作用会起到重要作用。

下面就液/液界面上微纳米结构的合成和组装方面的工作做一介绍。

二、 通过界面反应来制备微纳米结构及薄膜

1. 基本方法

若用有机金属化合物作为前驱体，则将其置于有机相中。在水相中发生以下现象。

（1）注入还原剂，则在液/液界面上生成金属纳米粒子及薄膜。

（2）加入 Na_2S、Na_2Se 或者其他的 S 和 Se 的来源物，则可以在液/液界面上生成硫族化合物纳米粒子及薄膜。

（3）使金属有机化合物在界面上水解，则得到氧化物纳米粒子及薄膜。

若用可溶于水的金属盐作为前驱体，则将其置于水相，其他反应物置于油相，通过界面反应，得到金属或者化合物纳米粒子及薄膜。

还常常在水相或油相中加入修饰剂，以改进生成的纳米粒子的润湿性，使其易于在界面上形成稳定的薄膜。

2. 金属纳米粒子及薄膜的制备

C. N. R. Rao 及其合作者在液/液界面上金属纳米粒子和薄膜的制备方面做了大量的、系统的工作。他们将金属-三苯基膦配合物 $Au(PPh_3)Cl$、$Cu(PPh_3)Cl$、$Ag_2(PPh_3)_4Cl_2$ 溶解在甲苯中，使其与碱的水溶液形成液/液界面，然后用微量注射器将四羟甲基氯化膦（还原剂）注入到水层中。液/液界面上发生反应，室温下生成金属纳米粒子薄膜[16]。他们发现，在纳米粒子形成以后，如果向油相中加入十二烷基硫醇，则形成有机溶胶；如果向水相中加入巯基十一烷酸，则形成水溶胶。这说明，纳米粒子的亲水疏水性可以调节，而界面上纳米薄膜的稳定性与生成的纳米粒子的润湿性密切相关。接下来，他们考察了反应温度和时间对生成的薄膜的结构和性质的影响[17]，发现随着反应温度的升高和时间的延长，生成的薄膜中纳米粒子粒径增加，电子光谱中纳米粒子的表面等离子共振（SPR）带红移，薄膜的电阻自兆欧经千欧向几欧变化，高温下得到的薄膜具有金属性。他们还进一步得到了金/银、金/铜、金/银/铜合金纳米晶组成的薄膜[18]。

后来，通过改变实验条件，他们得到了金属分形结构和枝晶[19]。他们使用了两种合成途径：第一种是运用相转移方法，使 $AuCl_4^-$ 在四辛基溴化铵存在时从水相转移到有机相，并加入三苯基膦，然后在水相中加入肼，发生界面还原反应；第二种是将 $Au(PPh_3)Cl$ 或者 $Ag_2(PPh_3)_4Cl_2$ 与四辛基溴化铵置于甲苯中，水相中加入肼，发生界面还原反应。结果，由途径一可得到由五重对称的 Au 棒组成的菜花状结构，这些结构相互连接成分形网状结构；还得到了 Ag 的网状结构和枝晶纳米结构及 Au/Ag 合金枝晶纳米结构和球形聚集结构，这取决于生成合金时所用的金和银前驱体的摩尔比；由途径二则得到了 Au 的菜花状结构。他

们运用界面上扩散限制聚集模型等对这些微纳米结构的形成机理做出了说明。

Rao 等人还用同步辐射 X 射线散射研究了甲苯/水界面上 Au(PPh)$_3$Cl 与四羟甲基氯化磷反应生成的金纳米粒子[20]。他们发现，在界面上形成的纳米粒子薄膜中，13 个直径为 1.2nm 的纳米粒子组成三层密堆积的簇合物结构，簇合物中心间距为 18.0nm。此外，他们还扩展了研究的范围，例如对界面上生成的银纳米薄膜的流变性所进行的研究[21]。

其他研究者也做了大量的工作，并发展了一些有趣的制备方法。例如，Li 等人将 AOT 和乙酸钯溶解在对二甲苯中，使其与氯化亚锡的盐酸水溶液形成液/液界面（图 4-11）。借助于 Sn^{2+} 的还原作用，在界面上得到了钯纳米粒子薄膜[22]。Kida 则使氯金酸盐的水溶液与 SiW$_{12}$O$_{40}^{4-}$/二甲基二（十八烷基）溴化铵杂合体的氯仿溶液形成液/液界面，将杂合体用作光催化剂，室温下紫外线辐射液/液界面，制备了金纳米片（图 4-12）[23]。

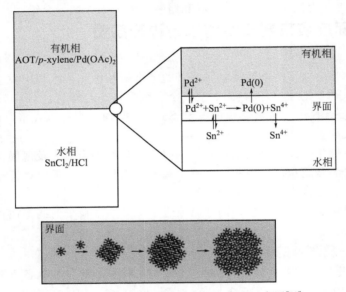

图 4-11   液/液界面上钯纳米粒子合成示意图[22]

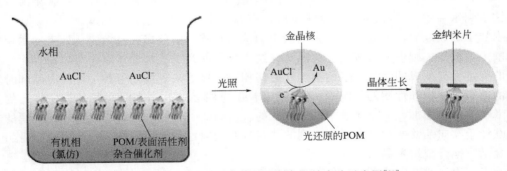

图 4-12   液/液界面上光化学法制备金纳米片示意图[23]

除了探讨其形成过程和机理外，液/液界面上生成的这些纳米粒子薄膜的应用也备受关注。Hoseini 等人[24]使 PtCl$_2$(SMe$_2$)$_2$ 的甲苯溶液与聚乙烯基吡咯烷酮（PVP）的水溶液形成液/液界面后，向水溶液中注入硼氢化钠水溶液，在界面上生成了枝状纳米晶。若水溶液中无 PVP，则生成纳米粒子薄膜。他们研究了生成的铂纳米结构的催化性能。You 等人[25]首先将氯金酸水溶液和少量氯仿混合，然后加入一定量的戊醇。振动后静置，分层，则氯金酸被萃取到戊醇中。然后使抗坏血酸水溶液与戊醇形成液/液界面，并向戊醇中注入前面得到的氯金酸的戊醇溶液，则在界面上形成了金纳米薄膜，由海胆形的粒子组成。将戊醇移去，薄膜可沉积在基片上。若戊醇中含有 CTAB，则得到由枝状片组成的纳米花。浓度等条件对纳米结构有影响。他们将这些微纳米结构用作 SERS 基底。

Sastry 将双〔2-(对氨基苯氧基) 乙基〕醚溶于氯仿中作为还原剂，与氯金酸水溶液形成液/液界面。一定时间后，界面上出现了自支持（free-standing）的金纳米粒子薄膜。他们将此膜浸在酶的水溶液中，则酶（如胃蛋白酶）可固定于膜中，用作生物催化研究[26]。他们还将这种自支持膜用作碳酸钙生成的骨架，做仿生矿化研究[27]。

3. 化合物纳米粒子及薄膜的制备

Rao 及其合作者运用液/液界面上的反应，制备了多种硫化物和氧化物纳米粒子及薄膜。他们将铜的铜铁试剂盐溶解在甲苯中，水相中则溶有硫化钠或者氢氧化钠，界面上反应生成 CuS 或者 CuO 纳米粒子及薄膜[28]。他们运用类似的方法分别制备了 CdS、Fe_2O_3、ZnO 等[29]及 ZnS 和 PbS 等的纳米粒子及薄膜[30]。另外，他们还对液/液界面上生成的 CuS 和 CdS 纳米薄膜的黏弹性进行了研究[31]。

其他研究者也做出了有意思的工作。孙思修等人[32]使 Cu^{2+} 与磷酸衍生物形成配合物，并溶解在庚烯中。水相中加入 NaOH。形成液/液界面后，室温下发生界面反应，生成氢氧化铜纳米线，处理后得到 CuO 纳米线。Liang 等人[33]将硫酸锌和乙二胺溶于水，而将 CS_2 溶于正己烷，使二者形成液/液界面，并将一面做亲水处理的聚合物薄片漂浮在液/液界面上，且使亲水的一面朝向水相。乙二胺与二硫化碳作用，生成硫化氢。硫化氢与 Zn^{2+} 反应，生成 ZnS 纳米粒子，并在薄片上沉积。Han 等人[34]将 Na_2S 的水溶液滴加在$(C_2H_5OCS_2)_3Sb$的甲苯溶液中，静置、陈化不同时间，则在液/液界面上出现片层，分析为纳米环。

4. 其他工作

除了金属、化合物纳米粒子和薄膜的制备外，研究者们还进行了其他一些颇有意思的工作。例如，Rao 等人[35]通过液/液界面上的反应，不但得到了纳米粒子及纳米粒子薄膜，还将薄膜沉积在硅片上。水滴在该薄膜上的接触角的测定表明，薄膜的两面的润湿性是不同的，朝向水相的一面亲水，朝向油相的一面疏水。生成的为 Janus 型薄膜。在薄膜制备时，他们先使甲苯和水形成液/液界面，然后分别向两相中注入硅酸四乙酯和浓盐酸，静置，界面上出现氧化硅薄膜。还用十六烷基三甲氧基硅烷或者全氟辛基三甲氧基硅烷代替硅酸四乙酯作为硅源。当用钛酸四异丙酯或锆酸四异丙酯时，则得到 TiO_2 或者 ZrO_2 薄膜。这些氧化物薄膜均为 Janus 型薄膜。若制备 Janus 型金薄膜，则使 $Au(PPh)_3Cl$ 的甲苯溶液与碱水溶液形成液/液界面，并向水相中注入四羟甲基氧化膦。然后再分别向水相和油相中注入巯基丙酸和十二烷基硫醇，这些试剂将分别吸附在金膜的两面。使用全氟十二烷基硫醇代替十二烷基硫醇亦可。当制备硫化物 Janus 薄膜时，油相中放入全氟十二烷基硫醇，或者用硬脂酸镉等作为镉源，使生成的薄膜朝向油相的一面被碳氢链覆盖。

Bora 和 Dolui[36]将氧化石墨烯与 $FeCl_3$ 溶于水，吡咯溶于氯仿。将水相滴加在有机相中，静置 24h。则黑色的薄膜慢慢在界面上生长。此即聚吡咯/氧化石墨烯复合纳米薄膜。液/液界面上发生了聚合反应，并将氧化石墨烯嵌于膜中。

三、 液/液界面上微纳米结构的组装

1. 金属、 化合物纳米粒子及其他粒子的组装

预先制备的金属或者化合物纳米粒子分散在水相或者油相中，将与纳米粒子相互作用的

物质（如修饰剂等）置于另一相。当形成液/液界面后，二者间的相互作用使纳米粒子的润湿性发生改变，从而在界面上吸附，形成薄膜。

例如，Han 及其合作者使柠檬酸钠还原氯金酸生成的金溶胶与乙醚形成液/液界面，金纳米粒子在液/液界面上不吸附。但将 C₆₀ 的甲苯溶液注入溶胶后，在液/液界面上形成了金纳米粒子/C₆₀ 复合薄膜。原因在于 C₆₀ 与纳米粒子之间存在着自纳米粒子向 C₆₀ 的电荷转移，形成了复合物，诱导了纳米粒子的吸附[37]。他们还使金溶胶或银溶胶与乙醚形成双相体系。当加入碳纳米管的 DMF 溶液后，在油/水界面上立即形成了密堆积的纳米粒子薄膜。薄膜的形成是纳米粒子与碳纳米管相互作用的结果，纳米粒子结合在纳米管的表面上[38]。这与使用 C₆₀ 的机理是一样的，都是在形成了复合物之后，使亲水的溶胶粒子变成了双亲性的复合粒子，有利于在界面上的吸附。他们不仅使用纳米碳，还用冠醚去诱导胶体粒子的吸附。当金溶胶与氯仿形成液/液界面后，将 15-冠-5 或者它的衍生物的氯仿溶液注入到溶胶中，则在液/液界面上逐渐形成一层纳米粒子薄膜。这是冠醚与纳米粒子间的相互作用改变了其润湿性所致[39]。不仅是 C₆₀ 或者碳纳米管，苯或者蒽分子也可以起到同样的作用。例如，将金溶胶与苯混合，剧烈摇动时，体系乳化。停止摇动，则分相。纳米粒子转移到有机相中。随时间延长，有机相中出现了一个黏滞的蓝色相，并在液/液界面上沉积为一层膜。将金溶胶与蒽的己烷溶液混合，摇动，体系乳化；停止，则分相，并在液/液界面上出现了一层蓝色薄膜。苯或者蒽与纳米粒子表面相互作用，这种相互作用可能是大环中的 π 电子与纳米粒子表面结合的 Au⁺ 之间的静电吸引作用。由于存在这种相互作用，纳米粒子在界面上吸附并积聚[40]。在油相中加入配体，则配体与溶胶粒子相互作用，可改变其润湿性。例如，柠檬酸根还原法得到的银溶胶与十二烷基硫醇的环己烷溶液形成液/液界面，则硫醇在界面上与银纳米粒子结合，取代了部分柠檬酸根而使粒子具有双亲性，从而在界面上吸附，形成纳米粒子薄膜。纳米粒子的表面覆盖度与溶胶的浓度有关[41]。

Bink 等人将柠檬酸还原法合成的金溶胶与十八胺的十二烷溶液形成液/液界面。摇动，形成水包油乳液，纳米粒子在乳液液滴上组织。静置，分相，液滴与上相融合（有机溶液为上相，金溶胶为下相），将纳米粒子带到液/液界面，形成薄膜[42]。在这一组装过程中，不稳定的乳液液滴起到了很大作用。但最根本的，还是油相中的十八胺与溶胶粒子作用，取代了部分柠檬酸根，改变了粒子的润湿性。

化合物溶胶粒子也可以通过这种方式进行组装。例如，巯乙胺修饰的 CdS 纳米粒子分散于水相，与含有癸二酰氯的己烷形成液/液界面后，纳米粒子在液/液界面上吸附，表面上的分子酰胺化，形成两个纳米粒子组成的二聚体[43]。

使用同样的方法，也可以使分散于油相中的粒子在界面上吸附、组装。例如，四辛基溴化铵修饰的 Ag 纳米粒子分散在氯仿中，与含有 11-巯基十一烷酸的乙醇/水混合溶液形成液/液界面后，在界面上形成了带有蓝色乳光的纳米粒子薄膜。这应该是巯基羧酸取代了纳米粒子上的修饰剂而改变了纳米粒子的亲水/疏水性的结果[44]。

通过与分处于两相的不同修饰剂的结合，在液/液界面上还可以得到 Janus 型的纳米粒子。例如，Andala 等人[45]先合成了十二胺修饰的金纳米粒子，并将其分散在甲苯中。然后加入去离子水，并注入十二烷基硫醇的甲苯溶液或者 11-巯基十一烷基羧酸的水溶液。剧烈搅拌或者超声处理后，静置。则在液/液界面上形成金纳米粒子薄膜。纳米粒子为 Janus 型粒子（图 4-13），朝向水的一面被巯基羧酸修饰，而朝向甲苯的一面被烷基硫醇修饰。烷基硫醇或者巯基羧酸的加入次序不影响纳米粒子及薄膜的形成。该薄膜的形成机制主要是双亲性的粒子在液/液界面上的吸附使体系能量降低。纳米粒子的浓度会影响到粒子的排布。高浓度时，不但在平的液/液界面上形成纳米粒子多层膜，纳米粒子还沿瓶壁堆积。

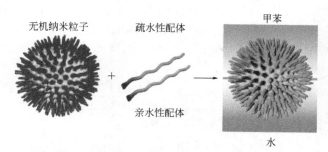

图 4-13 液/液界面上 Janus 型粒子形成示意图[45]

界面上的配位作用也被用来组装纳米粒子薄膜。例如，以巯基取代的三吡啶修饰 FePt 纳米粒子分散在甲苯中。当该分散体系与 Fe（Ⅱ）的水溶液形成液/液界面后，由于三吡啶与 Fe（Ⅱ）间的配位作用，粒子交联，在界面上形成了纳米粒子组成的薄膜[46]。

Benkoski 等人[47,48]基于液/液界面上的组装发展了一种改进的技术，叫作石化液体组装法（fossilized liquid assembly）。先将玻璃片用 3-（甲基丙烯酰氧）丙基三甲氧基硅烷（MPTMS）修饰，然后铺展一层交联的 2-甲基-2-丙烯酸-1,12-十二双醇酯（PDDMA）。将溶有光聚合引发剂的 DDMA 铺展在玻璃片上形成一层液膜，然后将玻璃片连同液膜一起置于含一定浓度的羟乙基哌嗪乙烷磺酸和氯化钠的水溶液中，以防止 DDMA 乳化。室温下 DDMA 的黏度（15mPa·s）远高于水的黏度，二者形成的液/液界面张力为 15mN/m。下相实际上是较为黏稠的一相，类似于食用油。需组装的微粒，包括 PMMA 微球、PS 微球、Au 和 CdTe 纳米粒子等分散在水相或者油相中。这些粒子在液/液界面上吸附、组织。然后用紫外线照射，DDMA 聚合固化，粒子则镶嵌在聚合物表面[47]。他们还将 PS 包埋的磁性 Co 纳米粒子分散在油相中，将组装体系置于水相后用磁场诱导粒子呈线性排列。光聚合后，则得到表面上嵌有线性排列的 Co 纳米粒子的聚合物薄膜[48]。组装过程如图 4-14 所示。

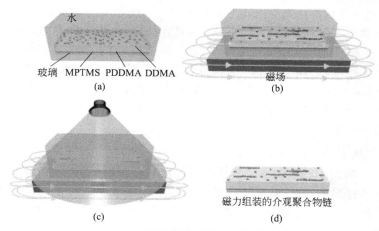

图 4-14 石化液体组装示意图[48]

（a）形成液/液界面；（b）磁场诱导吸附在界面上的粒子呈线性排列；
（c）紫外线照射聚合；（d）取出、清洗、干燥后得到表面上嵌有粒子的聚合物薄膜

Aveyard 等人[49]使荷负电的 PS 乳球在辛烷/水界面上形成了单层膜。在组装过程中，乳球间的长程静电排斥力防止了乳球的致密堆积。而 Nakashima 和 Kimizuka[50]则使乳球在离子液/水界面上组装。他们认为，尽管疏水的离子液与水形成的界面的界面张力较低，但离子液的表面离子浓度高，离子解离会在界面上形成电场，且其强度由解离的程度来决定。

因此，离子液/水界面的极性可以调节。这样的界面适于荷电胶体粒子的静电吸附和自组装。他们将荷负电的 PS 微球（直径为 500nm）分散于水中，将溶有罗丹明 B 的离子液滴加在玻璃瓶的底部，然后将 PS 水分散体系倾倒于瓶内。则微球在液/液界面上组装，形成有序二维阵列结构，如图 4-15 所示。

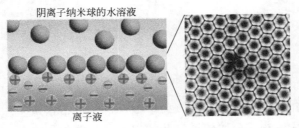

阴离子纳米球的水溶液

离子液

图 4-15　离子液/水界面上乳球阵列组装示意图[50]

不仅纳米粒子或者乳球可以在液/液界面上吸附、自组装形成薄膜及有序阵列结构，甚至于毫米级的薄片也可以进行组装。Tang 等人[51]将边长为 2mm 的聚醚薄片，一面镀铂并做亲水处理，一面做疏水处理并压上具有铁磁性粉末的条带。当将其分散在全氟甲基十氢萘/水中时，这些薄片在液/液界面上吸附，亲水面朝向水相，疏水面朝向油相，且在外加磁场的诱导下取向。这样做成的格栅膜具有很好的光学性能。由此可以看出，液/液界面上的吸附和组装确实具有广泛的应用前景。

2. 纳米碳的液/液界面组装

纳米碳，即富勒烯、碳纳米管和石墨烯等，具有许多优异的特性，是材料科学研究的热点。利用纳米碳在两相中的溶解度的差异及其与其他组分（如表面活性剂）之间的相互作用而在液/液界面上进行吸附和组装，也可以得到由纳米碳组成的微纳米结构。

Rao 等人[52]将纳米碳（包括 C_{60}、碳纳米管和石墨烯）溶解在甲苯中，并使其与水形成液/液界面，则纳米碳在界面上吸附，形成有序结构。或者使甲苯完全挥发，则在气/液界面上形成纳米碳的微纳米结构。特别是 C_{60}，由初始有机相内浓度的不同，可在界面上分别形成具有 hcp 和 fcc 的结构。

Shrestha 等人[53]以表面活性剂（包括双甘油月桂酸酯、CTAB 和 CTAC）的丁醇溶液与 C_{60} 的苯溶液形成液/液界面。由于 C_{60} 的浓度对于丁醇来讲是过饱和的，故在界面上发生沉积，形成了纳米须、纳米管及由纳米管组成的纳米花等结构。形成的纳米结构的形貌与表面活性剂的浓度和种类有关。

3. 液/液界面上配位聚合物的组装

前面介绍过，借助于纳米粒子上的修饰剂与金属离子的配位作用，可以在液/液界面上形成交联的纳米粒子薄膜[46]。实际上，油相中的配体和水相中的金属离子之间的配位作用还被用来在液/液界面上形成配位聚合物。钱东金等人在这方面做了系列研究工作。

如图 4-16 所示，基于四吡啶基卟啉与不同金属离子的配位方式，在氯仿/水界面上可形成棒状及立方体状的配位聚合物[54]。这说明，配位聚合物微纳米粒子的形貌和配体与金属离子间的配位方式有关。三（4-吡啶基）-1,3,5-三嗪与 Hg 配位形成纳米棒，四吡啶基卟啉与 Hg 配位形成纳米线，但当该配体与四吡啶基卟啉共同与 Hg 配位时，在氯仿/水界面上形成的则是复合纳米管[55]。这说明，这两种配体与金属离子的配位有协同作用。这种作用也鲜明地体现在另一项实验中[56]。当油相中含有四吡啶基卟啉与联吡啶而水相为 Hg^{2+} 的溶液时，在液/液界面上形成了纳米梳状配位聚合物。

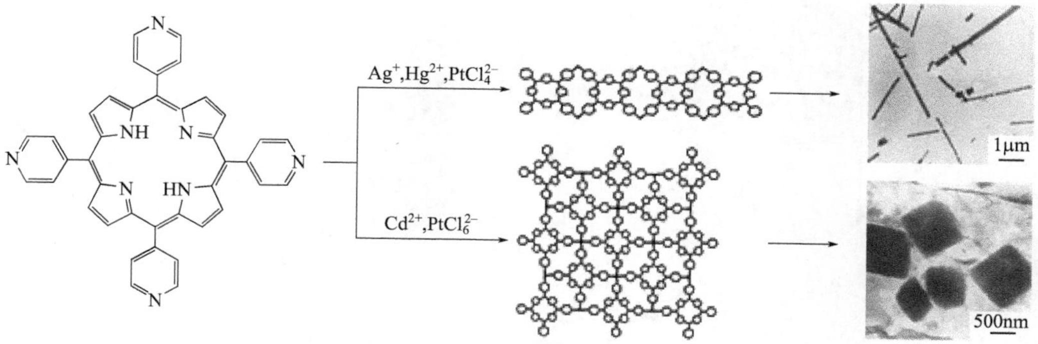

图 4-16　液/液界面上配位聚合物微纳米结构形成示意图[54]

4. 聚合物微纳米结构的组装

　　近年来，以聚合物为基质的复合微纳米结构材料引起了人们的极大的兴趣，因为聚合物具有化学稳定性和热稳定性，有一定的机械强度且易于加工。假如将功能性的纳米粒子嵌入到聚合物基质之中，则可得到性能优良的复合材料。这种材料不但具有纳米粒子和聚合物固有的特性，而且由于纳米粒子与聚合物之间的相互作用还可能出现新的性质和功能。将聚合物与无机纳米粒子复合的方法有混合法、层层组装法、聚合物微纳米结构吸附法和自组装法等。近几年来，通过液/液界面上的吸附和自组装来制备复合微纳米结构的研究逐渐引起了人们的兴趣。一般将双亲性的聚合物置于有机相，将无机组分（包括金属离子、溶胶粒子等）置于水相，形成液/液界面之后，通过界面上的吸附和组装得到复合微纳米结构。也有研究将聚电解质置于水相，通过界面吸附组装得到微纳米结构。

　　Carew 等人[57]将带有相反电荷的聚电解质［如聚苯乙烯磺酸钠（PSS）或者聚二烯丙基二甲基氯化铵（PDMAC）］和表面活性剂［如十六烷基三甲基溴化铵（CTAB）或者十二烷基硫酸钠（SDS）］分别溶解在水及甘油中。将水溶液注入试管，然后小心地将甘油溶液注入到试管底部，形成液/液界面，则二者在界面上吸附，并通过静电相互作用相结合，最终形成了纳米复合薄膜。若在其中一相中加入 TEOS，则可得到含硅酸盐的复合薄膜。

　　Chen 等人[58]则通过液/液界面上的组装，得到了量子点/聚合物复合纳米纤维。他们使溶解有聚乙烯基咔唑-*co*-聚甲基丙烯酸缩水甘油酯（PVK-*co*-PGMA）的氯仿溶液与分散有巯基乙酸修饰的 CdTe 量子点的水分散体系形成液/液界面，聚合物在液/液界面上吸附，并通过聚合物上的环氧基与量子点上的羧基相结合，形成聚合物/量子点复合物。经过进一步自组装，形成了均匀的纤维束。形成过程如图 4-17 所示。Li 等人[59]则利用溶解于乙酸乙酯中的一种双亲共轭聚合物与水相中的 Cu^{2+} 之间的配位作用，在液/液界面上形成了复合聚合物薄层，并进一步自我卷曲形成了微米管。

　　与此同时，笔者也利用聚合物在液/液界面上的吸附和自组装，制备了一系列的复合微纳米结构[61~69]。笔者首先探讨了溶解于氯仿中的聚（2-乙烯基吡啶）（P2VP）在该溶液与氯金酸、氯铂酸或者硝酸银水溶液形成的液/液界面上的吸附和组装行为，发现聚合物吸附在界面上之后首先与无机组分依靠静电相互作用或者配位作用相结合，形成片状薄层后经进一步自组装形成微胶囊，大量微胶囊积聚成泡沫薄膜[60~62]。笔者还发现，这种微胶囊的囊壁具有层状结构，说明聚合物吸附于界面上时可形成多层结构[62]。同时还发现，部分氯金酸在组装过程中还原为金，因此在微胶囊囊壁上镶嵌着金的纳米粒子；而 Ag^+ 在此过程中不被还原，部分 $PtCl_6^{2-}$ 被还原为 $PtCl_4^{2-}$，没有零价铂生成。之后，笔者用了分子量较高的

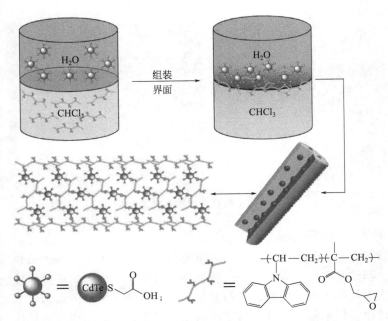

图 4-17   PVK-*co*-PGMA/CdTe 量子点复合纳米纤维形成示意图[59]

P2VP 进行实验，发现与 Ag⁺ 和铂配离子形成的泡沫状复合膜为自支持膜，且与 Ag⁺ 通过配位形成的复合物还具有较好的黏弹性[63,64]。这说明，分子量对复合膜的性质（力学性质）有重要影响。同时，还制备了聚乙烯基咔唑/Au 泡沫薄膜[65]。

但笔者在组装 P2VP/Cu²⁺ 复合薄膜时却没有得到预期的泡沫状结构[66]。当以硫酸铜水溶液为水相时，得到的为纤维组合成的多孔薄膜；而以乙酸铜水溶液为水相时，得到的是条带状结构。这和无机组分与聚合物的相互作用强弱有关。Cu²⁺ 等离子与吡啶基的配位作用比 Ag⁺ 与吡啶基的弱，膜形成得慢，且无法形成进一步组装所需的片层。而用乙酸铜时，Cu²⁺ 的在聚合物参与下的界面水解对于带状结构的形成起到了重要作用。

双亲嵌段共聚物具有丰富的自组装行为。在体相中，可以形成胶束或者反胶束。在旋涂膜中，随着溶剂的挥发，可以形成以胶束或者反胶束为基本构成单元的二维阵列结构，或者通过微相分离，形成一维条带状结构。这些微纳米结构的形成在聚合物/纳米粒子复合微纳米结构的构建中得到了广泛的应用。嵌段共聚物在气/液界面上以形成圆形胶束和条带结构为主。

笔者探讨了双亲嵌段共聚物在液/液界面上的吸附和自组装行为，发现形成的微纳米结构更为丰富多样。比如，笔者将溶有聚苯乙烯-嵌-聚（2-乙烯基吡啶）（PS-*b*-P2VP）的氯溶液与氯金酸或者硝酸银的水溶液形成液/液界面，发现在界面上形成了以六边形为主的蜂巢状结构（图 4-18）[67]。这种结构没有用呼吸模型法在潮湿的气氛中挥发溶剂形成的蜂巢状结构那么规整，因为这种结构是嵌段共聚物分子在液/液界面上自组装而不是在模板诱导下形成的。这是一种特别新颖的嵌段共聚物的自组装行为。笔者分析了其形成过程，认为吸附在界面上的聚合物分子与水相中的无机组分相互作用后，首先经过微相分离过程形成了

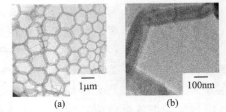

图 4-18   液/液界面上形成的 PS-*b*-P2VP/
Au 蜂巢状结构的 TEM 图像[67]

（a）PS-*b*-P2VP/Au 的 TEM 图像；
（b）图（b）为图（a）的放大图

一维带状构建块；然后这些构建块进一步组装形成了这种蜂巢状结构（图 4-19）。无论与氯金酸还是与硝酸银复合，均会得到这种结构，且其中嵌有金、银纳米粒子。笔者还探讨了水相中氯金酸的浓度和油相中 PS-b-P2VP 的分子量对液/液界面上形成的微纳米结构的影响，发现除了蜂巢状结构之外，还形成了泡沫及网状结构等多种微纳米结构。这与嵌段共聚物的吸附速度、相互作用、界面浓度等有关[68]。

笔者还用聚苯乙烯-嵌-聚（4-乙烯基吡啶）（PS-b-P4VP）做了类似实验，但得到了完全不同的微纳米结构[69]。当 PS-b-P4VP 的氯仿溶液与氯金酸水溶液形成液/液界面时，形成了蜂巢状结构，但这种结构中六边形巢眼的尺度只有几十纳米，远小于 PS-b-P2VP 形成的巢眼的尺度（1μm 左右），说明两种结构的形成机制不同。P4VP 的亲水性强于 P2VP，因此 PS-b-P4VP 在界面上的吸附要快得多，且两种聚合物吡啶基中氮原子位置的不同也对组装行为有重要影响。PS-b-P4VP 在界面上的快速吸附使其首先形成了圆形的半胶团。这些半胶团相互靠近，最终形成了六角状蜂巢结构。另外，由于快速吸附，形成的膜很厚，推测为多层膜，且层间有大量水溶液。但当将该共聚物的氯仿溶液与硝酸银水溶液或者氯铂酸水溶液形成液/液界面时，在界面上却形成了壁上嵌有半胶团的微胶囊积聚形成的泡沫薄膜。笔者认为，之所以不同的无机组分得到的结构不同，是由于共聚物在界面上的吸附速度不同所致。当与硝酸银或者氯金酸水溶液形成界面时，共聚物的吸附速度要慢得多，有足够的时间形成片层再进一步自组装；而用氯金酸水溶液时，吸附速度太快，形成了很厚的膜，难以进一步组装。

当用三嵌段共聚物聚（2-乙烯基吡啶）-嵌-聚苯乙烯-嵌-聚（2-乙烯基吡啶）时，在与氯金酸水溶液形成的液/液界面上得到的是纳米条带和类似于多面体泡沫的薄膜；而用聚（4-乙烯基吡啶）-嵌-聚苯乙烯-嵌-聚（4-乙烯基吡啶）时，与氯金酸水溶液复合，得到的却是直径为几十纳米的胶束形成的二维阵列结构，且为自支持膜[69]。之所以有这样的不同，原因就在于在这两种三嵌段共聚物中吡啶氮的位置不同。由于空间位阻，P2VP 倾向于微相分离，而 P4VP 倾向于胶束化。

那么，是不是双嵌段共聚物中只要有 P2VP 嵌段，在液/液界面上就可以通过吸附和自组装得到蜂巢状结构呢？笔者还用了聚（叔丁基丙烯酸甲酯）-嵌-聚（2-乙烯基吡啶）的氯仿溶液与氯金酸水溶液相复合，发现界面上形成的是泡沫薄膜，很少发现蜂巢状结构[70]。原因在于，聚（叔丁基丙烯酸甲酯）嵌段不同于聚苯乙烯嵌段，尽管它的疏水性比 P2VP 嵌段强，但它具有可与无机组分相作用的酯基，因此也可以与无机组分相结合。故其表现类似于 P2VP 均聚物而不是嵌段共聚物 PS-b-P2VP。

这些微纳米结构经光交联后均具有很好的稳定性。由于其中镶嵌的金属纳米粒子粒径小且分散度高，而且粒子在基质中分散性好，因此均具有高且持久的催化活性。

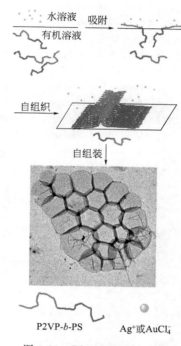

图 4-19　PS-b-P2VP/Au 或 PS-b-P2VP/Ag 蜂巢状结构形成过程示意图[67]

参 考 文 献

[1]　谈慕华，黄蕴元．表面物理化学．北京：中国建筑工业出版社，1985.
[2]　顾惕人，朱珧瑶，李外郎，马季铭，戴乐蓉，程虎民．表面化学．北京：科学出版社，1994.

［3］　沈钟，赵振国，康万利．胶体与表面化学．北京：化学工业出版社，2012.

［4］　Uredat S，Findenegg G H. Langmuir，1999，15：1108.

［5］　Moriya Y，Hasegawa T，Okada T，Ogawa N，Kawai E，Abe K，Ogasawara M，Kato S，Nakata S. Anal Chem，2006，78：7850.

［6］　颜肖慈，罗明道．界面化学．北京：化学工业出版社，2005.

［7］　宋瑛，田宜灵，肖衍繁，任晓文，乔瑞平．化工学报，1999，50（5）：620.

［8］　Rao C N R，Kalyanikutty K P. Acc Chem Res，2008，41：489.

［9］　Luo G，Malkova S，Yoon J，Schultz D G，Lin B，Meron M，Benjamin I，Vanýsek P，Schlossman M L. Science，2006，311：216.

［10］　Rao C N R，Kulkarni G U，Agrawal V V，Gautam U K，Ghosh M，Tumkurkar U. J Colloid Interf Sci，2005，289：305.

［11］　Thomas P J，Mbufub E，O' Brien P. Chem Commun，2013，49：118.

［12］　Pershan P S. Faraday Discuss Chem Soc，1990，89：231.

［13］　Varadaraj R，Brons C. Energy & Fuels，2007，21：1617.

［14］　Albery W J，Choudhery R A. J Phys Chem，1988，92：1151.

［15］　Binks B P. Curr Opin Colloid Interf Sci，2002，7：21.

［16］　Rao C N R，Kulkarni G U，Thomas P J，Agrawal V V，Saravanan P. J Phys Chem B，2003，107：7391.

［17］　Agrawal V V，Kulkarni G U，Rao C N R. J Phys Chem B，2005，109：7300.

［18］　Agrawal V V，Mahalakshmi P，Kulkarni G U，Rao C N R. Langmuir，2006，22：1846.

［19］　Agrawal V V，Kulkarni G U，Rao C N R. J Colloid Interf Sci，2008，318：501.

［20］　Sanyal M K，Agrawal V V，Bera M K，Kalyanikutty K P，Daillant J，Blot C，Kubowicz S，Konovalov O，Rao C N R. JPCB，2008，112：1739.

［21］　Krishnaswamy R，Majumdar S，Ganapathy R，Agarwal V V，Sood A K，Rao C N R. Langmuir，2007，23：3084.

［22］　Zheng L，Li J. J Phys Chem B，2005，109：1108.

［23］　Kida T. Langmuir，2008，24：7648.

［24］　Hoseini S J，Rashidi M，Bahrami M. J Mater Chem，2011，21：16170.

［25］　You H，Ji Y，Wang L，Yang S，Yang Z，Fang J，Song X，Ding B. J Mater Chem，2012，22：1998.

［26］　Phadtare S，Vinod V P，Wadgaonkar P P，Rao M，Sastry M. Langmuir，2004，20：3717.

［27］　Rautaray D，Kumar P S，Wadgaonkar P P，Sastry M. Chem Mater，2004，16：988.

［28］　Gautam U K，Ghosh Moumita，Rao C N R. Langmuir，2004，20：10775.

［29］　Gautam U K，Ghosh Moumita，Rao C N R. Chem Phys Lett，2003，381：1.

［30］　Kalyanikutty K P，Gautam U K，Rao C N R. Solid State Sci，2006，8：296.

［31］　Krishnaswamy R，Kalyanikutty K P，Biswas K，Sood A K，Rao C N R. Langmuir，2009，25：10954.

［32］　Song X，Sun S，Zhang W，Yu H，Fan W. J Phys Chem B，2004，108：5200.

［33］　Liang X，Xing L，Xiang J，Zhang F，Jiao J，Cui L，Song B，Chen S，Zhao C，Sai H. Cryst Growth Des，2012，12：1173.

［34］　Han Q，Yuan Y，Liu X，Wu X，Bei F，Wang Xin，Xu K. Langmuir，2012，28：6726.

［35］　Biswas K，Rao C N R. J Colloid Interf Sci，2009，333：404.

［36］　Bora C，Dolui S K. Polymer，2012，53：923.

［37］　Lee K Y，Cheong G W，Han S W. Colloids Surf A，2006，275：79.

［38］　Lee K Y，Kim M，Hahn J，Suh J S，Lee I，Kim K，Han S W. Langmuir，2006，22：1817.

［39］　Lee K Y，Bae Y，Kim M，Cheong G W，Kim J，Lee S S，Han S W. Thin Solid Films，2006，515：2049.

［40］　Kumar A，Mandal S，Mathew S P，Selvakannan P R，Mandale A B，Chaudhari R V，Sastry M. Langmuir，2002，18：6478.

［41］　Yamamoto S，Watarai H. Langmuir，2006，22：6562.

［42］　Binks B P，Clint J H，Fletcher P D I，Lees T J G，Taylor P. Langmuir，2006，22：4100.

［43］　Nosaka Y，Shibamoto M，Nishino J. J Colloid Interf Sci，2002，251：230.

［44］　Sakata J K，Dwoskin A D，Vigorita J L，Spain E M. J Phys Chem B，2005，109：138.

［45］　Andala D M，Shin S H R，Lee H Y，Bishop K J M. ACSnano，2012，6：1044.

［46］　Arumugam P，Patra D，Samanta B，Agasti S S，Subramani C，Rotello V M. J Am Chem Soc，2008，130：10046.

[47] Benkoski J J, Jones R L, Douglas J F, Karim A. Langmuir, 2007, 23: 3530.

[48] Benkoski J J, Bowles S E, Korth B D, Jones R L, Douglas J F, Karim A, Pyun J. J Am Chem Soc, 2007, 129: 6291.

[49] Aveyard R, Clint J H, Nees D, Paunov V N. Langmuir, 2000, 16: 1969.

[50] Nakashima T, Kimizuka N. Langmuir, 2011, 27: 1281.

[51] Tang S KY, Derda R, Mazzeo A D, Whitesides G M. Adv Mater, 2011, 23: 2413.

[52] Chaturbedy P, Matte H S S R, Voggu R, Govindaraj A, Rao C N R. J Colloid Interf Sci, 2011, 360: 249.

[53] Shrestha L K, Hill J P, Tsuruoka T, Miyazawa K, Arig K. Langmuir, 2013, 29: 7195.

[54] Liu B, Qian D J, Huang H X, Wakayama T, Hara S, Huang W, Nakamura C, Miyake J. Langmuir, 2005, 21: 5079.

[55] Liu B, Qian D J, Chen M, Wakayama T, Nakamura C, Miyake J. Chem Commun, 2006, 3175.

[56] Liu B, Chen M, Nakamura C, Miyake J, Qian D J. New J Chem, 2007, 31: 1007.

[57] Carew D B, Channon K J, Manners I, Woolfson D N. Soft Mater, 2011, 7: 3475.

[58] Yang S, Wang C F, Chen S. J Am Chem Soc, 2011, 133: 8412.

[59] Zhou C, Chen N, Yang J, Liu H, Li Y. Macromol Rapid Commun, 2012, 33: 688.

[60] Chen L J, Ma H, Chen K, Cha H R, Lee Y I, Qian D J, Hao J, Liu H G. J Colloid Interf Sci, 2011, 362: 81.

[61] Chen L J, Ma H, Chen K, Fan W, Cha H R, Lee Y I, Qian D J, Hao J, Liu H G. Colloids Surf A, 2011, 386: 141.

[62] Lin L, Shang K, Xu X, Chu C, Ma H, Lee Y I, Hao J, Liu H G. J Phys Chem B, 2011, 115: 11113.

[63] Ma H, Geng Y, Lee Y I, Hao J, Liu H G. J Colloid Interf Sci, 2013, 394: 223.

[64] Ma H, Geng Y, Lee Y I, Hao J, Liu H G. Colloids Surf A, 2013, 419: 201.

[65] Chu C, Yang D, Wang D, Ma H, Liu H G. Mater Chem Phys, 2012, 132: 916.

[66] Geng Y, Liu M, Ma H, Hao J, Liu H G. Colloids Surf A, 2013, 431: 161.

[67] Wang D, Ma H, Chu C, Hao J, Liu H G. J Colloid Interf Sci, 2013, 402: 75.

[68] Liu M, Geng Y, Wang Q, Lee Y I, Hao J, Liu H G. RSC Adv, 2015, 5: 4334.

[69] Liu Y, Chen L, Geng Y, Lee Y I, Li Y, Hao J, Liu H G. J Colloid Interf Sci, 2013, 407: 225.

[70] Chu C, Wang D, Ma H, Yu M, Hao J, Liu H G. Mater Chem Phys, 2013, 142: 259.

第五章

胶束/反胶束

双亲分子在溶液中可以形成多种形式的稳定性各异的有序分子组合体系，包括胶束、反胶束、囊泡等。

第一节　胶束的基本概念

一、　胶束的概念

1912 年，McBain 提出，表面活性分子在溶液中自动缔合形成聚集体。若这种缔合在水里发生，表面活性分子的头基缔合在一起，朝向水；疏水链缔合在一起，形成内核。所形成的聚集体即为胶束（micelle）。若这种缔合在有机液体即油中发生，则极性头基聚在一起形成内核，疏水的脂链向外，形成反胶束（reverse micelle）。胶束的大小处于胶体分散体系质点大小范围内，故被称为缔合胶体。

二、　胶束的形成

在低浓度的表面活性剂水溶液中，表面活性分子以单个分子的状态存在，其极性基与水作用。随着浓度的增加，其非极性基团之间通过范德华力而相互吸引、靠拢，发生缔合，呈现出脱离水的趋势。这就导致了它们在气/液界面上的吸附。当吸附达到饱和后，若浓度进一步增加，则表面活性分子在水中缔合，形成胶束。应注意的是，除了浓度须达到临界胶束浓度（cmc）外，胶束的形成对温度也有要求，即对离子型表面活性剂来讲，温度要高于其临界胶束温度（Krafft 点）；对于非离子型表面活性剂来讲，温度要低于其浊点。

三、　胶束的基本特征

1. 胶束的形状

开始时形成预胶束（pre-micelle）。随着浓度的增加，依次形成球状胶束（spherical）、椭球状胶束（ellipsoid）、棒状胶束（cylindrical）[包括蠕虫状（worm-like）]、六角状胶束（hexagonal）和层状胶束（lamellar）等。预胶束在浓度低于 cmc 时形成；球状胶束在 cmc 附近形成；其他形态的胶束则在高于 cmc 时形成。

2. 胶束聚集数（ micellar aggregation number ）

每个胶束内含有的表面活性分子的平均数目叫作胶束聚集数。胶束大小在 5~10nm 之间。离子型表面活性剂的胶束聚集数一般为 50~60，而对非离子型表面活性剂来讲可达400~500。在胶束体系中，胶束聚集数并非对每个胶束都一样，它是一个平均值，其分布类似于高斯分布；而且聚集数并不严格恒定，随浓度增加略有增大，有时甚至可达数千乃至上万。

在胶束中，极性基朝向水相，内核则具有液态烃的性质。

在非水体系中形成的反胶束的聚集数一般在 10 左右，且反胶束主要为球形。

胶束是一个动态平衡结构。表面活性分子可以脱离胶束，溶液中的表面活性分子也可以参与到胶束中。动态平衡的时间与表面活性剂的结构有关。例如，癸烷基硫酸盐形成的胶束中，分子停留时间为 $5.5\mu s$；十二烷基硫酸盐形成的胶束中为 $6\mu s$；而在十四烷基硫酸盐形成的胶束中，则延长至 $83\mu s$。

第二节　胶束形成的热力学和动力学 [1~3]

胶束是自发形成的热力学稳定体系。胶束形成的动力学有两种处理方式，即质量作用模型和相分离模型。

一、 质量作用模型

该模型将双亲分子形成胶束的过程看作是离子或分子间靠静电作用或者范德华力相互缔合的过程。

1. 对离子型表面活性剂间的缔合平衡

$$jC^+ + (j-z)A^- \rightleftharpoons M^{z+}$$

式中，C^+、A^- 和 M^{z+} 分别代表离子型表面活性剂、反离子和胶束；j 和 z 分别为聚集数和电荷数。

设 a_+、a_- 和 a_M 分别为 C^+、A^- 和 M^{z+} 的活度，则正向反应速率为：

$$v^+ = k^+ a_+^j a_-^{(j-z)}$$

逆向反应速率为：

$$v^- = k^- a_M$$

当缔合达平衡时，有：

$$v^+ = v^-$$

缔合平衡常数为：

$$k_a = \frac{k^+}{k^-} = \frac{a_M}{a_+^j a_-^{(j-z)}}$$

而 $a = fc$，则：

$$k_a = \frac{k^+}{k^-} = \frac{f_M c_M}{(f_+ c_+)^j (f_- c_-)^{(j-z)}} = \frac{f_M}{f_+^j f_-^{(j-z)}} \times \frac{c_M}{c_+^j c_-^{(j-z)}} = F\frac{c_M}{c_+^j c_-^{(j-z)}} = Fk_c$$

对于稀溶液来讲，$F \rightarrow 1$，$k_a = k_c$，则摩尔胶束生成的标准自由能（1mol 表面活性剂形成胶束的标准自由能变化）为：

$$\Delta_f G_m^\ominus = -\frac{RT}{j}\ln k_c = -\frac{RT}{j}\ln \frac{c_M}{c_+^j c_-^{(j-z)}}$$

由于 $c_M \ll c_+$，且 $c_+ = c_-$，若设 $c_+ = c_- = \text{cmc}$，则：

$$\Delta_f G_m^\ominus = -\frac{RT}{j}\ln c_M + \frac{RT}{j}\ln c_+^j + \frac{RT}{j}\ln c_-^{(j-z)}$$

$$= -\frac{RT}{j}\ln c_M + RT\ln c_+ + RT\frac{j-z}{j}\ln c_-$$

$$\approx \left(1 + \frac{j-z}{j}\right)RT\ln \text{cmc} \tag{5-1}$$

若 $z = 0$，即反离子均牢固地结合在胶束上，胶束的净电荷为 0，则：

$$\Delta_f G_m^\ominus = 2RT\ln \text{cmc}$$

若 $z = j$，即无反离子结合在胶束上，则：

$$\Delta_f G_m^{\ominus} = RT\mathrm{lncmc}$$

在一般情况下，胶束会结合一定数目的反离子，介于 $0\sim j$ 之间，故系数介于 $1\sim 2$ 之间。可以看出，cmc 越小，$\Delta_f G_m^{\ominus}$ 越向负值移动，越容易形成胶束。

2. 对于非离子型表面活性剂，达到缔合平衡时

$$j\,\mathrm{S} \Longrightarrow \mathrm{M}$$

式中，S 代表表面活性剂分子；M 代表胶束。

故

$$k_c = \frac{c_M}{c_S^j}$$

摩尔胶束生成的标准自由能为：

$$\Delta_f G_m^{\ominus} = -\frac{RT}{j}\ln k_c = -\frac{RT}{j}\ln c_M + \frac{RT}{j}\ln c_S^j = -\frac{RT}{j}\ln c_M + RT\ln c_S$$

由于 $c_M \ll c_S$，且 $c_S = \mathrm{cmc}$，故：

$$\Delta_f G_m^{\ominus} = RT\mathrm{lncmc} \tag{5-2}$$

二、 相分离模型

该模型把胶束的形成看作是一个新相形成的过程，且把形成的胶束看成固相。

1. 对于离子型表面活性剂，相平衡时

$$j\,\mathrm{C}^+ + j\,\mathrm{A}^- \Longrightarrow \mathrm{M}$$

$$\Delta_f G_m^{\ominus} = -\frac{RT}{j}\ln\frac{a_M}{a_+^j a_-^j}$$

由于胶束被看作固相，故 $a_M = 1$。又由于对于稀溶液来讲，$a_+ = c_+$，$a_- = c_-$，且 $c_+ = c_- = \mathrm{cmc}$，故：

$$\Delta_f G_m^{\ominus} = -\frac{RT}{j}\ln\frac{1}{c_+^j c_-^j} = 2RT\mathrm{lncmc} \tag{5-3}$$

2. 对于非离子型表面活性剂，相平衡时

$$j\,\mathrm{S} \Longrightarrow \mathrm{M}$$

由于胶束被看作固相，且对于稀溶液来讲，活度近似等于浓度且近似为 cmc，故：

$$\Delta_f G_m^{\ominus} = -\frac{RT}{j}\ln\frac{a_M}{a_S^j} = -\frac{RT}{j}\ln\frac{1}{c_S^j} = RT\ln c_S = RT\mathrm{lncmc} \tag{5-4}$$

也可以从化学势入手进行推导。设一定温度下，胶束中的表面活性剂处于标准态，则有：

$$\mu_M = \mu_M^{\ominus}$$

对于非离子型表面活性剂，单个表面活性剂分子的化学势为：

$$\mu_S = \mu_S^{\ominus} + RT\ln a_S = \mu_S^{\ominus} + RT\ln f_S c_S$$

式中，$\mu_S^{\ominus}$ 为表面活性剂单体的标准态化学势；f_S 和 c_S 分别为其活度系数和浓度。

在临界胶束浓度时出现相分离。水溶液中表面活性剂的化学势与胶束中表面活性剂的化学势相等。则有：

$$\mu_M = \mu_S$$

故

$$\mu_M^{\ominus} = \mu_S^{\ominus} + RT\ln f_S c_S$$

因此，1mol 表面活性剂从水相转移到胶束相的标准摩尔自由能变化为：

$$\Delta_f G_m^{\ominus} = \mu_M^{\ominus} - \mu_S^{\ominus} = RT\ln f_S c_S$$

对于稀溶液来讲，$f_S \approx 1$，且 $c_S = \mathrm{cmc}$，故：

$$\Delta_f G_m^{\ominus} = \mu_M^{\ominus} - \mu_S^{\ominus} = RT \ln cmc$$

当求出 $\Delta_f G_m^{\ominus}$ 后，由 $\Delta_f S_m^{\ominus} = -\left(\dfrac{\partial \Delta_f G_m^{\ominus}}{\partial T} \right)_P$ 及 $\Delta_f H_m^{\ominus} = \Delta_f G_m^{\ominus} + T \Delta_f S_m^{\ominus}$ 可求出 $\Delta_f S_m^{\ominus}$ 及 $\Delta_f H_m^{\ominus}$。由热力学计算可知，$\Delta_f G_m^{\ominus} < 0$，说明胶束的形成过程为自发过程，胶束为热力学稳定体系。

三、 从化学势出发判断胶束的形成

Isrealachvili 认为[4]，当溶液中单体与聚集体间的物质交换达到平衡时，不管聚集体的大小如何，单体的化学势与聚集体中分子的化学势相等：

$$\mu = \mu_1^{\ominus} + kT \ln x_1 = \mu_2^{\ominus} + \frac{kT}{2} \ln \frac{x_2}{2} = \dots = \mu_N^{\ominus} + \frac{kT}{N} \ln \frac{x_N}{N}$$

等式右边的项分别对应着单体、二聚体及由 N 个单体组成的多聚体，x_N 为聚集体以摩尔分数表示的浓度，标准化学势为聚集体中每分子的标准化学势。因此，可得到：

$$x_N = N \left[x_1 \exp \left(\frac{\mu_1^{\ominus} - \mu_N^{\ominus}}{kT} \right) \right]^N \tag{5-5}$$

若 $\mu_N^{\ominus} \geq \mu_1^{\ominus}$，则 x_N 就会非常低，聚集体的浓度取决于随聚集体大小变化的标准化学势。当 $\mu_N^{\ominus} \leq \mu_1^{\ominus}$ 时，可形成较大的稳定的聚集体。

四、 $\Delta_f G_m^{\ominus} < 0$ 的微观分析

胶束的形成是疏水力作用的结果。这与前面讲到的表面活性剂的疏水效应是一致的。当溶液中的表面活性分子的浓度达到一定值，即临界胶束浓度 cmc 后，界面上的吸附达到了饱和，无法通过界面吸附的方式去除环绕着表面活性分子疏水的尾基的溶剂化层，则表面活性分子通过尾基-尾基相互结合的方式形成胶束。例如，当溶液中两个表面活性分子相接触时，其环绕尾基的溶剂化层便合并在一起，这样可以降低尾基与水的接触面积，释放出部分水分子，使体系的熵增加，从而降低体系的自由能。实际上，在未达 cmc 之前，表面活性分子已经三三两两地结合在一起形成了预胶束。当达 cmc 后，更多的表面活性剂靠尾基-尾基相互缔合的方式结合，头基朝向水，形成胶束。尽管界面吸附及胶束的形成使表面活性分子排列有序，熵会减少，但与释放溶剂化层中的水分子引起的熵增相比，熵减的量小，整个体系的总熵变是大于零的。

实验表明，每摩尔—CH_2—形成胶束，自由能降低 $2 \sim 5 kJ$。

第三节　胶束的结构

胶束由表面活性剂分子在浓度高于临界胶束浓度时通过自组织而形成。形成的胶束有多种形状，如球形、椭球形、棒状（包括蠕虫状）、六角相、立方相、层状等。表面活性剂分子自组织形成什么形状的胶束主要取决于两个因素，即溶液中表面活性剂的浓度和表面活性剂的分子结构。

无论形成什么形状的胶束，胶束的基本结构都是亲水的头基朝向水，疏水的尾基相互缔结于胶束内部且远离水。对于离子型表面活性剂来讲，头基是带电的，故会在胶束界面处吸引反离子而形成双电层。但应该指出的是，胶束内核的脂链堆积并不是十分紧密的，极性头基在界面上的排列也并不如图 5-1 所示的如此完美，而且在一定条件下，胶束的形状（比如球形）也并不是一成不变的。由于胶束与溶液中单个的表面活性剂分子一直处于动态平衡之中，而且极性头基并不完美的排列使得胶束的形状一直在进行微小的变化。而且，胶束的内核中并

不是一点水也没有。例如在聚醚（pluronic）形成的胶束中，内核中便含有至少 30% 的水。

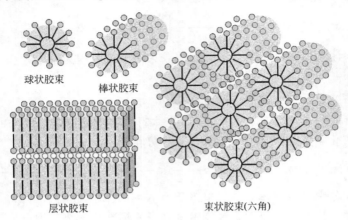

图 5-1　胶束的形状

　　那么，胶束的形状与浓度有什么关系呢？对一般的表面活性剂来讲，当水溶液中浓度较低时，表面活性剂分子先在气/液界面上吸附，形成 Gibbs 吸附膜；随着浓度的升高，除了向界面上吸附之外，表面活性剂分子还在溶液中三三两两地聚在一起，形成所谓的预胶束；当浓度高于临界胶束浓度，即 cmc 时，吸附达到饱和，则形成球形胶束；当浓度继续增大，大致高于 10 倍 cmc 时，形成棒状胶束。有人认为，棒状胶束使大量表面活性剂分子的碳氢链与水接触面积更小，有更高的热力学稳定性。这一点似乎不易理解。既然如此，那么为什么浓度低时不形成这种热力学稳定性更高的棒状胶束呢？在什么浓度下形成什么形状的胶束结构，应该是该条件下各种因素综合作用的结果，使得体系的能量达到最低而稳定。某些棒状胶束还有一定的柔顺性，可以蠕动，又叫蠕虫状胶束。随着浓度的进一步增加，棒状胶束聚集成六方密堆积的结构。当浓度再进一步增大时，则形成巨大的层状胶束。若浓度还增大，则表面活性剂以结晶的方式析出。

　　胶束的形状与表面活性剂的分子结构之间的关系一般用临界堆积参数（critical packing parameter）来进行判断。1976 年 Israelachvili 等人提出了这个概念[5]，定义为：

$$P = \frac{V_c}{a_0 l_c} \tag{5-6}$$

　　式中，V_c 为表面活性分子疏水基的体积；l_c 为表面活性分子疏水基的最大伸展长度；a_0 为极性头基的占有面积。$a_0 l_c$ 代表着以底面面积为 a_0、高度为 l_c 的圆柱体所具有的体积。P 即为碳氢链伸展后所具有的体积与虚拟的圆柱体的体积之比。若分子的头、尾面积相等，则分子为一个圆柱体，$P=1$；若分子的头基面积大于尾基，则为 $P<1$ 的锥体或者平头锥体；若分子的头基面积小于尾基，则为 $P>1$ 的倒置平头锥体。由表面活性剂 P 值的大小可以推测该表面活性分子在溶液中易于形成的分子组合体，如表 5-1 所示。

表 5-1　表面活性分子的临界堆积参数与聚集体形状的关系

P 值	表面活性分子形状	聚集体及其形状
≤1/3	锥形	球形胶束
1/3～1/2	平头锥形	非球形胶束（棒状）
1/2～1	平头锥形	囊泡
约 1	圆柱形	层状胶束或者囊泡
>1	倒置平头锥形	反胶束

现在以球形胶束为例，说明表面活性分子的形状与聚集体形状之间的关系。若该球形胶束是由 N 个表面活性分子组成的，则其体积为：

$$V = NV_c = \frac{4}{3}\pi R^3$$

其表面积为：

$$A = Na_0 = 4\pi R^2$$

两式相除，则：

$$R = \frac{3V_c}{a_0}$$

因为

$$R \leqslant l_c$$

所以

$$\frac{V_c}{a_0 l_c} \leqslant \frac{1}{3}$$

胶束聚集体的几何相关性见表 5-2。

表 5-2 胶束聚集体的几何相关性

变量	球形胶束	棒状胶束（单位长度）	层状胶束（单位面积）
核体积 $V = NV_c$	$\frac{4}{3}\pi R^3$	πR^2	$2R$
核表面积 $A = Na_0$	$4\pi R^2$	$2\pi R$	2
头基占有面积 a_0	$\frac{3V_c}{R}$	$\frac{2V_c}{R}$	$\frac{V_c}{R}$
堆积参数 $\frac{V_c}{a_0 l_c}$	$\leqslant \frac{1}{3}$	$\leqslant \frac{1}{2}$	$\leqslant 1$
最大聚集数 N_{max}	$\frac{4\pi l_c^3}{3V_c}$	$\frac{\pi l_c^2}{V_c}$	$\frac{2l_c}{V_c}$
实际聚集数 N	$\frac{4\pi l_c^3}{3V_c}\left(\frac{3V_c}{a_0 l_c}\right)^3$	$\frac{\pi l_c^2}{V_c}\left(\frac{2V_c}{a_0 l_c}\right)^2$	$\frac{2l_c}{V_c} \times \frac{V_c}{a_0 l_c}$

人们知道，胶束形成的驱动力是疏水力。胶束的大小尽管不完全一致，但其分布应该与其聚集数的分布一样类似于高斯分布。换句话说，尽管疏水力驱动胶束形成，但胶束并不会无限制地增大其大小。除了上面所述的临界堆积参数的限制外，必定还存在着不利于胶束长大的力。这就是头基之间的排斥力。

这种排斥力来自于两个方面，即静电排斥力和空间排斥力。对于离子型的表面活性分子来讲，每个分子都有一个荷电的头基。在胶束中，头基之间相互排斥，使头基彼此远离。这种相互排斥作用有利于形成弯曲的表面并限制了其在二维方向上的扩展。足够大的排斥力将导致球形胶束的形成，其半径由脂链长度来决定，如临界堆积参数模型所揭示的那样。

如果排斥力过大，则头基之间的距离太远，水有可能进入胶束内核，这样会引起体系自由能的升高。为了降低自由能，使体系稳定，疏水力便发挥作用。疏水效应使头基靠近，而排斥力则使其远离。二者间的平衡便决定了一个最佳的头基间距及胶束形状。

当堆积参数 $P \leqslant 1/3$ 时，表面活性分子头基大，故头基处于弯曲的胶束表面有利于其保持一定的间距，形成球形胶束。当 P 增大时，由于脂链部分体积的增加，弯曲表面的曲率降低，曲率半径增加。此时若仍形成球形胶束，则由于脂链的尾端难以接触，内部会出现空腔，故倾向于形成棒状（包括蠕虫状）胶束。当 P 在 1 左右时，头基与尾基截面积相当，表面曲率进一步降低而形成层状胶束。

除了 Isvaelachvili 提出的临界堆积参数的概念外，Tanford 还提出了自由能模型[6]。Tanford 建议当水溶液中的表面活性分子在无限稀释态转变为聚集态时的标准自由能的变化由三项构成：

$$\frac{\Delta G_N^{\ominus}}{kT} = \left(\frac{\Delta G_N^{\ominus}}{kT}\right)_{\text{Transfer}} + \left(\frac{\Delta G_N^{\ominus}}{kT}\right)_{\text{Interface}} + \left(\frac{\Delta G_N^{\ominus}}{kT}\right)_{\text{Head}} \tag{5-7}$$

式中，下标 N 代表聚集数，相应的物理量为聚集数为 N 时的物理量。右边第一项代表处于水"笼"中的碳氢链转移到胶束内核类似于烃的环境中的自由能的变化，为负值；第二项为聚集体内核表面与残留的水相接触形成的界面的自由能变化，它是界面自由能与聚集体内核每分子面积 a 的乘积，为正值；第三项为聚集体表面头基之间的排斥对自由能变化的贡献，这种排斥力可以是所有类型的头基之间均具有的空间相互作用，或者两性离子头基间的偶极-偶极相互作用及离子性头基间的离子-离子排斥力，为正值。这种排斥作用随着头基间相靠近而加强，故其强度与 a 成反比。这样，上述关系可变为：

$$\frac{\Delta G_N^{\ominus}}{kT} = \left(\frac{\Delta G_N^{\ominus}}{kT}\right)_{\text{Transfer}} + \left(\frac{\gamma}{kT}\right)a + \left(\frac{\alpha}{kT}\right)\frac{1}{a} \tag{5-8}$$

式中，α 为头基排斥参数；k 为 Boltzmann 常数；T 为热力学温度。

将形成的聚集体看作是一个相。则两相平衡条件为：

$$\frac{\partial}{\partial a}\left(\frac{\Delta G_N^{\ominus}}{kT}\right) = 0$$

则有

$$\frac{\gamma}{kT} - \left(\frac{\alpha}{kT}\right)\frac{1}{a^2} = 0$$

令平衡时每分子面积 $a = a_e$，则：

$$a_e = \sqrt{\frac{\alpha}{\gamma}} \tag{5-9}$$

同时

$$N \propto \frac{1}{a_e}$$

临界胶束浓度与 a_e 之间的关系为：

$$\ln \text{cmc} = \frac{\Delta G_N^{\ominus}}{kT} = \left(\frac{\Delta G_N^{\ominus}}{kT}\right)_{\text{Transfer}} + \left(\frac{\gamma}{kT}\right)a_e + \left(\frac{\alpha}{kT}\right)\frac{1}{a_e} \tag{5-10}$$

这里的每分子面积 a_e 是由最小自由能变化这一平衡条件得出的一个热力学量，并不与表面活性分子头基的大小和形状相联系。

Stanford 自由能表达式中的第一项说明了为什么发生聚集，其大小影响到 cmc，但对平衡时的每分子面积没有影响。第二项，即与界面相关的相，随着每分子面积 a 的减小而减少。而 a 的减小就意味着聚集数的增加，且该项为正值，正值变小意味着有利于聚集。因此，该项意味着可促进聚集体的生长。第三项，即头基间的排斥项，随着 a 的减小而增大。此项也为正值。增大不利于胶束生长。因此，该项限制胶束生长。这就是为什么胶束可以形成，能够长大，却有一定的大小限制的原因。

可以将 $a_e = \sqrt{\dfrac{\alpha}{\gamma}}$ 与临界堆积参数 P 结合起来，对表面活性分子形成的聚集体的类型进行预测。下面是几个例子。

对于亲水基为聚氧乙烯链的非离子型表面活性剂，当聚氧乙烯链较小时，头基间的排斥力弱，α 就较小，故 a_e 较小，则 P 就较大，有利于形成层状胶束；而链较大时，头基间的排斥力强，α 就较大，故 a_e 较大，则 P 就较小，有利于形成棒状胶束。

对于离子型表面活性剂，盐浓度对其聚集态有影响。盐浓度增加，会降低头基间的排斥，使 a_e 变小，P 变大，故可发生从球形胶束向棒状胶束的转变。

若在水溶液中加入乙醇，则界面张力降低，a_e 增大，使得 P 降低。故聚集态可能从层状胶束向棒状胶束及球形胶束转变。

对于含有聚氧乙烯链的非离子型表面活性剂的水溶液来讲，温度升高可降低头基间的排斥，使 a_e 变小，P 变大，故可发生从球形胶束向棒状胶束的转变。

Tanford 模型中没有考虑脂链的贡献。但显然，脂链的长短等特征对于胶束中分子的堆积和胶束类型是有影响的。Nagarajan 和 Ruckenstein 对 Tanford 模型做了扩展[7,8]，给出了下面的关系式：

$$\frac{\Delta G_N^{\ominus}}{kT} = \left(\frac{\Delta G_N^{\ominus}}{kT}\right)_{\text{Transfer}} + \left(\frac{\Delta G_N^{\ominus}}{kT}\right)_{\text{Interface}} + \left(\frac{\Delta G_N^{\ominus}}{kT}\right)_{\text{Head}} + \left(\frac{\Delta G_N^{\ominus}}{kT}\right)_{\text{Packing}} \quad (5\text{-}11)$$

最后一项是脂链堆积对自由能的贡献。

经过推导，对于球形胶束、棒状胶束和层状胶束，该项分别表示为：

$$\left(\frac{\Delta G_N^{\ominus}}{kT}\right)_{\text{Packing}} = \left(\frac{3\pi^2}{80}\right)\frac{R^2}{nL^2}$$

$$\left(\frac{\Delta G_N^{\ominus}}{kT}\right)_{\text{Packing}} = \left(\frac{5\pi^2}{80}\right)\frac{R^2}{nL^2}$$

$$\left(\frac{\Delta G_N^{\ominus}}{kT}\right)_{\text{Packing}} = \left(\frac{10\pi^2}{80}\right)\frac{R^2}{nL^2} \quad (5\text{-}12)$$

式中，L 是脂链的特征片段长度；n 是尾基中片段的数目。$V_c = nL^3$。由于对于球形胶束、棒状胶束和层状胶束来讲，$R = 3V_c/a$，$R = 2V_c/a$，$R = V_c/a$，堆积自由能的贡献可写作：

$$\left(\frac{\Delta G_N^{\ominus}}{kT}\right)_{\text{Packing}} = \frac{Q}{a^2}$$

对于球形胶束、棒状胶束和层状胶束，$Q = \left(\frac{27}{8}\right)\frac{V_c}{L}$，$Q = \left(\frac{20}{8}\right)\frac{V_c}{L}$，$Q = \left(\frac{10}{8}\right)\frac{V_c}{L}$，则由

$\frac{\partial}{\partial a}\left(\frac{\Delta G_N^{\ominus}}{kT}\right) = 0$，平衡时，有：

$$\left(\frac{\gamma}{kT}\right) - \left(\frac{\alpha}{kT}\right)\frac{1}{a^2} - \frac{2Q}{a^3} = 0$$

故

$$a_e = \left[\frac{\alpha}{\gamma} + \frac{2Q/a_e}{\gamma/(kT)}\right]^{1/2} \quad (5\text{-}13)$$

这说明，平衡时头基的面积与疏水的脂链的长度有关。换句话说，脂链长度影响了平衡时头基的面积，也就影响了胶束的形状。通过改变脂链长度，可以引起胶束形状的变化。

那么，对于同一表面活性分子的水溶液，为什么随着浓度的增加，胶束形状由球形向棒状，进而向层状转变呢？这可以从几个方面来说明。首先，浓度增加，反离子也相应地增加了。反离子浓度的提高，相当于加入了无机盐，降低了头基间的排斥力，a_e 相应地降低了，P 增大，故由球形胶束转变为棒状胶束。

有一个关于胶束的"油滴模型"（oil drop model），即把胶束内核看作是密度相当于烃液体的一滴液态烃，油滴的表面均匀分布着与液滴中的碳氢链数目相等的极性头基。设 S 是胶束的总面积，m 是胶束中双亲分子的数目，则柱状胶束的 S/m（即 a_e）、层状胶束的 S/m 与球形胶束的 S/m 之间的关系为：

$$\left(\frac{S}{m}\right)_{\text{cylinder}} = \frac{2}{3}\left(\frac{S}{m}\right)_{\text{sphere}} \quad (5\text{-}14)$$

$$\left(\frac{S}{m}\right)_{\text{bilayer}} = \frac{1}{3}\left(\frac{S}{m}\right)_{\text{sphere}} \quad (5\text{-}15)$$

也可以看出球形胶束、柱状胶束和层状胶束的 a_e 是逐渐降低的。另外，聚集数随着浓度的增加是增加的。当随着浓度的升高，不断有表面活性分子插入到胶束中时，胶束会变得十分拥挤，达到一定程度时，若不调整其形状而仍保持球形，则胶束内部便会成为中空的。这种中空的结构不稳定，因为水不能充填进去。只有中间部分收缩，使表面活性分子的尾基相接触而成为棒状胶束。由棒状向层状的变化也是由于 P 值的改变而引起的。

可见，胶束的形状除了与表面活性分子的结构和浓度有关外，还与温度、溶液 pH 及其他添加剂的存在有关。另外，胶束溶液是一个复杂的平衡体系，不但存在着单体与胶束间的动态平衡，还可能存在着不同形状间的动态平衡。

并不是双亲分子都能够形成胶束。比如脂肪醇，由于其极性头基小且排斥力弱，难以形成胶束。脂肪醇常常作为助表面活性剂，与表面活性剂和油、水一起形成微乳液。

第四节　胶束的增溶作用和胶束催化

一、增溶作用

难溶性和不溶性有机物在表面活性剂胶束水溶液中溶解度增大的现象叫作增溶作用。

增溶作用是自发过程，是一种可逆的平衡过程，形成的体系是热力学稳定体系。增溶能力的大小以每摩尔表面活性剂可增溶物质的量，即增溶量来表示。有时也用 1L 某浓度的表面活性剂溶液增溶物质的量表示。

增溶作用发生在胶束的四个区域：非极性被增溶物主要增溶于胶束内核；长链双亲有机物主要增溶于胶束内核和栅栏层；含极性基的小分子芳香化合物等增溶于非离子型表面活性剂胶束的栅栏层；小极性分子吸附于胶束表面。增溶位置是由被增溶物与胶束中的表面活性剂之间的相互作用决定的。

由"相似相溶"规律可以对此进行说明。但从疏水力的观点出发也应该能对增溶机理进行说明。因为被增溶物与水分子之间不能形成氢键，故当被增溶物进入水相后，表面会形成一个由水分子组成的"笼子"，这使得这部分水分子的运动受到限制，体系的熵增加。为了降低体系的熵，须释放这部分水分子。当被增溶物进入胶束内部或者栅栏层，或者吸附于胶束表面后，水"笼"去除，体系的熵增加。至于如何增溶于胶束，还有待进一步探讨。

胶束增溶作用有诸多实际应用。例如，洗涤和去污，胶束驱油，高分子乳液聚合，难溶药物的溶解和释放，胆汁帮助脂肪的吸收等。

二、胶束催化

在表面活性剂胶束存在下进行的催化反应称为胶束催化。在金属催化反应中胶束的作用主要有浓集效应、介质效应和降低反应的活化能等。

浓集效应是指，反应底物通过在胶束中增溶使反应物浓度增大，从而增大反应速率。介质效应，即胶束作为微反应器和反应介质对催化反应产生的影响，包括胶束极性、胶束微黏度、胶束的电性质等效应。胶束还使反应的活化能发生变化。

除了胶束催化外，还有吸附胶束催化。所谓吸附增溶，指的是在液/固界面吸附胶束中的增溶行为。表面活性剂通过在液/固界面上吸附可形成具有双层结构的胶束。黄锡荣[9]曾系统总结了胶束催化的研究现状，读者可参阅相关专著。

第五节　胶束在纳米结构材料制备中的应用

由表面活性分子在水溶液中形成的胶束在纳米结构材料的制备中有重要应用。主要表现在以下三个方面。

一、 提供纳米粒子形成的微环境

表面活性剂在水溶液中形成内部疏水、亲水基朝向水的胶束，纳米粒子可以在胶束疏水的内部或者亲水的外层上形成，这相当于为纳米粒子的形成提供了一个微环境，从而有利于特定结构的纳米粒子的形成。例如，Lim 等人[10]在非离子型表面活性剂溶液中通过磷酸二氢铵和氯化钙反应合成了羟基磷灰石纳米晶 $Ca_{10}(PO_4)_6(OH)_2$。他们使用了三种反应体系，即传统的水溶液、非离子型表面活性剂 $C_{12}H_{25}(OCH_2CH_2)_6OH$ 在水中形成的胶束体系和该非离子型表面活性剂的水溶液与石油醚混合形成的水包油型乳液。结果表明，尽管在胶束体系中形成的纳米晶的结晶性比在乳液体系中形成的稍差，比表面积也较小，但与水溶液中形成的纳米晶相比，结晶性大为提高且比表面积也增大了。这是由于水溶液中的反应或多或少地以一种不可控的方式进行，因此快速沉淀、形状不规则。在胶束体系中，非离子型表面活性剂上的氧原子可与 Ca^{2+} 相结合，键合的 Ca^{2+} 当遇到水相中的磷酸根时便成核生长。但是，这类胶束大多为球状，大小低于 10nm，本质上是动力学稳定的，可以快速破裂和聚结，存在时间较短。因此，胶束体系通过 Ca^{2+} 的络合促进结晶羟基磷灰石粒子的能力是有限的。当加入油相后，油相进入内核形成了油-膨胀的胶束，导致了胶束变大，形成了乳液液滴。这就增加了钙离子与磷酸二氢铵在界面上发生反应的概率。另外，乳液液滴比胶束稳定得多。这样，羟基磷灰石在界面上生长，最终形成了纳米晶。

Gopidas 等人[11]则使一种内核含有硫原子、外部亲水的树枝状化合物在水中形成单分子胶束，利用内核中的硫原子易与金属相结合的特性，以单分子胶束内核作为形成纳米粒子的微环境，成功地得到了以纳米粒子为核的树枝状化合物，如图 5-2 所示。

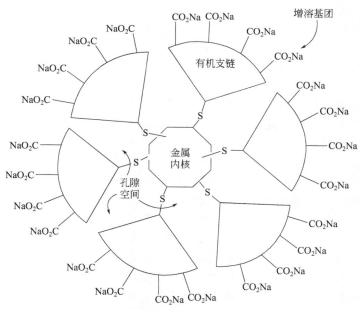

图 5-2　以纳米粒子为核的树枝状化合物[10]

二、 作为纳米粒子或者纳米结构形成的模板

表面活性剂在水溶液中可以形成球形胶束及柱状胶束。这些胶束均可以作为模板，通过在胶束外层上进行的反应得到具有特定形状纳米粒子或者纳米结构。

例如，在两性离子表面活性剂 $C_{16}H_{33}N^+(CH_3)_3CH_2C_6H_6SO_3^-$ 的水溶液中加入羧酸肼铜，超声振荡下得到了长 500nm、宽 50nm 的拉长的纳米粒子。而不用表面活性剂时，形成的是直径为 50nm 的球形粒子。原因在于表面活性剂形成了连接的柱状胶束。超声振荡时这种结构不被破坏，可被用作模板，用以形成拉长的 Cu 粒子[12]。而正辛基-三（乙氧基）硅烷在水中或者油中形成胶束或者反胶束，水解后分别形成了疏水核/氧化硅壳纳米结构和辛基修饰的氧化硅球形纳米粒子[13]。超声振荡含有 TiO_2、β-萘磺酸和苯胺的水溶液后用冰浴冷却混合体系，加入过硫酸铵作为氧化剂，使苯胺氧化聚合，形成了含有 TiO_2 纳米粒子的聚苯胺复合纳米管。这是胶束形成及诱导的结果。由于具有疏水的萘环和亲水的磺酸基，萘磺酸在水溶液中易形成胶束。聚合之前，TiO_2 先被分散在萘磺酸水溶液中，结果形成了含 TiO_2 纳米粒子的胶束。这些胶束具有核/壳结构。由于 TiO_2 具有疏水性，故位于胶束的核中。由于磺酸基的亲水性，萘磺酸便形成了壳。加入苯胺后，苯胺与萘磺酸相结合形成了萘磺酸盐。假如体系中还存在自由苯胺，自由苯胺可以扩散进去，形成了苯胺充填的胶束。这样，这些含有 TiO_2 的胶束作为模板形成了聚苯胺-萘磺酸-TiO_2 纳米纤维（有自由苯胺时）或者纳米管（无自由苯胺时）。由于过硫酸铵溶于水，故聚合仅发生在胶束/水界面[14]。

三、 作为介孔材料合成的模板

多孔材料按照孔径尺寸可分为微孔（<2nm）、介孔（2~50nm）、大孔（50nm~1μm）和宏孔（>1μm）等几种。大孔固体主要应用于分离科学，或者作为催化剂的载体。微孔固体则主要用于分子的选择吸收、筛分和催化。而介孔固体的孔尺寸足够小，表现出孔的尺寸效应和表面效应，从而产生一系列异于体相的性质；另一方面，如果将纳米团簇和介孔固体二者结合起来，利用物理、化学方法将具有不同功能的纳米颗粒置于介孔的通道中，则可形成具有纳米粒子和介孔固体的特性的介孔复合体。就孔道大小和纳米粒子的尺寸而言，介孔最为适合形成复合体。所以介孔材料受到了人们极大的关注。

介孔材料分为有序介孔材料和无序介孔材料两大类，其中有序介孔材料最为重要。有序介孔材料以 M41S 系列介孔材料，包括 MCM-41、MCM-48 和 MCM-50 为代表，它们具有非常规整的六方相、立方相和层状相结构。有序介孔材料 MCM-41 的合成早在 1971 年就已经开始了[15]。但真正意义上的开端应该是 1992 年美孚（Mobil）公司的报道[16,17]。研究者使用表面活性剂作为模板，在水溶液体系中合成了 M41S 系列介孔材料。他们所用的表面活性剂为荷正电的季铵盐。季铵盐在水溶液中生成超分子结构，然后与硅酸盐物种一起组装成有序结构。通过萃取或者焙烧除去表面活性剂，可以得到介孔材料。

人们普遍认为介孔材料的形成是胶束模板诱导的结果[15]。基于 MCM-41 具有与表面活性剂在水中生成的溶致液晶相似的 HRTEM 和 XRD 结果，Beck 等人[17]提出了 MCM-41 形成的液晶模板机理，认为表面活性剂形成的液晶可以作为形成 MCM-41 结构的模板。Beck 等人提出，表面活性剂在水中先形成球形胶束，再形成棒状胶束，胶束的外表面由表面活性剂的亲水端构成。这些棒状胶束按六方密堆积的方式形成液晶。溶解在溶剂中的无机单体或者低聚物因与亲水端之间存在吸引力而沉淀在胶束棒之间的空隙之内，聚合固化之后形成管壁。他们还认为，表面活性剂的液晶相可以在无机反应物加入之前或者之后形成。但是，水中生成液晶相需要较高的表面活性剂浓度，而实际合成中较低浓度的表面活性剂便可以形成 MCM-41 及 MCM-48。因此，液晶应该是在无机物加入之后形成的。

Davis 等人也对机理进行了探究[18]。他们发现，在 MCM-41 形成的过程中，在合成介质内并不存在液晶相，反而是一些棒状胶束随机地与硅酸盐物种相互作用，在这些胶束的外表面环绕着胶束生成大约两三层 SiO_2。随后，它们自发地组织成长程有序的 MCM-41 的特征结构。这说明，所谓的液晶，确实应该在无机物加入之后形成。MCM-41 形成的可能机理如图 5-3 所示。

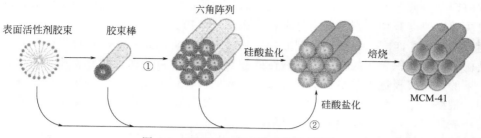

图 5-3　MCM-41 形成的可能机理[16]

　　霍启升和 Stucky 等人则从生成过程的自由能变化出发，考虑到无机组分间的相互作用、无机组分与表面活性剂间的相互作用和表面活性剂分子间的相互作用，提出了协同模板机理[19]。他们提出的形成过程如图 5-4 所示。

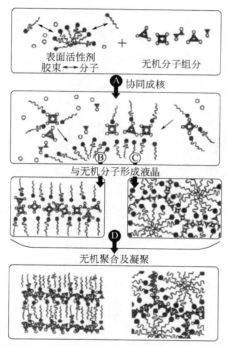

图 5-4　双相材料合成的协同模板模型[19]

A 单链表面活性剂分子优先与硅酸盐聚阴离子相结合，聚阴离子取代表面活性剂分子的反离子，胶束充当了表面活性剂分子的提供者，并由于阴离子荷电密度和形状的要求发生了重排；B，C 有序结构的成核和快速沉淀，其构型由离子对电荷、几何构型以及有机链间的范德华力之间的协同相互作用来决定，由于温度低，该过程中硅酸盐相的凝聚很弱；D 随着温度的升高和时间的延长，硅酸盐相发生凝聚，该过程中硅酸盐骨架荷电量降低，随着表面活性剂相试图重排荷电界面的电荷密度，可能会导致向类似液晶相的转变

　　他们认为，对于 MCM-41 和 MCM-48 硅酸盐相复合物的初始形成来讲，可溶性的阴离子无机组分和阳离子表面活性剂分子间由静电相互作用而形成的界面至关重要，而预先形成的有序的胶束结构并不是必要的，或者这些结构即使存在，也与最终复合物的形貌没有必然的联系。带有多个电荷的多聚的硅酸盐阴离子倾向于取代表面活性剂分子中的单阴离子，以降低与胶束相平衡的自由表面活性剂分子的浓度并诱导表面活性剂分子的重新组织。这样从一开始，无机组分的电荷密度就决定了界面堆积的密度。通过确定配位的表面活性剂分子的数目和表面活性剂分子的排列方式，决定了表面活性剂分子/硅酸盐无机组分形成的两相结

构的几何构型。低温下，这些新生成的离子对的协同组织由静电相互作用和碳氢链间的范德华力来决定。温度升高，则无机组分聚合形成最终结构。

通过调整电荷匹配、表面活性剂的几何构型和反应物的相对浓度，可以生成各种各样的介观结构。随着堆积参数的增加，在酸性硅酸盐介观相中可依次得到立方相、六方相和层状相。初始的协同模板过程并不要求预先存在的表面活性剂的液晶相，甚至不要求各向同性的胶束相。最终的拓扑结构是无机/表面活性剂离子对类似于液晶组合体的反映，因此，不管无机物组成如何，均可以期待并观察到液晶形貌。

通过使用多种不同的表面活性剂及无机组分，他们得到了多种介观结构[19~21]。这说明，协同模板机理具有普适性和指导作用。

而在协同模板机理提出之前，Monnier 和 Stucky 还基于 XRD 的研究提出了层状相向六方相转化的形成机理[22]。如图 5-5 所示，表面活性剂和无机组分先形成层状相。随着凝聚的进行，转化为六方相。

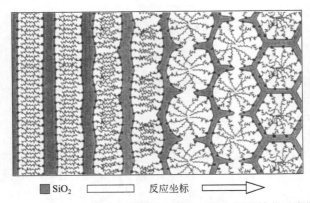

■ SiO₂   □ 反应坐标 ⟹

图 5-5 　表面活性剂-硅酸盐体系层状相向六方中间相转化示意图[21]

(左：小的氧化硅低聚物充当多齿配体，其足够高的电荷密度使表面活性剂形成层状结构。右：随着氧化硅的不断聚合，形成了较大的氧化硅聚阴离子，电荷密度降低，使得表面活性剂头基的平均占有面积增大，驱动着层状相向六方中间相转变)

此后，他们还对这种转化机理及影响因素进一步进行了探讨，发现不仅层状相可以转化为六方相，六方相还可以转化为立方相[23,24]。

此外，Firouzi 和 Chmelka 等人利用核磁共振对不同条件下生成的无机/表面活性剂体系做了大量研究，并结合液晶模板机理和层状相向六方相转化的理论提出了无机-有机分子协作自组织理论[25]，如图 5-6 所示。他们明确提出，有序结构的形成是有机-无机组分之间协同作用的结果，包括各种复杂作用，即空间位阻、氢键、库仑力等。

可以看出，从 Beck 的液晶模板机理一直到 Firouzi 的有机-无机分子协作自组织理论，反应体系中均形成液晶相。而液晶相也是胶束的一种。可见，胶束在介孔材料的合成中起了相当重要的作用。一般来说，液晶在表面活性剂高浓度时形成。而在介孔材料合成体系中，当有硅酸盐等可以聚合的无机组分存在的情况下，在表面活性剂浓度很低时也形成了液晶。从另一个角度来看，这其实也反映了形成条件对表面活性剂在溶液中形成的有序分子组合体的影响。当表面活性剂的反离子是易于解离的小离子，如 Cl⁻、Br⁻、Na⁺、K⁺ 等时，则为一般条件下所形成的不同的胶束体系，如球形、椭球形、棒状、六方相、层状相等。当表面活性剂的反离子经离子交换变成了可聚合的组分，如硅酸盐低聚物等，则由于这种反离子难以解离且反离子间的相互作用较强（聚合），故低浓度的表面活性剂便形成了一般情况下在浓度很高时才能够形成的胶束体系，如液晶相。假设表面活性剂的反离子换成了荷电的无

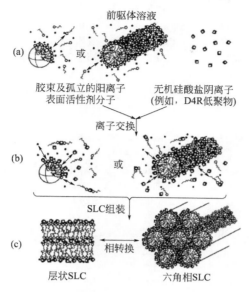

图 5-6　硅酸盐-表面活性剂中间相协作自组织示意图[25]

（a）有机和无机前驱体溶液，开始时有机前驱体溶液中可能包含与单个表面活性剂分子相平衡的球形或柱状（或椭球形）胶束，在较高 pH 下，无机前驱体溶液中主要为荷多个电荷的硅酸盐阴离子；（b）两种前驱体溶液一混合，硅酸盐低聚物离子即与 Br⁻ 及 OH⁻ 进行交换，形成无机-有机聚集体，其结果不同于胶束前驱体；（c）低聚的硅酸盐单体与表面活性剂的多齿相互作用有多重含义，特别是，聚集体间双层排斥的静电屏蔽可引发硅酸盐致液晶（silicatropic liquid crystal，SLC）中间相的自组织

机纳米粒子，且无机纳米粒子间相互作用弱，则表面活性剂在其上强烈吸附，形成双层膜。这时，表面活性剂便起到了保护剂的作用。所以，介孔合成中，有机与无机之间的相互作用是关键，是整个形成过程的主导。胶束形成的概念和理论，如临界堆积参数等，对介孔合成中间相形成的研究也是非常有用的。

　　介孔材料的制备和应用研究一直受到人们的关注。在介孔材料的胶束法合成中，除了一般的表面活性剂之外，新型表面活性剂（如 Gemini 型）[26,27]、双亲嵌段共聚物[28~31]等也常常用到。除了氧化硅外，人们还合成了硅铝酸盐[31]、氧化钛[32]等材料的介孔结构。

参 考 文 献

[1]　陈国华．应用物理化学．北京：化学工业出版社，2008.

[2]　颜肖慈，罗明道．界面化学．北京：化学工业出版社，2005.

[3]　Barnes G，Gentle I．界面科学导论．第 2 版．北京：科学出版社，2012.

[4]　Israelachvili J N. Intermolecular and Surface Forces. 2nd ed. London：Academic Press，1991.

[5]　Israelachvili J N，Mitchell D J，Ninham B W. J Chem Soc Faraday Trans 2，1976，72：1525.

[6]　Tanford C. The Hydrophobic Effect. New York：Wiley-Interscience，1973.

[7]　Nagarajan R，Ruckenstein E. Langmuir，1991，7：2934.

[8]　Nagarajan R. Langmuir，2002，18：31.

[9]　冯绪胜，刘洪国，郝京诚．胶体化学．北京：化学工业出版社，2005.

[10]　Lim G K，Wang J，Ng S C，Gan L M. Langmuir，1999，15：7472.

[11]　Gopidas K R，Whitesell J K，Fox M A. J Am Chem Soc，2003，125：14168.

[12]　Salkar R A，Jeevanandam P，Kataby G，Aruna S T，Koltypin Y，Palchik O，Gedanken A. J Phys Chem B，2000，104：893.

[13]　Das S，Jain T K，Maitra A. J Colloid Interf Sci，2002，252：82.

[14] Zhang L, Wan M. J Phys Chem B, 2003, 107: 6748.

[15] Renzo F D, Cambon H, Dutartre R. Micropor Mater, 1997, 10: 283.

[16] Kresge C T, Leonowicz M E, Roth W J, Vartuli J C, Beck J S. Nature, 1992, 359: 710-712.

[17] Beck J S, Vartuli J C, Roth W J, Leonowicz M E, Kresge C T, Schmitt K D, Chu C W D, Olson H, Sheppard E W. J Am Chem Soc, 1992, 114: 10834.

[18] Chen C H, Burkett S L, Li H X, Davis M E. Micropor Mater, 1993, 2: 27.

[19] Huo Q, Margolese D I, Ciesla U, Demut D G, Feng P, Gier T E, Sieger P, Firouzi A, Chmelka B F, Schuth F, Stucky G D. Chem Mater, 1994, 6: 1176.

[20] Huo Q, Leon R, Petroff P M, Stucky G D. Science, 1995, 267: 1138.

[21] Huo Q, Margolese D I, Stucky G D. Chem Mater, 1996, 8: 1147.

[22] Monnier A, Schuth F, Huo Q, Kumar D, Margolese D, Maxwell R S, Stucky G D, Krishnamurty M, Petroff P, Firouzi A, Janicke M, Chmelka B F. Science, 1993, 261: 1299.

[23] Tolbert S H, Landry C C, Stucky G D, Chmelka B F, Norby P, Hanson J C, Monnier A. Chem Mater, 2001, 13: 2247.

[24] Landry C C, Tolbert S H, Gallis K W, Monnier A, Stucky G D, Norby P, Hanson J C. Chem Mater, 2001, 13: 1600.

[25] Firouzi A, Kumar D, Bull L M, Besier T, Sieger P, Huo Q, Walker S A, Zasadzinski J A, Glinka C, Nicol J, Margolese D, Stucky G D, Chmelka B F. Science, 1995, 267: 1138.

[26] Wang R, Han S, Hou W, Sun L, Zhao J, Wang Y. J Phys Chem C, 2007, 111: 10955.

[27] Han S, Xu J, Hou W, Yu X, Wang Y. J Phys Chem B, 2004, 108: 15043.

[28] Yuan P, Yang J, Bao X, Zhao D, Yu C. Langmuir, 2012, 28: 16382.

[29] Zhao D, Huo Q, Feng J, Chmelka B, Stucky G D. J Am Chem Soc, 1998, 120: 6024.

[30] Zhao D, Feng J, Huo Q, Melosh N, Fredrickson G H, Chmelka B F, Stucky G D. Science, 1998, 279: 548.

[31] Templin M, Franck A, Chesne A D, Leist H, Zhang Y, Ulrich R, Schadler V, Wiesner U. Science, 1997, 278: 1795.

[32] Li W, Wu Z, Wang J, Elzatahry A A, Zhao D. Chem Mater, 2014, 26: 287.

第六章

乳状液与微乳液

第一节　乳状液与微乳液

一、乳状液

1. 定义及类型

　　乳状液是一种或者一种以上的液体以液珠的状态分散在另一种与其不相混溶的液体中构成的分散体系。被分散的液珠称为分散相，直径通常大于 $0.1\mu m$。分散相周围的介质称为连续相。

　　乳状液的液滴与连续相之间有巨大的界面，液/液界面的界面自由能高，是一个热力学不稳定体系。放置时，液滴相互碰撞、融合而导致乳状液分层。为了使乳状液稳定，需加入使其稳定的物质，即乳化剂。表面活性剂常被用作乳化剂。表面活性剂分子在液/液界面上定向吸附，降低了界面能，同时形成了保护膜，并具有一定的机械强度。

　　乳状液一般分为油包水（W/O，即水相为分散相）和水包油（O/W，即油相为分散相）两种类型。此外，还有多重乳状液，如水包油包水（W/O/W）型和油包水包油（O/W/O）型等，如图 6-1 所示。

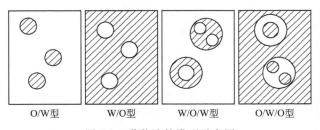

O/W型　　　W/O型　　　W/O/W型　　　O/W/O型

图 6-1　乳状液的类型示意图

2. 乳状液的物理性质

　　（1）液滴的大小和外观　大小不同的液滴对于入射光的吸收、散射不同，表现出不同的外观。当液滴直径远大于 $1\mu m$ 时，可分辨出两相；$>1\mu m$ 时，大于可见光的波长，反射光而呈乳白色；$0.1\sim1\mu m$ 时，呈蓝白色；$0.05\sim0.1\mu m$ 时，略小于可见光的波长，产生光散射，呈灰色半透明；$<0.05\mu m$ 时，远小于可见光的波长，体系透明。乳状液一般不透明，因为一般来讲液滴较大。

　　（2）黏度　乳状液的黏度由下列因素来决定：连续相的黏度、分散相的黏度、分散相的体积分数、液滴的大小和乳化剂的性质等。当分散相的体积分数不是很大时，乳状液的黏度主要由连续相的黏度来决定。乳化剂的加入往往会使乳状液的黏度增大，因为乳化剂会进入油相形成凝胶、乳化剂的加入会改变分散相所占的体积分数、在水溶液中乳化剂会形成对油相有增溶作用的胶束等。

（3）电导　乳状液具有导电性，一般用测定电导率的方法来研究其导电性。电导率的大小主要取决于连续相。因此，水包油型的乳液的电导率明显大于油包水型的。这可以用来鉴别乳状液的类型及类型改变。例如，原油的电导率随着水含量的增加而增大。通过电导率的测定，可以确定原油中的水含量。

3. 影响乳状液稳定性的因素

乳状液由于具有大的液/液界面，液滴之间可以进行不可逆的融合，是一个热力学不稳定的体系。但加入乳化剂后，可使液/液界面张力降低，使液滴聚结相对困难，从而具有一定的稳定性。影响其稳定性的因素有以下几个。

（1）油水间界面膜的形成　在油水体系中加入表面活性剂或其他物质（如固体颗粒），不仅可以降低界面张力，还可以在界面上形成吸附膜。该膜具有一定的机械强度，可以保护液滴。膜的强度随表面活性剂浓度的增大而增强。同时，膜强度还与吸附分子间的相互作用有关。相互作用强，则膜强度高。

（2）界面电荷　大部分稳定的乳状液液滴均带有电荷。这些电荷通常来自于吸附、电离或者液滴与介质间的摩擦。这些电荷结合在液滴界面上，与介质中的反离子形成双电层。由于液滴所带电荷电性相同，故相互靠近时相排斥，提高了乳状液的稳定性。

（3）黏度　连续相黏度增加，可降低液滴的扩散系数，降低碰撞频率及聚结速率，从而提高了乳状液的稳定性。

（4）液滴大小及分布　液滴尺寸范围越窄越稳定。

二、 微乳状液

1. 定义

Schulman 发现，当表面活性剂用量较大并加入相当量的脂肪醇时，可以得到粒径为几纳米到 100nm 的透明或者半透明的乳液。这里，脂肪醇为助表面活性剂。1943 年，他提出了微乳状液（microemulsion）这个名词，简称为微乳液。

1958 年，Shah 将微乳液定义为：两种互不相溶的液体在表面活性剂界面膜的作用下形成的热力学稳定的、各向同性的、透明的均相分散体系。

2. 类型和结构

从组成上讲，微乳液有两种，即三组分微乳液和四组分微乳液。若用长链离子型表面活性剂，则需加入一定量的助表面活性剂才会得到微乳液。此时，微乳液由油、水、表面活性剂和助表面活性剂构成；若用非离子型表面活性剂或者碳氢链较短的离子型表面活性剂，则不需助表面活性剂也可以得到微乳液。

从结构上讲，微乳液有三种，即油包水（W/O）型、水包油（O/W）型和双连续型。所谓双连续型，指的是油、水都是连续的。

Winsor 发现，微乳液可能有三种相平衡情况。

（1）在水包油型微乳液体系中，可能出现微乳与过剩油组成的两相平衡体系。一般油相密度小于水相，过剩油相在上部，微乳在下部，故叫作下相微乳，又叫 Winsor Ⅰ 型微乳。

（2）在油包水型微乳液体系中，可能出现微乳与过剩水组成的两相平衡体系。微乳在上部，水相在下部，故叫作上相微乳，又叫 Winsor Ⅱ 型微乳。

（3）在双连续相微乳液体系中，可能出现微乳与过剩油和过剩水三相共存的平衡体系。则油相在上部，水相在下部，微乳在中间，故叫作中相微乳，又叫 Winsor Ⅲ 型微乳。

均匀的单相微乳，叫作 Winsor Ⅳ 型微乳。

什么情况下形成何种类型的微乳，要通过相图来进行判断。微乳液的类型如图 6-2 所示。

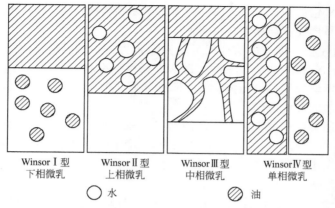

Winsor I 型
下相微乳　　Winsor II 型
上相微乳　　Winsor III 型
中相微乳　　Winsor IV 型
单相微乳

○ 水　　　　⊘ 油

图 6-2 微乳液的类型示意图

3. 微乳液的性质

（1）微乳液是热力学稳定体系。微乳液是自发形成的，而且微乳液的液滴之间、组成微乳液界面膜的表面活性剂分子与连续相中的表面活性剂分子之间均存在动态平衡，相互间的碰撞和物质交换不影响其稳定性。而乳状液是热力学不稳定体系。

（2）微乳液是各向同性的体系，但同时又是分子异相体系。水区和油区在亚微水平上是分离的，并显示出各自的特征。

（3）微乳液的分散程度高，分散相粒子大小均匀。液珠大小在几纳米至 100nm 之间，介于表面活性剂胶束和乳状液之间，为胶体分散体系。

（4）微乳液的增溶量比胶束大得多。中相微乳液可同时增溶大量的油和水。

（5）微乳液具有超低界面张力。最佳中相微乳液与上相和下相间的界面张力均很低，且基本相等。

（6）微乳液的黏度小，流动性强。

（7）微乳液为澄清、透明或者半透明的分散体系。

微乳液与肿胀胶束溶液和乳状液性质的对比见表 6-1。

表 6-1 微乳液与肿胀胶束溶液和乳状液性质的对比

性质	肿胀胶束溶液	微乳液	乳状液
外观	透明	透明或稍带乳光	不透明，乳白或蓝白色
分散性	粒子大小为几纳米，分布均匀	粒子大小为几纳米到几十纳米，分布均匀	粒子大小大于 100nm，分布不均匀
分散相形状	球形、棒状、层状等	球形、双连续	球形
类型	O/W（胶束）、W/O（反胶束）	O/W、W/O、双连续	O/W、W/O、多重型
表面活性剂用量	少，高于 cmc	多，有时需加助表面活性剂	少
与油、水混溶性	胶束可增溶一定量的油，反胶束可增溶一定量的水	与油、水在一定范围内混溶	O/W 型与油不混溶，W/O 型与水不混溶
热力学稳定性	稳定	稳定	不稳定

4. 影响微乳液的形成及类型的因素

（1）表面活性剂分子几何构型　临界堆积参数略小于 1 时，分子的疏水链体积较小，头基较大，易形成水包油型；大于 1 时，分子的疏水链体积较大，头基较小，易形成油包水型；接近于 1 时，易形成双连续型。

（2）助表面活性剂　助表面活性剂可使界面张力进一步降低。对于热力学稳定的微乳液，通常 $\gamma < 10^{-2}$ mN/m 时可自发形成。助表面活性剂有利于微乳液的形成。

助表面活性剂可增加界面膜的流动性，降低界面膜的刚性，减少微乳液形成时所需的弯曲能，有利于微乳液的形成。

助表面活性剂还可以调节主表面活性剂的临界堆积参数，有利于微乳液的形成。

（3）反离子　对于离子型表面活性剂来讲，不同的反离子与极性头的结合能力不同，而且不同的反离子大小不同。它可以改变表面活性分子的结构参数，从而影响其临界堆积参数。故对微乳液的形成有影响。

（4）阴阳离子表面活性剂混合　此时，可使临界堆积参数发生变化，从而影响微乳液的形成。

（5）表面活性剂疏水基的支链化　此时，临界堆积参数也会发生变化。

另外，表面活性剂用量、油/水比例、电解质的加入和温度变化对微乳液的形成及其类型亦有影响。

5. 微乳液形成的机理

微乳液的制备方法有很多，一般分为以下几种：把油、水（电解质水溶液）及表面活性剂混合均匀，然后向体系中加入助表面活性剂，在一定配比范围内体系澄清透明，即形成微乳液；把油、表面活性剂及助表面活性剂混合均匀，然后向体系中加入水（电解质水溶液），在一定配比范围内体系澄清透明，形成微乳液；将水（电解质水溶液）、油、表面活性剂及助表面活性剂混合均匀，在恒温的环境下静置恒定足够长的时间。

那么，微乳液是如何形成的呢？人们对微乳液的形成进行了大量研究，提出了多种形成机理。归纳起来，大致有三种形成机理最有代表性。

（1）"微小粒子的乳状液理论"、"混合膜理论"或"瞬时负界面张力理论"　这一微乳液形成的理论是由 Schulman 和 Prince 提出的。他们曾制备了由油、水、皂（表面活性剂）和己醇（助表面活性剂）构成的四组分微乳液。他们发现，当醇达到一定浓度时，乳液变透明，形成微乳。对界面张力的测定表明，界面张力随着醇的加入逐步降低至零。因此，他们推断，若再加入更多的醇，界面张力应该变为负值。由于：

$$\Delta G = \int_{A_1}^{A_2} \gamma(A) \, \mathrm{d}A \tag{6-1}$$

因此，由于界面张力为负值，故扩大界面面积时体系的自由能会降低。也就是说，此时体系界面面积的扩大，即乳状液变小的过程会自发进行。这就是负界面张力理论。由于负界面张力是不可能存在的，因此体系将自发扩张界面，直到界面张力恢复至零或微小的正值。这种由瞬时负界面张力而导致体系界面自发扩张的结果就形成了微乳。

Prince 进一步解释了加醇到一定程度时界面张力变负的原因。首先，一般油/水界面的界面张力小于 50mN/m，即 $\gamma_0 < 50$ mN/m。当醇与表面活性剂缔合而进入界面层时，表面压会增加，则界面张力随之降低。因为：

$$\pi = \gamma_0 - \gamma$$

故当表面压超过 50mN/m，即 $\pi > 50$ mN/m 时，$\gamma < 0$，界面张力变为负值。其次，醇可使油/水界面的界面张力降低 15mN/m 以上，而皂类易产生 35mN/m 的表面压，即皂类

易使界面张力降低 35mN/m。当两者同时作用时，界面张力即变为负值。

对于该理论，以下几个问题是无法说明的：负界面张力没有被测出过，当时由于测量技术的限制，他们测出界面张力为零，并想当然地认为继续加醇，界面张力会进一步降低，只能变负；而现在已可测量超低界面张力，但从未测出负界面张力；大量实验已证明，混合表面活性剂溶液的表面压不等于两单独溶液的表面压之和；负界面张力的物理模型不清楚。因此，该理论只是一个推断。

（2）"肿胀胶团"或"增溶"理论 该理论是 Winsor、Shinoda 和 Friberg 等人所坚持的。他们认为，微乳液是油相或者水相增溶于胶束（胶团）或者反胶束之中，使之胀大到一定颗粒大小范围而形成的。由于增溶作用是自动进行的，所以微乳化自发进行。Winsor 等人用实验证明了微乳液是加溶了另一液相的胶束溶液，被称为"肿胀胶团"。Shinoda 等人研究了非离子型表面活性剂与油和水形成的三组分微乳液，证明没有助表面活性剂也能形成微乳液，混合膜并不是形成微乳液的必要条件。

（3）构型熵理论 Ruchenstein 等人从热力学角度出发，认为微乳液形成过程的 Gibbs 自由能的变化由两部分构成。一部分是由于液/液界面面积的增加引起的体系 Gibbs 自由能的增加；另一部分是大量微小液滴的分散引起的体系构型熵的增加所导致的体系 Gibbs 自由能的降低。体系自由能的变化为：

$$\Delta G = n(4\pi r^2)\gamma_{1,2} - T\Delta S \tag{6-2}$$

$$\Delta S = -nk\left[\ln\varphi + \left(\frac{1}{\varphi} - 1\right)\ln(1-\varphi)\right] \tag{6-3}$$

式中，n 为分散相液滴数；r 为液滴半径；$\gamma_{1,2}$ 为界面张力；k 为 Boltzmann 常数；φ 为分散相所占的体积分数。

可以看出，液滴半径越小，界面张力越低，越易形成微乳。液滴数对第一项和第二项的影响是相当的。对于半径为 5nm 的液滴，若液滴体积分数为 0.5，当温度为 298K 时，可求出 $\gamma_{1,2}$ 为 0.018mN/m。也就是说，当 $\gamma_{1,2}$ 小于该值时，微乳液可自发形成。这一条件是完全能够达到的。故微乳液的形成是自发的。

以上是微乳液形成的三种理论，其出发点是不同的。前两种理论试图解释微乳液是如何自发形成的，而构型熵理论则试图说明微乳液为什么能自发形成。除了这三种微乳液形成的机理外，还有"双重膜机理"、"几何排列机理（即临界堆积参数理论）"和"R 比理论"。这三种理论所探讨的重点是什么条件下形成什么类型的微乳液，而不是探讨微乳液为什么能够自发形成。

（4）双重膜理论 1955 年 Schulman 和 Bowcott 提出吸附单层是第三相或中间相的概念，并由此发展到双重膜理论，作为第三相，混合膜的两个面分别与水相和油相接触。这两个面分别与水、油的相互作用的相对强度，或者说这两个面分别与水相和油相形成的接触面的界面张力决定了界面的弯曲及其方向，决定了微乳液体系的类型。若膜向着水相的收缩力大，则易形成油包水型的微乳液；若向着油相的收缩力大，则易形成水包油型的微乳液；若二者大小相当，则易形成双连续型的微乳液。表面活性剂和助表面活性剂的极性基团和非极性基团的性质对不同类型的微乳液的形成至关重要。

（5）几何排列理论 Robbins、Mitchell 和 Ninham 等人从双亲物聚集体中分子的几何排列考虑，提出界面膜中分子排列的几何模型。在双重膜理论的基础上，几何排列模型认为界面膜在性质上是一个双重膜，即极性的亲水基头和非极性的烷基链分别与水和油构成分开的均匀界面。在水侧界面极性头基水化形成水化层，在油侧界面油分子是穿透到烷基链中的。几何排列模型成功地解释了助表面活性剂、电解质、油的性质以及温度对界面曲率和微乳液的类型或结构的影响。

该模型考虑的核心问题是表面活性剂分子在界面上的几何排列。这可用临界堆积参数 P 来说明。对于有助表面活性剂参与的体系，还要考虑到助表面活性剂对临界堆积参数的影响。当 $P>1$ 时，碳氢链截面积大于极性基的截面积，有利于界面凸向油相，即有利于W/O型微乳液的形成；当 $P<1$ 时，则有利于 O/W 型微乳液的形成；当 $P \approx 1$ 时，有利于双连续相结构的形成。当短链脂肪醇作为助表面活性剂时，醇可以插入到表面活性剂的脂链区，从而使临界堆积参数变大。对于十二烷基硫酸钠、醇、水和油形成的微乳液，当醇的加入量少时，形成 O/W 型微乳液；随着醇的加入量的增加，临界堆积参数逐渐变大，有可能形成 W/O 型微乳液。

(6) R 比理论 R 比理论与双重膜理论及几何排列理论不同，R 比理论直接从最基本的分子间的相互作用出发考虑问题。既然任何物质间都存在相互作用，因此作为双亲物质，表面活性剂必然同时与水和油有相互作用。这些相互作用决定了界面膜的性质。定义为：

$$R = \frac{A_{co} - A_{oo} - A_{ll}}{A_{cw} - A_{ww} - A_{hh}} \tag{6-4}$$

式中，A_{co} 为油与表面活性剂分子之间的作用能；A_{cw} 为水与表面活性剂分子之间的作用能；A_{oo} 为油相分子间的作用能；A_{ll} 为表面活性剂疏水链间的作用能；A_{ww} 为水分子间的作用能；A_{hh} 为表面活性剂极性头基之间的作用能。A_{co} 有利于表面活性剂溶解于油相，而 A_{oo} 和 A_{ll} 则阻碍表面活性剂分子溶于油相；A_{cw} 有利于表面活性剂分子溶于水相，而 A_{ww} 和 A_{hh} 则阻碍表面活性剂分子溶于水相。表面活性剂分子间的作用能 A_{ll} 和 A_{hh} 有利于表面活性剂分子的聚集。当 $R>1$ 时，由 R 比的定义式可知，表面活性剂分子与油相的互溶度大于其与水相的互溶度，界面凸向油相，易形成 W/O 型微乳液；当 $R<1$ 时，则易形成 O/W 型微乳液；当 $R \approx 1$ 时，表面活性剂分子在油、水两相的互溶度相当，易形成双连续型微乳液。

该理论的核心是定义了一个内聚作用能比值，并将其变化与微乳液的结构和性质相关联。由于 R 比中的各项属性都取决于体系中各组分的化学性质、相对浓度以及温度等，因此，R 比将随体系的组成、浓度、温度等变化。微乳液体系结构的变化可以体现在 R 比的变化上，R 比理论能成功地解释微乳液的结构和相行为，从而成为微乳液研究中的一个非常有用的工具。

6. 微乳液的相行为

微乳液是指两种互不相溶的液体在表面活性剂界面膜的作用下形成的热力学稳定的、各向同性的、低黏度的、透明的均相分散体系。微乳液的液滴比宏观乳状液小而比胶束大，所以它兼有宏观乳状液和胶束的性质。由于其液滴小于可见光的波长，因此，一般是透明或近于透明状。将微乳液长时间存放也不会分层或破乳，甚至用离心机离心也不会使之分层，即使能分层，静置后还会自动均匀分散，即微乳液在稳定性方面更接近于胶束溶液，所以有人把微乳液看成是含有增溶物的胶束溶液。

微乳液分为 W/O 型、O/W 型和双连续型等几种类型。它们具有不同的相行为。

(1) W/O 型微乳液   W/O 型微乳液有很强的增溶能力，它可以将水及极性物质增溶于其内核，形成的微水相，常称为水核或"水池"。该"水池"中的水与本体水不同，而与生物膜中的水以及与蛋白质紧密结合的水很相似。例如，水/AOT/庚烷体系中，水以四种状态存在，即本体水、磺酸基的结合水、钠离子的结合水及表面活性剂长链间的自由水，而在十二烷基甜菜碱/正庚醇/正庚烷 W/O 型微乳液中的水有三种状态。研究 W/O 型微乳液的微水相，有利于对生物膜界面上许多生物化学和生物物理现象的解释。在微乳液的水相中各种类型水的性质各不相同，表现出各自的光谱特性，各以自己独有的方式存在。

（2）O/W 型微乳液　O/W 型微乳液对油类物质的溶解能力远大于胶束溶液。通常，正常胶束对油的增溶量一般在 5% 左右，而 O/W 型微乳液对油的增溶量可达 60%，而且 O/W 型微乳液与油之间的界面张力可降至超低值，胶束溶液则不可能。因此，不能企图在任意的正常胶束中加油都能制得增溶量很大的 O/W 型微乳液。

（3）双连续型微乳液　双连续型微乳液可同时增溶大量的油和水，达到最佳状态时，增溶的油和水量相等，常定义单位质量表面活性剂增溶油或水的量为增溶参数，当中相微乳液对油和水的增溶参数相等时形成的是最佳双连续型微乳液。最佳的双连续型微乳液与水之间和与油之间的界面张力基本相等，此时体系的含盐量为最佳含盐量。

由于微乳液是由表面活性剂、水（或盐水）、油和助表面活性剂组成的，所以影响微乳液的因素很多，温度和无机盐是影响微乳液相态的重要因素。如图 6-3 所示，无机盐浓度较低时，一般形成下相微乳液；盐的浓度增大，使微乳液液滴的双电层进一步被压缩，降低了油滴间的斥力，有利于液滴聚并，因而导致双连续微乳液形成；盐的浓度增大到一定值时，则形成上相微乳液。温度的影响与此相似。

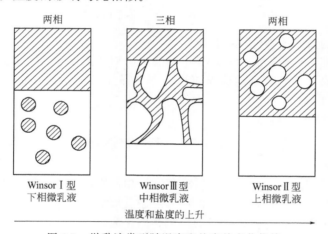

图 6-3　微乳液类型随温度和盐度的变化规律

7. 温度不敏感微乳液

人们通常说，微乳液是一种热力学稳定体系。但是实际上，只有在热力学稳定的温度范围内，微乳液呈各向同性、低黏度、外观透明或半透明状，而在热力学稳定的温度范围以外则呈各向异性。微乳液的类型也会随着体系温度以及盐度的变化而发生改变，随着温度的升高，其可以从 Winsor I 转变为 Winsor III，再转变为 Winsor II 型微乳液。

研究发现，还存在很多对温度不敏感的微乳液体系，在较大的温度范围内也不会发生相行为的改变。通过对它们的研究，希望能够扩宽微乳液的应用范围[1~4]。

从图 6-4 可以看到，使用非离子型表面活性剂时，微乳液液滴的自发曲率随温度的升高而降低，但是使用离子型表面活性剂时，自发曲率随温度的升高而增大。对于非离子型表面活性剂来说，温度的升高会导致其聚乙二醇链的结构变化，水化能力减弱，亲水性变差；对离子型表面活性剂来说，温度升高会导致其电离程度的增强，暴露出的极性基团变多，亲水性增强。两者按特定的比例混合就可以得到乳化能力随温度变化不大的混合表面活性剂。

也就是说，对于混合表面活性剂，随着温度的升高，溶解在界面相上的非离子型表面活性剂的亲水性降低，其含量会减少；但是离子型表面活性剂亲水性增强，含量会增加，界面

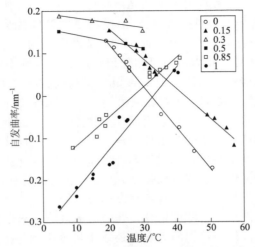

图 6-4　非离子型表面活性剂 $C_{12}E_5$ 以及离子型表面活性剂 AOT 复配的体系中，
复配的表面活性剂中 AOT 摩尔含量不同，体系的自发曲率随温度的变化[3]

上混合表面活性剂的亲水亲油性维持恒定。

　　由于离子型表面活性剂产生的磁场会影响非离子型表面活性剂在界面相上的排布，因此盐的加入使离子型表面活性剂的电性被屏蔽，非离子型表面活性剂在界面上的排布发生变化，相行为会发生改变。

8. 微乳液的应用

　　微乳液在纳米材料的制备、石油的开采、微乳液燃料以及日用化学品等领域中[5]有着广泛的应用。

　　(1) 纳米材料的制备　近十几年来，W/O 反相微乳液制备法被广泛用于无机纳米粒子的制备。这种技术分为两类，即单微乳液法和双微乳液法。前者将反应物的一种置于微乳液的"水池"中，另一种直接加入微乳液的连续相内，通过对微乳液膜的渗透进入"水池"而发生反应，反应受渗透扩散的控制。而后者则是将两种反应物分别置于微乳液的"水池"中，然后将这两种微乳液混合、搅拌，通过液滴的碰撞、融合、分离而使液滴内部物质进行交换而发生反应。反应受融合反应机制控制。当两种微乳液相混合时，液滴间的相互碰撞会形成瞬时二聚体。两种聚合液滴之间会形成水池通道，水池内的物质由此发生交换而反应。由于二聚体的形成改变了表面活性剂膜的形状，二聚体处于不稳定的高能状态，它会很快分离而形成均匀的微乳液。在此过程中，两种微乳液相中的反应物已经达到了重新分配。两种反应物被限制在同一个反相微乳液"水池"中反应形成纳米粒子。由于反应被限制在微乳液的"水池"内，因此生成的纳米粒子的大小可以通过改变反应条件（如水和表面活性剂之间的摩尔比、水和有机溶剂的摩尔比、连续相的种类、助表面活性剂的加入、反应物的浓度、反应时间和温度等）来调节每胶束中的反应组分数、胶束内成核或者胶束间成核、反胶束内核的大小及其中水分子的存在状态、反胶束界面的刚性或流动性、胶束之间的物质交换等因素，进而影响成核速度、成核数目、生长速度以及聚集，决定粒子的最终大小。利用反胶束微乳液法制备纳米粒子时，还可以对粒子的形状进行调控。笔者曾对反胶束微乳液法制备纳米粒子的研究做过综述[6]，在此不再赘述。

　　(2) 在石油开采中的应用　最早开采石油只是收采依靠原来油层内部压力而流出的石油。这种采油被称为一次采油，一般采油率很低。后来人们又采用包括注水或在高压下注入水溶液来排油，这种采油被称为二次采油。通常这两次采油只能采出地层中的 20%～30% 的原油，美国平均油田采收率也只有 34%。这样低的采油率造成了石油资源的巨大浪费。于是人们研究了一种把残留在地壳库中的石油开采出来的方法，称为三次采油。其中比较先进的方法是微乳状液驱油，它可使石油采收率提高到 80%～90%，由于微乳状液与油完全相溶，因此洗油率很好。把微乳液注入地层形成段塞，溶解残留在地层孔隙中的原油，达到饱和后再分离形成油相从井中采出。

近期，微乳液在冲洗液中的应用也在蓬勃发展。冲洗液是属于固井前置液，用在固井注水泥之前，主要是清洗井壁油污和胶凝钻井液，改善固井两界面亲水性能，提高两界面与水泥环的胶结强度。在保证钻井液悬浮性能前提下，良好地改善其流动性能，提高水泥浆顶替钻井液的效率，提高固井质量。最初采用清水作为冲洗液，但随着钻井液体系的发展，特别是油基钻井液的广泛应用，就对冲洗液性能的要求不断提高，清水已无法满足要求。微乳液作为一系列新兴的钻井液，冲洗效率很高，同时又有耐高温高盐的能力，受到人们的广泛关注。

(3) 微乳液燃料　燃油掺水是一个既古老又新兴的课题，早在一百多年前已经有人掺水使用燃油。油、水在表面活性剂作用下形成的 W/O 或 O/W 乳液在加热燃烧时水蒸气受热膨胀后产生微爆，产生的二次雾化使燃烧更充分，提高了燃烧率，大大降低了废气中 SO_x、NO_x、CO 等有害气体的含量。但是一般的乳状液稳定时间短，易分层，使这一技术的应用受到了限制，近年来人们着重研究透明、稳定、性能与原燃油差不多的微乳液，并取得一定进展。不仅如此，微乳液燃料对内燃机没有腐蚀和磨损，还能起到清洁剂的作用，可以延长内燃机的使用寿命。

(4) 日用化学品

① 微乳液在涂料方面的应用　由于聚合物微乳液液滴尺寸为纳米级，且表面张力非常低，具有良好的渗透性、润湿性、流平性和流变性，可渗入具有极微细凹凸图纹、微细毛细孔道中和几何形状异常复杂的基体表面，因此可用作织物、木器、纸张、石料、混凝土等吸收性好的基本材料的底涂和灌注涂料。同时由于超微粒子聚合物具有可致密性皮膜的特点，可用于高质量加工和高光泽性涂装，如可作为金属等材料表面保护清漆。

② 微乳液在化妆品中的应用　相比乳状液，微乳液制备化妆品时有以下明显的优点：光学透明，任何不均匀性的存在或沉淀物的存在都容易被发觉；自发形成，具有节能高效的特点；稳定性好，可以长期储藏不分层；有良好的增溶作用，可以制成含油分较高的产品，而产品无油腻感，还可以提高活性成分和药物的稳定性和效力；粒径小，易渗入皮肤；可以包裹 TiO_2 和 ZnO 等纳米粒子，具有增白、吸收紫外线和放射红外线等特性，所以微乳液化妆品近年来发展非常迅速。

③ 微乳液在农业上的应用　由于微乳液在增溶、乳化和润湿等方面有优越的性能，微乳化技术配制农药正引起人们的注意。微乳液是热力学稳定的体系，与 O/W 乳状液相比有许多优点，如方法简便，无须强烈的剪切作用，制得的产品稳定，可以长期放置而不发生破乳聚结、分层等。此外，微乳液的黏度低，易于稀释操作，在容器上黏附少，更主要的是由于微乳液液滴的增溶作用，能增强农药的生理效能，减少用量。

第二节　纳米乳液

乳液是一类由两种互不相溶的液体组成的分散体系。纳米乳液（nanoemulsion）一般指粒径在 50～500nm 之间的乳液，也称微小乳液（miniemulsions）、超细乳液（ultrafine emulsions)、亚微米乳液 (submicrometer emulsions) 等[7~12]。与微乳液 (microemulsion, 10~100nm) 相比，纳米乳液乳化剂用量很低，更具实际应用价值，但它不是热力学稳定体系，有分层、沉降、絮凝、聚结或奥氏熟化等不稳定现象。与普通乳液 (macroemulsion, 1~10μm) 相比，纳米乳液液滴粒径小，分散均匀，有一定的动力学稳定性，能够在数月甚至数年内不发生明显的絮凝和聚结。一般来说，所谓的纳米乳液多为 O/W 型的，对于 W/O 纳米乳液的报道相对较少。目前，纳米乳液在化妆品、药物、食品、农业、石油、皮革、纺织和催化等众多领域中已表现出良好的应用前景[9~17]。

目前，关于纳米乳液在聚合纳米材料合成方面的应用报道得非常多。将聚合反应的单体作为纳米乳液的分散相，利用纳米乳液控制聚合材料的成分及大小。同时，为了合成稳定的功能化聚合材料，通常将表面活性剂单体作为纳米乳液的稳定剂，在界面上进行聚合反应。这一方法也常常被用来合成高固含量纳米乳液。

纳米乳液在口服和注射药物中应用广泛，多是用来作为处理靶向病毒的纳米载体。在多数情况下，纳米乳液先被制成 W/O 的乳液，使用时再用水稀释至 O/W 的状态。

纳米乳液在石油开发领域也有广泛的应用。在油井的钻进过程中，加入纳米乳液的钻井液通过在近井壁处形成渗透率极低的石蜡屏蔽带而有效地阻止钻井、完井液中的固相颗粒和滤液进入地层深部，从而避免了钻井液对油气流通道的永久性堵塞，起到了良好的油气层保护作用。同时由于暂堵剂是石蜡，易于反排，因此不会对油层造成伤害。同时，纳米乳液处理剂无毒、无荧光，在钻井液中具有润滑、抑制页岩膨胀分散和保护油气层的作用，应用该产品能够提高油气井产能，特别适合用于低渗油层的钻进。

纳米乳液的传统制备方法为高能乳化法[8,9,18,19]，需要昂贵的乳化设备，如高压均质器和超声设备等。乳化过程中耗能很多，成本高，且易污染制剂。随着研究的逐渐深入，国内外研究者相继提出了相转变组成 (phase inversion composition，PIC) 法、相转变温度 (phase inversion temperature，PIT) 法、微乳液稀释法等多种低能乳化方法[13,20~31]，并对纳米乳液的稳定机理进行了探讨。目前，对 PIC 法和 PIT 法的研究最为深入，尤其是 PIT 法，已被广泛地应用到实际工业生产中[13]。大量的研究认为，低能乳化法 (PIC 法和 PIT 法) 主要是利用储存在表面活性剂体系中的化学能，通过改变温度或分散相体积分数以改变表面活性剂层自发曲率来诱导体系发生相转变而制得纳米乳液的。近期，Roger 等人[31]发现用 PIT 法制备纳米乳液时，只要使所有的油都增溶在肿胀胶束里即可，无须经过相转变；另外，他们也重新考察了相转变组成法的过程及形成纳米乳液的机理。低能乳化法形成纳米乳液的机理还存在很大的争议。

由于温度或组成的变化可以改变非离子型表面活性剂中聚氧乙烯链的水合程度，从而改变其表面活性剂层的自发曲率而导致体系发生相转变[32~36]，因此人们对低能乳化法制备纳米乳液的研究主要集中在非离子型表面活性剂体系中[23~26,32,34~36]，在离子/非离子表面活性剂混合体系中的研究较少[29,37~40]。最近，Solans 等人报道了用相转变组成法制备的阴离子/非离子和阳离子/非离子表面活性剂混合体系的 O/W 纳米乳液[23,24]。另外，Wang 等人[29]也用两步稀释的低能乳化法在阳离子/非离子混合表面活性剂中得到了可以应用在医药上的水包油纳米乳液。

按照液滴所带电荷的符号，也可以把纳米乳液分为带负电的阴离子型和带正电的阳离子型，目前的纳米乳液大都是阴离子型 (包括非离子型表面活性剂稳定的阴离子型)。由于常见水介质中固体表面大多带负电，正电纳米乳液更易于通过静电作用吸附在其表面，因此，在涉及负电表面的有关领域具有重要的应用。大量研究表明，正电纳米乳液已经在油田钻井、医药、造纸、纺织等很多领域显示出明显的应用优势。

一、 纳米乳液的制备

由于纳米乳液本身并不是热力学稳定的分散体系，纳米乳液的制备需要能量的输入。根据提供能量的大小不同，纳米乳液的制备方法又被分为高能乳化法和低能乳化法两种。

1. 高能乳化法

纳米级液滴的制备需要采用较高的能量，乳化过程中的能量利用效率通常比较低。简单的计算表明，乳化需要的机械能比界面能高出几个数量级。例如，要制备 $\varphi = 0.1$ 和 $d_{32} = 0.6 \mu m$ 的乳状液，用界面张力为 $\gamma = 10 mN/m$ 的表面活性剂，仅表面自由能的增量就是 $\Delta A \gamma = 6 \varphi \gamma / d_{32} = 10^4 \, J/m^3$。但在均质器中需要的机械能为 $10^7 \, J/m^3$，也就是效率仅为 0.1%，其余的能量 99.99% 作为热量散失。

制备小液滴的过程强度或者效率通常由净功率密度 $[\varepsilon(t)]$ 来决定：

$$p = \varepsilon(t) dt \tag{6-5}$$

式中，t 是乳化发生时的时间。

液滴的破坏只有当 ε 值比较高时才发生，这意味着在 ε 比较低的时候消失的能量都浪费了。这说明了为什么在较大反应釜中的搅拌器低速搅拌时能量都以热量的形式消耗了。

高能乳化法主要包括高压均质法、高速剪切法以及超声波法。一般认为在使用高能乳化法制备纳米乳液时，需要在短时间内提供大量的能量以及混匀能力。而在这三种方法中，高压均质法正好完全满足这一要求，能够制备出最小粒径的、稳定性好的纳米乳液。高压均质法能够应用在大规模生产中。

超声波法在减小纳米乳液的粒径方面也非常有效。但是，由于超声仪器的限制，它很难在大规模生产中应用。在一般情况下，使用的表面活性剂的疏水链越长，所需的超声乳化的时间越长。

2. 低能乳化法

除了上述的高能乳化法外，近年来低能乳化法受到人们越来越多的关注。低能乳化法通常利用体系组分的化学能来实现，通过使乳液体系经历相转变来制备纳米乳液。可以采取下面两种方法来诱发乳液发生相转变：一种是改变能引起 HLB 值变化的因素来引发的过渡相转变，也就是改变温度或者电解液浓度；另一种是通过加入分散相引起的突发相转变。

一般来说，常见的低能乳化法主要是相转变温度法、相转变组分法和微乳液稀释法三种方法。值得一提的是，在利用低能乳化法制备纳米乳液时，纯的离子型表面活性剂无法单独稳定纳米乳液，需要与其他表面活性剂或助剂复配。

（1）相转变温度（PIT）法 非离子型表面活性剂的亲水基团（特别是聚氧乙烯链）的水合程度随温度升高而降低，表面活性剂的亲水性下降，其 HLB 值也降低。换言之，非离子型表面活性剂的 HLB 值与温度相关。温度升高，HLB 值降低；温度降低，HLB 值升高。这就使得用非离子型表面活性剂作乳化剂时在低温下形成 O/W 型乳状液，升高温度可能变为 W/O 型乳状液；反之亦然。对于一定的油水体系，每一种非离子型表面活性剂都存在一个相转变温度（PIT），在此温度时表面活性剂的亲水亲油性质刚好平衡。

如图 6-5 所示，在温度低于 PIT 时，乳液是 O/W 型乳液；随着温度的升高，在温度达到 PIT 时，乳液粒径达到最小，而且界面张力也达到最小值，形成微乳液。温度继续升高，乳液变为 W/O 型乳液。在搅拌的情况下于微乳液区恒定一段时间后，通过快速降温，可以制得稳定且粒径很小的纳米乳液。

如图 6-6 所示，Roger 等人[31]发现在水 $/C_m E_n/$ 烷烃体系中可以用 sub-PIT 法制备粒径大小在 10～100nm 的纳米乳液。他们认为，在低于 PIT 几摄氏度的临界点时，所有的油都增溶在肿胀胶束里，通过搅拌-淬冷的过程，这些肿胀胶束的大小被保存下来形成亚稳定的纳米乳液。他们把这个临界温度（T_{CB}）定义为"清晰界限（clear boundary，CB）"，对应于体系最低浊度所对应的温度。由于这个清晰界限 T_{CB} 稍低于 PIT 几摄氏度，他们称这个乳化过程为 sub-PIT，并且指出 sub-PIT 法可以得到与 PIT 法相同的结果。他们还指出，这个乳化过程的关键是整个过程中都要进行搅拌及在温度达到 T_{CB} 以后迅速降温两个方面。

图 6-5　PIT 法原理示意图

（水包油乳液通过升高温度变为油包水乳液。在相转变区域，发展成微乳液，温度继续降低变成有蓝光的水包油乳液）

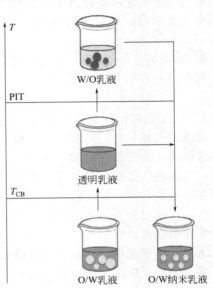

图 6-6　体系在经历搅拌、加热、降温过程时微结构示意图

　　在一般情况下，当体系使用离子型表面活性剂作为稳定剂的时候，由于其自发曲率无法随温度的改变而变化，是无法利用 PIT 法来制备纳米乳液的。不过，孙德军等人发现，对于少量阳离子型表面活性剂与大量非离子型表面活性剂复配的体系，在加入一定量的无机盐之后，依然可以利用 PIT 法制备出纳米乳液。这有可能是由于无机盐的加入屏蔽了离子型表面活性剂极性头基之间的相互作用，使表面活性剂层自发曲率可以随温度发生变化，随着温度的升高达到最低。

　　(2)　相转变组分（PIC）法　　和 PIT 法不同，PIC 法是通过改变体系的分散相含量来制备纳米乳液的。通过逐步加水到油和表面活性剂的溶液中，可以得到粒径小且稳定的纳米乳液。如果逐步加油到水和表面活性剂的混合物中或者按最终成分混合所有的物质直接搅拌都无法得到纳米乳液。现在，利用 PIC 法制备纳米乳液的机理众说纷纭，各有不同。

　　图 6-7 表明了传统的 PIC 法制备纳米乳液的机理。在向油相内逐渐加水的过程中，体系由 W/O 型变为双连续微乳液，最后变为 O/W 纳米乳液。只有经历了这一相转变过程，才能得到稳定的纳米乳液。PIC 过程制备纳米乳液及随着大量水的快速加入体系经历的不同状态如图 6-8 所示。

　　Roger 等人[32]提出了与以往研究有所不同的机理。他们指出此乳化过程的关键是初始含水量要低于一个"清晰界限"（与 sub-PIT 法类似，指浊度达到最低时体系的含水量）且最终含水量要离 CB 足够远。在添加水的过程中，体系经历的过程是：首先是肿胀的反胶束

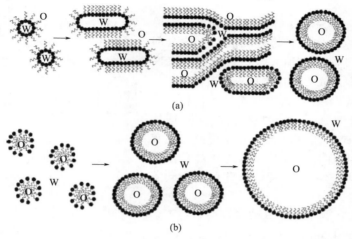

图 6-7 乳化过程的示意图

（a）向油相中逐渐添加水相；（b）往水相中逐渐添加油相

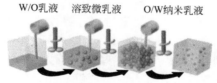

图 6-8 PIC 过程制备纳米乳液及随着大量水的快速加入体系经历的不同状态示意图

形成一个海绵相；随着水的进一步加入，在海绵相里的油相通过成核形成了和其自发曲率相匹配的液滴。但是，只有部分表面活性剂吸附在这些液滴上，另外一些被排挤出来作为胶束与这些液滴共存。因此，PIC 乳化过程会导致乳液液滴呈双峰分布，不如 PIT 乳化过程有效。

Solans[38~40]研究发现，对于由非离子型表面活性剂与离子型表面活性剂复配稳定的纳米乳液体系，当油相能够完全均匀地溶于中间相态立方液晶相，且在乳化过程中形成立方液晶相之后，乳化过程就变成了立方液晶相的稀释的过程，最终形成纳米乳液。立方液晶相中液滴的大小决定了最后纳米乳液的液滴大小（图 6-9）。

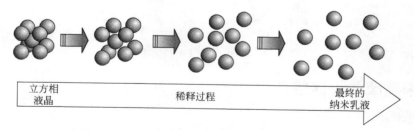

图 6-9 通过立方液晶相的稀释形成纳米乳液[39]

（3）微乳液稀释法 微乳液稀释法是一种相对较新的纳米乳液制备方法。研究发现，在用 PIC 法和 PIT 法制备纳米乳液的过程中，均先形成微乳液相或者液晶相等稳定的结构，乳液的粒径分布也取决于表面活性和油相的比例而和水相的浓度无关。因此可以先制得稳定的微乳液，使用时直接稀释成纳米乳液。这样既可以节省成本又能发挥微乳液稳定性好的优势。

如图 6-10 所示，Solans 等人[41]认为微乳液稀释法可通过四种途径实现：将微乳液一次性全部加入水中；将微乳液逐步加入水中；将水一次性全部加入微乳液中；或将水逐步加入微乳液中。

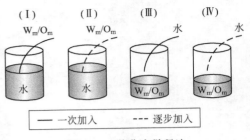

图 6-10　微乳液稀释法
（m 表示微乳液）

研究发现，从 O/W 微乳液状态开始稀释，最终能够得到粒径为 20nm 的纳米乳液。但是从 W/O 微乳液开始稀释，得到的纳米乳液稳定性较差。而且，实验中助表面活性剂的选择对乳液的形成具有非常明显的影响，对整个乳化过程起着至关重要的作用。

董金凤等人[28~30]应用微乳液稀释法制备了多种纳米乳液。她们通过稀释 O/W 或者双连续微乳液制备纳米乳液，发现最终制得的纳米乳液的粒径和稳定性与稀释前微乳液的状态密切相关。稀释前微乳液的水相含量越高，最后得到的纳米乳液的粒径越小。即微乳液液滴的粒径大小决定了最后所得的纳米乳液液滴粒径的大小。

Miller 等人[42]应用微乳液稀释法制备了水/AOT/辛烷体系的纳米乳液，探讨了盐对最终形成的乳液的影响。他们发现，只有盐度适中，界面张力达到最低时，才可以通过稀释 W/O 微乳液制得纳米乳液。

(4) 新型的纳米乳液制备方法　对于一些黏度较大或者分子量较大的油相，利用传统的 PIC 法或者 PIT 法很难制备纳米乳液。为了能够利用低能乳化法制备纳米乳液，孙德军等人[43]对这一类体系进行了深入的研究。他们发现，通过结合 PIT 法和 PIC 法，升温提高表面活性剂的活性，改变体系的相行为，使得在向油/表面活性剂体系逐渐滴加水的过程中，乳液体系能够经历清晰界限，最终制得了纳米乳液。利用这一方法可以克服很多高碳数高黏度的油相难以乳化的困难，有利于在实际生产中的应用。升温 PIC 制备纳米乳液如图 6-11 所示。

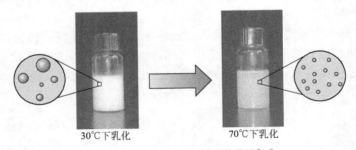

30℃下乳化　　　　　　70℃下乳化

图 6-11　升温 PIC 制备纳米乳液[43]

二、纳米乳液的稳定性

1. 纳米乳液的主要失稳机理

纳米乳液具有很好的动力学稳定性，可以在很长的时间内保持其外观不变，不发生明显的分层或沉降。这主要是由于纳米乳液的液滴很小，能够克服一些乳状液体系中的不稳定因素，主要表现在以下方面[7]：纳米乳液液滴小，因而重力作用较小，且其布朗运动可能能够克服重力，从而起到阻止分层或沉降的作用；小液滴具有良好的分散性，从而使体系不易发生絮凝；小液滴不易变形，能够有效地防止其表面的涨落，从而能较好地阻止聚结，尽管在很多情况下不能完全阻止。

但是，纳米乳液不是真正热力学稳定体系，它与普通乳状液一样，具有自发减小分散相和分散介质之间的界面面积的趋势，其不稳定机理主要是聚结和 Ostwald 熟化。一般认为，通过选择适当的表面活性剂和助剂可使聚结减弱或阻止聚结；而 Ostwald 熟化会随弯曲界面一直存在，直到两相完全分离，弯曲界面消失。

（1）聚结　当细小乳状液中两液滴相互靠近或者由于布朗运动相互碰撞时，液滴间液膜发生薄化和扰动，最终液膜破裂，液滴相互合并，即发生聚结。如果聚结是细小乳状液不稳定的主要驱动力，则粒径随时间的变化遵循下述方程：

$$\frac{1}{r^2} = \frac{1}{r_0^2} - \frac{8\pi}{3\omega t} \tag{6-6}$$

式中，r 是时间 t 时的平均粒径；r_0 是 $t=0$ 时的平均粒径；ω 是单位面积界面膜的破裂频率。对于一个固定的乳液体系，若其主要不稳定机理是聚结，那么以 r^2 对 t 作图应该得到一条直线。

应该注意的是，聚结随分散相浓度的不同分为两种机制。在体积分数较低的情况下，聚结以液滴间的碰撞为主；当分散相体积分数较高时，聚结以液膜的破裂为主[44]。

（2）Ostwald 熟化　Ostwald 熟化是指由于分散相在分散介质中具有一定的溶解度，且小液滴的溶解度大于大液滴的，随着时间的延长，小液滴逐渐溶解沉积在大液滴上，小液滴消失而大液滴长大的过程。根据 Kelvin 定理，溶解度与液滴尺寸的关系遵循下面方程：

$$c_r = c_\infty \exp\left(\frac{2\gamma V_m}{rRT}\right) \tag{6-7}$$

式中，c_r 是液滴半径为 r 时的分散相在连续相中的溶解度；c_∞ 是体相溶解度（无限大液滴的溶解度）；V_m 是分散相的摩尔体积；R 是气体常数；T 是热力学温度。

根据 Lifshitz-Slezov-Wagner（LSW）理论，Ostwald 熟化速率 ω 可由下式求得：

$$\omega = \frac{\mathrm{d}r^3}{\mathrm{d}t} = \frac{8}{9} \times \frac{c_\infty \gamma V_m D}{\rho RT} \tag{6-8}$$

式中，r 是液滴半径；ρ 是分散相密度；D 是分散相在连续相中的扩散系数。对于一个固定的乳液体系，以 r^3 对 t 作图应该得到一条直线，由直线的斜率可求出 Ostwald 熟化速率，如图 6-12 所示。

如果加入过量的表面活性剂，则油/水界面被完全覆盖后，会在连续相中自发形成胶束。胶束的形成极大地增加了油相的溶解度，从而对 Ostwald 熟化速率造成极大影响。Hoang 等人[45]发现，对于用高能乳化法制得的纳米乳液，表面活性剂的类型对 Ostwald 熟化有较大影响。SDBS 稳定的乳液的 Ostwald 熟化速率与体系中

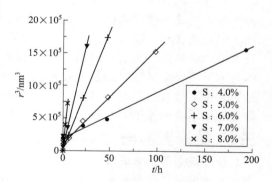

图 6-12　水/$C_{12}E_4$/十六烷纳米乳液体系的 r^3 随时间的变化[7]

的过剩胶束没有关系，而非离子型表面活性剂 Tween 20 和 $C_{12}E_6$ 稳定的乳液与体系的初始状态有很大关系，体系中原本存在的胶束对 Ostwald 熟化没有很大影响，而乳液形成后外加的表面活性剂超过一定浓度后，体系的 Ostwald 熟化速率大大增加。有文献报道，胶束的形成使得 Ostwald 熟化速率增加了 700～1000 倍[46]。

但是，孙德军等人[25]发现，水/Tween 80-Span 80/石蜡油体系中形成的纳米乳液的 Ostwald 熟化速率随着表面活性剂浓度的增加而降低。这是因为增溶在胶束中的油不会再参

与 Ostwald 熟化过程，即实际上胶束的存在相当于"截留"了一部分扩散在连续相中的油相，降低了油相在连续相中的溶解度，从而减小了 Ostwald 熟化速率。

2. 阻止纳米乳液失稳的方法

如果选择合适的表面活性剂和助剂，产生空间稳定作用和/或静电稳定作用，则能够完全消除聚结的影响。可以通过以下方法来减小或阻止聚结。

(1) 使用混合表面活性剂形成混合膜，增强其弹性，减小界面涨落。同时增加界面黏度，阻滞表面活性剂由界面向体相的扩散。

(2) 选择合适的助剂，使得 O/W 界面上形成层状液晶相。这种多层结构能够阻止聚结，因为必须成对地移走这些双分子层后液滴才会聚结。

(3) 使用高分子表面活性剂，如 A-B 型和 A-B-A 型嵌段共聚物或 $B_m A_n$ 型接枝共聚物。其中 B 为锚定链，能够强烈吸附于 O/W 界面或溶于油相，而 A 链在连续相中有较高的溶解度，且能发生强烈的溶剂化作用。O/W 纳米乳状液中应用较多的是 A-B 型和 A-B-A 型嵌段共聚物，如 PS-PEO、PEO-PHS-PEO 和 PEO-PPO-PEO 等。

为了增强体系的稳定性，需要通过一些途径来减小或消除 Ostwald 熟化。可以通过下面几种方法降低 Ostwald 熟化速率。

(1) 降低界面张力，这可以通过选择合适的表面活性剂、助表面活性剂和添加剂实现。

(2) 加入疏水性聚合物，在油滴内产生附加的渗透压，部分或全部抵消 Laplace 压力，从而减小 Ostwald 熟化，使体系的稳定性大大增加。

(3) 加入少量溶解度更低的油以降低主要油相成分的分子扩散。Izquierdo 等人在十六烷的乳液中加入少量的角鲨烷，体系的 Ostwald 熟化速率随十六烷含量的增加而不断降低。

(4) 加入少量离子型表面活性剂使纳米乳液液滴带电，不论是在制备前、制备中还是制得纳米乳液之后，向体系加入少量离子型表面活性剂都会提高纳米乳液的稳定性。而且，利用离子型表面活性剂也可以提高纳米乳液的耐温性。

另外，Taisne 等人[46]研究了 $C_{12}E_5$ 稳定的正构烷烃乳液的稳定性，认为纳米乳液还有另一种可能的不稳定机理——渗透，即两个液滴由于范德华引力和布朗运动相互靠近发生碰撞，但油滴之间并没有融合为一个大油滴，而是在碰撞的过程中油分子发生转移，通过渗透进入另一个油滴。他们发现加入适量的离子型表面活性剂 SDS 能够起到抑制渗透的作用，因为离子型表面活性剂的加入使液滴带上同种电荷，从而使液滴间由于静电斥力而不易靠近，避免了渗透的发生。另外，高分子表面活性剂的使用能够降低界面膜的可渗透性，也能较好地减小渗透作用，起到稳定乳液的作用。

三、 纳米乳液与微乳液

从外观上看，微乳液和纳米乳液非常类似，两者都属于透明、半透明的体系，但是从热力学的角度来说，微乳液是热力学稳定的体系，而纳米乳液则不是。但并不是说微乳液是热力学稳定体系，只需将微乳液的各个组分混合起来就能得到微乳液。如图 6-13 所示，图中 ΔG^* 是体系的活化能，只有提供足够的能量克服活化能才能得到微乳液。纳米乳液的长期稳定也是由于它的分层破乳也是需要克服少量的活化能的。

有时候很容易将微乳液和纳米乳液的概念相互混淆。那么如何区分微乳液和纳米乳液呢？一般有如下几种方法。

1. 长期稳定性

(1) 微乳液是热力学稳定体系，在长期静置的情况下，不会发生变化；纳米乳液由于 Ostwald 熟化的原因，粒径会慢慢增加。

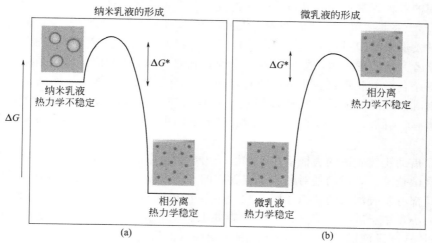

图 6-13　微乳液和纳米乳液以及相分离体系的热力学关系图[47]
（a）纳米乳液；（b）微乳液

　　（2）和纳米乳液相比，微乳液的体系受外界环境的影响很大，稀释和温度的改变会破坏其结构。

2. 样品是否可以还原

　　在特定的环境下，达到平衡态的微乳液总是维持相同的结构。如果微乳液在搅拌、冷却或高温的情况下形貌发生变化，回到原状态后会恢复原状态，但纳米乳液没有这种性质。

3. 粒径分布

　　微乳液的粒径较小且粒径分布很窄。纳米乳液有可能有更宽的粒径分布。有时候微乳液的粒径难以利用动态光散射来测定，可以选用 SAXS 来测定其粒径。

4. 颗粒的形貌

　　微乳液和纳米乳液的颗粒形貌是不同的，纳米乳液液滴都是球形的，微乳液液滴除球形外还有其他的形貌。这些可以通过 X 射线散射、电子显微镜等手段进行观察。

第三节　Pickering 乳液

　　表面活性剂和具有表面活性的聚合物作为乳化剂的研究已经具有上千年的历史，其应用已经深入到人们生产和生活的方方面面。而利用胶体颗粒稳定液/液界面的研究却仅开始于一百多年前。20 世纪初，Ramsden[48]发现胶体尺寸的固体颗粒也可以稳定乳状液，为制备性能优异的乳液提供了一种新的方法。1907 年，Pickering[49]对固体颗粒作乳化剂稳定的乳液进行了较为系统的研究，因而此类乳液后来被称为 Pickering 乳液。与传统表面活性剂或具有表面活性的聚合物稳定的乳液相比较，Pickering 乳液具有其独特的优点：可以大大降低传统乳化剂的用量，节约成本；固体颗粒对人体的毒害作用远小于表面活性剂；对环境友好；乳液稳定性得到极大提高。因此，固体颗粒稳定的乳液在食品、化妆品、医药、石油开采和污水处理等领域均有潜在的应用价值。近年来，许多学者利用 Pickering 乳液作为新型模板，制备了多孔材料、胶囊、核壳结构和 Janus 颗粒等新材料，扩展了 Pickering 乳液的应用范围[50]。

　　在 Pickering 乳液刚被发现的阶段，大多集中于其理论研究，如 Pickering 乳液的稳定机理等，采用的颗粒为常见的硅颗粒、碳酸钙颗粒、聚苯乙烯小球和炭黑等形状规则单一的胶体颗粒[51,52]。在此后很长一段时间内，人们对 Pickering 乳液的研究较少。随着现代测试手段和技术的发展以及 Pickering 乳液潜在的应用前景，人们才重新对 Pickering 乳液给予关注。许多学者开始考虑采用功能性的颗粒来制备乳液，如 pH 响应的乳胶颗粒、聚合物改性颗粒形成的杂合微凝胶颗粒、两亲性的复合颗粒（Janus 颗粒）等，从而满足生产和生活各个领域内对乳液产品的需求，也因此出现了各种有趣的乳液行为，如 pH 响应的 Pickering 乳液、热敏感性乳液、紫外线控制的从凝胶到乳液的可逆转变、高内相乳液和转相可控的乳液等。

当前，借助比较先进的表征手段，如原子力显微镜、激光共聚焦显微镜、扫描电子显微镜等现代显微技术，人们已经对颗粒稳定乳液的宏观性质和微观性质，特别是界面上颗粒的排列方式等都有了较深入的认识。图 6-14 为典型的吸附在乳液液滴界面上的颗粒的 SEM 照片。此外，小角中子散射、荧光、电子自旋共振、Raman 光谱、椭圆光度法等测试手段使人们在 Pickering 乳液的理论与应用方面有了更深入的研究[53]。

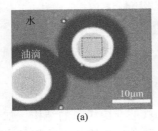
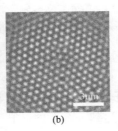

(a)　　　　　　　　(b)

图 6-14　PNIPAM 微凝胶小球稳定的 O/W 乳液照片及乳液液滴表面上颗粒的排列[53]
(a) PNIPAM 微凝胶小球稳定的 O/W 乳液照片；(b) 乳液液滴表面上颗粒的排列

一、　颗粒在液/液界面上的吸附与组装

固体颗粒在油/水界面的吸附是制备 Pickering 乳液的先决条件，微纳米级固体颗粒在油/水界面的吸附或自组装对 Pickering 乳液的稳定非常重要，因此研究颗粒在液/液界面的吸附对探讨 Pickering 乳液的稳定机理至关重要。

1. 颗粒润湿性诱导的界面组装

固体颗粒向界面附近扩散并以平衡状态保持在界面上，即颗粒在界面上的吸附，是通过降低自由能来驱动的，即过程的 $\Delta G <$ 0。Binks[52]等人指出，固体颗粒在界面的吸附状态，与颗粒的润湿性，即颗粒是亲油还是亲水的有关。一般用颗粒的三相接触角 θ 来表示颗粒的润湿性，如图 6-15 所示（关于固体颗粒在液/液界面上的润湿性，将会在第九章中详细介绍）。当固体颗粒接触角在 90°左右时，颗粒既亲水又亲油，易吸附于界面以降低界面能；反

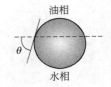

图 6-15　固体颗粒在油/水界面上的三相接触角

之，当接触角过大或过小时，颗粒倾向于分散在油相或水相中，而不易在界面吸附。

因此，对于固定类型的颗粒，需通过改变它们的润湿性以实现其在油/水界面上的吸附。一般需采用表面改性剂使固体颗粒的表面改性，从而改善颗粒表面的润湿性，增强颗粒在介质中的界面相容性。表面改性剂的分子结构中必须有易与颗粒表面产生作用的特征基团。一般采用的表面改性方法包括以下几种。

（1）用硅烷偶联剂处理。

（2）用钛酸酯等偶联剂处理。

（3）物理处理，如冷冻干燥、超声和等离子体处理等。

（4）合成两亲性的 Janus 颗粒或复合颗粒。

（5）用表面活性剂和短链双亲分子修饰处理等。

固体表面改性后，由于表面性质发生变化，其吸附、润湿、分散等一系列性质都将发生变化。

Duan 和 Wang[54,55]等人系统地研究了多种纳米颗粒在油/水界面的自组装行为。他们首先将有机基团通过配位键接枝于颗粒表面，然后观察颗粒的界面自组装行为，发现只有当改性颗粒的接触角接近 90°时，才会实现颗粒的自组装。Tommy[56]等人考察了不同疏水性的硅颗粒在辛烷/水界面上形成的单层硅颗粒膜的性质，研究了颗粒的疏水性对形成的颗粒膜结构的影响。结果表明，当接触角在 90°左右时，颗粒在界面上呈最紧密的排列，这种结构的形成是显著的毛细引力作用引起的。

2. 颗粒电性质控制诱导的界面组装

除了调节颗粒润湿性外，还可以通过调节颗粒的表面电性质来实现颗粒在界面上的吸附。

对于带电胶体颗粒的水分散体系，通过向水相中加入无机盐，可以屏蔽颗粒的表面电荷，从而降低颗粒与颗粒及颗粒与界面之间的静电斥力，促进颗粒的界面吸附。Yang[57]在采用片状胶体颗粒 LDH（层状双金属氢氧化物）制备乳液时，通过向 LDH 胶体体系中加入 NaCl，降低了 LDH 的正电位，而颗粒的润湿性基本保持不变，从而实现了颗粒在油/水界面上的吸附。Prestidge 等人[58]研究了亲水的二氧化硅颗粒在二甲基硅氧烷油滴表面的吸附行为，发现盐的加入降低了吸附在界面上的颗粒间的静电斥力，有利于界面致密颗粒膜的形成。

在基本不改变颗粒润湿性的前提下，pH 的变化也能够调控颗粒的表面电位，从而促进或者抑制颗粒在油/水界面上的吸附。Yang[59]研究了 pH 的变化对 LDH 颗粒在油/水界面吸附的影响。当 pH＝9.3 时，能够吸附于界面的颗粒非常少，界面为类镜面；当 pH＝10.1 时，一层完整的颗粒膜形成于油/水界面，此界面上的颗粒主要为形状规则的六角片状颗粒，表明界面颗粒的聚集并不显著；当 pH＝11.98 时，所形成的界面颗粒膜变厚且界面颗粒的聚集更加显著，很难在界面膜内找到单个的形状规则的片状颗粒；当 pH＝12.47 时，膜内颗粒变得非常疏松，这是由于在此 pH 下，分散于水相中的颗粒絮凝成较大的颗粒絮凝体且在重力作用下沉降的缘故。此外，通过预处理使油/水或气/水界面带有与颗粒相反的电荷，水相中的颗粒通过静电吸引也能够实现界面自组装[60]。

二、 Pickering 乳液的稳定机理

固体颗粒在油/水界面的吸附是制备 Pickering 乳液的先决条件，因此研究颗粒的界面吸附对了解 Pickering 乳液的稳定机理至关重要。要使胶体颗粒吸附在乳液液滴表面（即油/水界面），其中一个重要条件是固体颗粒能够被两种液体部分润湿，即颗粒具有一定的润湿性。1923 年，Finkle 等人[61]首先注意到颗粒润湿性和乳液形成的关系，认为在界面上吸附的颗粒主要处在优先润湿它的一相中，该相即为形成的乳液的连续相，这是因为颗粒会通过弯向内相来降低自由能。图 6-16 为球形固体颗粒在油/水界面三相接触角与界面弯曲取向之间关系的示意图。由图可知，当 $\theta<90°$ 时，固体颗粒亲水性较强，大部分处于水相，可得到 O/W 乳液；当 $\theta>90°$ 时，固体颗粒亲油性较强，大部分处于油相中，可制备 W/O 乳液；当 $\theta=90°$ 时，颗粒既亲水又亲油，此时最易发生相转变[62]。

与传统表面活性剂制备的乳液相对比，Pickering 乳液的稳定性有极大的提高。这是因

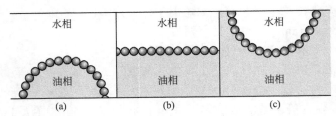

图 6-16　固体颗粒在油/水界面上的弯曲现象

(a) $\theta < 90°$；(b) $\theta = 90°$；(c) $\theta > 90°$

为前者使用的乳化剂为表面活性剂，后者是固体颗粒。颗粒对乳液稳定性的贡献主要是来自于界面颗粒形成的空间壁垒，势必要比表面活性剂的大得多。下面简要介绍颗粒在油/水界面的吸附以及对乳液稳定性的影响机理。

1. 颗粒与界面之间的作用

（1）颗粒脱附能　决定 Pickering 乳液稳定性的关键是颗粒在油/水界面吸附作用的强弱，因为吸附在乳液液滴表面的颗粒会形成一个势垒来阻止乳液液滴之间的聚并。颗粒在界面吸附力的强弱可用颗粒的界面脱附能的大小来表征，即将一个吸附于界面的颗粒移进体相中所需要的能量。很显然，较高的颗粒脱附能对应于需要更多的能量才能破坏颗粒膜使液滴聚结。

具体来说，对于处于界面平衡位置的一个半径为 R 的球形颗粒（图 6-17，假设颗粒足够小，重力可以忽略），使其从平衡位置移进体相中，忽略浮力的影响，需要的界面脱附能 ΔG 主要受到面积（半径）、颗粒的三相接触角（θ）与最初的界面张力（γ_{OW}/γ_{AW}）的影响，其定量关系可用下面公式表示[63]：

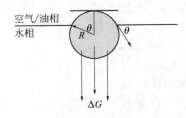

图 6-17　在油/水或气/水界面上的单个固体颗粒

$$\Delta G = \pi R^2 \gamma_{OW/AW}(1 \pm \cos\theta)^2 \qquad (6-9)$$

当颗粒向水相扩散时，括号内符号为负；反之，符号为正。对于半径较大的颗粒（>10nm），其吸附能 E 远远大于颗粒自身的热运动能（kT），因此颗粒一旦结合在界面上，就很难再脱附下来，即可认为颗粒的界面吸附实际上是不可逆的。

例如，一个吸附于甲苯/水界面上（界面张力为 36mN/m）的半径为 10^{-8} m 的固体二氧化硅颗粒，当接触角 θ 在 $30°\sim150°$ 之间时，其吸附能 E 远高于热运动能，因此为不可逆吸附（图 6-18）。当接触角为 $90°$ 时，$E = 2750kT$，此时颗粒在界面发生了强吸附。当接触角 θ 分别处在 $0°\sim20°$ 或 $160°\sim180°$ 两个区间内时，E 仅为 $10kT$ 左右，此时颗粒的热运动能足以克服吸附能 E，从而使颗粒脱附。因此，只有当接触角足够大时（E 远高于热运动能），颗粒在界面的吸附才是不可逆的。另外，对于粒径较小的颗粒（几纳米），其吸附能 E 较低，颗粒吸附亦容易受到热运动能的影响而发生脱附。

对于大多数的胶体颗粒，其表面性质均一，很难自发吸附到界面上。需对胶体颗粒表面改性，使

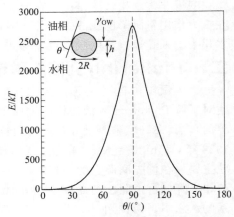

图 6-18　半径 10^{-8} m 的球形二氧化硅颗粒在甲苯/水界面的吸附能 E 随 θ 的变化曲线[52]

其润湿性得到改善，才更容易在界面上吸附。常用的表面改性方法在前面已有介绍，此处不再赘述。

（2）最大毛细管压力 脱附能可以解释很多乳液的整体稳定现象，它主要侧重于颗粒如何吸附到油/水界面并使界面保持稳定，却并没有解释两个液滴之间液膜的稳定性。对此，可以用颗粒在液滴之间产生的毛细压来解释。如图 6-19 所示，处在两个即将发生聚并的液滴液膜中的颗粒会提供一种力将液滴分开，要想使液滴聚并就需要克服这种压力，这种压力被称为毛细管压力。与脱附能不同，毛细管压力考虑的不是吸附在单一界面上的颗粒的作用，而是考虑位于两个界面之间的颗粒对液膜变薄的影响，类似于分离压。可用下式表示：

$$P_c^{\max} = \pm P \frac{2\gamma_{\mathrm{AW/OW}}}{R}\cos\theta \tag{6-10}$$

对 O/W 乳液体系取正值，对 W/O 体系取负值。参数 P 是理论堆积参数，包含了颗粒浓度和结构的影响。当接触角等于零时最大毛细压达到最大值，在 90°时达到最低值。这和脱附能与接触角的关系恰好相反。

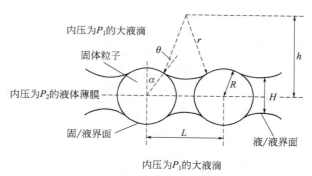

图 6-19　两临近液滴间液膜上的固体颗粒

为了将上述影响乳液稳定的两个因素——脱附能和毛细管压力结合起来，Kaptay 在这方面做了成功的研究[64]。对于液滴间为颗粒单层的情况，通过综合考虑两个相反的竞争机理的相对变化，得到了如图 6-20所示的关系图。而对于液滴间为颗粒双层的情况，Kaptay 发现最大稳定性时颗粒的接触角在 85°左右。值得注意的是，毛细管压力的理论也是存在缺陷的。该理论中颗粒被假定为在界面上静止不动，不会受到排液流动的影响，并且同时忽略了颗粒与颗粒之间的相互作用。因此，$P_c^{\max}$ 虽然与一般的稳定性趋势相一致，但是其实验值往往会与理论值存在偏差[65]。

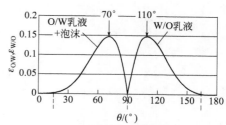

图 6-20　结合考虑脱附能和最大毛细管压力后得到的乳液稳定性和接触角的关系[64]

2. 颗粒与颗粒之间的相互作用

考察在油/水或气/水界面上颗粒与颗粒之间的相互作用对于乳液和泡沫的稳定性是很重要的，甚至可能会比颗粒与界面相互作用更重要。众所周知，水分散体系中胶体颗粒之间的作用力主要包括静电作用力、DLVO 力、疏水力和水合力。与水相环境中颗粒之间相互作用不同的是，处在气/水或油/水界面上胶体颗粒间的作用力（图 6-21）主要包括[66,67]以下几种。

（1）颗粒（沉浸于水相部分）之间的静电作用力（electrostatic interaction） 一旦颗粒吸附到油/水或气/水界面，带电颗粒处于水相中的部分之间会相互排斥，就像在本体胶体体系中一样，表面电势和反离子可以增加排斥或者造成界面聚沉，Levine 等人[68]认为静电双层排斥是主要的排斥力。

（2）整个颗粒之间的范德华引力（van der Waals attraction）　处于界面的颗粒的整体在水相、油相或气相中均存在范德华引力。

（3）颗粒（沉浸于水相部分）之间的疏水作用力（hydrophobic interaction）　类似于本体胶体分散体系中颗粒之间的相互作用，处于界面的颗粒沉浸于水相中的部分相互之间也存在疏水作用。

（4）颗粒（浮于水面之上部分）之间的偶极排斥力（dipolar electrostatic interaction）　颗粒由于带电不均匀（颗粒在水相中的部分发生离子化）而得到偶极，而处于水相中的电离部分会有反电荷来中和，因此偶极主要通过油/气相发生作用，造成颗粒间的排斥，颗粒的浸入程度决定了电荷的被中和程度，因此强疏水颗粒的偶极相互作用更强。

（5）颗粒（浮于水面之上部分）之间的单极库仑作用力（monopolar Coulombic interaction）　浮于水面之上的颗粒部分会存在单极，带电的单极之间势必会存在静电库仑作用。

（6）界面颗粒间的毛细引力（capillary attraction）　由于颗粒表面的粗糙度会造成颗粒周围的不规则的弯液面，因而可形成毛细管吸引作用力。毛细管力是侧向的，在所有表面变形的颗粒体系中都存在，通常临近的两个弯液面重叠就会发生吸引。而发生这种变形的原因根据颗粒粒径的大小而不同。对于较大的颗粒，弯液面的变形是由于重力的作用，对于粒径小于 $5\mu m$ 的颗粒，重力忽略不计，此吸引力是由于界面颗粒周围的弯液面引起的。

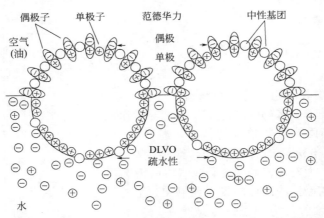

图 6-21　油/水（气/水）界面胶体颗粒之间的作用力示意图

颗粒与颗粒之间的相互作用不仅仅局限于界面上已经吸附的颗粒之间，连续相中未吸附的颗粒之间的相互作用同样对 Pickering 乳液的稳定性存在重要影响，特别是当这些颗粒在液滴周围形成三维网络结构时。通常导致乳液失稳的主要原因是分层和聚结。一旦连续相中形成三维网络结构，整个体系基本上类似于被冻结起来，可以有效地减缓或者抑制乳液的分层现象。与此同时，形成的三维网络结构还可以进一步阻止液滴靠近和碰撞，减少了乳液液滴之间的聚结，提高了乳液的稳定性。

三、 Pickering 乳液性质的影响因素

对于 Pickering 乳液的性质，人们多侧重于乳液类型和乳液稳定性的研究。影响 Pickering 乳液性质的主要因素包括颗粒的润湿性、颗粒浓度、电解质、水相 pH、颗粒的最初分散介质和油相类型等，下面分别就这些因素进行讨论。

1. 颗粒的润湿性

毋庸置疑，颗粒的润湿性是决定 Pickering 乳液稳定性的最重要的因素。因为它直接决定了颗粒能否在乳液液滴表面上吸附。前面已详细阐述了颗粒的润湿性在决定乳液类型和稳定性方面所起的作用，在此将前人相关的工作再加以总结以做说明。

早在 1923 年，Finkle 等人[61]就注意到了颗粒润湿性与乳液性质密切相关。此后 Schulman 和 Leja[69]测量了表面改性的硫酸钡颗粒在苯/水界面上的接触角，证实了 Finkle 的结论。许多学者相继运用各种方法对原本亲水的颗粒进行表面改性，使其更容易吸附在乳液液滴表面上。Binks 和 Lumsdon[52]研究了二氧化硅颗粒的润湿性对由其制备的乳液类型和稳定性的影响，通过在二氧化硅表面接枝不同数量的硅烷偶联剂以获得不同程度的润湿性。实验发现，用强亲水或强亲油的颗粒都不能得到稳定的乳液，中等润湿性（θ 接近 90°）的颗粒制备的乳液最稳定。可见在 $\theta=90°$ 附近，颗粒在油/水界面的吸附最强烈。Yan[70,71]和 Stiller[72]也分别研究了颗粒润湿性对 Pickering 乳液稳定性的影响，所使用的颗粒包括疏水改性的片状黏土、疏水改性的聚苯乙烯乳胶、亲水性的二氧化硅颗粒和二氧化钛颗粒。他们也发现，当颗粒接触角接近 90°时所制备的乳液（O/W 或 W/O 型）最稳定。

这里特别指出的是 Janus 颗粒。与表面活性剂的分子结构相类似，Janus 颗粒表面有两个润湿性不同的区域（一个区域更亲水，另一个区域更亲油），它既有表面活性，又有两亲性。Binks 等人[73]详细讨论了其与表面润湿性均匀的颗粒的区别。接触角为 90°的 Janus 颗粒由于具有两亲性，其表面活性比润湿性均匀的固体颗粒高 3 倍，且在接触角为 0°和 180°时，颗粒仍保持强表面活性。因此，与表面润湿性均匀的颗粒比较，Janus 颗粒更易吸附于油/水界面形成界面颗粒膜。不过由于 Janus 颗粒很难制备，有关此类颗粒稳定乳液的研究较少。

2. 颗粒浓度

在给定的乳化条件下，在工业生产中人们更关心的是乳化剂的初始浓度对乳液粒径大小和稳定性的影响。与由表面活性剂稳定的乳液体系类似，对于 Pickering 乳液，在一定的乳化条件下，随着颗粒初始浓度的增大，乳液液滴粒径也会降至最小值，然后基本保持不变。这是几乎所有的乳液体系普遍遵循的规律。

Binks 等人[51]研究了由二氧化硅颗粒稳定的水包油乳液，发现在较低的颗粒浓度下，颗粒浓度每增加 10 倍，乳液液滴粒径大小降低为原来的 1/8 左右。假设所有被吸附的颗粒都呈与液滴相切的六边形形状，那么根据液滴直径就可以估算出吸附在乳液液滴表面的颗粒数（在界面上）与总颗粒数的比值 R。计算表明，在体系中颗粒质量分数低于 3.0% 时，比值 R 均在 1.0 左右。表明大部分颗粒都吸附于油/水界面稳定乳液液滴，并且随着颗粒浓度的提高，乳液液滴粒径减小；当颗粒质量分数提高到 5.6% 时，R 降至 0.5，即吸附的颗粒质量分数仍接近于 3.0%，并未随颗粒浓度的提高而显著增大。这就意味着，当颗粒质量分数大于 3.0% 时，继续加入的颗粒不再吸附于乳液液滴表面上起稳定乳液液滴的作用，而是进入连续相中。乳液液滴粒径也基本保持不变。进入连续相的颗粒浓度较高时，可以促进连续相胶凝，从而阻止油滴分层或者水滴沉降，大大提高乳液的稳定性。

3. 电解质

对于大多数稳定的胶体颗粒分散体系来说，盐的加入会引起带电颗粒表面电势绝对值的减小并导致絮凝的产生。这类絮凝的产生对乳液的稳定性究竟会产生怎样的影响，很多学者相继对这个课题进行了考察并得出以下结论：当盐的加入使颗粒分散体系产生弱絮凝时，能够促进稳定乳液的形成；当絮凝程度严重时，反而不利于乳液的稳定[74,75]。

　　然而，并不是所有的 Pickering 乳液体系均遵循这一规律。Binks 等人[76]考察了 NaCl 的加入对带负电的合成锂皂石颗粒稳定的 O/W 乳液的影响，发现只有当颗粒完全絮凝时乳液才能有很好的稳定性。盐的加入一方面能够使小颗粒絮凝成大颗粒，提高了颗粒的吸附能，另一方面也提高了颗粒的疏水性，从而促进了颗粒在油/水界面的吸附并提高了乳液的稳定性。同时，他们还发现[77]，在用疏水性硅颗粒稳定的乳液中，不管加入的电解质浓度有多高，也不管水相中颗粒是否絮凝，制备的乳液均有很好的聚并稳定性。这同样说明了连续相中颗粒絮凝体的存在不是稳定乳液的关键因素。因此，电解质的加入对乳液稳定性的影响不能简单地用颗粒絮凝程度来解释，还应综合考虑多种因素，如颗粒表面电位的降低促进了颗粒的界面吸附和体相中三维网络结构的形成等。

　　电解质的加入不仅能够影响 Pickering 乳液的稳定性，而且能够引起乳液类型的改变，这主要是由于电解质的加入会影响一些弱酸基团的电离，进而使颗粒的润湿性发生改变所导致的。Binks 等人[78]合成了表面含羧基的聚苯乙烯乳胶颗粒并制备了稳定的乳液，发现电解质的加入可以引起乳液由 W/O 型到 O/W 型的转变。当颗粒表面的羧基主要为非离子状态时，颗粒比较疏水且倾向于形成油包水的乳液，而当羧基主要处于电离状态时，颗粒较亲水且倾向于形成 O/W 乳液。电解质的加入促进了羧酸基团的电离，使颗粒的疏水性降低而亲水性增强，从而导致了乳液由 W/O 型转变为 O/W 型。Sun 等人[79]也发现，在苯乙烯-甲基丙烯酸共聚物颗粒稳定的 O/W 乳液中加入盐可以增强颗粒的疏水性，从而导致乳液发生相反转。

4. 水相 pH

　　水相 pH 的改变能够引起颗粒的润湿性和带电性质的变化，从而对所得乳液的类型和稳定性产生影响。Masliyah[80]考察了水相 pH 的变化对沥青质改性的高岭石黏土颗粒在油/水界面的吸附行为的影响，发现颗粒的接触角随着水相 pH 的增大而增大，然后又随之减小。接触角在 pH＝6 时达到最大值，此时所得的 O/W 乳液最稳定，对应的乳液液滴平均粒径也最小。Yang[59]通过调节分散体系 pH，成功地制备了单独由 LDH 片状颗粒稳定的 O/W 乳液。该研究中水相 pH 的变化虽然也对颗粒的界面吸附行为及其稳定乳液的能力有着显著的影响，但是与之前的结论不同的是，LDH 颗粒的接触角在此过程中基本保持不变。因此这种影响并不是由于颗粒润湿性的变化引起的。研究认为，这主要是由于 pH 的增大引起了颗粒表面电位的降低，从而促进了颗粒在油/水界面的吸附，提高了乳液的稳定性。

　　近年来，研究者们制备了多种具有 pH 响应性的颗粒，利用这些颗粒的 pH 敏感性可以调控颗粒润湿性，从而达到调节乳液稳定性甚至改变乳液类型的目的。制备 pH 响应型颗粒乳化剂的主要方法是将具有 pH 敏感性的有机分子接枝在无机纳米颗粒表面或者是将一些 pH 敏感的有机分子和单体直接交联聚合。用这些颗粒制备 pH 响应型乳液的重点在于利用水相 pH 的变化来调控颗粒表面有机基团（如羧基、氨基等）的解离程度[81~83]。Armes[81]合成了 pH 敏感的聚苯乙烯小球作为稳定剂制备了 pH 响应的 O/W 乳液。当 pH 较低时，颗粒表面的氨基大量质子化，导致颗粒非常亲水，无法稳定乳液；当 pH 升高时，颗粒表面的氨基质子化程度降低，颗粒具有适宜的亲疏水性，能够稳定 O/W 乳液。后来他们又制备了聚（4-乙烯基吡啶）/纳米 SiO_2 杂合微凝胶颗粒并研究了其 pH 响应性[82]，pH 的改变影响了微凝胶颗粒表面的润湿性及其表面荷电性能，诱发颗粒体积发生变化，从而导致乳液的稳定性发生变化（图 6-22）。Lan[83]制备了油酸双层包覆的 Fe_3O_4 纳米颗粒稳定的乳液并发现了 pH 引发的双重相反转现象。当 pH 较低时，颗粒表面的羧基基本不发生解离，疏水性较强，从而形成稳定的 W/O 乳液；随着 pH 的增大，羧酸基团发生解离使颗粒表面带负电，此时颗粒亲水性增强，可得到稳定的 O/W 乳液；若 pH 继续增大，颗粒表面包覆的第二层油酸分子的脱附会使颗粒的疏水性更强，从而形成稳定的 W/O 乳液。

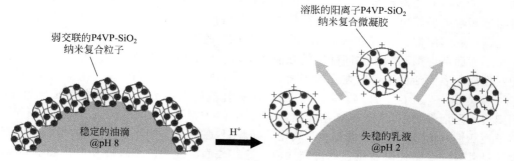

图 6-22 二氧化硅杂合微凝胶颗粒（P4VP/SiO₂）的 pH 响应机理示意图[82]

此外，水相 pH 的改变可以决定一些固体颗粒是否能够形成，从而决定了乳液的稳定存在和破乳的发生。Tan[84]制备了原位形成的氢氧化镁颗粒稳定的乳液并考察了该体系的 pH 响应性，发现在较低 pH 下，镁元素以离子形态存在于水相中，此时对油水体系没有界面保护作用，无法稳定乳液；当 pH 大于氢氧化镁的沉淀 pH 时，水相中生成氢氧化镁颗粒，此时可以得到稳定的 O/W 乳液。Liu[85]利用壳聚糖随着 pH 的变化可发生溶胶-凝胶转变的特点，以壳聚糖为颗粒乳化剂成功地制备了 pH 响应的 O/W 乳液。当 pH＜6 时，壳聚糖溶解在水相中，无法稳定乳液；当 pH＞6，壳聚糖在水相中以纳米颗粒的状态存在，能够吸附在油/水界面上，从而得到稳定的 O/W 乳液。

5. 颗粒的最初分散介质和油相类型

尽管颗粒的润湿性已经普遍被认为是决定固体颗粒稳定乳液的类型的一个主要因素，但是人们还发现颗粒的最初分散介质也会影响 Pickering 乳液的类型。接触角滞后作用会导致固体颗粒的润湿性发生改变。接触角的大小不仅取决于互相接触的三相的化学组成、温度和压力等因素，而且与形成三相接触线的方式有关。如果颗粒初始分散于水相中，乳化时固体颗粒吸附于界面形成三相接触线，这一过程发生固/油界面取代固/水界面，此时在界面形成的接触角称为后退角；反之，如果颗粒最先分散于油相中，在形成三相接触线时发生固/水界面取代固/油界面，此时在界面形成的接触角称为前进角。一般情况下前进角大于后退角。产生接触角滞后现象的原因是固体表面的粗糙性。根据上述分析，可以理解为什么固体颗粒的最初分散介质会对乳液的类型和相转变行为有影响。在通常情况下，具有中等润湿性的颗粒的最初分散介质更倾向于成为所得乳液的连续相[86]，其原因可能是以下几个。

（1）当颗粒首先分散在油中时，油相分子在颗粒上的吸附使颗粒的疏水性提高。

（2）颗粒的前进角总是大于后退角，当颗粒首先在油相中时，表现出疏水性（接触角较大），会得到 W/O 乳液。

（3）在油相或水相中颗粒分散体系的结构和流变行为不同，从而影响了界面吸附膜的性质。

在制备 Pickering 乳液时，油的选择对乳液的类型也有影响。油相的类型可以影响界面张力、固体的接触角、颗粒与液相间的相互作用以及颗粒在油/水界面上的吸附能。对于具有表面相同硅烷化程度的二氧化硅颗粒，所产生的乳液的连续相取决于所选油相的特性。当选择的油相极性很弱时，固体颗粒的三相接触角较小，更容易制备 O/W 乳液；当油相极性较强时，固体颗粒的三相接触角较大，更容易制备 W/O 乳液[87]。

6. 表面活性剂

对于大多数的胶体颗粒，其表面性质均一，很难自发吸附到界面上。需对胶体颗粒表面改性，使其润湿性得到改善，才更容易在界面上吸附。两亲性复合颗粒（Janus 颗粒）的合成和化学接枝的方法都是获得改性颗粒的有效途径，但是缺点在于制备工艺比较复杂。对于无机纳米颗粒来说，更简单有效的方法是在 Pickering 乳液体系中加入表面活性剂作为改性剂，对颗粒的润湿性进行有效的调节，从而获得稳定的 Pickering 乳液。

对于表面活性剂和颗粒共同稳定的乳液体系来说，乳液的类型和稳定性取决于二者之间的相互作用。表面活性剂可以在颗粒表面吸附，改变颗粒表面的润湿性，进而对所得乳液的稳定性和类型产生影响。Binks 等人在 Pickering 乳液体系中引入一系列的表面活性剂，如在用阳离子型活性剂 CTAB/二氧化硅颗粒[88]、非离子型活性剂 $C_{12}E_7$/二氧化硅颗粒[89] 和阴离子型活性剂 SDS/氧化铝包裹的二氧化硅颗粒[90] 联合制备的乳液中，均发现表面活性剂和颗粒对乳液的稳定性具有很强的协同效应。这些表面活性剂的加入可导致颗粒絮凝和疏水性的增加，从而使颗粒制备的乳液稳定性提高。当表面活性剂在颗粒表面的吸附使原本亲水的颗粒变得疏水时，会导致乳液发生由 O/W 到 W/O 的相反转。

表面活性剂和颗粒之间的相互作用在共同稳定乳液的过程中不仅表现为上述的协同作用，还可以表现为竞争作用。未吸附的表面活性剂在油/水界面上与颗粒进行竞争吸附，乳液的性质将随着二者相对浓度的变化而改变。在表面活性剂浓度较低时，乳液的性质主要取决于颗粒在油/水界面的吸附；随着表面活性剂浓度的增大，表面活性剂逐渐在油/水界面占据优势地位。Wang 等人[91] 考察了 LDH/SDS 混合体系稳定的乳液，在较高 SDS 浓度时，SDS 改性的 LDH 颗粒与体相中的 SDS 在油/水界面上产生竞争吸附，乳液由改性颗粒稳定的 W/O 型转变为 SDS 稳定的 O/W 型。通过荧光共聚焦显微镜观察可以发现吸附在乳液液滴表面的颗粒被表面活性剂取代下来，分散在体相溶液中。

7. 短链双亲分子

如上所述，利用表面活性剂对颗粒进行原位改性的确能够对颗粒的润湿性进行有效的调节，但表面活性剂与颗粒在油/水界面上的竞争吸附往往会使乳液的稳定性发生变化，表面活性剂甚至可以占据优势地位并导致颗粒脱附，为 Pickering 乳液的应用带来诸多不利影响。与表面活性剂相比，短链双亲分子在油/水界面上的吸附能力较弱且无法单独稳定乳液，因此，这种小分子作为颗粒改性剂的使用，可以有效地避免这一问题的出现。

此外，短链双亲分子在水溶液中具有高的溶解度和临界聚集浓度，在固体颗粒含量较高的分散体系中的应用更具优势。Gauckler 等人[92~94] 利用短链双亲分子具有高溶解度和高临界聚集浓度的特点，通过短链双亲分子在颗粒表面的吸附实现了对分散体系中高浓度的颗粒的疏水改性，从而制得了非常稳定的乳液和泡沫。超稳乳液和泡沫的形成为二者作为中间体或者最终产品在食品、化妆品、纺织品制造业和材料制备等领域的应用提供了更大的便利和更多的机会。该方法的优点主要表现在两个方面：第一是可以对很高浓度的颗粒进行改性并得到非常稳定的乳液和泡沫；第二是普遍适用性，即该方法适用于不同类型的无机胶体颗粒的改性，重点在于选择一种头基能够吸附在颗粒表面且含有较短疏水碳链的小分子。

短链双亲分子在 Pickering 乳液中应用的特点不仅仅体现在可有效地提高乳液稳定性上，一些具有特殊性质的小分子作为颗粒改性剂的应用，往往可以实现表面活性剂等常规改性剂无法得到的结果。Thijssen[95] 为了证实表面活性剂吸附对于乳液协同作用的重要影响，以短链双亲分子罗丹明 B（荧光剂）代替表面活性剂与聚甲基丙烯酸甲酯（PMMA）小球协同稳定乳液。研究中利用荧光共聚焦显微镜首次原位观察到了罗丹明 B 在液滴表面和胶体颗粒上的吸附，并以此推断出表面活性剂在油/水界面和颗粒表面的吸附，这些吸附使界面张力降低并改变了颗粒的三相接触角。Li 等人[96] 利用短链双亲分子 KHP（邻苯二甲酸氢钾）的 pH 敏感性，将其加入氧化铝包覆的二氧化硅颗粒分散体系中，成功制备了双重 pH 响应的 Pickering 乳液。体系中的双重 pH 响应性与 KHP 作为短链双亲分子无法单独稳定乳液有很大关联，因为能够单独稳定乳液的表面活性剂在此体系中无法实现这样的 pH 响应性。体系中乳液 pH 响应性的原理是通过调节分散体系的 pH 控制 KHP 的解离程度，以此来调控颗粒与 KHP 之间的相互作用，进而改变颗粒表面的疏水性（图 6-23）。当 pH 在 3.5～5.5 之间时，KHP 原位改性的颗粒能够稳定 O/W 乳液；当高于或低于这个 pH 范围时，均无法制备稳定的乳液。

图 6-23　pH 控制的邻苯二甲酸氢钾（KHP）和氧化铝包裹的二氧化硅颗粒之间的相互作用[96]

四、 Pickering 乳液在材料制备中的应用

Pickering 乳液中的油/水界面为固体颗粒的自组装提供了理想场所，可以用来制备微胶囊、中空结构、多孔结构和 Janus 颗粒等新材料。一些具有特殊功能性的纳米颗粒，如 Fe_3O_4（磁性）、ZnS（荧光）、TiO_2（催化）和 SnO_2（半导体），它们在 Pickering 乳液模板法制备材料中的使用往往可以为目标材料带来特殊的性能。近年来，随着纳米科技和界面化学的不断发展，以 Pickering 乳液为模板制备新材料的研究日益深入并引起广泛的关注。

1. 微胶囊和中空结构的制备

微胶囊是一种具有核壳结构的微型容器，其外壳可以由胶体颗粒紧密排列构成。由于微胶囊在大小、渗透性、机械强度以及生物亲和性等方面具有可塑性，因此其在制药、生物技术、食品科学、化妆品以及催化领域具有广阔的应用前景。利用 Pickering 乳液中颗粒在油/水界面的自组装是一种简便有效的制备微胶囊的方法。

以 Pickering 乳液为模板制备微胶囊主要包括以下三个步骤：第一，待包裹的物质在乳液的内相介质中分散或溶解，颗粒分散在另外一种与之不相溶的液体中，二者混合进行乳化，胶体颗粒开始在油/水界面吸附；第二，在乳液液滴表面被颗粒包覆后，将颗粒锁定在一起形成弹性外壳；第三，通过离心将微胶囊转移到与其内相相溶的溶剂中（图 6-24）。此处乳液内相中分散或溶解了待包裹的物质，得到的材料是微胶囊结构，如果内相中不存在待包裹的物质，以同样的方法就可以制备中空结构[97]。

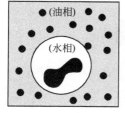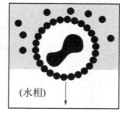

图 6-24　制备微胶囊的自组装过程示意图[97]

制备微胶囊和空壳材料的过程中，在消除乳液液滴内相和外相界面时，离心和溶剂洗涤等过程容易对颗粒壳层产生影响，因此，如何将液滴表面的颗粒固定起来形成稳定的壳层是得到完整结构的关键。下面就几种主要固定方法进行举例说明。

(1) 自粘法　自粘法是使在乳液液滴表面自组装的颗粒相互粘连，起到提高微胶囊壳层稳定性的作用。Dinsmore[98]在略高于聚苯乙烯的玻璃化转变温度的条件下（105℃）将界面上的聚苯乙烯颗粒轻微煅烧，使颗粒之间发生粘连，从而固定了颗粒壳层。而且，通过改变煅烧温度和煅烧时间能够调节微胶囊表面存在的孔洞大小，从而达到控制微胶囊通透性的目的。

(2) 聚合物锁定法　聚合物锁定法是指在制备微胶囊时利用固体颗粒与加入的聚合物之间的静电吸引力或共价键合力来加固胶囊壳层的一种方法。Akartuna[99]在水相中加入与颗粒带有相反电荷的聚电解质，界面上的颗粒可以被吸附的聚电解质牢牢地锁定在一起，有效地提高了胶囊壳层的机械强度。Armes[100]以短链胺改性的聚苯乙烯小球为乳化剂，在油相中加入聚合物作为交联剂（与颗粒表面的氨基有强烈的共价键合作用），同样有效地加固了界面上的颗粒壳层。

(3) 内相固化法　内相固化法是指乳液模板形成后在制备微胶囊的过程中使乳液液滴的内相固化的方法。内相固化在微胶囊的结构完整保持上可以发挥很重要的作用，固体内核使胶囊的外壳得到支撑，从而具有足够的强度，使之经过溶剂清洗、离心和转移的过程后仍然能够保持其完整的结构。此外，通过改变固化剂的浓度可以控制胶囊表面的小孔尺寸，从而起到控制微胶囊通透性的作用[101]。

2. 多孔材料的制备

多孔材料是一种具有微纳米尺寸的孔穴结构，可以广泛用于过滤介质、吸附剂、催化反应的载体和支撑材料等。以 Pickering 乳液为模板制备多孔材料的过程如图 6-25 所示。将颗粒稳定的乳液通过煅烧或干燥的方法除去液相，最终得到的固体物质就是多孔材料。油相类型、油水体积比和颗粒浓度等均会影响乳液的性质，因此这些参数也会对所得多孔材料的孔密度、孔尺寸分布及其形状产生影响[102]。如果所得模板为高内相的 Pickering 乳液，就可以得到孔穴体积分数较高的多孔材料[103]。

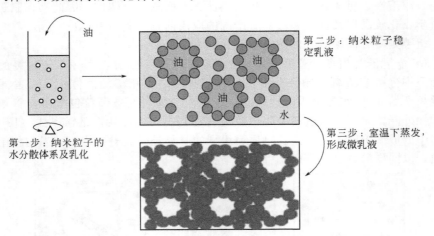

图 6-25　以颗粒稳定的乳液为模板制备多孔材料的过程示意图[103]

以 Pickering 乳液为模板制备多孔材料的方法不仅易于操控，而且能够解决一些普通乳液聚合制备多孔材料的过程中遇到的难题。例如具有热稳定性且较难溶解的聚四氟乙烯，通过普通乳液聚合的方式是很难得到多孔结构的，而 Pickering 乳液模板法可以很好地解决这个问题[104]。Ilke 等人以聚偏氟乙烯和聚四氟乙烯的纳/微米级粉末作为稳定剂，制备了高内相 Pickering 乳液，然后经过干燥和煅烧，得到了孔穴体积分数高达 82% 且孔径范围在 $16\sim200\mu m$ 之间的多孔材料。

3. Janus 颗粒的制备

Janus 颗粒是指表面具有两个不同化学成分的颗粒，这种各向异性的颗粒在光学、药物释放以及催化领域均具有广阔的应用前景。以 Pickering 乳液为模板制备 Janus 颗粒主要是通过"保护-释放"的方法选择性地对吸附在油/水界面的颗粒局部表面进行改性，这种方法简单易行，而且能得到大量的 Janus 颗粒。

Hong[67]采用颗粒稳定的石蜡乳液得到了润湿性可调的 Janus 颗粒。其制备过程如图6-26所示。首先在高温下制备乳液（保持温度在石蜡的熔点之上），此时石蜡为液态，然后在降温过程中颗粒被固定在石蜡/水界面，这样就抑制了颗粒的旋转，从而方便进行化学改性。在水相一侧改性完成之后，采用有机溶剂将石蜡溶解掉，对颗粒可以进一步进行改性。此外，利用表面活性剂对颗粒进行改性，可以调控颗粒的润湿性，从而控制颗粒浸入油相的体积，而得到不同化学改性程度的 Janus 颗粒。

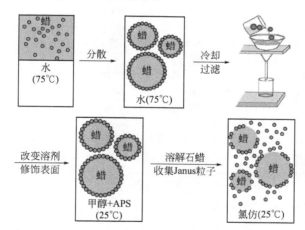

图 6-26 利用石蜡乳液制备 Janus 颗粒的过程示意图[67]

参 考 文 献

[1] Oh K H, Baran J R, Wade W H, Weerasooriya V. J Dispers Sci Technol, 1995, 16 (2): 165.

[2] Eicke H F, Meier W, Hammerich H. Colloids Surf A, 1996, 118 (1-2): 141.

[3] Binks B P, Fletcher P D I, Taylor D J F. Langmuir, 1997, 13 (26): 7030.

[4] Binks B P, Fletcher P D I, Taylor D J F. Langmuir, 1998, 14 (18): 5324.

[5] 白永庆，龚福忠，李丹，徐运贵. 化工技术与开发，2007，36 (11)：24.

[6] 冯绪胜，刘洪国，孙德军. 胶体化学. 北京：化学工业出版社，2005.

[7] Tadros T, Izquierdo R, Esquena J, Solans C. Adv Colloid Interface Sci, 2004, 108: 303.

[8] Meleson K, Graves S, Mason T G. Soft Materials, 2004, 2 (2-3): 109.

[9] Sonneville-Aubrun O, Simonnet J T, L'Alloret F. Adv Colloid Interface Sci, 2004, 108: 145.

[10] Sznitowska M, Janicki S, Dabrowska E, Zurowska-Pryczkowska K. Eur J Pharm Sci, 2001, 12 (3): 175.

[11] El-Aasser M S. Abstr Pap Am Chem Soc, 2002, 224: 501.

[12] Boonme P. J Cosmet Dermatol, 2007, 6 (4): 223.

[13] Bali V, Bhavna Ali M, Baboota S, Ali J. Recent Patents on Materials Science, 2008, 1 (2): 159.

[14] Maruno M, da Rocha-Filho P A. J Dispers Sci Technol, 2010, 31 (1): 17.

[15]　Rao J，McClements D J. J Agric Food Chem，2010，58（11）：7059.

[16]　Ling I M，Li W H，Wang L H. Asian J Chem，2009，21（8）：6237.

[17]　Tamilvanan S，Benita S. Eur J Pharm Biopharm，2004，58（2）：357.

[18]　Jafari S M，He Y，Bhandari B. Eur. Food Res. Technol. 2007，225（5-6）：733.

[19]　Guzey D，McClements D J. Adv Colloid Interface Sci，2006，128：227.

[20]　孙鹏飞，邓卫星，彭锦雯. 印染助剂，2010，27（5）：11.

[21]　苏晓燕，戴乐蓉. 日用化学工业，1997，4：27.

[22]　Kunieda H，Fukui Y，Uchiyama H，Solans C. Langmuir，1996，12（9）：2136.

[23]　Izquierdo P，Feng J，Esquena J，Tadros T F，Dederen J C，Garcia M J，Azemar N，Solans C. J Colloid Interf Sci，2005，285（1）：388.

[24]　Forgiarini A，Esquena J，González C，Solans C. Langmuir，2001，118：184.

[25]　Liu W，Sun D，Li C，Liu Q，Xu H. J Colloid Interf Sci，2006，303（2）：557.

[26]　Forgiarini A，Esquena J，Gonzalez C，Solans C. Langmuir，2001，17（7）：2076.

[27]　Pons R，Carrera I，Caelles J，Rouch J，Panizza P. Adv Colloid Interface Sci，2003，106：129.

[28]　Wang L，Li X，Zhang G，Dong J，Eastoe J. J Colloid Interf Sci，2007，314（1）：230.

[29]　Wang L，Tabor R，Eastoe J，Li X，Heenan R K，Dong J. Phys Chem Chem Phys，2009，11（42）：9772.

[30]　Wang L，Mutch K J，Eastoe J，Heenan R K，Dong J. Langmuir，2008，24（12）：6092.

[31]　Roger K，Cabane B，Olsson U. Langmuir，2010，26（6）：3860.

[32]　Roger K，Cabane B，Olsson U. Langmuir，2011，27（2）：604.

[33]　Sajjadi S. Langmuir，2006，22（13）：5597.

[34]　Solans C，Izquierdo P，Nolla J，Azemar N，Garcia-Celma M J. Curr Opin Colloid Interface Sci，2005，10（3-4）：102.

[35]　Fernandez P，Andre V，Rieger J，Kuhnle A. Colloids Surf A，2004，251（1-3）：53.

[36]　Morales D，Gutierrez J M，Garcia-Celma M J，Solans Y C. Langmuir，2003，19（18）：7196.

[37]　Sharif A A M，Astaraki A M，Azar P A，Khorrami S A，Moradi S. Arabian J Chem，2012，5（1）：41.

[38]　Sole I，Maestro A，Gonzalez C，Solans C，Gutierrez J M. Langmuir，2006，22（20）：8326.

[39]　Sole I，Maestro A，Gonzalez C，Solans C，Gutierrez J M. J Colloid Interf Sci，2009，330（2）：493.

[40]　Sole I，Maestro A，Pey C M，Gonzalez C，Solans C，Gutierrez J M. Colloids Surf A，2006，288（1-3）：138.

[41]　Solans C，Sole I. Curr Opin Colloid Interface Sci，2012，17（5）：246.

[42]　Kini G C，Biswal S L，Wong M S，Miller C A. J Colloid Interf Sci，2012，385：111.

[43]　Yu L，Li C，Xu J，Hao J，Sun D. Langmuir，2012，28（41）：14547.

[44]　Capek I. Adv Colloid Interface Sci，2004，107（2-3）：125.

[45]　Thi K N H，La V B，Deriemaeker L，Finsy R. Phys Chem Chem Phys，2004，6（7）：1413.

[46]　Taisne L，Cabane B. Langmuir，1998，14（17）：4744.

[47]　McClements D J. Soft Matter，2012，8（6）：1719.

[48]　Ramsden W. Proceedings of the Royal Society of London 1903，72（Article Type：research-article/Full publication date：1903 -1904/Copyright © 1903 The Royal Society）：156.

[49]　Pickering S U. J Chem Soc Trans，1907，91：2001.

[50]　Studart A R，Gonzenbach U T，Akartuna I，Tervoort E，Gauckler L J. J Mater Chem，2007，17（31）：3283.

[51]　Aveyard R，Binks B P，Clint J H. Adv Colloid Interface Sci，2003，100：503.

[52]　Binks B P，Lumsdon S O. Langmuir，2000，16（23）：8622.

[53]　Binks B P. Curr Opin Colloid Interface Sci，2002，7（1-2）：21.

[54]　Duan H W，Wang D Y，Kurth D G，Mohwald H. Angew Chem Inter Ed，2004，43（42）：5639.

[55]　Wang D Y，Duan H W，Mohwald H. Soft Matter，2005，1（6）：412.

[56]　Horozov T S，Binks B P，Aveyard R，Clint J H. Colloids Surf A，2006，282-283：377.

[57]　Yang F，Liu S，Xu J，Lan Q，Wei F，Sun D. J Colloid Interf Sci，2006，302（1）：159.

[58]　Simovic S，Prestidge C A. Langmuir，2003，19（9）：3785.

[59]　Yang F，Niu Q，Lan Q，Sun D. J Colloid Interf Sci，2007，306（2）：285.

[60]　Mayya K S，Sastry M. Langmuir，1999，15（6）：1902.

[61]　Finkle P，Draper H D，Hildebrand J H. J Am Chem Soc，1923，45（12）：2780.

[62] Ras R H A，Nemeth J，Johnston C T，DiMasi E，Dekany I，Schoonheydt R A. Phys Chem Chem Phys，2004，6 (16)：4174.

[63] Hunter T N，Pugh R J，Franks G V，Jameson G J. Adv Colloid Interface Sci，2008，137 (2)：57.

[64] Kaptay G. Colloid Surf A，2006，282：387.

[65] Kruglyakov P M，Nushtayeva A，Vilkova N G. J Colloid Interf Sci，2004，276 (2)：465.

[66] Chen W，Tan S S，Ng T K，Ford W T，Tong P. Phys Rev Lett，2005，95 (21)：301.

[67] Hong L，Jiang S，Granick S. Langmuir，2006，22 (23)：9495.

[68] Pieranski P. Phys Rev Lett，1980，45 (7)：569.

[69] Schulman J，Leja J. Transactions of the Faraday Society，1954，50：598.

[70] Yan N，Masliyah J H. Colloids Surf A，1995，96 (3)：229.

[71] Yan N X，Gray M R，Masliyah J H. Colloids Surf A，2001，193 (1-3)：97.

[72] Stiller S，Gers-Barlag H，Lergenmueller M，Pflücker F，Schulz J，Wittern K，Daniels R. Colloids Surf A，2004，232 (2)：261.

[73] Binks B，Fletcher P. Langmuir，2001，17 (16)：4708.

[74] Briggs T. Ind Eng Chem，1921，13 (11)：1008.

[75] Binks B，Lumsdon S. Phys Chem Chem Phys，1999，1 (12)：3007.

[76] Ashby N，Binks B. Phys Chem Chem Phys，2000，2 (24)：5640.

[77] Horozov T S，Binks B P，Gottschalk-Gaudig T. Phys Chem Chem Phys，2007，9 (48)：6398.

[78] Binks B P，Rodrigues J A. Angew Chem，2005，117 (3)：445.

[79] Sun G，Li Z，Ngai T. Angew Chem，2010，122 (12)：2209.

[80] Yan N，Masliyah J H. J Colloid Interf Sci，1996，181 (1)：20.

[81] Amalvy J，Armes S，Binks B，Rodrigues J，Unali G. Chem Commun，2003，(15)：1826.

[82] Fujii S，Read E S，Binks B P，Armes S P. Adv Mater，2005，17 (8)：1014.

[83] Lan Q，Liu C，Yang F，Liu S，Xu J，Sun D. J Colloid Interf Sci，2007，310 (1)：260.

[84] Tan J，Wang J，Wang L，Xu J，Sun D. J Colloid Interf Sci，2011，359 (1)：155.

[85] Liu H，Wang C，Zou S，Wei Z，Tong Z. Langmuir，2012，28 (30)：11017.

[86] Binks B，Rodrigues J. Langmuir，2003，19 (12)：4905.

[87] Binks B，Lumsdon S. Phys Chem Chem. Phys，2000，2 (13)：2959.

[88] Binks B P，Rodrigues J A，Frith W J. Langmuir，2007，23 (7)：3626.

[89] Binks B P，Desforges A，Duff D G. Langmuir，2007，23 (3)：1098.

[90] Binks B P，Rodrigues J A. Langmuir，2007，23 (14)：7436.

[91] Wang J，Yang F，Li C，Liu S，Sun D. Langmuir，2008，24 (18)：10054.

[92] Gonzenbach U T，Studart A R，Tervoort E，Gauckler L J. Angew Chem Inter Ed，2006，45 (21)：3526.

[93] Akartuna I，Studart A R，Tervoort E，Gonzenbach U T，Gauckler L J. Langmuir，2008，24 (14)：7161.

[94] Gonzenbach U T，Studart A R，Tervoort E，Gauckler L J. Langmuir，2006，22 (26)：10983.

[95] Thijssen J H，Schofield A B，Clegg P S. Soft Matter，2011，7 (18)：7965.

[96] Li J，Stoöver H D. Langmuir，2008，24 (23)：13237.

[97] Hsu M F，Nikolaides M G，Dinsmore A D，Bausch A R，Gordon V D，Chen X，Hutchinson J W，Weitz D A，Marquez M. Langmuir，2005，21 (7)：2963.

[98] Dinsmore A，Hsu M F，Nikolaides M，Marquez M，Bausch A，Weitz D. Science，2002，298 (5595)：1006.

[99] Akartuna I，Tervoort E，Studart A R，Gauckler L J. Langmuir，2009，25 (21)：12419.

[100] Walsh A，Thompson K，Armes S，York D. Langmuir，2010，26 (23)：18039.

[101] Noble P F，Cayre O J，Alargova R G，Velev O D，Paunov V N. J Am Chem Soc，2004，126 (26)：8092.

[102] Aranberri I，Binks B P，Clint J H，Fletcher P D. J Porous Mater，2009，16 (4)：429.

[103] Gurevitch I，Silverstein M S. J Polym Sci A：Polym Chem，2010，48 (7)：1516.

[104] Akartuna I，Tervoort E，Wong J C，Studart A R，Gauckler L J. Polymer，2009，50 (15)：3645.

第七章

囊泡

第一节　概述

表面活性剂兼有亲水基团［如—SO_4^{2-} 和—$N^+(CH_3)_3$ 等］和疏水尾链（CH 链或 CF 链等）的化学结构，表现出独特的两亲性分子结构特性[1,2]。在溶液中，随着表面活性剂浓度、温度和盐度等条件的变化可发生自聚集形成不同形态的聚集体结构，如胶束、囊泡等。近年来，越来越多的现代技术手段被应用于表面活性剂溶液自聚集体化学的研究，特别是核磁共振波谱（nuclear magnetic resonance，NMR）、电子自旋共振（electron spin resonance，ESR）[3]、小角度中子散射（small-angle neutron scattering）、小角度 X 射线散射（small-angle X-ray scattering，SAXS)[4,5]、激光光散射（laser light scattering)[4~6]、原子力显微镜（atomic force microscopy，AFM）[7] 等。电子显微镜包括透射电子显微镜（transmission electron microscopy）和扫描电子显微镜（scanning electron microscopy），特别是冷冻蚀刻电子显微镜（freeze-fracture TEM，FF-TEM)[8~10] 和低温透射电子显微镜（cryo-TEM)[11] 观测等方法是研究表面活性剂溶液中聚集体大小、形状、自聚集体精细结构、自聚集体再缔合成高级自聚集体以及聚集体内两亲分子排列等特性的主要手段，在很多实验室或研究中心已发展成为常规观测方法，进而促进表面活性剂溶液研究体系逐年增长，相关的研究结果也逐渐揭示出表面活性剂体相溶液的特性本质。相关表面活性剂溶液的研究结果在三十多种国际期刊（如 *Science*、*Physical Review Letters*、*The Journal of the American Society of Chemistry*、*Anewandgte Chemie International Edition*、*Chemical Communications*、*The Journal of the Physical Chemistry B*、*Langmuir* 和 *Journal of Colloid and Interface Science* 等）上发表，而且新的专业杂志（如 *Soft Matter* 等）近年也不断创刊。

在表面活性剂溶液聚集体结构中，热力学稳定的囊泡相是用于生物膜研究的典型而简单的模型，其精细结构、形成机理和宏观性质极具研究价值。因此，自 1989 年美国科学家 Kaler 等人[12] 报道水溶液中阴/阳离子单尾链表面活性剂自发形成囊泡相以来，包括理论物理学家在内的不同领域科学家开展了构筑阴/阳离子表面活性剂溶液体系囊泡相的大量研究。阴/阳离子表面活性剂混合溶液中，有含盐和无盐两类体系[13]。第一类为含盐溶液体系，阴离子表面活性剂的反离子（如 Na^+）和阳离子表面活性剂的反离子（如 Br^-）在溶液中形成盐，从而构筑了含盐溶液体系；第二类为无盐溶液体系，该类体系中阴离子表面活性剂的反离子为 H^+，而阳离子表面活性剂的反离子为 OH^-，两种反离子结合形成水（$H^+ + OH^- \longrightarrow H_2O$）。

一、囊泡的结构

如图 7-1 所示，囊泡由内腔和双分子层组成，双分子层一般为闭合的球形结构，双分子层内为疏水区域。双分子层的内壁和外壁都是亲水头基，外壁与体相水溶液接触，而囊泡的内腔也是充满水相，疏水链则通过疏水作用被包裹在双分子层内部，这样的结构可以有效地降低体系的能量，使得囊泡能够稳定存在。

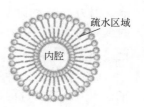

图 7-1　囊泡的结构示意图

囊泡除了较为规则的球形外观外，还有椭球形、扁球形和管状等。囊泡的直径呈现多分散性，从十几纳米到几微米的囊泡都存在，其尺寸处于胶体分散体系的范围，它是表面活性剂有序组装体在水中的分散体系。如果囊泡只由一个闭合的双分子层组成，则为单层囊泡［图 7-2（a）］；而由多个囊泡组成的同心球组装在一起则称之为多层囊泡［图 7-2（b）］。多层囊泡的中心部位（即最内层囊泡的内腔）以及各层囊泡双分子层之间都包含水。而每个囊泡的双分子层内部都是疏水区域，可以用来增溶多种疏水溶质。这种多层囊泡既可以包容亲水性溶质，又可以包容疏水性溶质，在不同水溶性药物的运载中有着巨大的应用前景。如果多层囊泡的层数足够多，则形成的囊泡就像洋葱一样，通常称之为洋葱相[14]。除了单层囊泡和多层囊泡外，也有多室囊泡，即一个大囊泡包含多个小囊泡在其内腔的情况［图 7-2（c）］。管状囊泡其外观呈现管状，但是管壁是由双分子层构成的，双分子层卷曲就可形成管状囊泡。

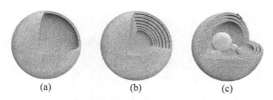

图 7-2　单层囊泡、多层囊泡和多室囊泡结构示意图
（a）单层囊泡；（b）多层囊泡；（c）多室囊泡

二、 反相囊泡

在有机相中形成的囊泡称之为反相囊泡。人们知道，在水溶液中，囊泡是由两层疏水基在内、亲水基在外的双分子层围绕而成。然而，在有机相中，非极性的油相作为连续相，根据相似相溶原理，囊泡的双分子层不可能还是保持亲水基在外，必然发生一个翻转，使得表面活性剂分子的疏水链在外，亲水头基在内（图 7-3）。根据临界堆积参数理论（在第五章中已经讲述），反相结构的临界堆积参数大于 1，表面活性剂分子的头基面积小于尾链，形状为倒置的平头锥体。

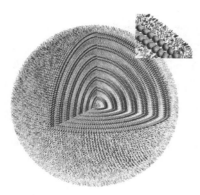

图 7-3　反相囊泡结构示意图[15]

反相囊泡的报道较少，由于有机溶剂挥发快、凝固点较低以及反向结构极为不稳定，因此用通常的冷冻透射电镜（cryo-TEM）和冷冻蚀刻电镜（FF-TEM）技术观察是一个难点。反相囊泡最早在 1991 年被 H. Kunieda 等人发现，目前，通过一些常见的两亲分子或者它们的混合物就可以构筑反相囊泡。其中包括磷脂、聚氧乙烯醚非离子型表面活性剂、嵌段共聚物、卟啉、多金属氧酸盐复合物、阴离子表面活性剂钠盐混合物、无盐阴阳离子表面活性剂复配体系、生物表面活性剂和金属离子表面活性剂等。反相囊泡的自聚集通常依赖于分子结构、弯曲位点、稳定性和环境条件。其中，为了"活化"两亲分子的亲水部分，实验时往往需要加入少量水。而这些反相囊泡通常不稳定，放置一段时间后会重新发生相分离。一般来说，离子型表面活性剂不适合用于构筑反相囊

泡，因为它们大多是水溶性的，在非极性溶剂中不能溶解而以沉淀的形式存在。但是多支链的金属表面活性剂溶解于有机溶剂中却能够形成反相囊泡。

三、 脂质体

脂质体也是一种囊泡。脂质体与一般所说的囊泡的区别是构成脂质体的分子为磷脂分子，而人们通常说的囊泡的构成分子为表面活性剂分子。脂质体是人类发现的最早的囊泡体系。Stoeckenius 在 1959 年发现磷脂在水中溶胀会形成多层结构[16]。随后，Bangham 等人在 1965 年证明它是由闭合的双分子层结构构成的，能将一些离子包含在其内腔之中[17]。脂质体的构成单元为磷脂双分子层，磷脂的结构特点为一个磷酸基和一个季铵盐组成的亲水性基团，以及两个较长的烃基组成的亲脂性基团。磷脂主要包括天然磷脂和合成磷脂，天然磷脂以卵磷脂（磷脂酰胆碱）为主，来源于蛋黄和大豆；合成磷脂主要有 DPPC（二棕榈酰磷脂酰胆碱）、DPPE（二棕榈酰磷脂酰乙醇胺）、DSPC（二硬脂酰磷脂酰胆碱）等，均属氢化磷脂类，具有性质稳定、抗氧化性强、成品稳定等特点。

胆固醇与磷脂是共同组成细胞膜和脂质体的基础物质。胆固醇具有调节膜流动性的作用，故可称之为脂质体"流动性缓冲剂"。

四、 双分子层

囊泡是由闭合的双分子层构成的，如果双分子层不能够闭合，则不能称之为囊泡。双分子层是一个比囊泡更为广泛的概念。脂质体的磷脂双分子层和囊泡的双分子层都可以统称为双分子层。除了这些闭合的双分子层外，还有一些曲率很小的双分子层，如果双分子层的曲率为零，则可以将其称之为平面层状相。根据堆积参数理论，构成平面层状相的表面活性剂分子的堆积参数更大，接近于 1，分子结构呈现圆柱形。除此之外，像是碟状胶束、海绵相等也都属于双分子层的范畴（图 7-4）。

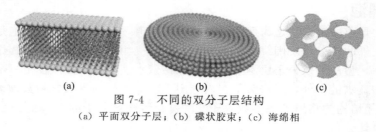

　　　　(a)　　　　　　　　　　(b)　　　　　　　　(c)
图 7-4　不同的双分子层结构
（a）平面双分子层；（b）碟状胶束；（c）海绵相

第二节　囊泡的制备方法及体系

早期发现的囊泡的形成过程往往需要借助外力，如溶胀法、乙醚注射法、超声分散法、挤压法等，借助外力制备的囊泡通常不稳定，外力消失后囊泡易解体。1989 年 Kaler 等人发现了两种单链表面活性剂自发形成的囊泡结构[12]。相对于单一的表面活性剂水溶液体系，混合表面活性剂离子间正负电荷间的吸引，大大促进了两种不同电荷离子间的缔合，使其在溶液中更易形成胶束，从而产生更高的表面活性。不论是基础研究还是工农业生产中，表面活性剂复配体系都远比单一组分体系复杂，同时也往往更实用。事实上，在绝大多数情况下，都需要将两种或多种表面活性剂混合使用以符合实际需要。因此，表面活性剂复配体系引起了人们的广泛关注。

一、 阴/阳离子表面活性剂混合体系

对于表面活性剂混合体系的研究，长期以来大多局限于同类型或离子型/非离子型表面

活性剂混合体系，对于亲水基团带电性质相反的阴/阳离子表面活性剂混合体系却几乎无人问津。一个主要的原因是受到一种传统观念的束缚，即认为阴离子表面活性剂和阳离子表面活性剂在溶液中混合时，会发生电性中和而生成结构类似于双链长磷脂分子的难溶盐，从而失去表面活性。这一论断确实为许多实验现象和生产实践所证实。但事物都是一分为二的，没有绝对的准则。同样"阴离子表面活性剂和阳离子表面活性剂不能混合使用"的观念在适当条件下也可以被打破。这从 Schwartz 在 1949 年发表的有名的专著中也可以找到答案。他写到，阴离子表面活性剂和阳离子表面活性剂一般不可能在水溶液中同时存在，因为它们形成了大分子量的、不易电离的、由疏水阴离子与疏水阳离子构成的盐沉淀[18]。但接着他又指出，若阴、阳表面活性离子的疏水性不大时，所形成的盐可以溶于水而用作表面活性剂。然而遗憾的是，长期以来，人们往往只看到了阴/阳离子表面活性剂混合体系不利的方面，而忽略了其中积极的因素。

直到 Kaler 等人在 *Science* 上发表了题为"单链阴/阳离子表面活性剂稀溶液中囊泡相的自发形成"的文章之后[12]，人们才重又认识到研究阴/阳离子表面活性剂混合体系的重大理论意义和实用价值。在随后的几年中，这方面的研究如火如荼地开展起来。研究发现，随着表面活性剂混合比例的变化，体系表现出丰富的相行为。其中，最为显著的一点是囊泡相的形成。通过分析后认为这是由于阴/阳离子对的形成大大降低了表面活性剂亲水基团的有效截面积所致。同时，通过对众多体系的研究还发现，人们原来担心的生成沉淀的问题依然存在，尤其是在阴、阳离子表面活性剂浓度较高，链长相近和接近等摩尔量混合时（图7-5）。当然通过优化阴/阳离子表面活性剂的组成，可以或多或少地减少生成沉淀的程度和区域，但对大多数体系沉淀的生成依然比较严重，这大大阻碍了阴、阳离子表面活性剂的进一步研究和实际应用。

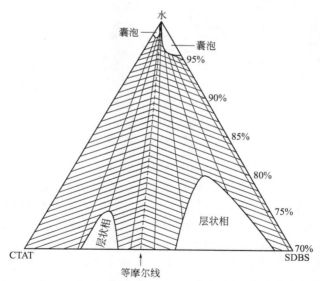

图 7-5　阴阳离子表面活性剂 SDBS 和 CTAT 混合体系的相图[12]
（注意有沉淀生成的广大区域，阴影区域代表沉淀）

二、　无盐阴/阳离子表面活性剂混合体系

这里所说的无盐阴/阳离子表面活性剂混合体系，是相对于传统阴/阳离子表面活性剂混合体系而言的。笔者可以在原有混合体系的基础上，采用萃取、渗析等方法将由阴、阳离子表面活性剂反离子形成的过剩无机盐除去[19]。还有一种制备无盐阴/阳离子表面活性剂混合

体系的方法，首先通过离子交换将阳离子表面活性剂如十四烷基三甲基溴化铵（TTABr）的反离子 Br^- 换成 OH^-，然后使其与脂肪酸反应；或者将阴离子表面活性剂如十二烷基硫酸钠（SDS）的反离子 Na^+ 换成 H^+，然后使其与长链烷基胺或季铵碱反应。这样在等摩尔量混合时，因为酸碱中和反应的发生，体系中将不存在小的反离子，体系表现为均相溶液而非沉淀相。这一点与传统阴/阳离子表面活性剂混合体系迥然不同。当然，在非等摩尔量混合时，体系中将仍含有部分未被中和的 OH^- 或 H^+，但数目相对于传统阴/阳离子表面活性剂混合体系要少得多。这种制备无盐阴/阳离子表面活性剂混合体系的方法近年来被德国和法国的科学家以及国内郝京诚教授等人广泛采用，取得了一系列有意义的研究结果[13,14,20～24]。例如，对 TTAOH/月桂酸（LA）/H_2O 体系等摩尔量混合时形成的均一相的冷冻蚀刻电子显微镜（FF-TEM）研究表明了大量密堆积单双层和多双层囊泡的存在[20]。如果将月桂酸换成不饱和脂肪酸如油酸，还会形成有趣的洋葱相[14]。法国科学家 Zemb 等人对十六烷基三甲基氢氧化铵（CTAOH）/肉豆蔻酸（MA）/H_2O 体系做了详尽的研究，发现除了等摩尔量混合时形成的囊泡相，该体系在 CTAOH 过量时能够形成碟形胶束[25]，在 MA 过量时则形成了规则中空的二十面聚集体[26]。他们的研究工作分别发表在 *Science* 和 *Nature* 上。一些典型的实验结果和模型图示于图 7-6 中。

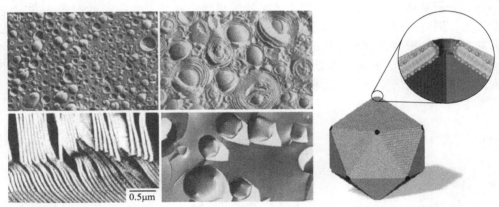

0.5μm

图 7-6　左：无盐阴阳离子表面活性剂水溶液中发现的密堆积囊泡相（上）[13,20]、层状相（左下）和规则中空的二十面聚集体（右下）的 FF-TEM 照片及右：二十面聚集体的结构模型图[26]

为了更好地理解无盐阴、阳离子表面活性剂混合体系，先来简单分析一下阴、阳离子表面活性剂混合体系中沉淀生成的情况。要避免生成沉淀，所选用的阴、阳离子表面活性剂首先需满足 Schwartz 在其专著中指出的条件[18]，即阴、阳离子表面活性剂所形成的离子对的疏水性不能太强。在此基础上，还有一个因素值得注意，那就是阴、阳离子表面活性剂反离子的静电屏蔽作用对体系稳定性的影响。众所周知，胶体颗粒之间的静电斥力是保持体系稳定性的重要因素。在单一阴离子或阳离子表面活性剂水溶液中，虽然也存在反离子的静电屏蔽作用，但由于表面活性剂聚集体具有较高的表面电荷密度，聚集体之间仍然具有可观的静电斥力，从而使体系保持稳定。将阴、阳离子表面活性剂混合时，由于电中性离子对的形成导致聚集体的表面电荷密度急剧下降，聚集体之间的静电斥力也随之迅速下降。在混合比例恰好为 1：1 时，聚集体将仅带有因离子对解离而产生的微弱电荷，但这种电荷所产生的聚集体之间的微弱斥力也将会被体系中大量存在的表面活性剂反离子屏蔽掉，从而使体系变得极其不稳定，以致产生沉淀。当表面活性剂总浓度增加时，反离子浓度也随之增加，静电屏蔽作用增强，所以沉淀的生成更为明显。通过制备无盐阴、阳离子表面活性剂混合体系，表面活性剂的反离子被部分地甚至完全地除去，反离子产生的静电屏蔽作用被大大抑制甚至完全消除，从而大大提高了体系的稳定性。这对于阴、阳离子表面活性剂混合体系的进一步研究和实际应用都将起到极大的促进作用。法国科学家 Zemb 等人从体系渗透压的角度解释了阴、阳离子表面活性剂混合体系中无机盐的负面影响，取得了较好效果[25,26]。

相对于传统阴、阳离子表面活性剂混合体系，无盐阴、阳离子表面活性剂混合体系的起步更晚，对大部分体系的研究还远没有像对待传统阴、阳离子表面活性剂混合体系那样开展得如此细致。其相行为变化和聚集体转变规律还没有完全搞明白，不同相区流变学行为的研究也有待进一步研究。

除了阴、阳离子表面活性剂复配体系外，人们发现囊泡也能够在嵌段共聚物、糖脂类分子、小分子表面活性剂体系如双尾链的阳离子表面活性剂、高价金属表面活性剂/长链烷基氢氧化铵复配体系、脂肪酸及其助表面活性剂体系、离子/非离子表面活性剂混合体系以及非离子表面活性剂/助表面活性剂/水组成的多组分体系中形成，而形成过程往往是自发的。以上方法制得的囊泡通常是稳定的，其尺寸、电荷和渗透性等性质可以通过调剂表面活性剂的浓度及比例或者链长来调节，因此受到了广泛的关注。此外，通过剪切平面层状相也可制得囊泡，并且多层囊泡在剪切作用下会变成直径较小的单层囊泡，这样制得的囊泡直径均一，具有较小的多分散性。

第三节　囊泡形成的理论预测

表面活性剂自聚集过程可以看作是疏水作用和亲水作用的竞争，而这些作用均是发生于结构和溶剂的界面。在疏水引力和头基斥力的竞争过程中，疏水作用趋向于导致分子有效头基面积 a_s 增大。Israelachivili 等人提出了聚集体总界面能（表示为 $\mu_N^{\ominus}$）的观点[27]，包括相互吸引界面能和相互排斥界面能。相互吸引的界面能表示为 γa_s（其中 γ 是期望值位于 $20 \sim 50 \mathrm{mJ/m^2}$ 的界面张力）。相互排斥的界面能表示为 K/a_s，包含了空间位阻、水合力以及扩散双电层的贡献。则总的界面能可以通过以下公式来表达：

$$\Delta G_{\text{form}}^{\ominus} = N\mu_N^{\ominus} = N\left(\gamma a_s + \frac{K}{a_s}\right) \tag{7-1}$$

式中，N 是聚集数；K 是常数。最小能量可以表示为：

$$\frac{\partial \Delta G_{\text{form}}^{\ominus}}{\partial a_s} = \frac{\partial \mu_N^{\ominus}}{\partial a_s} = 0 \tag{7-2}$$

则 $(\mu_N^{\ominus})_{\min} = 2\gamma a_0$，并最终得到优化的头基面积与界面张力之间的关系：

$$a_0 = \left(\frac{K}{\gamma}\right)^{1/2} \tag{7-3}$$

由此具有完整结构的胶束和双分子层的标准自由能可以通过以下公式表达：

$$\Delta G_{\text{form}}^{\ominus} = N\mu_N^{\ominus} = N\left[2\gamma a_0 + \frac{\gamma}{a_s}(a_s - a_0)^2\right] \tag{7-4}$$

其中未知的常数 K 被取消，γ 和 a_0 可以通过实验测得，而 $\Delta G_{\text{form}}^{\ominus}$ 被表示为 a_s 的函数方程。所以从总的自由能计算中，能够得出自由能变化最小或者吸引力与排斥力相平衡时的优化头基面积，如图 7-7 所示。

在优化分子头基面积的基础上，Israelachvili 和 Mitchell 等人提出了临界堆积参数理论（critical packing parameter theory）[29]，通过表面活性剂分子本身的几何形状来预测其在水溶液中形成的聚集结构，其计算方法为：

$$p = \frac{v}{al} \tag{7-5}$$

式中，p 为临界堆积参数；a 是表面活性剂分子亲水头基在排列紧密的单层中平均占据的横截面积；l 是表面活性剂分子疏水链的平均链长；v 为疏水链的体积。$p < 1/3$ 时一般形成球状胶束或不连续的立方相；$1/3 < p < 1/2$ 时容易形成椭球形或棒状胶束；$1/2 < p < 1$ 时则易形成囊泡、碟形胶束或层状相等具有不同曲率的双分子层结构；当 $p > 1$ 时会形成反相结构，如图 7-8 所示。

对碳氢链为直链的表面活性剂分子，v 和 l 可用 Tanford 方程来计算[30]：

$$v = 27.4 + 26.9n \tag{7-6}$$

$$l = 1.5 + 1.265n \tag{7-7}$$

式中，n 为表面活性剂分子疏水链中碳原子的数目。

这个理论在预测简单的表面活性剂溶液中聚集体形状时有很好的指导作用。

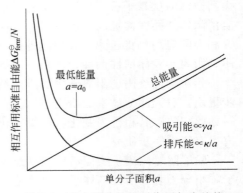

图 7-7　疏水部分的吸引作用与头基的排斥作用平衡时的优化头基面积 a_0 [28]

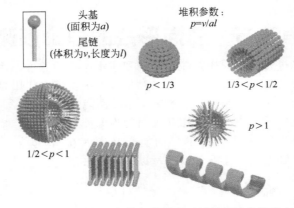

图 7-8　与临界堆积参数相关的表面活性剂聚集体形态

第四节　囊泡的稳定性

人们早期发现的囊泡体系是脂质体，但是脂质体囊泡并不能自发形成，因此认为其不是热力学稳定体系。1989 年，Kaler[12] 等人发现了自发形成的热力学囊泡，进一步完善了囊泡稳定性的理论。如前所述，碟状胶束、囊泡、海绵相等均是由双分子层构成的。对于表面活性剂双层膜在什么情况下能够自发地弯曲闭合形成囊泡，或者最终的平衡结构是平面层状结构还是双连续的肿胀相，以及囊泡的热力学稳定性问题，可以根据双层膜弹性变形时的弯曲自由能来判断。

对于双层膜曲面的弯曲能量，Helfrich 建立了一个用曲面曲率及其微分表示的理论模型[31,32]。双层膜可以看作是一个二维的表面，当发生形变至曲率半径远大于双层膜厚度时，可以将其描述为三维结构。而双层膜的形变包含两个部分：面积改变和曲率变化。其中面积的改变需要极其高的能量，而曲率变化仅需要较低的能量[33]。因此，曲率变形的自由能将决定双层膜结构的稳定性，而膜面积的改变则涉及非平衡的状态，比如囊泡在剪切作用下的变形。

下面讨论曲率的数学表示。在数学模型里，二维表面的方位可以通过正向的单位法向量来描述，在发生弯曲时，其方位沿着表面移动。表面的曲率可以通过测量单位法向量随位置的变化来确定，则表面曲率可以通过单位法向量与曲率张量的关系来描述：

$$\mathrm{d}\boldsymbol{n} = \mathrm{d}\boldsymbol{r} \cdot \boldsymbol{Q} \tag{7-8}$$

式中，$\boldsymbol{n}$ 代表单位法向量；$\mathrm{d}\boldsymbol{r}$ 代表沿表面移动的距离；$\boldsymbol{Q}$ 代表曲率张量。图 7-9 给出了表面曲率张量的几何表示。

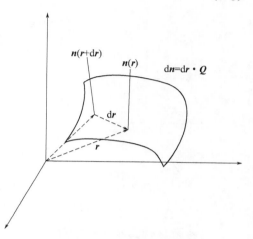

图 7-9 表面曲率张量的几何表示

曲率张量可以通过以下行列式进行表示：

$$\boldsymbol{Q} = \begin{bmatrix} c_1 & 0 & 0 \\ 0 & c_2 & 0 \\ 0 & 0 & 0 \end{bmatrix} \tag{7-9}$$

式中，c_1 和 c_2 是双层膜的两个主曲率，与半径呈倒数关系。自发曲率为 $c_0 = 1/R_0$ 是界面膜上没有任何外力，处于最低能态的曲率。例如，对于平面的双层膜来说，$c_1 = c_2 = 0$。当其中一项占优势时，c_0 会有一定的偏离。一般来说，界面上的每一个点都包括两个基本的曲率 $c_1 = 1/R_1$ 和 $c_2 = 1/R_2$。对于球形的双层膜来说，$c_1 = c_2 = 1/R$（R 为球体的半径）。通常对于凹面来说，两个曲率具有相同的趋势，对于马鞍状的表面来说，c_1 和 c_2 呈相反的趋势，如图 7-10 所示。

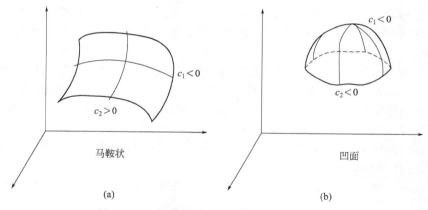

图 7-10 双层膜基本的变形模式与曲率的关系
（a）马鞍状双层膜；（b）凹面双层膜

为了进一步定义双层膜的变形自由能，可以建立一个涉及标量、自由能和曲率之间关系的本构方程[34]。有几个标准张量作如下定义：

$$H = (c_1 + c_2)/2 \tag{7-10}$$

$$K = c_1 c_2 \tag{7-11}$$

式中，H 为双层膜的平均曲率；K 为高斯曲率。对于凹面双层膜，K 为正值；对于马鞍状双层膜，K 为负值。由高斯定理可知[35]，高斯曲率对弯曲的表面的积分是一个定值，其仅依赖于双层膜的形状：

$$\oiint c_1 c_2 \mathrm{d}A = 4\pi(n_c - n_h) \tag{7-12}$$

式中，n_c 是连通部分的数量；n_h 是表面凸起部分的数量。

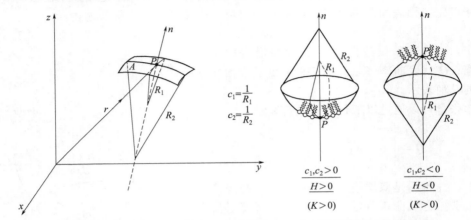

图 7-11　磷脂双层膜平均曲率 H、高斯曲率 K 与双层膜弯曲方向的关系
（R_1 和 R_2、c_1 和 c_2 分别是点 P 处曲面的半径和曲率）

以磷脂双层膜为例，当 $H>0$ 时，曲率指向疏水区域，而当 $H<0$ 时，曲率指向亲水区域，如图 7-11 所示[36]。平均曲率 H 的改变可不用通过拉伸而仅仅通过弯曲界面来改变，然而高斯曲率 K 的改变必须通过拉伸或收缩界面来实现，两种形变都伴随着曲率弹性能量的消耗。高斯曲率 K 与平均曲率 H 相比，更能决定界面的基本性质。当 K 为正值时，形成椭圆形表面，并且自发弯曲形成闭合的壳结构，如胶束和反相胶束。当任意一个基本曲率为零时，高斯曲率为零，形成抛物线状的表面，如层状相和六角相等。当 c_1、c_2 符号相反时，高斯曲率为负值，形成双曲线状的表面，即鞍状表面[37]，此类表面容易形成多孔结构。

对于尺寸较大的独立双层结构或高度膨胀的体系，层的厚度相对双层的尺寸或层间距可以忽略时，双层可以被看作弹性薄片。平均曲率和高斯曲率改变时伴随着能量消耗。热力学焓的波动可能引起结构的变化或相变，弹性能量消耗由两个弹性模量值决定。然而，对大多数生物磷脂来说，形成的双层膜含有相对较低的水合度（15%～40%），需要考虑层厚度。两个弹性模量的计算需要考虑层的侧面压力，此侧面压力强烈依赖于物理化学条件，如温度、水合度、pH 和盐浓度等。

综上所述，根据 Helfrich 理论，双层膜单位面积的曲率弹性可用下式表示[38]：

$$E = \oiint \left[\frac{\kappa}{2}(c_1 + c_2 - 2c_0)^2 + \overline{\kappa} c_1 c_2 \right] \mathrm{d}A \tag{7-13}$$

或

$$E = \oiint \left[\frac{\kappa}{2}\left(\frac{1}{R_1} + \frac{1}{R_2} - \frac{2}{R_0} \right)^2 + \overline{\kappa}\, \frac{1}{R_1 R_2} \right] \mathrm{d}A \tag{7-14}$$

其中，自发曲率 c_0、膜的弯曲刚性模量 κ 以及膜的高斯刚性模量 $\overline{K}$ 与两亲分子本身的属性有关。两个刚性模量可以用量级 $k_B T$（k_B 是 Boltzmann 常数）表示。此公式表明，自由能与自发曲率偏离值的平方成正比。这也解释了两亲双层膜在溶液中非刚性但是能够抵抗热波动的原因[39]，即在两亲分子双层膜的水溶液中，弯曲模量为正值，而高斯模量的正负则依赖于具体的聚集体结构。

根据式（7-13），可以初步预测双层膜的最终形态。如果高斯模量为正值，则自由能被降低至最小，具有马鞍状双层膜的肿胀结构易形成；如果高斯模量为负值，凹面或平面的双层膜结构易形成。Helfrich 理论被 Safran 延伸到了预测表面活性剂混合体系囊泡结构的自发形成[40]。对于半径为 R 的单层囊泡来说，两个主曲率是相同的，$c_1 = c_2 = 1/R$，同时忽略双层膜的厚度，则式（7-13）可以转变为：

$$E = 4\pi(2\kappa + \overline{\kappa})$$
$$(7\text{-}15)$$

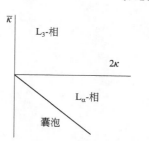

可以发现囊泡的形成自由能不依赖于囊泡的尺寸，表明单位面积的自由能与表面曲率半径的平方成反比。对于平面双层膜，自发曲率为 0，弹性能量也为 0。而当高斯模量 $\overline{\kappa} < 0$ 且 $\kappa + \overline{\kappa}/2 < 0$ 时，弹性自由能小于 0，有利于囊泡的形成；如果 $\overline{\kappa} < 0$ 且 $\kappa + \overline{\kappa}/2 > 0$ 时，有利于平面层状结构的形成。当 $\overline{\kappa} > 0$ 时，有利于海绵相的形成，如图 7-12 所示。

图 7-12　自发曲率 c_0 为零的体系，不同形貌双分子层的形成取决于平均弯曲模量 κ 和高斯模量 $\overline{\kappa}$

Helfrich 也指出，双分子层膜表面电荷密度的增加有利于囊泡的形成，而溶液中离子强度的增加则抑制这种电荷之间的斥力，从而有助于海绵相的形成[32]。Cates 等人运用曲率模型预言了形成稳定的单层囊泡和多层囊泡的条件：当其浓度超过某一值时单层囊泡向多层囊泡转变，继续增加时则形成传统的平面层状相[41]。另外，Rusanov 用热力学的方法探讨了囊泡的稳定性。在统计热力学领域，Scheutjens 等人[42]建立了脂质体在水溶液中形成囊泡的理论。对于磷脂分子或者双尾链的表面活性剂在水中形成双层结构来讲，平均弯曲模量在 $10 \sim 40 k_B T$ 的范围内，而高斯弯曲模量非常低，导致 $\kappa \gg \overline{\kappa}/2$。因而在磷脂等体系中囊泡的自发形成并不容易，需要输入额外的能量。目前发现，在单链的阴/阳离子表面活性剂的混合体系中囊泡的自发形成是可行的[12,40]。

自发形成的囊泡并非一定以球形结构存在，事实上由于弯曲弹性模量非常低，囊泡的热力学波动也会导致其自发地变形。Krafft 等人将辛基三甲基氢氧化铵[$C_8H_{17}N(CH_3)_3OH$]与全氟辛酸（$C_7F_{15}COOH$）以 1:1 的比例在水中混合构筑成典型的无盐体系，随着平衡时间的增长，最终自发形成了新颖的多面体囊泡[43]。混合溶液在室温下稳定一周后，FF-TEM 结果发现溶液中大量的球形囊泡与少量多面体囊泡共存，如图 7-13（a）所示；而当样品稳定一个月后形成大量的多面体囊泡，如图 7-13（b）、（c）所示。该体系所发现的囊泡双分子层处于流动态。关于其形成机理，笔者应用 CH 表面活性剂与 CF 表面活性剂不同的堆积参数以及二者的局部互疏性进行了解释。多面体囊泡的形成机理如图 7-13（d）所示，在多面体的平面部分，碳氢/碳氟表面活性剂通过静电引力形成离子对，以相互交叉的形式对称排列，形成双分子层结构；而在多面体的边缘处，由于尾链的互疏性以及碳氢尾链更小的空间体积，碳氢阳离子表面活性剂以密堆积的形式集中分布在双分子层膜的外面，而碳氟表面活性剂阴离子则排在内层，造成局部的分离，由此形成多面体构型。但目前这种机理解释仍需要更多实验数据或理论模拟来证明。

Jung 和 Kaler 等人在十六烷基三甲基溴化铵（CTAB）和全氟辛酸钠（FC₇）的含盐混合溶液中，发现平面碟状胶束、带有半球形端面的双层圆筒状囊泡和球形的单层囊泡平衡存在（图 7-14）[44]。随混合比例的变化，聚集体的数量发生变化，而大小基本不变。其中，增加 CTAB 的比例易于形成碟状双层，而降低 CTAB 比例易于形成圆筒状囊泡。显然，C—H 链和 C—F 链柔韧性的差别在各种聚集体的形成和稳定中起到了主导作用。对 CTAB/FC₇ 混合体系聚集行为的研究表明，如果不同聚集体的膜弯曲自由能在 $k_B T$ 量级附近，则多种聚集体能够平衡共存；不同聚集体的曲率能受膜的弹性影响显著，而膜的硬度可通过添加聚合

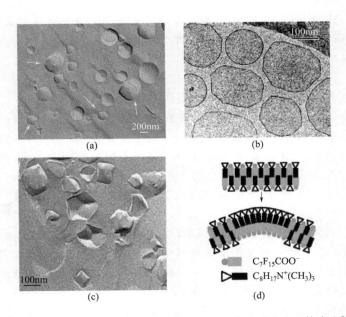

图 7-13 $C_7F_{15}COO^-/C_8H_{17}N^+(CH_3)_3$ 体系自发形成多面体囊泡[43]

（a）平衡一周后球形囊泡与多面体囊泡共存；（b），（c）平衡一个月后形成多面体囊泡；（d）多面体囊泡的形成示意图

物等来调节[45]。另外，Jung 等人将 CTAB/FC$_7$ 碳氢/碳氟混合体系与 C$_{16}$TAB/SOS（油酸钠）碳氢/碳氢混合体系在同样条件下构筑的球形囊泡进行对比研究发现[46]，前者所能构筑的囊泡最小半径为 23nm，而曲率能在 $6k_BT$ 量级左右，说明由偏离自发曲率的弯曲能稳定囊泡结构；而后者所能构筑的囊泡最小半径为 37nm，曲率能在 $0.7k_BT$ 量级左右，说明形成的单层囊泡由 Helfrich 波动排斥力所稳定。

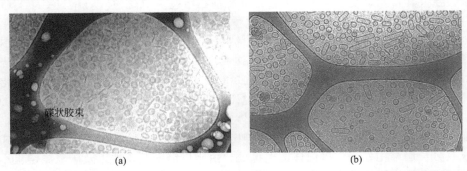

图 7-14   总浓度为 2％（质量分数）的十六烷基三甲基溴化铵（CTAB）/全氟辛酸钠（FC$_7$）
混合体系在不同 CTAB/FC$_7$ 比例时的 cryo-TEM 结果[44]

（a）25∶75；（b）20∶80

综上，对于不同结构的两亲分子，通过计算和比较双层膜的弯曲自由能，能够初步确定稳定存在的聚集体形式。假设自发曲率 $c_0=0$，当高斯模量为正时，最稳定存在的相是海绵相；当高斯模量为负时，最稳定存在的相是层状液晶；如果高斯模量取负值且绝对值足够大，容易形成囊泡[47]。综上，笔者认为囊泡自发形成并稳定存在的条件包括两点：平均弯曲模量较低，使 $\kappa \ll \bar{\kappa}/2$，弯曲自由能 E 约等于 k_BT，或者表面活性剂浓度较低，熵驱动聚集体稳定；双层膜的自发曲率不为 0，双层膜的结构组成非完全对称。

第五节　囊泡形成动力学

囊泡的形成分两种情况介绍，囊泡在外加能量的情况下由平面层状相或海绵相转变而成以及囊泡由胶束自发形成。

一、　囊泡在外加能量的情况下由平面层状相或海绵相转变而成

能量输入或外加干扰的手段多种多样，比如剪切、挤压和超声等机械方法以及 pH 改变、温度、盐、电荷、金属离子和溶剂等改变环境因素等。其中机械手段类似于乳化的作用，容易大规模操作，因而在工业制备囊泡中也被广泛使用。Diat 等人最早研究了通过施加剪切力诱导平面层状相向多层囊泡转变[48,49]。在研究 SDS/十二烷/戊醇/水体系的相行为时，他们发现随着剪切速率的增加，无序的层状相转变成密堆积多层的洋葱状囊泡相，而且囊泡呈多面体而不是球形。继续增加剪切力，可以发现第二次相转变，囊泡又转变为有序的平面层状相。他们认为囊泡的尺寸与剪切速率的平方根之间具有反比的关系：

$$R \propto \sqrt{\frac{1}{\gamma}} \tag{7-16}$$

在 Diat 等人的工作之后，剪切对层状相或者海绵相结构的影响受到越来越广泛的关注[28]。Sierro 等人在 SDS/辛醇/NaCl/水体系的聚集结构研究中也发现了剪切诱导平面层状结构形成多层囊泡[50]，且随着剪切速率的增加，囊泡尺寸减小。然而，再继续增加剪切速率，第二次相转变发生。令人吃惊的是，较小尺寸的囊泡又转变为较大尺寸的囊泡。Escalante 和 Hoffmann 等人在研究了剪切对十四烷基二甲基氧化胺（$C_{14}DMAO$）/己醇/水体系层状结构的影响后，总结出平面层状相在剪切力诱导时按照以下的次序发生结构转变[51,52]。

（1）无序的层状相以平行于剪切力的方向向有序的层状相转变。

（2）平行于剪切力方向的层状相发生取向变化，转变为垂直于剪切力的方向。

（3）继续转变为多层囊泡。

（4）随剪切力继续增加，转变为单层囊泡。

图 7-15 给出了剪切诱导相转变的完整动力学过程。

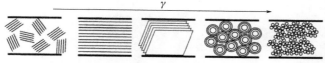

图 7-15　在 $C_{14}DMAO$/己醇/水体系中剪切作用诱导平面层状结构依次向多层囊泡、单层囊泡转变[51]

剪切诱导平面层状结构向多层囊泡的转变可以归结为复杂流体的流动不稳定性[53]。基本的解释模型如图 7-16 所示，无外加力时，平面层状相在热波动作用下定向排列，剪切力施加时可以使双层膜承受一定的溶胀压，并抑制双层膜的热波动性。而波动排斥力与膜之间的层间距紧密相关，一旦受到剪切作用，波动降低，层间距减小，双层膜被拉近，同时膜之间的摩擦力增加。在临界剪切速率时，溶胀压完全抑制了双层膜的波动，导致体系经历了一个由平面层状结构向囊泡转变而产生的临界不稳定状态，流体采取更加有效的方式流动。所形成的囊泡尺寸与容器大小无关，与剪切速率相关，且成正比关系。

类似的机理可以延伸到膜电荷诱导平面层状相向囊泡相转变。在无外加剪切力的作用下，向三聚乙二醇单十二烷基醚（$C_{12}EO_3$）非离子型表面活性剂的平面层状相溶液中加入

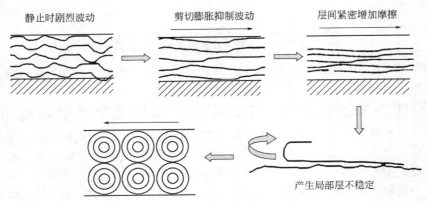

图 7-16　剪切作用下流体的动力学不稳定导致平面层状结构向囊泡转变[33,53]

痕量的 SDS，能够诱导单层囊泡的形成[54]。这种转变是由于阴离子表面活性剂的加入，使非离子双层膜带负电荷，所产生的面内和面外静电斥力作用抑制了膜的 Helfrich 波动，使双层膜更加平整，强度更高。由此，静电作用和膜波动之间的竞争可以诱导阴/非离子表面活性剂混合体系平面层状结构和囊泡结构之间的转变。之后，类似的研究体系引发了研究者的深入研究，这主要是由于 SDS 和 $C_{12}EO_m$ 具有良好的水溶性且具有广泛的实际应用，而且 SDS 和 $C_{12}EO_m$ 有着相同的碳氢疏水尾链，仅极性头不同，可以减少模型描述的复杂性。

二、　囊泡由胶束自发形成

囊泡自发形成的关键动力学因素是两亲分子能够在非常短暂的时间（$10^{-6} \sim 10^{-1}$ s）内发生自聚集[33]。时间分辨的散射技术，包括 DLS、SANS 和 SAXS 等，可以实时监测聚集体的动力学形成过程，从而提供强有力的实验证据。当两亲分子的自聚集非常短暂时，一旦囊泡形成，溶液中的单体分子与囊泡中分子能够发生交换，游离的分子也能够在相当长的时间内继续转变。由此表明，即便囊泡自发形成，在短时间内也未必到平衡态，只是形成动力学控制的亚稳态结构。

Leng 和 Cates 等人对胶束自发形成囊泡的动力学过程提出了一个模型[55]，如图 7-17 所示，该模型中包含四步转变过程。

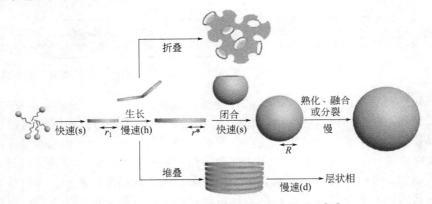

图 7-17　胶束向囊泡自发转变的动力学过程[58]

（1）两亲分子单体快速自聚集形成高能量的碟状胶束。这个过程非常快，可以达到毫秒量级甚至更快。其形成主要是由两亲分子溶液中的扩散过程控制[56]。

（2）一旦形成后，碟状胶束通过边缘融合缓慢生长，以降低不利于能量平衡的高曲率和大的边缘面积。但是在离子强度非常低的阴/阳离子表面活性剂体系中，纳米碟状胶束能够作为最终态稳定存在[25]。

（3）碟状胶束生长至临界尺度后，在热波动的作用下，弯曲闭合形成单层囊泡；与碟状胶束的生长过程相比，闭合过程非常快，而且最初所形成的单层囊泡尺寸具有单分散性。

（4）单层囊泡通过 Ostwald 熟化、分裂和相互融合等过程继续生长成尺寸较大的囊泡或多层囊泡。这个过程需要较长的平衡时间完成。

之后的实验研究和理论模拟进一步证明了胶束自发形成囊泡的动力学过程[57,58]。在一定的条件下，当碟状胶束的生长和闭合过程比折叠或堆积过程慢时，就会分别导致海绵相或平面层状相的形成，如图 7-17 所示，然而这其中的动力学过程及相应的量化参数仍需要继续研究和讨论。

第六节　囊泡的表征手段

囊泡不同于胶束，从溶液的外观上即可很容易地分辨出来。如图 7-18 所示，囊泡溶液一般呈现淡蓝色，而胶束溶液则无色透明。囊泡属于各向异性的相，在偏光片下呈现色彩斑斓的双折射纹理，在偏光显微镜中通常能观测到马耳他十字花（图 7-19）。

图 7-18　胶束和囊泡的外观（上层）以及
两者在偏光片下的偏光纹理（下层）

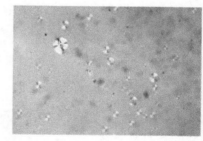

图7-19　月桂酸（LA）/NaOH/H$_2$O 体系中囊泡
溶液在偏光显微镜中观察到的马耳他十字花[59]

剪切流变学可以给出稳态剪切和动态剪切的信息。在稳态剪切中，可以根据流变曲线的不同将流体分为牛顿流体和非牛顿流体。牛顿流体在任意小的外力下都可以流动，同时剪切应力 τ 与剪切速率 $\dot{\gamma}$ 成正比关系，体系的黏度 η 不变。球形胶束就属于典型的牛顿流体。通常囊泡溶液属于非牛顿流体，一般随着剪切速率增大，囊泡体系的黏度降低，即"剪切变稀"。囊泡溶液一般都有较高的黏弹性，如对于样品 90mmol/L 的 C$_{14}$DMAO、10mmol/L 的 C$_{14}$TMABr、220mmol/L 的 C$_6$OH 和水形成的体系[60]，FF-TEM 证明其聚集体结构是数量和密度较高的多分散囊泡。这些多层囊泡紧密堆积在一起，不能通过扩散作用而逸出，所以此体系具有一定的黏弹性。这个典型的多层囊泡聚集体体系的黏弹性曲线如图 7-20 所示。在考察的频率范围内，G' 约比 G'' 大 10 倍，而且与频率无关，复合黏度 $|\eta^*|$ 呈直线

下降，斜率约为 1，体系的流变性性质类似软性固体，存在屈服应力值。其剪切模量 G_0 随离子型表面活性剂量的增加而增大，达到饱和后随离子强度的平方根而线性降低。此外，G_0 还受到双层厚度的影响。

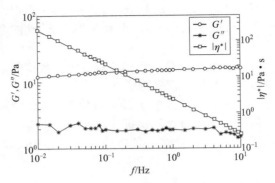

图 7-20　25℃时，对 90mmol/L C_{14}DMAO、10mmol/L C_{14}TMABr、220mmol/L C_6OH 和水组成体系，囊泡相的储能模量 G'、损耗模量 G'' 和复合黏度 $|\eta*|$ 对振动频率 f 的双对数关系图[60]

　　研究囊泡体系的微观结构最直接的方法就是用电子显微镜（EM）技术来观察。囊泡都含有水化层，EM 观察技术必须将样品干燥之后才能进行，所以大多数囊泡体系都无法用普通的 EM 直接观察囊泡的微观结构。刚性的囊泡体系可以克服这个现象，郝京诚等人利用原子力显微镜（AFM）观察到了全氟脂肪酸与碱作用形成的囊泡[61]。他们也利用月桂酸铁在有机相中形成反相囊泡，将囊泡溶液滴到基底上，溶剂挥发后，这种反相囊泡可以以固态形式存在于基底上。通过挥发不同的溶剂就可以得到不同的囊泡坍塌结构（图 7-21 和图 7-22）[62]。

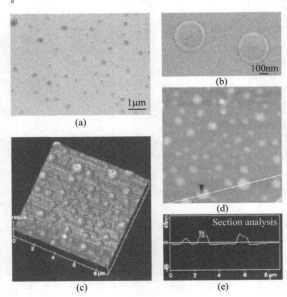

图 7-21　月桂酸铁在 $CHCl_3$ 溶液中挥发完溶剂后得到的固体囊泡的
SEM 和 AFM 结果以及 AFM 截面分析[62]
（a），（b）SEM 结果；（c），（d）AFM 结果；（e）AFM 截面分析

　　尽管如此，大量的柔性链形成的囊泡结构在蒸发掉溶剂后会导致囊泡结构的完全坍塌，

以致无法通过普通的 EM 观察到。直到冷冻电镜（cryo-TEM）以及冷冻蚀刻电镜（FF-TEM）的发明才使人们逐渐熟知囊泡的微观结构。cryo-TEM 是从 20 世纪 70 年代提出的，经过近 10 年的努力，在 20 世纪 80 年代趋于成熟。通过快速冷冻使含水样品中的水处于玻璃态，也就是在亲水的支持膜上将含水样品包埋在一层较样品略高的薄冰内。用过这种手段，观察到的囊泡是一种最接近真实状态的情况，可以说是原位观测。图 7-23 是多层多室囊泡和管状囊泡的形态[63]。但是需要注意的是，冷冻过程中经常伴有冰晶的存在，导致视野中存在一些假象[64]。

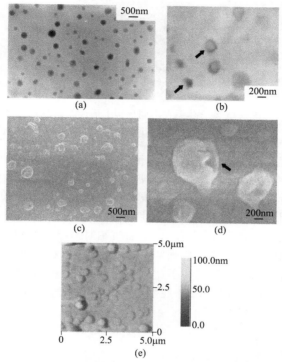

图 7-22 月桂酸铁在混合溶剂 $CHCl_3/CH_3OH$（体积比为 4：1）
中干燥得到的变形囊泡的 TEM、SEM 和 AFM 结果（箭头指示囊泡破裂）[62]
（a），（b）TEM 结果；（c），（d）SEM 结果；（e）AFM 结果

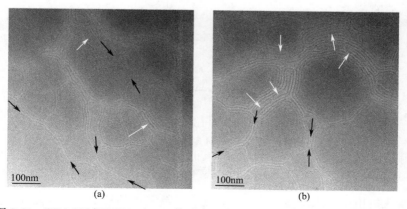

图 7-23 $TTAOH/HDEHP/H_2O$ 体系中观察到的多层多室囊泡和管状囊泡[63]
（a）多层多室囊泡；（b）管状囊泡

FF-TEM 则是将聚集结构破碎断裂，将断裂的形貌复型到一层薄薄的铂碳膜上，再用普通的 TEM 观察。通过这种方法，也能使得囊泡的形貌得以保存。图 7-24 则显示的是单层囊泡与多层囊泡（洋葱相囊泡）的结构。

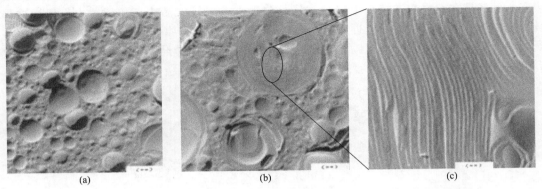

(a) 　　　　　　　　　　　(b) 　　　　　　　　　　　(c)

图 7-24 　TTAOH/OA 混合体系在不同比例下形成的囊泡的 FF-TEM 照片[14]
(a) 94mmol/L OA/100mmol/L TTAOH；(b)，(c) 100mmol/L OA/100mmol/L TTAOH

但是，FF-TEM 观察到的囊泡并不是囊泡的原型，它只是一个断裂后的囊泡的复型，这是由其工作原理所决定的。如图 7-25（a）所示，沿着虚线将冷冻的溶液破碎断裂，一般情况大的囊泡容易被断裂，因此会导致最终观察到的囊泡平均直径的偏差。但是并不是所有的囊泡都从正中间切割［图 7-25（b）］，切割平面与囊泡球体赤道平面的距离也决定了最终观察到的囊泡的直径。另外，向样品断裂平面喷铂时需要一个角度［图 7-25（c）］，这就导致了部分断裂面上的囊泡并不能全部被喷到，如图 7-25（d）所示，阴影部分即为不能被喷到的地方，这部分就不能复型下来，因此进一步导致了粒径的偏差，而且所取样品只是局部样品，不能代表整体，所以 FF-TEM 观察是一种以偏概全的表征手段，但是由于其具有用量少等优点也受到人们的广泛关注。

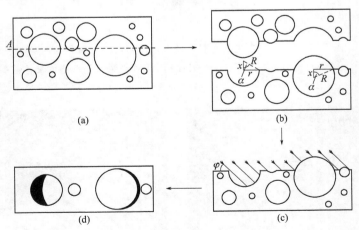

图 7-25 　FF-TEM 制样过程示意图[65]
(a) 将样品冷冻；(b) 沿（a）中所示虚线将冷冻好的样品切出截面；(c) 冷冻状态下喷铂-碳，形成覆膜，进行复型；
(d) 常温下，将覆膜下的冷冻样品融掉，保留提取覆膜，将其沉积在碳网上，以进行 TEM 观测

除了最直观的用电镜来观察的手段外，还有一些其他的辅助手段也能分辨溶液中的聚集结构。将溶液中的 ^1H 换成 ^2H，则可应用核磁氘谱（^2H NMR）来表征溶液中的聚集结构。一般来讲，如果氘核处于各向同性的环境中，其四级分裂峰在氘谱上显示为单峰；若是氘核

处于各向异性的环境中，则显示为双峰。因此，胶束溶液的氘谱为半峰宽较窄的单峰，囊泡溶液是局部各向异性、长程各向同性的，为半峰宽较宽的单峰，而各向异性的平面层状结构则是双峰。如果既有囊泡，又有平面层状结构，则为两者的累加，显示为三峰。如图 7-26 所示，囊泡相显示为单峰（a 和 b），而平面层状结构显示为双峰（e 和 f），囊泡和平面层状结构的共存相则为三峰。

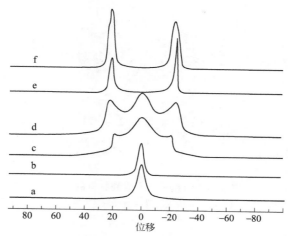

图 7-26　$C_{14}DMAO/DEHPA/H_2O$ 体系中不同聚集结构的核磁氘谱图[66]

(a)，(b) 囊泡；(c)，(d) 囊泡和平面层状结构共存；(e)，(f) 平面层状结构

需要注意的是，无论是从宏观的性质上，还是从微观的角度观察，囊泡和双分子层表征的确定都需要多种手段的结合，才能最终确定它们的结构。

第七节　囊泡的应用

一、微反应器和软模板

由于具有独特的空间结构，囊泡可以作为一种"软"模板或微反应器，在"硬"材料的合成方面展示出了巨大的应用价值，也面临着巨大的挑战。软模板通常是由两亲分子自聚集形成的有序组合体，常用的材料是表面活性剂和两亲性聚合物。与硬模板相比，软模板具有以下优点：聚集体模板形式多样；合成材料的过程相对简单；去除聚集体模板对最终的材料形貌几乎无损伤。目前，各种两亲分子聚集体都被尝试作为模板或者结构导向剂，应用到微纳米材料的合成或组装中，包括囊泡、胶束、液晶、乳状液滴以及脂质体纳米管等。其中，囊泡除了具有多样的尺寸和形貌，还具有独特的结构，包括囊泡内腔、囊泡外表面以及双分子层的疏水空间，能够为合成或组装材料同时提供不同的微环境。

囊泡在材料领域的应用主要包括以下两种策略[67]：第一种是以完整的囊泡结构为模板，在囊泡特定的微环境中原位合成微纳米材料；第二种是结合囊泡的形成过程，实现对其他微纳米材料的组装或者包封。

正是由于其独特的空间结构，囊泡溶液能够同时提供多种微环境，限制客体物质在溶液中的空间位置并以此诱导材料的合成和组装。目前，根据囊泡的结构特点，水溶液中囊泡模板法合成硬材料可以总结为以下三种基本策略[68,69]：第一种是合成反应被限制发生在囊泡内腔的水室中（图 7-27 Ⅰ）；第二种是合成反应被限制发生在囊泡双层膜内的疏水区域内（图 7-27 Ⅱ）；第三种是合成反应发生在囊泡外表面或溶剂与双层膜的界面上（图 7-27 Ⅲ）。

　　根据不同的反应条件，最终产物既可以在局部的空间内形成分散的个体，也可以完全按照囊泡的形貌生长，真正实现囊泡的模板应用。

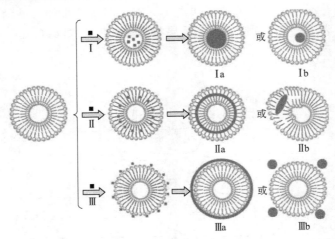

图 7-27　水溶液中囊泡模板法合成硬材料的三种基本途径[67]
（Ⅰ为囊泡内腔反应区；Ⅱ为双层膜内微反应区；Ⅲ为囊泡外表面反应）

二、　药物载体

　　载体是指能改变药物在体内的分布并将药物输送到靶器官的物质。载体可防止药物过早降解、灭活、排泄以及发生人体免疫反应。载体的制剂与普通药剂相比，可及时释放药物并维持较高的血药浓度或靶器官的药物浓度，且具有较长的作用时间。作为药物载体应当无毒、可生物降解、对靶器官或组织有特异趋向性及柔和性。

　　脂质体是由磷脂双分子层组成的单室或多室囊泡，是研究得最多的靶向药物载体，大多用于抗肿瘤药，可显著降低药物毒性而保持更长时间的活性。但脂质体的性能存在缺点：由于其化学不稳定性，制备及储藏困难，药物包裹率不高且易发生渗漏而失去靶向性；所用原料磷脂难以纯化，且易氧化变质而降低膜流动性导致被包裹药物的渗漏；纯化的磷脂价格高。因此，人们广泛地研究了化学组成确定、性质较稳定、能构成脂质体样囊泡的载体。

　　许多合成的表面活性剂都能形成囊泡，但其中离子型的毒性较大，尤其是阳离子型的囊泡，不宜用作药物载体。非离子型表面活性剂就成为研究的重点目标。早在 1979 年 Handjain-Vila 等人首先报道了用非离子型表面活性剂与胆固醇的混合物水合形成的囊泡载体。非离子型表面活性剂囊泡（niosomes）是一种有效的药物输送载体，它能大大提高药物疗效，降低药物毒副作用；能缓慢释放药物，改变药物的体内动力学；具有与脂质体一样的靶向性能，但较稳定。

三、　生物膜模型

　　图 7-28 是生物膜示意图。可以看到，生物膜主要由磷脂、蛋白质和胆固醇三种物质组成。磷脂双分子层[64]构成生物膜的主要框架，双层的内表面是由蛋白质分子交联而成的网，铆接在双层的蛋白质分子上，给膜以一定的刚性。双分子层的外表面附有糖蛋白，具有表面识别功能。由此可见，囊泡是研究和模拟生物膜的最佳体系。脂质体最早被用来模拟生物膜。但是由于构成脂质体的磷脂分子结构复杂、化学不稳定且难以纯化，因此通常用脂肪酸囊泡来代替脂质体。尽管脂肪酸囊泡是在窄的 pH 范围内（脂肪酸的 pK_a）形成的，以及在二价离子存在下不稳定，严重限制了其作为真正的原始细胞的模拟作用，但由于与细胞具有

各种相似的行为，依然使它成为有吸引力的细胞模型[70,71]。实际上，单链的脂肪酸比双链的磷脂更有可能早出现在原始的地球环境中。原始细胞的自我复制可以通过脂肪酸囊泡的自催化作用由前驱物分子（脂肪酸酐水解）的化学转变而形成[72,73]。因此，脂肪酸囊泡被广泛地应用到细胞膜的模型实验中。

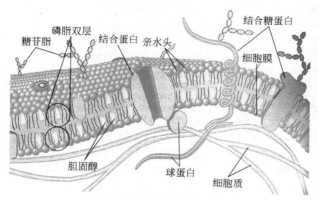

图 7-28　生物膜示意图

参 考 文 献

[1] 赵国玺，朱珬瑶. 表面活性剂作用原理. 北京：中国轻工业出版社，2003.

[2] Laughlin R G. The Aqueous Behavior of Surfactants. London：Academic Press，1994.

[3] Bratt P J，Gillies D G，Krebber A M L，Sutcliffe L H. Magn Reson Chem，1992，30：1000.

[4] Lindner P，Zemb T. Neutrons，X-Rays and Light：Scattering Methods Applied to Soft Condensed Matter. Amsterdam：North-Holland Delta Series，Elsevier，2002.

[5] Penfold J，Schurtenberger P. Curr Opin Colloid Interface Sci，2009，14：379.

[6] Porod G. Small-Angle X-Ray Scattering. London：Academic Press，1982.

[7] Liu J，Min G，Ducker W A. Langmuir，2001，17：4895.

[8] 郝京诚，黄建滨，徐桂英，郑利强，刘维民，Hoffmann H. 中国科学（B辑），2003，33：273.

[9] Mondain-Monval O. Curr Opin Colloid Interface Sci，2005，10：250.

[10] 郝京诚. 山东大学学报：自然科学版，2010，45：1.

[11] Zanten R，Zasadzinski J A. Curr Opin Colloid Interface Sci，2005，10：261.

[12] Kaler E W，Murthy A K，Rodiguez B E，Zasadzinski J A. Science，1989，245：1371.

[13] Hao J，Hoffmann H. Curr Opin Colloid Interface Sci，2004，9：279.

[14] Song A，Dong S，Jia X，Hao J，Liu W，Liu T. Angew Chem Int Ed，2005，44：4018.

[15] Li H，Xin X，Kalwarczyk T，Kalwarczyk E，Niton P，Holyst R，Hao J. Langmuir，2010，26：15210.

[16] Stoeckenius W. Biophys Biochem Cytol，1959，5：491.

[17] Bangham A D，Standish M M，Watkins J C. J Mol Biol，1965，13：238.

[18] Schwartz A M，Perry J W. Surface Active Agents. New York：Interscience Publishers Inc.，1949.

[19] Jokela P，Joensson B，Khan A. J Phys Chem，1987，91：3291.

[20] Hao J，Liu W，Xu G，Zheng L. Langmuir，2003，19：10635.

[21] Li H，Jia X，Li Y，Shi X，Hao J. J Phys Chem B，2006，110：68.

[22] Li X，Dong S，Jia X，Song A，Hao J. Chem Eur J，2007，13：9495.

[23] Li H，Hao J. J Phys Chem B，2008，112：10497.

[24] Li H，Wieczorek S A，Xin X，Kalwarczyk T，Ziebacz N，Szymborski T，Hołyst R，Hao J，Gorecka E，Pociecha D. Langmuir，2010，26：34.

[25] Zemb T. Science，1999，283：816.

[26] Dubois M，Deme B，Gulik-Krzywicki T，Dedieu J C，Vautrin C，Sert S D，Perez E，Zemb T. Nature，2001，411：672.

[27] Israelachivili J N. Intermolecular and Surface Force. San Diego：Academic Press Inc.，1992.

[28] Dong R，Hao J. Chem Rev, 2010, 110：4978.

[29] Israelachivili J N，Mitchell D J，Ninham B W. J Chem Soc，Faraday Trans 2，1976，72：1525.

[30] Tanford C. J Phys Chem，1972，76：3020.

[31] Helfrich W. Z Naturforsch，1973，28：693.

[32] Winterhalter M，Helfrich W. J Phys Chem，1992，96：327.

[33] Guida V. Adv Colloid Interface Sci，2010，161：77.

[34] Astarita G，Marrucci G. Principles of Non-Newtonian Fluid Mechanics. London：McGraw-Hill，1974.

[35] Chavel I. Riemannian Geometry：A Modern Introduction. New York：Cambridge University Press，1994.

[36] Rubingh D N. Mixed Micelle Solution. Solution Chemistry of Surfactant. New York：Plenum Press，1979.

[37] Seddon J M. Biochim Biophys Acta，Rev Biomembranes，1990，1031：1.

[38] Helfrich W. Amphiphilic Mesophases Made of Defects. In：Physics of Defects. North-Holland：Amsterdam，1981.

[39] Gennes P G D，Taupin C. J Phys Chem，1982，86：2294.

[40] Safran S A，Pincus P，Andelman D. Science，1990，248：354.

[41] Šegota S，Težak D. Adv Colloid Interface Sci，2006，121：51.

[42] Leermakers F A M，Scheutjens J M H M. J Phys Chem，1989，93：7417.

[43] González-Pérez A，Schmutz M，Waton G，Romero M，Krafft M P. J Am Chem Soc，2007，129：756.

[44] Jung H T. Proc Natl Acad Sci U. S. A.，2002，99：15318.

[45] Kang S Y，Seong B S，Han Y S，Jung H T. Biomacromolecules，2003，4：360.

[46] Jung H T，Coldren B，Zasadzinski J A，Iampietro D J，Kaler E W. Proc Natl Acad Sci U. S. A.，2001，98：1353.

[47] Antunes F E，Marques E F，Miguel M G，Lindman B. Adv Colloid Interface Sci，2009，147-148：18.

[48] Diat O，Roux D. J Phys II France，1993，3：9.

[49] Diat O，Roux D. J Phys II France，1993，3：1427.

[50] Sierro P，Roux D. Phys Rev Lett，1997，78：1496.

[51] Escalante J I，Hoffmann H. Rheol Acta，2000，39：209.

[52] Escalante J I，Gradzielski M，Hoffmann H，Mortensen K. Langmuir，2000，16：8653.

[53] Zilman A G，Graneka R. Eur Phys J B，1999，11：593.

[54] Schomackert R，Strey R. J Phys Chem，1994，98：3908.

[55] Leng J，Egelhaaf S U，Cates M E. Biophys J，2003：85，1624.

[56] Egelhaaf S U，Schurtenberger P. Phys Rev Lett，1999，82：2804.

[57] Sevink G J A，Zvelindovsky A V. Macromolecules，2005，38：7502.

[58] Weiss T M，Narayanan T，Gradzielski M. Langmuir，2008，24：3759.

[59] Xu W，Wang X，Zhong Z，Song A，Hao J. J Phys Chem B，2013，117：242.

[60] Hoffmann H，Thunig C，Schemiedel P，Munkert U，Ulbricht W. Tenside Surf Det，1994，31：389.

[61] Long P，Song A，Wang D，Dong R，Hao J. J Phys Chem B，2011，115：9070.

[62] Dong R，Hao J. Chem Phys Chem，2012，13：3794.

[63] Yuan Z，Yin Z，Sun S，Hao J. J Phys Chem B，2008，112：1414.

[64] Friedrich H，Frederik P M，de With G，Sommerdijk N A J M. Angew Chem Int Ed，2010，49：7850.

[65] Egelhaaf S U，Wehrli E，Müller M，Adrian M，Schurtenberger P. J Microsc，1996，184：214.

[66] Song S，Zheng Q，Song A，Hao J. Langmuir，2012，28：219.

[67] Dong R，Liu W，Hao J. Acc Chem Res，2012，45：504.

[68] Pileni M P. Nat Mater，2003，2：145.

[69] Hubert D H W，Jung M，German A L. Adv Mater，2000，12：1291.

[70] Deamer D W，Dworkin J P. Top Curr Chem，2005，259：1.

[71] Deamer D，Singaram S，Rajamani S，Kompanichenko V，Guggenheim S. Philos Trans R Soc London，Ser B，2006，361：1809.

[72] Walde P，Wick R，Fresta M，Mangone A，Luisi P L. J Am Chem Soc，1994，116：11649.

[73] Morigaki K，Dallavalle S，Walde P，Colonna S，Luisi P L. J Am Chem Soc，1997，119：292.

第八章

气/固界面

第一节　固体的表面

一、固体的表面状态

　　所谓固体，是指一部分能承受应力的刚性物质。固体与液体不同。因为固体表面微粒（分子、原子、离子等）的流动性相对较差，因此固体的形状不取决于表面张力，而主要取决于材料形成的加工过程，如生长、切削等。例如，晶体的形状取决于不同晶面的表面自由能及生长过程中的控制，而不像液滴那样呈球状。

1. 固体表面分子的运动状态

　　（1）微粒在固体表面和气相之间的蒸发-凝聚平衡　设单位时间内碰撞在单位面积上的蒸汽微粒数为 z，当存在蒸发-凝聚平衡时，由气体动力学理论，根据微粒的面积和一定温度下的饱和蒸汽压，可求出分子在界面上的平均寿命。

　　例如，室温下，对于气/液界面上的水分子来讲，z 为 10^{22} 分子/（$cm^2 \cdot s$），平均寿命为 $1\mu s$；室温下，气/固界面上的钨原子，z 为 10^{-17} 原子/（$cm^2 \cdot s$），蒸汽压为 10^{-4} atm，平均寿命为 10^{32} s，即 3.1×10^{24} a；而 725℃时，气/固界面上的铜原子，可以求出其平均寿命为 1h。这说明，固体表面的微粒与液体表面的微粒相比，寿命很长，而且温度对微粒的寿命有很大影响。

　　（2）表面层的微粒向内部的扩散　由于表面自由能高，表面层的微粒会向内部扩散。扩散时间可由爱因斯坦扩散公式计算：

$$D = \frac{x^2}{2t} \tag{8-1}$$

　　式中，D 为扩散系数；x 为时间 t 内的平均位移。

　　725℃时，铜的扩散系数为 10^{-11} cm^2/s，若铜原子向内部扩散 10nm，用时需 0.1s；室温下，若向内扩散 10nm，用时则需 10^{27} s，即 3.1×10^{19} a。这说明，固体表面的微粒向内部的扩散很慢。

　　（3）表面扩散过程　固体表面是凹凸不平的。表面上所有微粒的性质并不完全一样。在凸起处、平滑处及凹陷处的表面自由能不同。如图 8-1 所示，A 处的"微粒作用球"所包括的主要是气相，而 B 处的则主要是固相。A 处的表面自由能高，B 处的低，分子的活动性不同。Kelvin 公式给出了小颗粒与大块固体蒸汽压之间的关系：

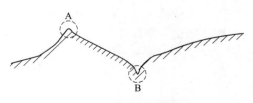

图 8-1　固体的表面

$$RT \ln \frac{P_r}{P_0} = \frac{2\gamma_s V_m}{r} \tag{8-2}$$

式中，P_r 和 P_0 分别为半径为 r 的固体颗粒和大块固体的蒸汽压；V_m 为固体的摩尔体积。因此，不同曲率半径处的固体的饱和蒸汽压不同。A 处的蒸汽压大于大块固体的，而大块固体的又大于 B 处的。饱和蒸汽压大，则凝聚相易挥发。故曲率半径小的地方的微粒易于移动。

由以上所述的固体表面微粒的运动状态可以看出，固体表面常常处于热力学非平衡状态，而且趋于热力学平衡状态的速率极其缓慢。

2. 固体的表面形状

对液体而言，若不考虑重力，则一定体积的液体的平衡形状总是球状。因为某种液体在一定条件下，γ 是唯一的。当取球状时，表面积最小，总表面能最低。

对固体而言，则情况发生了变化。若取一小块晶体，处理成圆球状，然后在高温下处理，或者浸在某种腐蚀性介质中，则此晶体又自发形成具有一定几何形状的多面体。原因何在呢？

一个原因是，固体中微粒之间的相互作用力相对较强。另一个重要的原因是，对晶体来讲，组成它的微粒在空间按照一定的周期性排列，形成具有一定对称性的晶格。对于许多无定形的固体，也是如此，只不过这种周期性的晶格延伸的范围小得多。因此，在通常条件下，固体中微粒的运动比液体中的要困难得多。

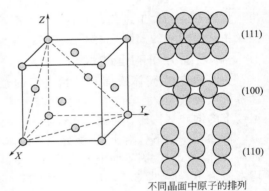

不同晶面中原子的排列

图 8-2　面心立方结构的金属晶体的不同晶面上的原子排列及表面自由能的相对大小

因此，固体的表面自由能中包含了弹性能（elasticenergy），表面张力在数值上不再等于表面自由能。由于固体表面上的微粒组成和排列的各向异性，固体的表面张力是各向异性的，而且不同晶面的表面自由能也不同，如图 8-2 所示。对于金、银等晶体来讲，其 $\gamma_{(111)} < \gamma_{(100)} < \gamma_{(110)}$。

(1) 晶体的表面形状　19 世纪末，Gibbs 和 Wulff 提出了关于晶体平衡形状的半经验规律：尽管各个晶面的表面自由能各不相同，但根据能量最低原理，在恒温恒压下，一定体积的晶体处于平衡状态时，其总表面自由能为最小，所对应的形状就是总表面自由能最小的形状。这就是晶体生长的最小表面自由能原理。即：

$$\oiint G^s(n) \mathrm{d}A = 最小 \tag{8-3}$$

对于液体而言，$G^s(n) = \gamma =$ 常数。因此，表面积最小时，总表面自由能最小。但对于固体来讲，不同晶面的表面自由能不同，因此平衡时外表面各晶面自由能之和最小。这样便导出了 Gibbs-Wulff 晶体生长规律：

$$\frac{G_1^s}{h_1} = \frac{G_2^s}{h_2} = \cdots = \frac{G_i^s}{h_i} = 常数 \tag{8-4}$$

式中，G_i^s 为第 i 晶面的比表面自由能；h_i 为自具有平衡形状的晶体中心引向第 i 晶面的垂直距离。这说明，晶面的法向生长速率与该晶面的比表面自由能成正比。晶面的比表面自由能越高，h 就越大，该晶面生长得就越快；相应的，该晶面裸露的面积就越小，从而使整个体系的总表面自由能最低。

当已知各晶面的表面自由能时，便可以推测晶体的平衡形状。所用的方法是晶体的表面自由能极图法。具体做法是，从原点 O 作出所有可能存在的晶面的法线，然后以原点 O 为起点，取每一法线的长度正比于该晶面的比表面自由能，然后将所有法线的端点连成一个曲面，即为晶体的表面自由能极图。再将这些可能存在的晶面相互交叉、切割，包围成一个具有最小体积的物体，这就类似于热力学条件下晶体的平衡形状。若晶体的平衡形状中某一晶面面积为 A_i，该晶面到原点的垂直距离，即该晶面的矢径长为 h_i，则由 $G_i^s = h_i \times$ 常数，可得到该晶面的总的表面自由能为：

$$G_i = G_i^s A_i = A_i h_i \times 常数$$

因此

$$G_i \propto A_i h_i \tag{8-5}$$

因此，当体积一定时，晶体的平衡形状应满足：

$$\sum_i A_i h_i = 最小 \tag{8-6}$$

（2）无定形固体的表面形状 无定形固体，尽管存在着短程有序的结构，但不存在长程有序的结构，故自平衡状态形成时，大多为球状，使表面积最小。例如聚合物（PMMA）微球、二氧化硅微球等。这些球形粒子的尺度可达几微米至数十微米乃至数百微米。

（3）纳米粒子的表面形状 小的纳米颗粒一般呈球形。尽管纳米粒子内部微粒排列有序，但纳米晶体界面上的微粒排列无序，相当于气态无序分布，这就是所谓的"类气态"模型。随着研究的深入，发现纳米结构实际上是有序-无序的结合体。

稍大的纳米晶为多面体。其形成应遵从总表面自由能最低原理。对于同一种材料的纳米晶来讲，其形状随生成条件而变化，是在不同条件下取平衡形状的结果。

至于纳米棒、纳米线、纳米片等，则是在纳米晶形成时采取了一定的实验手段，如表面活性剂分子的吸附等，限制了特定晶面的生长的结果。

3. 晶体的表面结晶学

晶体表面上微粒排列的周期性及化学组成与体相内部往往不同。因此，晶体的表面性质与体相性质之间有一定差异。二维结晶学研究的对象是晶体表面层的二维周期性结构的基本单元的形状和大小、基本单元中微粒的数目和排列方式等，是研究固体表面结构的基础。

（1）二维晶格的周期性和对称性 二维周期性结构可以用二维晶格的点阵加上基元来描述。所谓基元，是指周期性结构中最基本的重复单元。通常用一个点代表一个基元，称为格点。格点在平面上沿两个不相重合的方向周期性地排列成的一个无限平面点阵，叫作网格。

二维晶格的周期性可以用平移群来表示：

$$T = na + mb$$

式中，a 和 b 为两个不相重合的单位矢量，叫作二维格子的基矢。由 a 和 b 组成的平行四边形，叫作元格。元格是二维周期性排列的最小的重复单元。

由旋转和镜面反映等对称操作，可得到十个二维点群、五种二维格子和十七个平面空间群。五种二维格子描述如下。

① 斜方格子，符号为 P。此时，$a \neq b$，$\gamma \neq 90°$，属斜方晶系。

② 长方形格子，符号为 P。此时，$a \neq b$，$\gamma = 90°$，属长方晶系。

③ 带心长方形格子，符号为 C。此时，$a \neq b$，$\gamma = 9°$，属长方晶系。这是斜方晶系的一种，但带心长方形格子的对称性更高。

④ 正方形格子，符号为 P。此时，$a=b$，$\gamma=90°$，属正方晶系。

⑤ 六角形格子，符号为 P。此时，$a=b$，$\gamma=120°$，属六角晶系。

(2) 晶列　在二维晶格中，排列在一条线上的格点组成晶列。二维晶格可以看作是由任意一组平行的晶列组成的。晶列指标化可以表示其取向。

晶列可用晶列指数来表示。方法是，取晶列在两个坐标轴上的截数，即截距与单位长度 a、b 之比，为 r 和 s，则 $(1/r)/(1/s)=h/k$，可得一组互质的整数 (hk)，即为晶列指数。每一组 (hk) 表示一组相互平行的晶列系。同一晶列系中相邻晶列之间的距离可由晶列指数求出。

对于正方形格子

$$\frac{1}{d^2}=\frac{h^2+k^2}{a^2}\tag{8-7}$$

对于长方形格子

$$\frac{1}{d^2}=\left(\frac{h}{a}\right)^2+\left(\frac{k}{b}\right)^2\tag{8-8}$$

对于六角形格子

$$\frac{1}{d^2}=\frac{4}{3}\times\frac{h^2+k^2+hk}{a^2}\tag{8-9}$$

对于斜方格子

$$\frac{1}{d^2}=\frac{h^2}{a^2\sin^2\gamma}+\frac{k^2}{b^2\sin^2\gamma}+\frac{2hk\cos\gamma}{ab\sin^2\gamma}\tag{8-10}$$

4. 表面结构

所谓固体表面，是指整个大块晶体的三维周期性结构与真空之间的过渡层。它包括所有与体相内三维周期性结构相偏离的表面原子层，厚 $0.5\sim2.0$ nm，叫作表面相。

所谓表面结构，是指表面相中的微粒的组成与排列方式。表面结构与体相结构不同。

(1) 表面弛豫　由于体相的三维周期性在表面处突然中断，表面上原子的配位情况发生变化，表面原子附近的电荷分布有所改变，表面原子所处的力场与体相内的原子所处的力场不同。为了使体系的能量尽可能地降低，表面上的原子常常会产生相对于正常位置的上下位移，即垂直于表面方向的位移，结果使表面相中原子层的间距偏离体相内原子层的间距，产生压缩或者膨胀。表面原子的这种上、下位移叫作表面弛豫。表面弛豫的结果是在表面相中产生空间电荷层。表面弛豫可波及几个质点层，而每一层的压缩或者膨胀的程度不同，越靠近表面越显著。

例如，LiF（001）面上的 Li^+ 和 F^- 亚层分别从原来的平衡位置下移 0.035nm 和 0.01nm。

(2) 表面重构　在平行于表面的方向上，表面原子排列的平移对称性与体相原子不同，表面结构和体相结构出现了本质的差别。这种不同就是表面重构。重构通常表现为表面超结构的出现，即二维晶格的基矢按整数倍扩大。表面重构与由于表面原子价键不饱和而产生的悬挂键有关。

(3) 表面台阶结构　在晶体表面上出现的一些台阶式的结构即表面台阶结构。这种结构由两组或两组以上的低指数晶面组成，晶面之间形成台阶。它是由一些具有高指数的晶面变化而来的，其目的是为了抵消由于临近高指数晶面的晶体内部结构的畸变而增加的表面能。形成表面台阶结构之后，表面积增加了，但总的表面能降低了。

5. 表面结构中的晶格缺陷

具有二维平移对称性的晶体表面叫作理想表面。对理想表面的偏离叫作表面缺陷。表面缺陷主要有以下几个。

（1）**表面点缺陷** 有三种情况，即表面空位、间隙离子和杂质离子。

（2）**非化学比** 有四种情况，即负离子空缺型、正离子空缺型、间隙负离子型和间隙正离子型。

（3）**位错** 有刃型位错和螺旋位错两种情况。

固体表面的特点可以总结为：固体表面的粗糙性，固体表面上的微粒移动困难，固体表面难以变形，故保持其形成时的形态，表面凹凸不平。固体表面的不完整性，固体分为晶体和非晶体两类，现在又有软物质、软固体的说法。非晶体中的质点是杂乱无章的。而几乎所有的晶体，其表面都会因为多种原因而呈现不完整性。晶体表面的不完整性主要有表面点缺陷、非化学比及位错等。这对于表面吸附、表面催化等非常重要。固体表面的不均匀性。固体表面层的组成和结构与体相的不同。

二、 固体的表面张力和表面自由能

1. 定义

由于固体表面上的微粒受力不平衡，故固体表面具有表面自由能。固体的表面自由能指产生单位面积新表面所需消耗的等温可逆功。

一个新表面的形成有两步过程。第一步，将固体或者液体切开，形成了一个新表面。新表面上的微粒仍留在原来本体相的位置上。此时，微粒由切割表面前的受力平衡状态变为表面形成后的受力不平衡状态。第二步，新表面上的微粒排列到各自的受力平衡位置上去。对于液体而言，微粒间的相互作用较弱，它们之间的相对运动较容易。第二步与第一步几乎同步，新形成的液体表面很快达到一种动态平衡状态。液体的表面张力和表面自由能在数值上是相等的。但对于固体而言，第二步要慢得多。显然在微粒未排列到新的平衡位置上之前，新表面上的微粒必定受到一个大小相等、方向相反的应力。长时间之后，微粒到达了新的平衡位置，应力便消除。

因此，为了使新产生的表面上的微粒停留在原来的位置，相当于对该微粒施加了一个外力。一般来说，固体表面上微粒的排列是各向异性的，故定义每单位长度上施加的外力为表面应力 τ，沿着新表面上相互垂直的两个表面应力之和的一半为表面张力：

$$\gamma = \frac{\tau_1 + \tau_2}{2}$$

对于液体或者各向同性的固体表面，$\tau_1 = \tau_2 = \gamma$；而对于各向异性的固体表面，$\tau_1 \neq \tau_2$。

有的教科书上这样定义固体表面的表面张力，即认为固体的表面张力是新产生的两个固体表面的表面应力的平均值：

$$\gamma = \frac{\tau_1 + \tau_2}{2}$$

式中，τ_1 和 τ_2 分别是两个新表面的表面张力。显然，这两种定义方式是不等价的。

那么，固体的表面张力与表面自由能之间存在什么关系呢？

如图 8-3 所示，面积为 A 的固体表面沿着表面应力 τ_1 和 τ_2 的方向分别扩展，面积增量分别为 dA_1 和 dA_2，总的表面自由能的增量等于抵抗表面应力的可逆功：

$$d(A_1 G^s) = \tau_1 dA_1$$
$$d(A_2 G^s) = \tau_2 dA_2$$

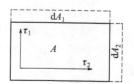

图 8-3 固体表面张力示意图

式中，G^s 为单位面积的表面自由能；$d(A_i G^s)$ 为表面自由能的变化。对其进行全微分，则：

$$A_1 dG^s + G^s dA_1 = \tau_1 dA_1$$
$$A_2 dG^s + G^s dA_2 = \tau_2 dA_2$$

因此
$$\tau_1 = G^s + A_1 \frac{dG^s}{dA_1}$$

$$\tau_2 = G^s + A_2 \frac{dG^s}{dA_2}$$

故
$$\gamma = \frac{\tau_1 + \tau_2}{2} = G^s + \frac{A_1 \frac{dG^s}{dA_1} + A_2 \frac{dG^s}{dA_2}}{2} \tag{8-11}$$

对于各向同性的固体表面，$\tau_1 = \tau_2 = \gamma$，则 $\gamma = G^s + A \frac{dG^s}{dA}$。

对于**液体**表面，由于 $\frac{dG^s}{dA} = 0$，故 $\gamma = G^s$。

对于大多数真实固体，无论是各向同性的还是各向异性的，表面未达平衡态，$\gamma \neq G^s$；若固体的表面达到了平衡态，则 $\gamma = G^s$。

一般来讲，对于与力学性质有关的场合，用表面张力 γ；对于与热力学平衡相关的场合，用表面自由能 G^s。

2. 固体表面能的理论计算

(1) 对于共价键晶体，可由键能计算。此时认为绝对零度时的表面总能量是将单位面积上的所有键打断所需能量的一半，即：

$$E^s = \frac{1}{2} E_{内聚} \tag{8-12}$$

式中，$E_{内聚}$ 是单位面积上通过的所有键的键能之和。

(2) 对于共价键/金属键的固体，可由挥发能求算。

对于最密实堆积的固体来讲，在体相中，每个原子周围有 12 个原子，即上层 3 个，同层 6 个，下层 3 个。在表面上，则每个原子周围有 9 个原子，即同层 6 个，下层 3 个。当表面上的某原子挥发时，它与周围的 9 个原子形成的键要断裂。故断裂一根键所需的能量为 $(1/9) E_{挥发}$，因此可以由 $E_{挥发}$ 求出键能。

而体相中的一个原子到达界面，须断裂三根键，即由周围的 12 个原子减少为 9 个。故一个原子自体相到达界面，所需能量为 $(3/9) E_{挥发}$。这是某个体相原子到达表面后所具有的能量。当该原子自界面挥发后，它得到该能量的一半，余下的另一半能量被与其相邻的九个原子获得。这个能量便是该原子自体相到达界面的表面能 $(3/9) E_{挥发} \times (1/2)$，则：

$$G^s = 每个原子的表面能 \times 单位面积上的表面原子数 \tag{8-13}$$

例如，Cu 的挥发能为 5.26×10^{-12} erg/原子，每平方厘米上有 1.77×10^{15} 个原子，则：

$$\gamma = (\frac{3}{9} \times 5.26 \times 10^{-12}) \times \frac{1}{2} \times (1.77 \times 10^{15}) = 1550 \, erg/cm^2$$

(3) 对于离子键晶体，微粒间的相互作用为库仑力，可由位能曲线计算表面能。

上述计算中有一个假设，即表面上微粒的位置与体相中的相同。这一点与实际情况有差距。

3. 固体表面能的估测

(1) 熔融外推法 将熔点较低的固体加热熔融，测定液态时的表面张力与温度的关系。外推到熔点以下，估计其固态时的表面能。

这种方法需假设固态和液态时的表面性质相近。

（2）劈裂功法　用精巧的测力装置，测出劈裂固体形成新表面时所做的功，得到形成的新表面的表面能。

（3）溶解热法　固体溶解时，气/固界面消失，表面能以热的形式释放。可用量热计测出固体物质不同比表面时的溶解热，由差值估算表面能。

（4）接触角法　通过测定接触角也可以估测固体的表面能。参见第九章。

三、 测定固体表面组成和结构的方法

1. 低能电子衍射（ low energy electron diffraction， LEED ）

低能电子衍射的基本原理与 X 射线衍射的一致。由阴极灯射出的电子经加速后成为低能电子，垂直入射到样品表面发生散射。非弹性散射的电子被阻截；能量与入射电子相同的弹性散射的电子则受到正高压加速后打到荧光屏上产生亮斑，形成 LEED 图像。改变入射电子的能量时，入射电子的波长随之改变，则衍射斑在荧光屏上移动，衍射强度也发生变化。分析衍射图谱，可研究表面的结构。

LEED 入射电子的能量为 $10\sim500eV$。由于样品物质与电子的强烈的相互作用，常常使参与衍射的样品体积只是表面一个或者数个（$2\sim3$ 个）原子层。因此，得到的是二维衍射花样。

LEED 是测定表面吸附层原子的几何构型的主要方法之一。它可以测定吸附层的二维周期性结构。透射电子显微镜中的选区电子衍射为高能电子衍射，入射电子的能量高，得到的是三维衍射花样。

2. 俄歇电子能谱（ Auger electron spectroscopy， AES ）

俄歇电子能谱是基于俄歇效应进行测定的。俄歇效应是俄歇于 1925 年研究 X 射线电离时发现的。当一束能量大于原子内层电子结合能的电子束照射到样品上时，原子内层电子被激发，外层电子向内层跃迁，迅速填补由此产生的空穴，同时释放出剩余能量。能量的释放由两种方式实现：一种是发射出能量等于两个能级差的光子，即特征 X 射线；另一种是不伴随光子发射过程，而是将较高能级上的一个电子电离。这个过程叫作俄歇跃迁，产生的电子叫作俄歇电子。

例如，若电子束将某原子 K 层电子激发为自由电子，L 层的电子跃迁到 K 层，跃迁时释放的能量又将 L 层的一个电子激发为俄歇电子，这个俄歇电子就称为 KLL 俄歇电子。若 L 层的电子被激发，M 层的电子填充到 L 层，释放的能量将 M 层的电子激发为俄歇电子，则为 LMM 俄歇电子。

因为每个元素均有其特定的俄歇电子能谱。它只反映被激发原子本身的特性。故俄歇电子能谱可用于样品的元素成分分析。穿透深度为 $1\sim3nm$。由于原子内层的电子能级因其化学结合状态而变化，故当原子所处的状态（如价态）变化或者原子周围环境（如配位环境）变化时，能谱谱峰的位置及能谱的峰形均会随之变化，此即"化学位移"。故不但可以做元素分析，还可以探测原子所处的状态和周围环境。

发射特征 X 射线和产生俄歇电子这两个过程是同时发生的。对于原子序数小于 32 的轻元素，发射俄歇电子的概率较大。故适用于轻元素的分析。

3. 光电子能谱（ photoelectron spectroscopy， PES ）

光电子能谱的基本原理为爱因斯坦光电效应定律。被束缚在不同的量子化能级上的电子，当用一定波长的光照射时，原子中的价电子吸收一个光子后，从基态跃迁到激发态而离开原子。此即光电离。对样品中发射出的光电子能量进行分析，可以得到光电子能谱。光电离作用要求一个确定的最小光子能量 $h\nu_0$，叫作临阈光子能量，即光子能量大于该值时才会产生光电离。

若入射光的能量为 $h\nu$，发射出的光电子的动能为 E_k，被激发电子的束缚能或者结合能为 E_b，则：

$$E_b^v = h\nu - E_k - (\phi_{sp} - \phi_s) \tag{8-14}$$

式中，E_b^v 是以真空能级为参考点计算出的束缚能；ϕ_s 和 ϕ_{sp} 分别为样品和能谱仪的功函数。对于一定的激发源，$h\nu$ 为已知，而且 ϕ_s 和 ϕ_{sp} 也有确定的值，故测出 E_k，即可求出 E_b。E_b 就是相应的内层电子能级或价电子能带上电子的束缚能，与每个原子、分子的各个轨道相对应。因此，利用光电子能谱可以鉴定原子和分子。

对于固体样品，当激发光量子进入样品深处时，所产生的光电子在固体内部要经历多次非弹性散射，难以逸出；只有在表面层下很短的距离内产生的光电子才可以逸出，故光电子能谱主要用于表面分析。

光电子能谱分为紫外光电子能谱和 X 射线光电子能谱两种。

(1) 紫外光电子能谱（UPS）   产生的光电子能量一般在 $10\sim50\text{eV}$ 之间，样品深度约为 3nm，可用于研究分子的成键情况及固体表面的吸附。

(2) X 射线光电子能谱（XPS）   X 射线光电子能谱以 $\text{AlK}\alpha$（1486.6eV）或者 $\text{MgK}\alpha$（1253.6eV）射线作为激发源。它可以激发原子的价电子和内层电子。由于原子内层电子的束缚能基本上是常数，故可用作元素分析。相对于 UPS，XPS 可分析固体表面层几纳米之内的原子组成和结合状态。

随着原子所处的化学环境的不同，内层电子的准确束缚能也会有所变化，这就是化学位移。当原子外层价电子数减少时，原子核对内层电子作用增强，束缚能增大；反之，则减小。

化学位移效应主要有以下三种情况。

① 分子化合物内同一元素的非等效原子，如有机化合物中的碳原子，处于甲基、亚甲基以及其他基团（如羰基等）的碳原子。

② 晶体中同一元素的非等效点阵位置，或存在一种以上氧化态的金属元素化合物。如 NH_4NO_3 中的氮原子、$Na_2S_2O_3$ 中的硫原子和 Fe_3O_4 中的铁原子等。

③ 不同化合物内同种元素原子内层的束缚能的变化。

近年来的研究表明，纳米粒子中的原子所处的环境随纳米粒子的粒径的改变而改变。例如，粒径极小的金纳米粒子中，Au—Au 键的键长变短，这已由 X 射线衍射和高分辨电子显微镜的观察所证实。这种变化也反映在 XPS 中，随着纳米粒子粒径的变化，谱峰的位置发生移动。例如，随着金纳米粒子粒径的减小，零价金的 $4f_{7/2}$ 和 $4f_{5/2}$ 自旋-轨道耦合的电子结合能均增加。

第二节   气/固界面上的吸附的基本知识

1. 吸附

将固体与气体接触，由于气体分子不断运动，当碰上固体表面时，可以被弹回气相，也可以在固体表面上停留一定时间。这种气体分子在固体表面上滞留的现象就是气体在固体表面上的吸附。吸附是固体表面上的原子/分子的力场不饱和的结果。

2. 物理吸附和化学吸附

由吸附力的本质划分，吸附可分为物理吸附和化学吸附两类。若分子是通过范德华力被吸附在固体表面上的，就是物理吸附；若分子、原子或者原子团通过化学键力与表面原子相结合，则为化学吸附。

范德华力包括三种力，其中色散力是最主要的，它存在于任何分子之间，是气体成为液体的原因。因此，物理吸附层也可以看作是由蒸汽冷凝形成的液膜。这种吸附只有在温度低于吸附质临界温度时才显得重要。

3. 物理吸附和化学吸附的区别

物理吸附和化学吸附有如下几个方面的区别。

(1) 吸附力　对物理吸附来讲，是范德华力；对化学吸附来讲，是化学键。

(2) 吸附热　吸附是要放热的。吸附是一个自发过程，$\Delta G < 0$；同时，被吸附分子由三维空间被限制在二维界面内，$\Delta S < 0$。故 $\Delta H = \Delta G + T\Delta S < 0$。

物理吸附热与液化热相近，为几千卡/摩尔；化学吸附热与反应热相近，大于 10kcal/mol ❶。

(3) 选择性　因为色散力存在于任何分子之间，故物理吸附没有选择性；因为要形成化学键，所以化学吸附有选择性。

(4) 吸附层　物理吸附可以是单层或多层吸附；化学吸附只能是单层吸附。

(5) 吸附速率　物理吸附不需要活化能，吸附快；化学吸附需要活化能，速率慢，只有在较高温度下才会以较快的速率进行。

(6) 可逆性　物理吸附是可逆的；化学吸附是不可逆的。

(7) 吸附温度　物理吸附在低于吸附质临界温度时才有意义；而化学吸附则在远高于吸附质临界温度时便可以发生。

(8) 吸附压力　设 P_0 为吸附温度下吸附质的饱和蒸汽压，则发生物理吸附时，$P/P_0 > 0.01$；而化学吸附在压力低得多时亦可发生。

(9) 表面微观结构　物理吸附与固体表面的微观结构关系不大；化学吸附则与之密切相关。

上面所述为物理吸附和化学吸附的一般性的区别。但也有例外。如氢气化学吸附在玻璃上，吸附热仅为 3kcal/mol；氢气于 $-183℃$ 时物理吸附在 Cr_2O_3 上，吸附热却高达 12.7kcal/mol。物理吸附和化学吸附不可能有截然的分界线。

4. 物理吸附和化学吸附间的关联——活化吸附理论

化学吸附与物理吸附是相关联的。在进行化学吸附时，首先进行物理吸附。图 8-4 为分子在固体表面吸附时的随距离变化的位能曲线。曲线 P 反映了双原子分子 X_2 在靠近固体表面被物理吸附时的位能变化。开始时，由于范德华引力，位能为负值；距离更短时，由于 Born 斥力，位能为正值。还可以看到，曲线有一个低谷。低谷所对应的位能为物理吸附的吸附热，而所对应的位置则相当于表面原子和吸附质分子的范德华半径之和。

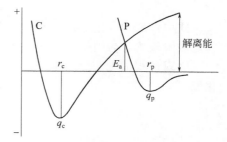

图 8-4　分子在固体表面上吸附时的随距离变化的位能曲线

曲线 C 代表了双原子分子化学吸附的位能曲线。为了分析问题方便，假设分子在被化学吸附之前已解离（实际上不是这样），则需要一个解离能，故开始时位能高。当原子渐渐靠近表面时，由于引

❶　$1\text{cal} = 4.1840\text{J}$。

力作用而使位能降低，继而发生化学键合。该曲线上也出现了一个低谷。所对应的位能为化学吸附的吸附热，所对应的位置则应对应于化学键的键长。

可以看出，化学吸附热大于物理吸附热，且化学吸附发生在更靠近固体表面处。

发生化学吸附时实际的位能曲线如图 8-5 所示。由于化学吸附的活化能远小于双原子分子的解离能，故发生化学吸附之前，双原子分子不会如图 8-4 所示在距离表面很远处便解离。发生化学吸附的过程是：分子先发生物理吸附，沿着低能量的途径靠近固体表面，成为活化分子，然后再发生化学吸附。从物理吸附过渡到化学吸附显然发生在图 8-4 中曲线 P 和曲线 C 的相交处，该点所对应的位能就是化学吸附的活化能。物系不同，曲线形状不同，活化能也不同。

化学吸附与物理吸附之间的关联还可以通过吸附等压线来说明。所谓吸附等压线，即恒定气相压力时，吸附量随吸附温度变化的曲线，如图 8-6 所示。当温度很低时，化学吸附速率很小，主要是物理吸附。曲线中 a 段代表的是物理吸附的平衡线。由于吸附放热，因此随着温度的升高，吸附量降低。到达转折点 A 后，吸附量随着温度的升高而增加，说明化学吸附速率逐渐增大。温度较高时，主要是化学吸附。曲线中 b 段即为化学吸附的平衡线。化学吸附也放热，故随温度升高，吸附量也降低。c 段为过渡区，是不平衡的，既有物理吸附，又有化学吸附。

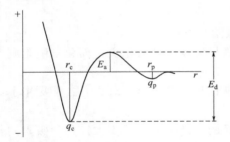

图 8-5　发生化学吸附时实际的位能曲线

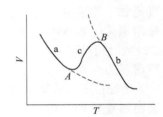

图 8-6　分子在固体表面上吸附时的吸附等压线

5. 化学吸附的活化能和吸附热

分子不仅可以被吸附在表面上，也可以自表面脱附。吸附活化能和脱附活化能之差即为吸附热：

$$q = E_d - E_a$$

式中，E_d 和 E_a 分别为脱附活化能和吸附活化能。由其相对大小来看，对化学吸附而言，脱附显然更为困难。

吸附量相同时，由不同温度下的吸附速率，可以用 Arrhenius 公式求算表观吸附活化能：

$$\ln \frac{k_2}{k_1} = \frac{E'_a}{R}\left(\frac{1}{T_1} - \frac{1}{T_2}\right) \tag{8-15}$$

式中，k_1、k_2 分别是温度 T_1、T_2 时的吸附速率常数。

6. 分子在表面上的行为

（1）吸附时间　对吸附现象的研究还可以从吸附时间的角度进行探讨。对于某个正接近固体表面的分子，若它与表面之间完全没有吸引力，则分子在表面上停留的时间只是分子振动一次的时间，约为 10^{-13} s。此时分子保留其原来的能量从表面上反射。

若存在吸引力，则该分子在表面上的平均停留时间可以用 Frenkel 公式计算：

$$\tau = \tau_0 \exp\left(\frac{E_d}{RT}\right) \tag{8-16}$$

式中，τ_0 是吸附分子垂直于表面的振动周期，为 $10^{-13} \sim 10^{-12}$ s。对于不同的吸附剂，τ_0 不同。例如，对于石墨或者活性炭，为 5×10^{-14} s；对于 Al_2O_3，为 7.5×10^{-14} s；对于 SiO_2，为 9.5×10^{-14} s。

E_d 越大，τ 值越大。若 E_d 足够大，使 τ 为 τ_0 的几倍之多，则可以认为气体分子发生了吸附。τ 与 E_d 的关系如表 8-1 所示。另外，τ 与温度也有关系。

表 8-1　停留时间与脱附活化能的关系

$E_d/(kcal/mol)$	$\tau(25℃)/s$	$\Gamma/(mol/cm^2)$	说明（以 $\tau_0 = 10^{-13}$ s 求算）
0.1	10^{-13}	0	无吸附，镜面反射
1.5	10^{-12}	2×10^{-14}	物理吸附
3.5	4×10^{-11}	10^{-12}	
9.0	4×10^{-7}	10^{-8}	
20.0	100		化学吸附
40.0	10^{17}		

（2）分子在表面上的活动性　场发射显微镜的观察证明，吸附分子在滞留时间内不停地沿表面做"跳跃"式的无规徙动。若这种徙动可认为是分子热运动的结果，则是分子的能量越过了表面上的势垒所导致的。

固体表面势能及分子徙动如图 8-7 所示。势垒为 E_s。若吸附分子在一个吸附位上的时间为 τ_s，则：

$$\tau_s = \tau_0 \exp\left(\frac{E_s}{RT}\right) \tag{8-17}$$

而

$$\tau = \tau_0 \exp\left(\frac{E_d}{RT}\right)$$

故

$$\frac{\tau}{\tau_s} = \exp\left(\frac{E_d - E_s}{RT}\right) \tag{8-18}$$

τ/τ_s 可被看作吸附分子在停留时间 τ 内的跳跃次数。求算后发现，分子表面徙动的总里程相当可观。

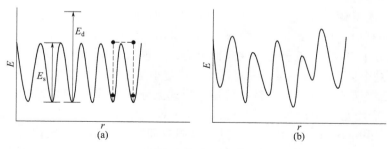

图 8-7　固体表面势能及分子徙动示意图
（a）均匀表面；（b）不均匀表面

7. 吸附等温线

（1）吸附剂　实验中所用的吸附剂大多为多孔固体。Dubinin 把孔按照尺寸分为三类：

微孔，孔半径小于1.5nm；中孔（介孔），孔半径介于1.5～100nm之间；大孔，孔半径大于100nm。另外，还有平板吸附剂。

（2）吸附等温线　吸附量是温度和压力的函数。当固定温度时测定的吸附量随压力变化的曲线，叫作吸附等温线。

Brunauer、Deming 和 Teller 对大量的吸附等温线进行了研究，将其归纳为五类，基本上涵盖了所有的吸附等温线类型，如图8-8所示。

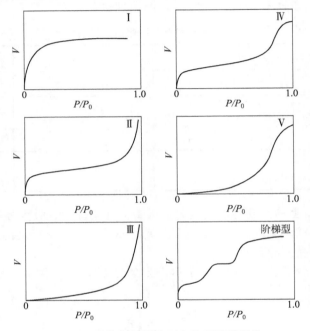

图8-8　气体在固体表面上的吸附等温线

第一类吸附等温线：吸附量在P/P_0很低时便迅速上升，P继续增大时上升缓慢，最后达到极限吸附。单分子层吸附，包括物理吸附和化学吸附，符合这一形式。应注意的是，单分子物理吸附只有形式上的意义。另外，当吸附剂是微孔型的多孔固体时，也会得到这类等温线。此时，微孔的大小与吸附分子的尺寸在同一数量级，对于物理吸附来讲，极限吸附是由于吸附分子将微孔填满所致。

第二、第三类吸附等温线：当P/P_0趋近于1时吸附量急剧上升。当吸附剂是非孔类的，如平板吸附剂时，可得到这类等温线，因为吸附空间没有限制，且物理吸附可以是多层吸附。当P趋近于P_0时，就相当于在表面上凝结。这两类吸附等温线的区别在于起始处的$\mathrm{d}V/\mathrm{d}P$不同。这个区别与第一层的吸附热大于还是小于吸附质的液化热有关。

第四、第五类吸附等温线：这两类等温线形式上分别与第二、第三类等温线相似，但P趋近于P_0时，吸附量趋于饱和值而不是趋于无穷大。当吸附剂是多孔的，但不是或者不完全是微孔型时可得到这两类等温线。此时，吸附空间虽可容纳多层吸附分子，但不是无限的。饱和吸附值相当于吸附剂的孔充满了吸附质液体。第四、第五类等温线之间的区别与第二、第三类等温线之间的区别相同，即起始处的$\mathrm{d}V/\mathrm{d}P$不同。由于毛细凝结，第四、第五类等温线在中等P/P_0时更陡一些。

尽管各不相同，但以上五类等温线也有共同点，即在压力很低和吸附量很小时，所有等温线均趋于直线，$V \propto P$。由亨利定律，气体在液体中的溶解度与其气压成正比。因此，吸附等温线的低压部分也被称为亨利定律区域。除了这五类等温线外，近年来，还出现了阶梯型等温线，如图 8-8 所示。

第三节 气/固界面吸附的动力学处理

处理气体在固体表面上的吸附有三种理论。

第一种为动力学方法，是考虑吸附质分子在气相与吸附层之间的交换过程。假定分子被吸附在固定的吸附位上，平行于吸附剂表面的吸引力和排斥力可以忽略。

第二种为热力学方法，是考虑气/固界面本身由于吸附引起的吸附剂表面自由能的降低。假定被吸附分子沿着吸附剂表面有流动性，基本上形成"二维流体"，而且被吸附分子间的侧面吸引力具有决定性的意义。

第三种为位能理论（吸附势理论），是认为固体吸附剂表面存在一个位能场。吸附质分子落入这个位能场时，越接近固体表面，密度越大；越向外层，密度越小，形成了一组组的等位面。每组等位面间的空间相当于一定的体积。当表面区达到吸附平衡时，在同一等位面上发生的少量气体输送过程是平衡过程，自由能不变；但若将吸附质由气相迁移到离表面 x 处，则吸附质位能变化等于体积压缩所做的功：

$$\varepsilon_\infty = \int_{P_g}^{P_x} V dP = \int_{P_g}^{P_x} \frac{RT}{P} dP = RT \ln \frac{P_x}{P_g}$$

式中，P_g 为气相压力；P_x 为离表面 x 处的气体压力。

一、 化学吸附

1. 吸附-脱附动力学

（1）速率公式 吸附速率公式为：

$$U_a = \frac{iP}{(2\pi mkT)^{1/2}} f(\theta) \exp\left(-\frac{E_a}{RT}\right) \tag{8-19}$$

式中，i 为活化分子碰撞后成功地吸附在固体表面上的概率，又叫凝聚系数；P 为气体压力；m 为气体分子质量；k 为 Boltzmann 常数；E_a 为活化能。$\frac{P}{(2\pi mkT)^{1/2}}$ 为气体分子撞在固体表面单位面积上的速度。$\frac{P}{(2\pi mkT)^{1/2}} \exp\left(-\frac{E_a}{RT}\right)$ 则为单位时间内撞在固体表面单位面积上的活化分子的数目。$f(\theta)$ 是与表面覆盖度 θ 有关的函数，为有效表面的分数。$\theta = A_{吸}/A_{总}$，即吸附分子所占的面积与表面总面积之比。假定表面有 S 个吸附位，已经被占的为 S_1 个，空位为 S_0 个，则 $S = S_1 + S_0$，$\theta = S_1/S$。θ 小，则空位多，易被吸附；θ 大，则空位少，不易被吸附。

脱附速率公式为：

$$U_d = K f'(\theta) \exp\left(-\frac{E_d}{RT}\right) \tag{8-20}$$

式中，K 为常数；$f'(\theta)$ 为与可能发生脱附的表面分数 θ 有关的函数；E_d 为脱附活化能。

（2）E_a、E_d、q 与 θ 的关系 E_a、E_d 和 q 均与 θ 有关。随着 θ 的增加，E_a 增大，吸附变得困难；E_d 减小，脱附变得容易；q 降低。E_a、E_d、q 与 θ 的关系如图 8-9 所示。

之所以有这样的规律，是由下面两个因素造成的。首先是表面不均匀。吸附开始时发生在活性较大的晶面或者缺陷部位，容易吸附，放热多，吸附活化能低；进一步吸附时，则发

生在活性较小的剩余的部位，放热少，吸附活化能高。而
对于均匀表面来讲，吸附时由于吸附质分子与表面原子发
生键合，会形成偶极子（当然，不均匀表面吸附时也会形
成）。偶极子之间的排斥作用使进一步吸附变得困难。

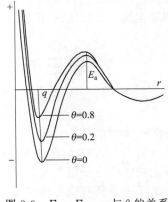

（3）吸附量与吸附时间的关系 设活化能与 θ 呈线性
关系，则有：

$$E_a = E_a^0 + \alpha\theta, \ E_d = E_d^0 - \beta\theta$$

式中，E_a^0 和 E_d^0 分别为 θ 等于 0 时的吸附活化能和脱附
活化能。

图 8-9　E_a、E_d、q 与 θ 的关系

设一个表面吸附位吸附一个分子，则有：

$$f(\theta) = 1 - \theta, \ f'(\theta) = \theta$$

设 i 和 K 均与 θ 无关，则：

$$U_a \propto (1-\theta)\exp\left(-\frac{\alpha\theta}{RT}\right), \ U_d \propto \theta\exp\left(\frac{\beta\theta}{RT}\right)$$

当 θ 不接近于 1 时，$1-\theta$ 的变化与 $\exp\left(-\dfrac{\alpha\theta}{RT}\right)$ 的变化相比可以忽略；当 θ 不接近于 0

时，θ 的变化与 $\exp\left(\dfrac{\beta\theta}{RT}\right)$ 的变化相比可以忽略。因此，当 θ 既不接近于 1 又不接近于 0 时，

可以得到：

$$U_a \propto \exp\left(-\frac{\alpha\theta}{RT}\right), \ U_d \propto \exp\left(\frac{\beta\theta}{RT}\right)$$

因此，有：

$$\frac{\mathrm{d}\theta}{\mathrm{d}t} = a\exp\left(-\frac{\alpha\theta}{RT}\right), \ -\frac{\mathrm{d}\theta}{\mathrm{d}t} = b\exp\left(\frac{\beta\theta}{RT}\right)$$

积分，则分别得到：

$$\theta = \frac{RT}{\alpha}\ln\frac{t+t_0}{t_0} = \frac{RT}{\alpha}\ln(t+t_0) - \frac{RT}{\alpha}\ln t_0 \tag{8-21}$$

$$\theta = \frac{RT}{\beta}\ln\frac{t_0'}{t+t_0'} = \frac{RT}{\beta}\ln t_0' - \frac{RT}{\beta}\ln(t+t_0') \tag{8-22}$$

式中，$t_0 = \dfrac{RT}{\alpha a}$；$t_0' = \dfrac{RT}{\beta b}$。

而吸附量 $V \propto \theta$，故 $V \propto \ln(t+t_0)$ 或 $\ln(t+t_0')$。作 V-$\ln(t+t_0)$ 或 V-$\ln(t+t_0')$ 图，
由所得直线的斜率可求出 α 或 β。

图 8-10 分别给出了 H_2 在 $2MnO \cdot Cr_2O_3$ 和 ZnO 上吸附时的 V-$\lg(t+t_0)$。当在 $2MnO \cdot Cr_2O_3$ 上吸附时，拟合得到一条直线；而在 ZnO 上吸附时，拟合得到了两条直线。这意味
着，在 ZnO 上吸附时，有两个 α 值，暗示着有两个 E_a^0。这说明，可能存在两种活性不同的
吸附位。

（4）程序升温脱附 由图 8-10 可知，H_2 在 ZnO 上吸附时有两种吸附位。这种现象很
普遍，可以用程序升温脱附来进行进一步的研究。

将具有一定吸附量的某一个状态的体系放置在真空系统中，升温到某一温度，则某些吸
附分子脱附，测平衡时脱附气体的压力；快速抽空脱附气体，再升温，测出平衡时另一个温
度下脱附气体的压力。如此可测出多个温度下脱附气体的压力。以脱附气体压力对温度作
图，得脱附谱，如图 8-11 所示。

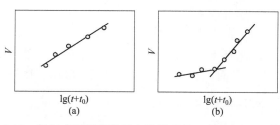

图 8-10　氢气在不同吸附剂上吸附时的 V-$\lg(t+t_0)$ 关系

（a）H_2 在 $2MnO \cdot Cr_2O_3$ 上的吸附；（b）H_2 在 ZnO 上的吸附

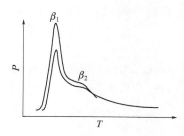

图 8-11　氢气在 W（100）面上的脱附谱示意图

图中每一条曲线中的两个峰对应着两个脱附速率，说明氢气在 W（100）面上的吸附有两种吸附态。可以求出，这两种吸附态的脱附活化能分别为 105kJ/mol 和 145kJ/mol。这两种吸附态的 β 值也不相同。

对每一种吸附态来讲，脱附谱为一个带而不是一个尖峰。这是因为脱附活化能与 θ 有关。随着脱附的进行，表面覆盖度减少，脱附活化能升高。

如果起始吸附态不同，曲线不同，但形状和峰值不变。对氢气在 W（100）面上的吸附来说，β_1 对应着分子态的吸附，β_2 对应着原子态的吸附。

（5）化学吸附机制

① d 带理论　过渡金属有空的 d 轨道，可以与吸附质的电子形成共价键，从而导致化学吸附。非过渡金属，如 Ca、Sr、Ba，尽管没有 d 电子，但在金属晶格中有些电子处于 d 能带上，也可以成键、吸附；对于 d 轨道已满的金属，如 Cu、Au，d 轨道上的电子可以激发到 s 轨道上，空出 d 轨道成键。

② 气体在金属上的吸附　气体在金属上吸附时，有以下几种情况。

• 气体解离，每个金属原子吸附一个解离后的组分。例如：$2M + H_2 \longrightarrow 2MH$；$2M + O_2 \longrightarrow 2MO$；$2M + CO_2 \longrightarrow MCO + MO$。但研究表明，氢的吸附可能有好几种吸附态，包括强吸附氢和弱吸附氢，如图 8-11 中的脱附谱所展示的那样。氧的情况更为复杂。

• 气体逐级解离，每个金属原子吸附一个解离后的组分。例如：$2M + NH_3 \longrightarrow MNH_2 + MH$；$M + MNH_2 \longrightarrow MNH + MH$。$CH_4$ 的吸附也是这样。

• 气体不解离，但原子价态变化，且金属原子与吸附质之比可能不是 1∶1。例如：$M + CO \longrightarrow M—CO$；$2M + CO \longrightarrow M_2—CO$。既有一位吸附，也有二位吸附，且还存在一个金属原子（Rh）吸附两个 CO 分子的机制。

另外，对 O_2 的吸附来讲，由于存在氧化作用，除了少数金属，如 Mo、W、Rh、Pd、Pt 之外，多数吸附的氧原子与表面原子之比为（2～8）∶1。

③ 气体在氧化物上的吸附　气体在氧化物上的吸附机制太过复杂，这里就不赘述了。

④ 吸附层的结构　吸附刚开始时，分子无序地被吸附；随着表面覆盖度的增加，由表面扩散及徙动，渐渐形成了有序的排列。若吸附键比金属原子间的键更强，则可使基底原子重新排列。

2. 化学吸附的吸附等温线

化学吸附是单层吸附，其吸附等温线符合第一类等温线。有以下几个方程可以描述之。

（1）Langmuir 公式　由于：

$$U_a = \frac{iP}{(2\pi mkT)^{1/2}} f(\theta) \exp\left(-\frac{E_a}{RT}\right), \quad U_d = Kf'(\theta) \exp\left(-\frac{E_d}{RT}\right)$$

吸附平衡时，有 $U_a = U_d$，且 $E_d - E_a = q$，故：

$$P = \frac{K}{i}(2\pi m k T)^{1/2} \frac{f'(\theta)}{f(\theta)} \exp\left(-\frac{q}{RT}\right)$$

Langmuir 给出了三点假设：第一，表面从能量上来讲是均匀的，所有吸附位都是等价的，且一个吸附位接纳一个分子；第二，吸附分子间没有相互作用；第三，吸附仅限于单分子层。由第一和第二点假设可以得出推论，即 E_a 和 E_d 不随 θ 变化，因此 $\exp\left(-\dfrac{q}{RT}\right)$ 与 θ 无关，且 i 和 K 也与 θ 无关。由于是一位吸附，故 $f(\theta) = 1 - \theta$，$f'(\theta) = \theta$。因此，上式可简化为：

$$P = \frac{f'(\theta)}{b f(\theta)} = \frac{\theta}{b(1-\theta)}$$

式中，$b = \dfrac{i}{K(2\pi m k T)^{1/2}} \exp\left(-\dfrac{q}{RT}\right)$，一定温度下对某一体系而言是一个常数。因此：

$$\theta = \frac{bP}{1+bP} \tag{8-23}$$

此即为 Langmuir 单层吸附等温式。

若用 V 和 V_m 分别表示吸附量和单分子层饱和吸附量，则 $\theta = V/V_m$，故有：

$$\frac{V}{V_m} = \frac{bP}{1+bP} \tag{8-24}$$

此式可变化为：

$$\frac{P}{V} = \frac{1}{bV_m} + \frac{P}{V_m} \tag{8-25}$$

以 P/V 对 P 作图，由拟合直线的斜率和截距可求出 V_m 和 b。

Langmuir 吸附等温式对物理吸附和化学吸附都适用。等温式中的 b 值对等温线的形状有影响，因为它与吸附热 q 有关。b 的增加，意味着 q 的绝对值增大，吸附放热多，容易吸附。因此，同样的气体压力下，吸附量变大，曲线转折变锐，如图 8-12 所示。

另外，低压下，由等温式可知，$V = V_m bP$，V 与 P 成正比，这就是所谓的"亨利定律区域"。但由于表面不均匀，b 与 q 有关。开始吸附时放热多，b 较大，则导致实际的吸附量 V 比假定的情况大，则 P/V 变小。因此，刚开始时，P/V-P 图中的数据点在直线下方，如图 8-13 所示。这是正常的，因为实际情况并非 Langmuir 所假定的情况。

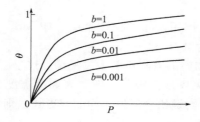

图 8-12　b 对吸附等温线形状的影响

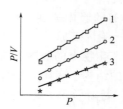

图 8-13　低压下 P/V-P 图

1～3—不同的气体在不同的吸附剂上吸附

对于解离的二位吸附，即一个微粒（如分子）解离出两个微粒，并各占据一个吸附位，则：

$$f(\theta) = (1-\theta)^2, \quad f'(\theta) = \theta^2$$

由平衡时 $U_a = U_d$，可得：

$$P = \frac{f'(\theta)}{bf(\theta)} = \frac{\theta^2}{b(1-\theta)^2}$$

故

$$bP(1-\theta)^2 = \theta^2$$

处理可得

$$\theta = \frac{(bP)^{1/2}}{1+(bP)^{1/2}}$$

故有

$$\frac{P^{1/2}}{V} = \frac{1}{b^{1/2}V_m} + \frac{P^{1/2}}{V_m} \tag{8-26}$$

以 $P^{1/2}/V$ 对 $P^{1/2}$ 作图，可得直线。故可以利用 $P/V\text{-}P$ 和 $P^{1/2}/V\text{-}P^{1/2}$ 哪一个呈线性关系来判断是否发生了解离的二位吸附。

（2）Freundlich 公式　Freundlich 总结了大量的实验数据，总结出了后来被称为 Freundlich 公式的一个经验公式：

$$V = KP^{1/n} \quad (n > 1) \tag{8-27}$$

式中，V 是吸附量；K 是与温度、吸附剂等有关的常数；n 是与吸附质有关的常数。该公式可变形为：

$$\ln V = \ln K + \frac{1}{n}\ln P \tag{8-28}$$

以 $\ln V$ 对 $\ln P$ 作图，得一条直线。由直线的斜率和截距，可求 n 及 K。

这是一个经验公式，但它有一定的理论根据。Zeldowitsch、Taylor 和 Halsey 曾进行过推导，推导过程中修正了 Langmuir 关于均匀表面的假设，将实际的表面看成是由许多均匀的小片组成的，每个小片各有其 b 值。对每一小片均应用 Langmuir 吸附等温式，总的覆盖度即为各小片的覆盖度的加和。当按 b 值划分的小片小到一定程度时，即可用积分代替加和。再通过一系列的近似，最终可推导出形式与 Freundlich 公式一样的一个吸附等温式：

$$\theta = (b_0 P)^{RT/q_m} \tag{8-29}$$

式中，$b_0 = \dfrac{i}{K(2\pi mkT)^{1/2}}$；$q_m$ 为与吸附热有关的常数。将 $\theta = \dfrac{V}{V_m}$ 代入上式并取对数，有：

$$\ln V = \ln V_m + \frac{RT}{q_m}\ln b_0 + \frac{RT}{q_m}\ln P \tag{8-30}$$

以 $\ln V$ 对 $\ln P$ 作图，由直线的斜率和截距可得 V_m。或将不同温度下得到的直线外延，若相交于一点，则该点对应的 V 即为 V_m。

（3）Temkin 公式　Langmuir 吸附等温式推导过程中的前两个假设可以得出吸附过程中吸附热不变的推论。但是，吸附热实际上随着吸附的进行是变化的。Temkin 公式对这一点做了修正。

随着 θ 的增加，吸附热降低。设吸附热与 θ 之间存在如下的线性关系：

$$q = q_0(1 - \alpha\theta)$$

式中，q_0 是 θ 为 0 时的吸附热；α 是常数。

令 Langmuir 吸附等温式中的 $b = b_0 e^{q/RT}$，将上式代入，则 Langmuir 吸附等温式变化为：

$$\frac{\theta}{1-\theta} = b_0 P e^{q_0(1-\alpha\theta)/RT}$$

取对数，整理后，得：

$$\ln P = -\ln(b_0 \mathrm{e}^{q_0/RT}) + \frac{q_0\alpha}{RT}\theta + \ln\frac{\theta}{1-\theta}$$

对于化学吸附，$q_0\alpha \gg RT$，且当 θ 在 $0.2\sim0.8$ 之间时，$\ln\dfrac{\theta}{1-\theta}$ 随 θ 变化不大且数值与 $\dfrac{q_0\alpha}{RT}\theta$ 相比很小，可以略去。且令 $B_0 = b_0\mathrm{e}^{q_0/RT}$，上式简化为：

$$\ln P = -\ln B_0 + \frac{q_0\alpha}{RT}\theta$$

将 $\theta = \dfrac{V}{V_m}$ 代入，整理后可得：

$$V = V_m\frac{RT}{q_0\alpha}\ln B_0 + V_m\frac{RT}{q_0\alpha}\ln P \tag{8-31}$$

故以 V 对 $\ln P$ 作图，可得一条直线。

这三个公式的应用范围不同。对于 Temkin 公式，应用范围为 θ 在 $0.2\sim0.8$ 之间，这是公式推导过程中的近似条件决定的。对于 Freundlich 公式，θ 很小时不适用，因为由该公式可以得到一个推论，即 θ 趋近于 0 时，吸附热会是无限大。而这与实际情况是不符的。另外，对于微孔吸附剂，可得到 Langmuir 型的吸附等温线，但并不一定是单层吸附。

二、 物理吸附

物理吸附常常为多分子层吸附，吸附力为范德华力。Langmuir 吸附等温式可应用于物理吸附，但难以对所用类型的吸附等温线进行正确的描述。

1938 年 Brunuer、Emmett 和 Teller 根据大量的低温吸附等温线将单分子层吸附理论加以推广，发展得到了描述多分子层吸附的吸附等温式，即 BET 方程。该方程可以描述所有五类吸附等温线，并且提供了一个测定单分子层吸附量的方法。

1. BET 方程的推导

BET 公式是基于如图 8-14 所示的多分子层吸附模型推导得到的。该模型保留了固定吸附位的概念，允许形成多分子层，并将"动态平衡"状态应用于各不连续的分子层。吸附力是吸附质分子层间的范德华力，忽略了层内分子间的相互作用。第二层以上各层的吸

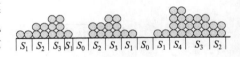

图 8-14　多分子层吸附示意图

附热是相同的，均为吸附质的液化热，并均与第一层的吸附热不同。在进行多分子层吸附时，不必第一层吸附满了才吸附第二层，也不必第二层吸附满了才吸附第三层，以此类推，而是空位、第一层、第二层等可以同时存在。未覆盖的空位的面积为 S_0，第一层占有的面积为 S_1，第二层占有的面积为 S_2，以此类推，第 i 层占有的面积为 S_i。各层之间均处于动态平衡状态，即分子在空白处的吸附速率等于分子自单分子层的脱附速率，在单分子层上的吸附形成第二分子层的速率等于自第二分子层上脱附的速率，以此类推，则由 $U_a = U_d$，即：

$$\frac{i}{(2\pi mkT)^{1/2}}Pf(\theta) = Kf'(\theta)\mathrm{e}^{-(E_d-E_a)/RT}$$

有

$$a_1 P S_0 = b_1 S_1 \mathrm{e}^{-q_1/RT}$$

$$a_2 P S_1 = b_2 S_2 \mathrm{e}^{-q_2/RT}$$

$$\vdots$$

$$a_i P S_{i-1} = b_i S_i \mathrm{e}^{-q_i/RT}$$

式中，$a_i=\dfrac{i}{(2\pi mkT)^{1/2}}$。因为 i 随层数变化，因此不同层的 a_i 不相等。$b_i=K$，由于 K 随层数变化，故不同层的 b_i 不相同。但对同一层而言，a_i 和 b_i 是常数。对于一位吸附，$S_{i-1}=f(\theta)=1-\theta$，$S_i=f'(\theta)=\theta$。$q_1=E_d-E_a$，为第一层的吸附热。以后各层的吸附热都相等，用 q_v 表示。假设：

$$\frac{b_2}{a_2}=\frac{b_3}{a_3}=\cdots=\frac{b_i}{a_i}\approx\frac{b_1}{a_1}$$

令 $y=\dfrac{a_1}{b_1}P\mathrm{e}^{q_1/RT}$，则可得到：

$$y=\frac{S_1}{S_0}$$

令 $x=\dfrac{a_i}{b_i}P\mathrm{e}^{q_v/RT}$，则可得到：

$$x=\frac{S_i}{S_{i-1}}$$

因此

$$c=\frac{y}{x}=\frac{a_1}{b_1}\times\frac{b_i}{a_i}\mathrm{e}^{(q_1-q_v)/RT}\approx\mathrm{e}^{(q_1-q_v)/RT}$$

因此可得到不同吸附层所占有的面积之间的关系为：

$$S_1=yS_0=cxS_0$$
$$S_2=xS_1=cx^2S_0$$
$$\vdots$$
$$S_i=xS_{i-1}=cx^iS_0$$

即所有不同层数的吸附层所占有的面积均可用未被覆盖的空位的面积来表示。

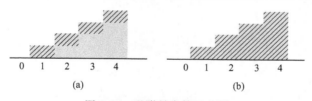

图 8-15　吸附量求算示意图
（a）单分子层饱和吸附量的求算；（b）总吸附量的求算

如图 8-15 所示，单分子层的饱和吸附量和总的吸附量便可以通过加和求得：

$$V_m=\sum_{i=0}^{\infty}S_it_m=(S_0+S_0c\sum_{i=1}^{\infty}x^i)t_m$$

式中，S_i 为第 i 层占有的面积；t_m 为单分子层的厚度。因为求算的是单分子层的饱和吸附量，故多层吸附处均取单层计算，且空位处也要加上。

$$V=\sum_{i=1}^{\infty}iS_it_m=cS_0\sum_{i=1}^{\infty}ix^it_m$$

式中，iS_i 是第 i 吸附层若展开为单层时的面积，iS_it_m 即为该层的吸附量。由于空位处没有吸附，故加和从第一层开始。

由等价代数式代替加和式：

$$\sum_{i=1}^{n}x^i=\frac{x(1-x^n)}{1-x}$$

$$\sum_{i=1}^{\infty} x^i = \frac{x}{1-x} \qquad (x<1)$$

$$\sum_{i=1}^{n} i x^i = \frac{x[1-(n+1)x^n + n x^{n+1}]}{(1-x)^n}$$

$$\sum_{i=1}^{\infty} i x^i = \frac{x}{(1-x)^2} \qquad (x<1)$$

当 $i \to \infty$，即吸附层无限多时，有：

$$\frac{V}{V_m} = \frac{c S_0 \dfrac{x}{(1-x)^2}}{S_0 + c S_0 \dfrac{x}{1-x}} = \frac{\dfrac{cx}{(1-x)^2}}{\dfrac{1-x+cx}{1-x}} = \frac{cx}{(1-x)[1+(c-1)x]} \qquad (x<1) \qquad (8\text{-}32)$$

该式有 c、x 两个常数，叫作 BET 二常数公式，适用于自由平面上的多分子层吸附。

当 $i \to n$，即吸附层数有限时，有：

$$\frac{V}{V_m} = \frac{cx}{1-x} \times \frac{1-(n+1)x^n + n x^{n+1}}{1+(c-1)x - c x^{n+1}} \qquad (8\text{-}33)$$

该式有 c、x、n 三个常数，叫作 BET 三常数公式，适用于多孔吸附剂上的多层吸附。

对 BET 二常数公式来讲，有一个限定条件，即 $x<1$。那么，x 能满足这个条件吗？其物理意义是什么？

由上面的推导过程中可知，$x = S_i / S_{i-1}$。一般而言，$S_i < S_{i-1}$，故 x 能满足这个条件。当蒸汽压 P 等于饱和蒸汽压 P_0 时，气体发生凝聚，$V \to \infty$。而由 BET 二常数公式可知，这只有当 $x \to 1$ 时才行。这意味着所有吸附层的面积都相等。因此，由 x 的定义式，有：

$$x = \frac{a_i}{b_i} P e^{q_v / RT}$$

$$1 = \frac{a_\infty}{b_\infty} P_0 e^{q_v / RT}$$

式中，a_∞ 和 b_∞ 为第 ∞ 层时的 a 和 b。两式相比，有 $x = P/P_0$，因此，x 为气体压力与其饱和蒸汽压之比，为相对气体压力。由于 $P < P_0$，故 $x<1$。

将 $x = P/P_0$ 代入到 BET 二常数公式中，变化后可得到：

$$\frac{P}{V(P_0 - P)} = \frac{1}{c V_m} + \frac{c-1}{c V_m} \times \frac{P}{P_0} \qquad (8\text{-}34)$$

因此，以 $\dfrac{P}{V(P_0-P)}$ 对 $\dfrac{P}{P_0}$ 作图，由所得直线的斜率和截距可求出 V_m 和 c。求出 c 后，便可以求出第一层的吸附热 q_1。

BET 适用于相对压力 P/P_0 在 $0.05 \sim 0.35$ 之间的体系。相对压力太低，则第一层吸附时表面的不均匀性影响显著，因为实际上吸附热是随着表面覆盖度变化的；相对压力高于 0.35 时，可能毛细凝聚作用显著，导致吸附偏离多分子层吸附平衡。故在此相对压力范围之外，大多不符合 BET 公式。

2. BET 公式对五类吸附等温线的说明

BET 公式可以对五类吸附等温线做出合理的解释。

(1) 第一类等温线　当 $x \ll 1$，即 $P/P_0 \ll 1$ 及 $c \gg 1$ 时，由 c 的定义式可知，$q_1 \gg q_v$，发生单层吸附。此时，BET 二常数公式为：

$$\frac{V}{V_m} = \frac{cx}{(1-x)[1+(c-1)x]}$$

可简化为：

$$\frac{V}{V_m} = \frac{cx}{1+cx}$$

该式与 Langmuir 吸附等温式一致。

由 BET 三常数公式也可以得到相同的结论。对于 BET 三常数公式：

$$\frac{V}{V_m} = \frac{cx}{1-x} \times \frac{1-(n+1)x^n + nx^{n+1}}{1+(c-1)x-cx^{n+1}}$$

当 $n=1$ 时，可变为：

$$\frac{V}{V_m} = \frac{(1-x)cx}{1+(c-1)x-cx^2}$$

当 $x \ll 1$，$c \gg 1$ 时，上式简化为：

$$\frac{V}{V_m} = \frac{cx}{1+cx}$$

（2）第二、第三类吸附等温线 对第二类等温线，当 $x \ll 1$ 时，对应于曲线的起始部分，压力很低；此时若 $c \gg 1$，则 $q_1 > q_v$。此时，BET 公式简化为：

$$\frac{V}{V_m} = \frac{cx}{1+cx}$$

求导，有：

$$\frac{dV}{dx} = \frac{V_m c}{(1+cx)^2} > 0$$

V 随 x 的增大而增加。

求二阶导数，有：

$$\frac{d^2V}{dx^2} = -\frac{2V_m c^2}{(1+cx)^3} < 0$$

故起始处曲线缓缓上升且上凸。后半段，由于发生毛细孔凝聚，吸附量急剧增加，等温线急剧上翘。由于吸附剂孔径一直增大到没有尽头，吸附量也增大到没有尽头，膜厚趋于无限大。

对第三类等温线，当 $x \ll 1$ 时，对应于曲线的起始部分，压力很低；此时若 $c \ll 1$，则 $q_1 < q_v$。此时，BET 二常数公式可简化为：

$$\frac{V}{V_m} = \frac{cx}{(1-x)[1+(c-1)x]} \approx \frac{cx}{(1-x)(1-x)} \approx \frac{cx}{1-2x}$$

求导，有：

$$\frac{dV}{dx} = \frac{V_m c}{(1-2x)^2} > 0$$

V 随 x 的增大而增加。求二阶导数，有：

$$\frac{d^2V}{dx^2} = \frac{4V_m c}{(1-2x)^3} > 0$$

故起始处缓缓上升且上凹。曲线后半段，由于毛细孔凝聚，吸附量急剧增加且没有尽头。

由此可见，对于平板吸附剂或者具有无限大孔径的吸附剂，吸附等温线是第二类还是第三类取决于 c 值，即 q_1 和 q_v 的相对大小。当 c 值由大变小时，等温线由第二类过渡到第三类。BET 将这一转变点定为 $c=1$，即 $q_1 = q_v$ 处。Jones 将这一转变点定在 $c=2$，即 $\frac{q_1-q_v}{RT} =$

0.7 处。

相比较而言，由于对大多数吸附现象来讲，$q_1 > q_v$，故第二类等温线较为普遍。第三类较少。水在炭黑上的吸附是一个第三类吸附等温线的例子。由于吸附质分子间的相互作用比吸附质与吸附剂之间的相互作用强，故 $q_1 < q_v$。

(3) 第四、第五类吸附等温线 与第二、第三类类似。只是吸附剂的孔径范围有限制，出现饱和吸附，最后吸附量趋于一定值，而不是趋于无限大。

3. 对 BET 公式的评论及改进

BET 公式有几点假设是不合理的：第一点，BET 理论中各层均定位的假设不合理，人们知道，吸附分子在表面上是不停地徙动的，该理论同时假设第二层及以后各层为液体，而液体是可以流动的，这也与各层定位的假设相矛盾；第二点，假设分子只受到固体表面或已被吸附的下层分子的吸引，而忽略了同层分子间的作用也是不合理的；第三点，假设第一层的吸附热是常数，等同于假设表面是均匀的，也是不合理的。

但 BET 公式在相对压力在 0.05～0.35 的范围内取得了很好的结果。它是处理气/固界面吸附时应用得最广泛的一种处理方法。因为数据处理过程较为方便，且在该相对压力范围内可得到很好的线性关系，单层饱和吸附量容易求出。

BET 理论取得了很大的成就，但也有一些缺陷。人们试图对其进行改进。下面即为两个改进公式。第一个公式中，引入了一个与体系性质有关的常数 k，P/P_0 被 kP/P_0 代替：

$$\frac{V}{V_m} = \frac{ck(P/P_0)}{[1-k(P/P_0)][1+(c-1)k(P/P_0)]} \tag{8-35}$$

由此可以得出其直线式为：

$$\frac{k(P/P_0)}{V[1-k(P/P_0)]} = \frac{1}{V_m c} + \frac{(c-1)k}{V_m c} \times \frac{P}{P_0} \tag{8-36}$$

该式适用的相对压力 P/P_0 可达 0.9，但 k 的物理意义不清楚。另一个改进式是 Huttig 公式：

$$\frac{V}{V_m} = \frac{c(P/P_0)[1+(P/P_0)]}{1+c(P/P_0)} \tag{8-37}$$

变化为：

$$\frac{(P/P_0)[1+(P/P_0)]}{V} = \frac{1}{V_m c} + \frac{1}{V_m} \times \frac{P}{P_0} \tag{8-38}$$

该式适用的相对压力可达 0.8。

这些修正公式改善了与实验数据的相符程度，但缺乏定量的理论基础。

4. BET 公式的应用

BET 公式最重要的应用是测定固体的比表面积。设 V_m 是标准状态下（0℃，1atm）吸附的气体体积（cm³），a_0 是一个分子占据的面积，N_A 为 Avogadro 常数，则总面积为：

$$A = a_0 \left[\left(\frac{V_m}{22400} \right) N_A \right] \tag{8-39}$$

求得总面积后，便可以得到比表面积。

第四节　气/固界面吸附的热力学处理

一、 吸附膜的表面压

设固体在真空中的表面自由能为 γ_0，吸附气体后变为 γ，则表面压为：

$$\pi = \gamma_0 - \gamma \tag{8-40}$$

但 π 无法测定。如何求出吸附气体后气/固界面的表面压呢？

若已知固体吸附气体的吸附等温线，若气体为理想气体，则吸附平衡时，由 Gibbs 吸附公式，有：

$$d\gamma = RT\Gamma d\ln P$$

积分上式，有：

$$\gamma_0 - \gamma = \pi = RT\int_{P=0}^{P}\Gamma d\ln P$$

设 V 是 1g 固体吸附剂吸附的标准状态下的气体的体积，V_0 是标准状态下气体的摩尔体积，Σ 是固体的比表面积，则表面浓度 Γ 为：

$$\Gamma = \frac{V/V_0}{\Sigma}$$

因此，有：

$$\pi = RT\int_{P=0}^{P}\frac{V}{V_0\Sigma}d\ln P = \frac{RT}{V_0\Sigma}\int_{P=0}^{P}Vd\ln P$$

这样，只要作出 $V\text{-}\ln P$ 图，自曲线下的面积便可以求出 π。但是当 $P\to 0$ 时，$\ln P\to\infty$。因此作曲线求表面压便十分困难。

自五类吸附等温线可以看出，当压力很小时，$V\text{-}P$ 呈线性关系。自 Langmuir 吸附等温式和 BET 公式也可以得出这一结论。因此，可以假定压力 P 自零至某个压力 P_x 范围内 $V\text{-}P$ 为直线。这样便有：

$$\begin{aligned}
\pi &= \frac{RT}{V_0\Sigma}\int_{P=0}^{P_x}Vd\ln P + \frac{RT}{V_0\Sigma}\int_{P_x}^{P}Vd\ln P\\
&= \frac{RT}{V_0\Sigma}\int_{P=0}^{P_x}\frac{V}{P}dP + \frac{RT}{V_0\Sigma}\int_{P_x}^{P}Vd\ln P\\
&= \frac{RT}{V_0\Sigma}\int_{P=0}^{P_x}\frac{KP}{P}dP + \frac{RT}{V_0\Sigma}\int_{P_x}^{P}Vd\ln P\\
&= \frac{RT}{V_0\Sigma}\int_{P=0}^{P_x}KdP + \frac{RT}{V_0\Sigma}\int_{P_x}^{P}Vd\ln P\\
&= \frac{RT}{V_0\Sigma}KP_x + \frac{RT}{V_0\Sigma}\int_{P_x}^{P}Vd\ln P\\
&= \frac{RT}{V_0\Sigma}V_x + \frac{RT}{V_0\Sigma}\int_{P_x}^{P}Vd\ln P
\end{aligned}$$

因此，如果只考虑直线部分，即压力很低时，有：

$$\pi = \frac{RT}{V_0\Sigma}V_x$$

即

$$\frac{\pi V_0\Sigma}{V_x} = RT$$

设一个分子在表面上的平均占有面积为 σ，则：

$$\Gamma\sigma N = 1$$

式中，Γ 为表面浓度；N 为 Avogadro 常数。

故有

$$\sigma = \frac{1}{\Gamma N} = \frac{1}{\dfrac{V}{V_0\Sigma}N} = \frac{V_0\Sigma}{VN}$$

因此，有：

$$\frac{V_0 \sum}{V} = \sigma N$$

将其代入到表面压的表示式中，则可得到：

$$\pi \sigma N = RT \tag{8-41}$$

故有

$$\pi \sigma = \frac{R}{N} T = kT \quad 或者 \quad \pi A = RT \tag{8-42}$$

式中，k 为 Boltzmann 常数；A 为 1mol 分子所占有的面积。这就是二维理想气体的状态方程。

从上面导出的公式可以看出，吸附于固体表面上的薄膜与吸附于液体表面上的薄膜具有很大的相似性。当气体压力较低时，可认为吸附膜的行为符合二维理想气体状态方程。膜可以被看作是由相互间距很宽的分子组成的，分子可以自由地沿吸附剂表面平行方向流动，而在比较长的时间间隔内相碰撞。前面提到过，在固体表面上，吸附分子从一个吸附位徙动到另一个吸附位要越过势垒。由于吸附分子具有热能，分子总在势能的最低点振动。振动的平衡位置就叫作吸附位。如果势垒比热能高得多，分子不易移动，膜是定位的；若势垒比热能低，或者二者相当，则分子可以徙动，膜是流动的。一般来说，化学吸附膜是定位的，而物理吸附膜是流动的。但这种说法并不绝对，实际情况常常介于二者之间。

前面介绍过的用动力学方法推导 Langmuir 吸附等温式和 BET 公式时均假定膜是定位的，但结果也可以用于流动膜。下面用流动膜的观点从热力学出发推导出的吸附等温式同样可用于定位膜。

二、　吸附等温式

令 σ^0 为吸附质分子本身的面积，σ 为吸附质分子在吸附剂表面所占有的面积，则：

$$\theta = \frac{\sigma^0}{\sigma}$$

当温度恒定时，$\pi \sigma = kT = 常数$，故：

$$d(\pi \sigma) = \pi d\sigma + \sigma d\pi = 0$$

因此，有：

$$\sigma d\pi = -\pi d\sigma = -\frac{kT}{\sigma} d\sigma = -kT \, d\ln \sigma$$

由 Gibbs 吸附公式，有：

$$d\pi = RT\Gamma d\ln P = kN\Gamma d\ln P = kT \frac{1}{\sigma} d\ln P$$

故

$$\sigma d\pi = kT \, d\ln P$$

两式对照，可得：

$$-d\ln \sigma = d\ln P$$

积分上式，有：

$$-\ln \sigma = \ln P + C = \ln P + \ln K$$

故

$$\frac{1}{\sigma} = KP$$

而

$$\theta = \frac{\sigma^0}{\sigma}$$

故

$$\theta = \sigma^0 KP \tag{8-43}$$

由上式可以看出，θ 与 P 成正比。因此，若吸附膜符合二维理想气体状态方程，便可以得到"亨利定律"型的吸附等温式。该式在压力较低时适用。

当压力较高时，可对等温式做出修正。

（1）若只考虑吸附质分子本身的面积 σ^0 而不考虑分子间的相互作用，则非理想气体二维状态方程为：

$$\pi(\sigma-\sigma^0)=kT$$

微分，得：

$$\mathrm{d}\pi=kT\,\mathrm{d}\frac{1}{\sigma-\sigma^0}$$

将其代入到 $\sigma\mathrm{d}\pi=kT\mathrm{d}\ln P$ 中，可得到：

$$\mathrm{d}\ln P=\frac{\sigma}{kT}\mathrm{d}\pi=\sigma\,\mathrm{d}\frac{1}{\sigma-\sigma^0}$$

$$=-\frac{\sigma\,\mathrm{d}\sigma}{(\sigma-\sigma^0)^2}=-\frac{\dfrac{\sigma\,\mathrm{d}\sigma}{(\sigma^0)^2}}{\dfrac{(\sigma-\sigma^0)^2}{(\sigma^0)^2}}$$

$$=-\frac{\dfrac{\sigma}{\sigma^0}\times\dfrac{1}{\sigma^0}\mathrm{d}\sigma}{\left(\dfrac{\sigma}{\sigma^0}\right)^2-\dfrac{2\sigma}{\sigma^0}+1}$$

令 $x=\dfrac{\sigma}{\sigma^0}$，则 $\mathrm{d}x=\dfrac{1}{\sigma^0}\mathrm{d}\sigma$，且 $x=\dfrac{1}{\theta}$，则上式变化为：

$$\mathrm{d}\ln P=-\frac{x\,\mathrm{d}x}{(x-1)^2}$$

积分上式，有：

$$-\ln(x-1)+\frac{1}{x-1}=\ln P+C$$

将 $x=\dfrac{1}{\theta}$ 代入，有：

$$\ln\frac{\theta}{1-\theta}+\frac{\theta}{1-\theta}=\ln P+C=\ln P+\ln K$$

则变化为：

$$KP=\frac{\theta}{1-\theta}\exp\left(\frac{\theta}{1-\theta}\right)$$

当 $\theta\ll1$ 时，$\exp\left(\dfrac{\theta}{1-\theta}\right)\rightarrow1$，上式简化为：

$$KP=\frac{\theta}{1-\theta}$$

即

$$\theta=\frac{KP}{1+KP} \tag{8-44}$$

此式与 Langmuir 吸附等温式相同。

（2）若在考虑分子面积的同时，又考虑到分子间的相互作用，则可用范德华公式进行进一步的修正。但所得到的吸附等温式很复杂且难以用实验验证。

（3）Harkins 和 Jura 根据凝聚膜的状态方程并结合 Gibbs 公式也提出了一个吸附等

温式：

$$\ln \frac{P}{P_0} = B - \frac{A}{V^2} \tag{8-45}$$

式中，$A = \dfrac{aV_0^2 \sum^2}{2RT}$；$B = \dfrac{aV_0^2 \sum^2}{2RTV_x^2} + \ln \dfrac{P_x}{P_0}$；$a$ 为与凝聚膜状态方程有关的常数。以 $\ln \dfrac{P}{P_0}$ 对 $\dfrac{1}{V^2}$ 作图，可得一条直线。

第五节 位能理论或吸附势理论

从位能理论出发推导吸附等温式时，着眼点是固体表面的位能场，如图 8-16 所示。

位能理论认为，固体吸附剂表面空间内存在一个吸引力场，即位能场。当吸附质分子落入这个位能场后便被吸附。被吸附的分子如同地球引力场中的大气分子一样，越接近固体表面，密度越大；越向外层，密度越小，形成一组组的等位面。每一组等位面之间的空间相当于一定的体积，叫作吸附空间。在吸附空间内的任一位置都存在着吸附势。吸附势的定义是，将 1mol 气体从无限远处吸附到吸附空间内某一点所做的等温可逆功，即：

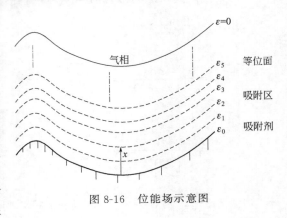

图 8-16 位能场示意图

$$\varepsilon(x) = \int_{P_g}^{P_x} V \mathrm{d}P = \int_{P_g}^{P_x} \frac{RT}{P} \mathrm{d}P = RT \ln \frac{P_x}{P_g} \tag{8-46}$$

式中，P_g 和 P_x 分别为气相及距表面 x 处的吸附气体的压力。位能理论认为，靠范德华力的吸附与蒸汽受压过程相似，在吸附空间内吸附分子间的相互作用与其在自由状态时相同。故正常的气体状态方程可用于气态吸附相，因此该等温可逆功等于体积压缩所做的功。位能理论还认为，当表面区达到吸附平衡时，在同一等位面上发生的少量气体输送过程是平衡过程，自由能不变。

位能理论有两个模型：若固体与吸附质分子相互作用的位能主要是由色散力所致，则为色散模型；若主要是诱导力所为，则为极化模型。

一、色散模型

该模型由 Polanyi 于 1914 年提出。

人们已经知道，一个原子与一块平板之间的作用为：

$$\varepsilon(x)_{微粒\text{-}板} = -\frac{\pi}{6} nc_1 \frac{1}{x^3}$$

因此，对于一个固体平表面，色散位能可表示为：

$$\varepsilon(x) = \frac{\varepsilon_0}{(a+x)^3} \tag{8-47}$$

式中，a 为数量级达分子半径的距离；ε_0 为 $x=0$ 时的位能；x 为微粒和平板之间的距离。但若按微粒与平板之间的相互作用式，则此时 $\varepsilon_0 \to \infty$。为防止这个情况的出现，故加

上一个常数 a。

吸附膜可被认为是液化膜，故 $P_x = P_0$，即 x 处的压力为气体的饱和蒸汽压，则吸附势为：

$$\varepsilon(x) = \int_{P_g}^{P_0} V \mathrm{d}P = RT \ln \frac{P_0}{P_g}$$

因此，有：

$$RT \ln \frac{P_0}{P_g} = \frac{\varepsilon_0}{(a+x)^3}$$

该方程的解为：

$$x = \left(\frac{\varepsilon_0}{RT}\right)^{1/3} \omega^{1/3} - a$$

式中，$\omega = \ln \dfrac{P_0}{P_g}$。

对于多层吸附，可认为是一层凝聚的液膜。假定吸附量是这一层液膜的体积，液膜厚度 x 与吸附量 V 之间的关系为：

$$V = \frac{\sum x}{V_L} V_0$$

式中，$\sum$ 为比表面积；V_L 为液体的摩尔体积；V_0 为气体的摩尔体积。将 x 的表达式代入，有：

$$V = -\alpha + \beta \omega^{-1/3} \tag{8-48}$$

式中，$\alpha = \dfrac{a V_0 \sum}{V_L}$；$\beta = \left(\dfrac{V_0 \sum}{V_L}\right)\left(\dfrac{\varepsilon_0}{RT}\right)^{1/3}$；$\omega = \ln \dfrac{P_0}{P_g}$。这就是色散模型的吸附等温式。以 V 对 $\omega^{-1/3}$ 作图，得一条直线。由其斜率和截距可求 β 和 α，进而求出 $\sum$。该式适用于第二类等温线，甚至优于 BET 公式。

二、极化模型

该模型由 deBoer 于 1929 年提出。

该模型认为，非极性的吸附质分子可被极性吸附剂诱导产生诱导偶极矩。在第一吸附层中，吸附力为诱导偶极矩相互作用，第一层的诱导偶极矩又诱导第二层分子产生诱导偶极矩，以此类推。

由第四章中提到的由诱导力的传播而导致的长程力的表达式，可以给出极化位能为：

$$\varepsilon(x) = \varepsilon_0 \mathrm{e}^{-ax}$$

与吸附势表达式相结合，有：

$$RT \ln \frac{P_0}{P_g} = \varepsilon_0 \mathrm{e}^{-ax}$$

上式可变化为：

$$\ln\left(\ln \frac{P_0}{P_g}\right) = \ln \frac{\varepsilon_0}{RT} - ax$$

由 $V = \dfrac{\sum x}{V_L} V_0$，可得 $x = \dfrac{V V_L}{\sum V_0}$。代入上式，有：

$$\ln\left(\ln \frac{P_0}{P_g}\right) = \ln \frac{\varepsilon_0}{RT} - \left(\frac{a V_L}{\sum V_0}\right) V \tag{8-49}$$

此即极化模型的吸附等温式。以 $\ln\left(\ln \dfrac{P_0}{P_g}\right)$ 对 V 作图，可得一条直线。由其斜率和截距

可求 Σ 及 ϵ_0。

　　这个理论最初是为了解释离子型吸附剂对非极性分子的吸附而提出的，后来推广到非极性吸附剂对极性分子的吸附。但该模型长久以来未被重视，正如提出 BET 公式的研究者之一的 Brunauer 所批评的那样，难以想象极化作用能大到足以吸附气体分子。但有些实例说明该模型相当成功。例如，正己烷在金属上吸附时，表面电位有很大变化；氩气在金属表面上吸附时，表面电位也有很大变化。这说明，极化作用不可忽略。

三、 位能理论的发展——厚板理论

　　这个理论由 Frenkel 提出，后来 Halsey 和 Hill 又对其各自独立地进行了处理和完善。该理论是对吸附势理论的发展。该理论假设，当覆盖度大于 2 时固体表面性质就不重要了。此时，表面上非极性的吸附分子所处的环境与液体中的分子所处的环境类似。故可将膜看作吸附剂势场中厚度一致的液体平板，而吸附剂与吸附质之间的相互作用只是色散力和排斥力的综合结果。考虑到排斥力随距离的增加而衰减的速度要远比色散力随距离的增加而衰减的速度快，故可只考虑色散力。

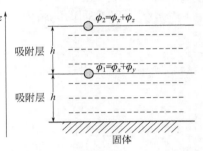

图 8-17　厚板理论示意图

　　如图 8-17 所示，固体吸附剂表面上吸附膜形成厚度为 h 的液体厚板，在该液体厚板上又形成了一个厚度为 h 的吸附层。假设在 $z=h$ 处有一个分子，则它会受到与液体厚板的相互作用 ϕ_x 和与固体的相互作用 ϕ_y，即 $\phi_1=\phi_x+\phi_y$；若该分子处于 $z=2h$ 处，则它会受到液体厚板的相互作用 ϕ_x 及液体下面的液体之间的相互作用 ϕ_z，即 $\phi_2=\phi_x+\phi_z$，因为此时离固体表面远，与固体的作用不重要。若分子自 $z=2h$ 处移到 $z=h$ 处，则其势能变化为 $\phi_1-\phi_2=\phi_y-\phi_z$。

　　设与吸附厚板成平衡的气体压力为 P，由位能理论，在吸附空间内吸附分子间的相互作用与其在自由状态时相同，正常的气体状态方程可用于气态吸附相。若一个分子自 $z=2h$ 处移到 $z=h$ 处，所做的等温可逆功即体积压缩所做的功为：

$$\varepsilon = \int_P^{P_0} V \mathrm{d}P = kT\ln\frac{P_0}{P}$$

式中，P_0 为饱和蒸汽压。因此，其化学势或者自由能的变化为：

$$\Delta\mu = -\varepsilon = kT\ln\frac{P}{P_0}$$

　　由长程力公式，一个微粒与相距为 h 的无限固体平板及与无限液体平板之间的作用分别为：

$$\phi_y = -\frac{\pi}{6}n_S C\frac{1}{h^3}$$

$$\phi_z = -\frac{\pi}{6}n_L C_L\frac{1}{h^3}$$

式中，n_S 和 n_L 分别为单位体积的固体内的分子数和单位体积的液体内的分子数；C 和 C_L 分别为固体和液体对微粒的吸引力常数。故由 $\varepsilon=\phi_y-\phi_z$，有：

$$\ln\frac{P}{P_0} = \frac{\pi}{6kT}(n_L C_L - n_S C)\frac{1}{h^3}$$

　　而由 $n_L=\dfrac{\Gamma}{h}$ 可得 $h=\dfrac{\Gamma}{n_L}$，代入到上式，有：

$$\ln \frac{P}{P_0} = \frac{\pi}{6kT} \left(n_L^4 C_L - n_S n_L^3 C \right) \frac{1}{\Gamma^3} \tag{8-50}$$

此即为厚板理论的吸附等温式。该式可简写为：

$$\ln \frac{P}{P_0} = -K \frac{1}{\Gamma^3} \tag{8-51}$$

式中，K 为常数。

Halsey 还假设分子与表面的相互作用与距离的 n 次方成反比，从而得到具有一般形式的表达式：

$$\ln \frac{P}{P_0} = -B \frac{1}{\Gamma^n} \tag{8-52}$$

式中，B 和 n 是常数。当 $n=2$ 时，即为 Harkins-Jura 公式。上式两边取对数，则有：

$$\ln \left(\ln \frac{P}{P_0} \right) = \ln(-B) - n \ln \Gamma \tag{8-53}$$

由于 $\Gamma \propto V$，故以 $\ln \left(\ln \frac{P}{P_0} \right)$ 对 $\ln V$ 作图，由所得直线的斜率可得到 n。n 大多处于 $2 \sim 3$ 之间，有时也小于 2 或者大于 3。n 值的大小表示表面对吸附质分子的吸引力随距离的增加而衰减的速度，它可用来衡量吸附剂和吸附质之间的相互作用性质。

厚板理论将吸附层的厚度正比于表面覆盖度。该理论可用来解释阶梯型等温线。

四、 各种多分子层吸附理论的比较

一般来讲，BET 公式适用的相对压力范围为 $0.05 \sim 0.35$，色散模型和极化模型则为 $0.1 \sim 0.8$。对同一套数据，可用不同的模型进行处理。一般在合适的相对压力范围内大多用 BET 模型，其原因主要是习惯使然且使用方便。但 BET 模型并非是最好的，其他模型也能给出很好的结果。

可以对这些模型进行比较、验证。方法之一便是，用同一套数据作图，来比较哪一种更为合理。方法之二是，用不同的吸附质进行吸附实验，比较由各种吸附等温式计算得到的比表面积是否确实与吸附质的本性无关。表 8-2 中所列即为实验结果。

表 8-2　不同吸附等温式的比较

项目		BET 公式	HJ 公式	色散理论	极化理论
蛋白质比表面积/KCl 比表面积	氧气/90K	4.0	5.2	5.5	5.3
	氮气/90K	5.3	5.6	5.7	4.4
	氩气/90K	4.0	7.9	5.7	5.3
	平均值	4.4 (±15%)	5.9 (±12%)	5.7 (±2%)	5.1 (±6%)
二氧化钛比表面积/KCl 比表面积	氧气/78K	5.2	8.8	8.1	6.7
	氮气/78K	6.4	6.8	7.9	6.7
	平均值	5.8 (±10%)	7.8 (±13%)	8.0 (±1%)	6.7 (±0%)

由此可见，就实验数据的相对误差来讲，色散模型和极化模型是最低的。

第六节　气/固界面吸附的其他问题

一、特征等温线

de Boer 等人研究了具有大平表面无孔吸附剂的吸附现象。他们发现，在多分子层吸附范围内，等温线的形状只与吸附质的性质有关，而与吸附剂的性质无关。若用同一种吸附质对组成不同但具有相同结构特征的吸附剂进行实验，则得到的吸附等温线即 V-P/P_0 曲线具有相同的形状，但有垂直位移。若以 V/V_m 对 P/P_0 作图，则吸附等温线都重叠在一起。这种等温线即为特征等温线，它反映了吸附质的吸附性质。

设 t 和 t_m 分别为吸附层厚度和单分子吸附层的平均厚度，则：

$$t = \frac{V}{V_m} t_m$$

即 t 与 $\frac{V}{V_m}$ 成正比。因此，可用 t-$\frac{P}{P_0}$ 曲线来表征特征等温线。对于某种吸附质，不管吸附剂的本性如何，吸附层的厚度只是相对压力的单值函数。因此，可由特征等温线得到某一相对压力下某种吸附质形成的吸附层的厚度，或者通过查表得到。

de Boer 等人还通过分析吸附量与吸附层厚度的关系，即 V-t 图，将其分为三种类型，分别对应着不同结构的吸附剂，如图 8-18 所示。

曲线 I，吸附量与吸附层厚度呈直线关系，说明吸附量随吸附层厚度的增加成正比地增加，所对应的吸附剂为无孔的大平表面的吸附剂。

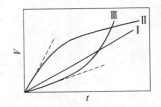

图 8-18　吸附量与吸附层厚度的关系

曲线 II，开始时吸附量与厚度呈直线关系，但后来逐渐上凸偏离直线。这对应着微孔吸附剂。当部分微孔被充满后，不能再进一步吸附，故偏离直线关系。

曲线 III，开始时吸附量与厚度呈直线关系，但后来逐渐下凹偏离直线。这对应着可发生毛细凝聚的多孔吸附剂。发生毛细凝聚时，吸附量的增加要比大平表面吸附剂快。

二、毛细凝聚

所谓毛细凝聚，指的是气体在多孔性固体吸附剂上吸附时，压力未达其饱和蒸汽压时便在孔中凝聚成液体的现象。此时，吸附量会急剧增加。毛细凝聚与弯曲液面下的附加压力及与弯曲液面相平衡的蒸汽压有关，可以用 Kelvin 公式进行说明。

当吸附质的温度低于其临界温度，即达一定压力，吸附质可液化的温度时，吸附一般是多分子层的物理吸附。若以多孔性固体作为吸附剂，若孔为圆筒形且其半径为 r，则当其处于某种气体吸附质的环境中时，管壁先吸附部分气体形成厚度为 t 的吸附层。随着气体相对压力的逐渐增加，吸附层厚度逐渐增大，所留下的孔心半径（$r_K = r - t$）逐渐减小。设该气体冷凝后的液体可润湿孔壁，在孔心处形成弯月面，接触角为 θ。当相对压力达到临界压力 P_r 时，若弯月面是完美球面的一部分，其曲率半径为 $r_K/\cos\theta$，则 Kelvin 公式可写作：

$$\ln \frac{P_r}{P_0} = -\frac{1}{RT} \times \frac{2\gamma M \cos\theta}{\rho r_K} \tag{8-54}$$

式中，P_0 为该温度下液体的饱和蒸汽压，即与平液面下的液体相平衡的气体压力。此时发生毛细凝聚，所对应的孔心半径为临界半径 r_K。因此，毛细凝聚是与凹液面成平衡的蒸汽压小于与平液面成平衡的蒸汽压的结果。圆筒形毛细孔中毛细凝聚如图 8-19 所示。

人们知道，多孔性吸附剂按照孔的大小分为三类，即微孔吸附剂、中孔吸附剂和大孔吸附剂。由于 Kelvin 公式是由热力学导出的，因此严格说来不能用于微孔吸附剂的吸附，因为此时孔径只有几个分子大小，不能形成热力学意义上的弯月面。而对于大孔吸附剂，由于半径太大，形成的弯月面曲率太小，使得 P_r 接近于 P_0。故毛细凝聚对中孔吸附剂最为适用。

假若吸附剂中孔径大小一致且在中孔范围，则吸附等温线应该具有如图 8-20 所示的形状。开始时由于孔壁吸附形成吸附层，吸附量随压力的增加而逐渐增加；当达到临界压力 P_r 时，发生毛细凝聚，在压力维持不变的情况下吸附量急剧增大；随着毛细凝聚接近完成，弯月面的曲率由大渐渐变小直至为零，吸附量又随压力的增加逐渐增加。实际上等温线的垂直上升阶段一般观察不到，因为所使用的吸附剂的毛细孔的孔径不是均一的，而是按大小有一定分布的。

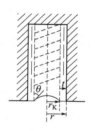

图 8-19 圆筒形毛细孔中
毛细凝聚示意图

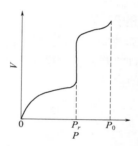

图 8-20 具有均匀孔径的圆筒中孔固体的
理想吸附等温线

三、 吸附滞后

对于多孔性吸附剂的吸附，由于存在毛细凝聚，常常遇到吸附等温线与脱附等温线不完全相重合的现象，这就是吸附滞后，如图 8-21 所示。吸附时，压力逐渐升高，到一定压力时发生毛细凝聚；脱附时，压力逐渐降低，则毛细孔中的液体发生毛细管蒸发，解吸附。脱附线总是在吸附线的左上方，不相重合的区域形成一个环，叫作滞后环。在滞后环区域，同一个气体平衡压力对应着两个不同的吸附量。如何解释呢？

1. 墨水瓶模型

如图 8-22 所示，若孔半径随着孔的深度的增加逐渐增大，则随着吸附的进行发生毛细凝聚时，所对应的平衡压力由下面较大的半径决定，而随着脱附的进行发生毛细管蒸发时，

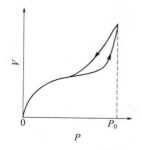

图 8-21 吸附-脱附滞后环

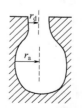

图 8-22 墨水瓶形孔示意图

所对应的平衡压力则由上部较小的半径决定。由 Kelvin 公式，则发生毛细凝聚时对应的平衡压力较高，而发生脱附时对应的毛细管蒸发的压力较小，即解吸至与吸附同等吸附量时，所对应的压力较低；解吸至与吸附同样压力时，墨水瓶状毛细孔将滞留一部分吸附质。因此，出现滞后环，且脱附线总在吸附线的左上方。

2. 接触角滞后

如图 8-23 所示，若毛细孔是粗细均匀的孔，也会发生吸附滞后现象。其原因是，吸附过程中发生毛细凝聚时，液体与毛细孔壁间的接触角是前进角 θ_A；而脱附过程中发生毛细管蒸发时，液体与孔壁间的接触角是后退角 θ_R。$\theta_A > \theta_R$，则由于此时接触角小于 $90°$，故 $\cos\theta_A < \cos\theta_R$。凝聚时形成的弯月面的曲率半径大于蒸发时弯月面的曲率半径。因此，由 Kelvin 公式，凝聚时所对应的气体的平衡压力较高。

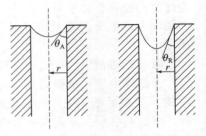

图 8-23　毛细孔中吸附和脱附时形成的不同弯月面示意图

3. 圆筒形液面的形成

若毛细孔是两端开口半径为 r 的圆筒，吸附开始时，只能形成两端开口的圆筒形液面，不能形成弯月形球面。该液面由两个曲率半径来表征，一个是圆筒形液面的内径，即 $r_K = r - t$，另一个是无穷大。Kelvin 公式可表示为：

$$\ln\frac{P_{ra}}{P_0} = -\frac{1}{RT} \times \frac{\gamma M}{\rho}\left(\frac{1}{r_K} + \frac{1}{\infty}\right) = -\frac{1}{RT} \times \frac{\gamma M}{\rho r_K}$$

随着吸附的进行，圆筒形液面越往里收缩，r_K 越小，对应的蒸汽压就越低。当气体压力达到临界压力时，发生凝聚，整个孔就被液体所充满。

而在脱附时，由于毛细管中已经充满了液体，故在毛细管蒸发时会形成正常的弯月面。若液体完全润湿孔壁，接触角为零，则蒸发时的平衡压力为：

$$\ln\frac{P_{rd}}{P_0} = -\frac{1}{RT} \times \frac{2\gamma M}{\rho r_K}$$

由此两式，可得：

$$\left(\frac{P_{ra}}{P_0}\right)^2 = \frac{P_{rd}}{P_0}$$

因为相对压力小于 1，因此 $\dfrac{P_{ra}}{P_0} > \dfrac{P_{rd}}{P_0}$，即 $P_{ra} > P_{rd}$。

对于一端封闭、一端开口的孔，无论内径是否均匀，毛细凝聚可以认为首先发生在孔的底部；而对于两端都开口的孔，毛细凝聚时弯月面于何处形成呢？由此看来，由圆筒形吸附层逐渐加厚而发生凝聚的看法是有道理的。

气体在固体表面上的吸附还有许多需要介绍的问题。如 deBoer 等人通过研究吸附-脱附等温线，将滞后环按形状分为五类，并探讨了滞后环的形状与孔结构类型的关系；利用气体吸附法可以测定多孔固体的平均孔径及孔径分布等，具体内容可参阅相关专著或者参考书[1~3]。

参 考 文 献

[1] 顾惕人，朱㻏瑶，李外郎，马季铭，戴乐蓉，程虎民. 表面化学. 北京：科学出版社，1994.

[2] 沈钟，赵振国，康万利. 胶体与表面化学. 第 4 版. 北京：化学工业出版社，2012.

[3] 赵振国. 应用胶体与表面化学. 北京：化学工业出版社，2008.

第九章

液/固界面

第一节　液/固界面的电性质

一、双电层

1. 液/固界面电现象的起因

液/固界面上有电位差，固体带一种电荷，与其接触的液体带相反符号的电荷。固体表面电荷的来源主要有以下几个。

（1）电离　当固体与液体相接触时，固体物质电离出某种离子，则带相反电荷的离子留在固体表面上，从而使固体表面带电。例如，肥皂电离出 Na^+，本身带负电；玻璃电离出 Na^+、K^+ 等离子，本身带负电。

（2）吸附　固体表面可选择性地吸附液体中的某些离子而带电。这种吸附是由电解质和固体的性质决定的。凡是与固体表面形成不电离、不溶解的物质的离子，均可牢固地吸附在固体表面。被固体表面吸附而使固体表面带电的离子叫作电位决定离子（potential-determining ion），简称定位离子。

（3）摩擦接触　对于非离子型的物质和非电解质而言，电荷的来源是固体质点与液体介质之间的摩擦。相互接触的液固两相对电子的亲和力不同，电子由一相流入另一相。

可由柯恩经验规律判断固体带何种电荷，电子由介电常数大的一相流入到介电常数小的一相，故介电常数大的一相带正电，小的一相带负电。例如，水比玻璃的介电常数大，故玻璃/水界面中，玻璃带负电（当然此时也有电离的作用）；玻璃比苯的介电常数大，故玻璃/苯界面中，玻璃带正电。

（4）晶格取代　这是固体表面带电的特殊情况。例如，黏土晶格中的 Al^{3+} 常常被 Mg^{2+} 或者 Ca^{2+} 所取代。黏土中的反离子本来是平衡三价阳离子的，当三价阳离子被二价阳离子取代后，多余的负电荷常吸附正离子，如 Na^+、K^+ 等，以保持电性平衡。这些离子遇水则解离，使表面带负电。

2. 双电层及平行板双电层模型

当固体表面带电后，由于静电相互作用，表面电荷吸引溶液中带相反符号的离子向固体表面靠拢。被静电吸引的反号离子叫作反离子。反离子处于溶液中，与固体表面有一定的距离。反离子与定位离子便构成了所谓的双电层。

1879 年 Helmholtz 提出了平行板双电层模型。如图 9-1 所示，固体表面为一个带电层，离开固体表面一定距离的溶液内有另一个带相反符号的离子构成的带电层。二者相互平行，整齐地排列，构成平行板双电层。

若将其看作是平行板电容器，间距为 d，则由 Helmholtz 公式可求出

图 9-1　平行板
双电层模型示意图

跨过双电层的电位差：

$$\varphi = \frac{4\pi d\sigma}{D}$$

式中，D 为介电常数；σ 为单位面积固体表面上所带的电量，叫作固体表面电荷密度。测出 φ 后，可求双电层的间距：

$$d = \frac{\varphi D}{4\pi\sigma}$$

这是双电层的一种极端情况，适用于浓溶液。它不能解释带电质点的表面电势 φ_0 与质点运动时由于液、固两相发生相对移动所产生的电势差，即 ζ 电势的区别，也不能说明电解质对 ζ 电势的影响。

3. 扩散双电层模型

由于溶液中离子的热运动，界面处溶液一侧的电荷很难像平行板双电层模型中所描述的那样整齐地排列。1910 年，Gouy 和 Chapman 提出了扩散双电层模型。

(1) 理论及基本公式　该模型认为，反离子有向溶液中均匀分布的趋势，但同时又受到固体表面带电层的吸引力。在这两种力的作用下，反离子的分布为：靠近固体表面的反离子分布较稠密，远离固体表面的反离子分布较稀疏，如图 9-2 所示。对于液/固界面的双电层，有以下问题需要做出说明：离表面一定距离时电势有多大？什么时候电势趋近于零？界面相的厚度是多少？

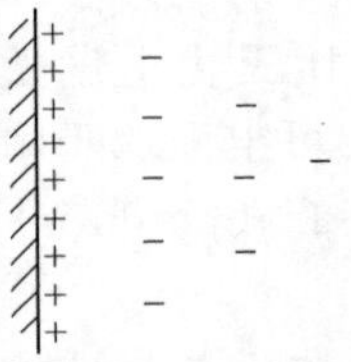

为了解释这些问题，该模型做出了以下假定。

①固体表面是一个无限大的带有均匀电荷密度的平面。

②反离子作为无大小、无体积的点电荷处理，在溶液中的分布符合玻耳兹曼能量分布定律。

③溶剂对双电层的影响仅通过介电常数起作用。溶液中各部分的介电常数处处相等，不随反离子的分布而变化，溶剂为连续介质。

图 9-2　扩散双电层模型示意图

现考虑一个带正电荷的固体表面，表面电位为 φ_0，与含正、负离子的电解质溶液相接触。溶液中某一点的电位为 φ，该点到固体表面的距离为 x。那么，处于该点的 z 价离子的电位能为 $ze\varphi$。若将 z 定义为正、负离子价的绝对值，则正离子的为 $ze\varphi$，负离子的为 $-ze\varphi$。溶液中正负离子的分布及电势随距离变化如图 9-3 所示。

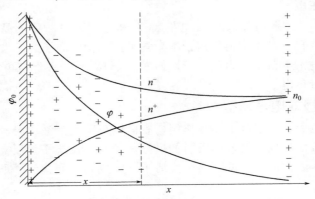

图 9-3　溶液中正负离子的分布及电势随距离变化示意图

由玻耳兹曼能量分布定律，正、负离子在溶液中的分布密度为：

$$n^+ = n_0 e^{-\frac{ze\varphi}{kT}} \tag{9-1}$$

$$n^- = n_0 e^{-\frac{-ze\varphi}{kT}} = n_0 e^{\frac{ze\varphi}{kT}} \tag{9-2}$$

式中，n^+ 和 n^- 分别为单位体积溶液中正、负离子的数目；n_0 为距双电层无限远处，单位体积溶液中正离子或者负离子的数目。此时，$\varphi = 0$，$n^+ = n^- = n_0$。

由上式可以看出，随着 φ 的降低，溶液中正离子数增加，而负离子数减少。当 $\varphi \to 0$ 时，单位体积的溶液中正负离子数相等，溶液呈电中性。

溶液中含有正、负两种离子。正离子与表面相排斥，负离子与表面相吸引，整个体系呈电中性。尽管离表面适当远处，电势极小时，单位体积的溶液中正负离子数相等，但在靠近表面处，单位体积的溶液中负离子数超过正离子数，存在净电荷。溶液中的净电荷总数与固体表面所带电荷数相等，符号相反。

设 ρ 为体积电荷密度，即单位体积的溶液中负电荷超过正电荷的数目，为净电荷密度，则有：

$$\rho = -ze(n^- - n^+) = ze(n^+ - n^-) = zen_0(e^{-\frac{ze\varphi}{kT}} - e^{\frac{ze\varphi}{kT}}) \tag{9-3}$$

单位面积固体表面所带的电荷，叫作固体表面电荷密度 σ。由于溶液中的净电荷数为：

$$Y = \int_0^\infty \rho dV = A \int_0^\infty \rho dx$$

故 σ 可表示为：

$$\sigma = -\frac{Y}{A} = -\int_0^\infty \rho dx$$

即 σ 在数值上等于对体积电荷密度 ρ 从 $x = 0$ 到无限远处积分，相当于把距表面不同距离处的净电荷累加，但符号相反。

体积电荷密度 ρ 与局部电位梯度的散度 $\nabla^2 \varphi$ 之间的关系可由 Poisson 方程给出：

$$\nabla^2 \varphi = -\frac{4\pi\rho}{D} \tag{9-4}$$

式中，∇^2 为拉普拉斯算符，$\nabla^2 = \frac{\partial^2}{\partial x^2} + \frac{\partial^2}{\partial y^2} + \frac{\partial^2}{\partial z^2}$。

将体积电荷密度的表达式代入到 Poisson 方程中，有：

$$\nabla^2 \varphi = -\frac{4\pi}{D} zen_0 \ (e^{-\frac{ze\varphi}{kT}} - e^{\frac{ze\varphi}{kT}})$$

由于假定固体表面是一个无限大的且带有均匀电荷密度的平面，故可近似地将 φ 看作是只是与固体表面正交方向的距离 x 有关的函数，则 Poisson 方程可简化为：

$$\frac{d^2\varphi}{dx^2} = -\frac{4\pi}{D} zen_0 \ (e^{-\frac{ze\varphi}{kT}} - e^{\frac{ze\varphi}{kT}})$$

由该方程可以导出：

$$\kappa x = \ln \frac{(e^{\frac{ze\varphi}{2kT}} + 1)(e^{\frac{ze\varphi_0}{2kT}} - 1)}{(e^{\frac{ze\varphi}{2kT}} - 1)(e^{\frac{ze\varphi_0}{2kT}} + 1)} \tag{9-5}$$

式中，φ_0 为 $x = 0$ 时的电势；κ 为常数，$\kappa^2 = \frac{8\pi n_0 z^2 e^2}{DkT}$。

上式也可变形为：

$$\frac{e^{\frac{ze\varphi}{2kT}} - 1}{e^{\frac{ze\varphi}{2kT}} + 1} = \frac{e^{\frac{ze\varphi_0}{2kT}} - 1}{e^{\frac{ze\varphi_0}{2kT}} + 1} e^{-\kappa x} \tag{9-6}$$

此式清楚地表明了电势随距离变化的关系。

（2）对扩散双电层的讨论

① φ_0 很小时的情况　当 Y≪1 时，下面的指数式可展开为代数式，并可做近似处理：

$$e^{\frac{Y}{2}}=1+\frac{Y}{2}+\frac{(Y/2)^2}{2!}+\frac{(Y/2)^3}{3!}+\cdots\approx1+\frac{Y}{2}$$

故若 φ_0 很小，$\dfrac{ze\varphi_0}{kT}\ll1$，则：

$$e^{\frac{ze\varphi_0}{2kT}}\approx1+\frac{ze\varphi_0}{2kT}$$

由于 φ_0 很小，φ 必定也很小，故：

$$e^{\frac{ze\varphi}{2kT}}\approx1+\frac{ze\varphi}{2kT}$$

因此：

$$\kappa x=\ln\frac{(e^{\frac{ze\varphi}{2kT}}+1)(e^{\frac{ze\varphi_0}{2kT}}-1)}{(e^{\frac{ze\varphi}{2kT}}-1)(e^{\frac{ze\varphi_0}{2kT}}+1)}=\ln\frac{\left(\frac{ze\varphi}{2kT}+2\right)\frac{ze\varphi_0}{2kT}}{\frac{ze\varphi}{2kT}\left(\frac{ze\varphi_0}{2kT}+2\right)}\approx\ln\frac{\varphi_0}{\varphi}$$

所以，有：

$$\varphi=\varphi_0e^{-\kappa x}$$

即当 φ_0 很小时，或者 φ_0 不很大时，扩散层内的电势随离表面的距离 x 的增加呈指数下降，下降的快慢由 κ 的大小决定。κ 大，则下降快；κ 小，则下降慢。

② φ_0 虽不很小，但在离表面较远处时的情况　此时，φ 很小。因此，公式中涉及 φ 的项可以简化，则：

$$\kappa x=\ln\frac{(e^{\frac{ze\varphi}{2kT}}+1)(e^{\frac{ze\varphi_0}{2kT}}-1)}{(e^{\frac{ze\varphi}{2kT}}-1)(e^{\frac{ze\varphi_0}{2kT}}+1)}=\ln\frac{\left(\frac{ze\varphi}{2kT}+2\right)(e^{\frac{ze\varphi_0}{2kT}}-1)}{\frac{ze\varphi}{2kT}(e^{\frac{ze\varphi_0}{2kT}}+1)}=\ln\left[\left(1+\frac{4kT}{ze\varphi}\right)\frac{e^{\frac{ze\varphi_0}{2kT}}-1}{e^{\frac{ze\varphi_0}{2kT}}+1}\right]$$

由于 φ 很小，故：

$$e^{kx}=\left(1+\frac{4kT}{ze\varphi}\right)\frac{e^{\frac{ze\varphi_0}{2kT}}-1}{e^{\frac{ze\varphi_0}{2kT}}+1}\approx\frac{4kT}{ze\varphi}\times\frac{e^{\frac{ze\varphi_0}{2kT}}-1}{e^{\frac{ze\varphi_0}{2kT}}+1}$$

因此，有：

$$\varphi=\frac{4kT}{ze}\times\frac{e^{\frac{ze\varphi_0}{2kT}}-1}{e^{\frac{ze\varphi_0}{2kT}}+1}e^{-kx}$$

这说明，不管 φ_0 有多大，在双电层的外缘部分，电势 φ 总是随 x 的增大而呈指数下降。

③ φ_0 很高，且距表面较远处，φ 很小的情况　此时，上式中的 $\dfrac{e^{\frac{ze\varphi_0}{2kT}}-1}{e^{\frac{ze\varphi_0}{2kT}}+1}\approx1$，故：

$$\varphi=\frac{4kT}{ze}e^{-kx}$$

在这种情况下，远离表面处的 φ 不再与 φ_0 相关，而只与 x 有关。

④ κ 的物理意义　κx 是一个无量纲的数，因此，$1/\kappa$ 应该有距离的量纲。由 κ 的定义，即 $\kappa^2=\dfrac{8\pi n_0z^2e^2}{DkT}$，也可以导出 κ 的量纲为 m^{-1}。

$1/\kappa$ 叫作扩散双电层的有效厚度，或者叫作离子气半径。它决定了扩散层内的电势随表面距离的增加而指数下降的快慢。$1/\kappa$ 越小，电势下降得越快，此时扩散双电层的有效厚度小，双电层薄；$1/\kappa$ 越大，电势下降得越慢，此时扩散双电层厚。对于 $\varphi = \varphi_0 e^{-\kappa x}$ 所表示的情况，当 $x = 1/\kappa$ 时，即距表面的距离为扩散双电层的有效厚度处，$\varphi = \varphi_0/e$。$1/\kappa$ 并不是扩散双电层的实际厚度。

由 κ 的定义式可以求算一定条件下扩散双电层的有效厚度。表 9-1 为 25℃时不同价数和浓度的电解质水溶液在液/固界面形成的扩散双电层的有效厚度。

表 9-1　不同价数和浓度的电解质水溶液在液/固界面形成的扩散双电层的有效厚度

物质的量浓度 /(mol/L)	对称电解质		不对称电解质	
	$z^+ : z^-$	κ^{-1}/cm	$z^+ : z^-$	κ^{-1}/cm
0.001	1 : 1	9.61×10^{-7}	1 : 2, 2 : 1	5.56×10^{-7}
	2 : 2	4.81×10^{-7}	3 : 1, 1 : 3	3.93×10^{-7}
	3 : 3	3.20×10^{-7}	2 : 3, 3 : 2	2.49×10^{-7}
0.01	1 : 1	3.04×10^{-7}	1 : 2, 2 : 1	1.76×10^{-7}
	2 : 2	1.52×10^{-7}	3 : 1, 1 : 3	1.24×10^{-7}
	3 : 3	1.01×10^{-7}	2 : 3, 3 : 2	7.87×10^{-8}
0.1	1 : 1	9.61×10^{-8}	1 : 2, 2 : 1	5.56×10^{-8}
	2 : 2	4.81×10^{-8}	3 : 1, 1 : 3	3.93×10^{-8}
	3 : 3	3.20×10^{-8}	2 : 3, 3 : 2	2.49×10^{-8}

由此可见，离子价数越高，扩散层越薄；浓度越高，扩散层越薄。由于 κ 随电解质的浓度和离子价数变化，φ 亦随之变化。对于 $\varphi = \varphi_0 e^{-\kappa x}$ 可适用的情况，离子价数一定时，浓度越高，φ 随 x 下降得越快；浓度一定时，离子价数越高，φ 随 x 下降得越快，如图 9-4 所示。扩散双电层的有效厚度随电解质浓度和离子价数的增高而减小的现象叫作压缩双电层。

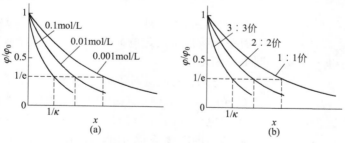

图 9-4　电解质浓度和离子价数对双电层厚度及电势分布的影响
(a) 1 : 1 价电解质；(b) 0.001mol/L 电解质溶液

⑤ 固体表面电荷密度 σ 与表面电位 φ_0 的关系　由 $\dfrac{d^2\varphi}{dx^2} = -\dfrac{4\pi\rho}{D}$，可得 $\rho = -\dfrac{D}{4\pi} \times \dfrac{d^2\varphi}{dx^2}$。因此，固体表面电荷密度为：

$$\sigma = -\int_0^\infty \rho dx = \frac{D}{4\pi}\int_0^\infty \frac{d^2\varphi}{dx^2}dx = \frac{D}{4\pi}\left[\left(\frac{d\varphi}{dx}\right)_{x\to\infty} - \left(\frac{d\varphi}{dx}\right)_{x=0}\right]$$

当 $x \to \infty$ 时，$\dfrac{d\varphi}{dx} = 0$，因此：

$$\sigma = -\frac{D}{4\pi}\left(\frac{\mathrm{d}\varphi}{\mathrm{d}x}\right)_{x=0}$$

处理可得：

$$\sigma = \sqrt{\frac{2Dn_0 kT}{\pi}}\left[\frac{1}{2}\left(\mathrm{e}^{\frac{ze\varphi_0}{2kT}} - \mathrm{e}^{-\frac{ze\varphi_0}{2kT}}\right)\right] = \sqrt{\frac{2Dn_0 kT}{\pi}}\sinh\frac{ze\varphi_0}{2kT} \tag{9-7}$$

当 $\dfrac{ze\varphi_0}{kT} \ll 1$ 时，$-\dfrac{ze\varphi_0}{kT} \ll 1$。因此，有：

$$\mathrm{e}^{\frac{ze\varphi_0}{2kT}} \approx 1 + \frac{ze\varphi_0}{2kT},\quad \mathrm{e}^{-\frac{ze\varphi_0}{2kT}} \approx 1 - \frac{ze\varphi_0}{2kT}$$

将其代入到上式中，则：

$$\sigma = \sqrt{\frac{2Dn_0 kT}{\pi}}\left[\frac{1}{2}\left(1 + \frac{ze\varphi_0}{2kT} - 1 + \frac{ze\varphi_0}{2kT}\right)\right] = \sqrt{\frac{2Dn_0 kT}{\pi}}\frac{ze\varphi_0}{2kT} \tag{9-8}$$

由 $\kappa = ze\sqrt{\dfrac{8\pi n_0}{DkT}}$，上式可简化为：

$$\sigma = \frac{D\varphi_0}{4\pi\dfrac{1}{\kappa}} \tag{9-9}$$

由 Helmholtz 平行板双电层模型，跨过双电层的电位差 $\varphi = \dfrac{4\pi\mathrm{d}\sigma}{D}$ 可得：

$$\sigma = \frac{D\varphi}{4\pi d} \tag{9-10}$$

两式对比，可以看出，$1/\kappa$ 即相当于平行板电容器的板距。

4. Stern 对扩散双电层的发展

对扩散双电层进行讨论时，只讨论了 φ_0 很小或者 φ_0 不很小但距表面较远以及 φ_0 很大且距表面较远这三种情况，所得结果与实际相符。但若将公式应用于 φ_0 很大而距表面较近，即 x 很小时，便会出现不可解释的现象。例如，若 φ_0 为 300 mV，对于浓度为 1×10^{-3} mol/L 的 1:1 价电解质，由 $n^- = n_0\mathrm{e}^{\frac{ze\varphi_0}{2kT}}$ 可求出 $\varphi = \varphi_0$ 处的 n^- 为 160mol/L。这显然与事实不符，用扩散双电层理论无法解释。原因在于该模型假定电荷均为点电荷，没有大小和体积。但若按实际的离子大小进行处理，则十分困难。

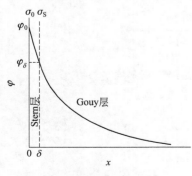

图 9-5　Gouy-Chapman-
Stern 双电层模型

Stern 对此进行了简化处理，给出了一个被称为 Gouy-Chapman-Stern（GCS）模型的理论。他以一个假设的平面把双电层的溶液部分分开，该平面叫作 Stern 面，位于距离实际的固体表面 δ 处，如图 9-5 所示。这样，双电层被该平面分成了两部分。处于 Stern 平面与固体表面间的部分被称为 Stern 层，又叫紧密层或者固定层。层内由于静电引力和足够大的范德华力克服了热运动，水化离子被牢固地吸附，离子分布不符合玻耳兹曼分布定律，而符合 Langmuir 单层吸附理论。层内电势由表面电势 φ_0 下降到 Stern 面上的电势 φ_δ 为线性变化。Stern 面以外的部分叫作 Gouy 层，又叫扩散层或者外层。该层的电势由 φ_δ 随距离的增加逐渐降至 0，变化符合 Gouy-Chapman 理论，只是

以 φ_δ 代替公式中的 φ_0。

那么，有多少离子进入了 Stern 层？Stern 层的电荷密度 σ_S 如何表述？Stern 层的电势降 $\varphi_0-\varphi_\delta$ 与 σ_S 之间有什么联系呢？

若设 S_0 为表面吸附位的数目，S 为被占的数目，则表面覆盖度 $\theta=S/S_0$。令 N_S 为溶液中溶质的摩尔分数，则 Langmuir 单层吸附公式可表示为：

$$\theta=\frac{KN_S}{1+KN_S}$$

式中，K 为玻耳兹曼因子，$K=\mathrm{e}^{-\varepsilon/kT}$。能量项 ε 包括静电吸引位能 $-ze\varphi_\delta$ 和范德华吸引位能 $-\phi$，故：

$$K=\mathrm{e}^{\frac{\varphi+ze\varphi_\delta}{kT}}$$

固体表面电荷密度和 Stern 层的电荷密度分别为 σ_0 和 σ_S（注意，二者符号相反，这里只指其数值），则 $\sigma_0=zeS_0$，$\sigma_S=zeS$，故：

$$\theta=\frac{S}{S_0}=\frac{\sigma_S}{\sigma_0}$$

因此，有：

$$\sigma_S=\sigma_0\theta=\sigma_0\frac{KN_S}{1+KN_S}=\sigma_0\frac{1}{1+\frac{1}{KN_S}}=\sigma_0\frac{1}{1+\frac{1}{N_S}\mathrm{e}^{-\frac{\varphi+ze\varphi_\delta}{kT}}} \tag{9-11}$$

若把 Gouy 层内的电荷集中在一个平面上，可令 σ_G 为该平面的电荷密度。若固体表面带正电，则 σ_0 为正，σ_S 和 σ_G 为负。若仅从数值上考虑，则：

$$\sigma_0=\sigma_S+\sigma_G=\sigma_0\frac{1}{1+\frac{1}{N_S}\mathrm{e}^{-\frac{\varphi+ze\varphi_\delta}{kT}}}+\sqrt{\frac{2Dn_0kT}{\pi}}\sinh\frac{ze\varphi_\delta}{2kT} \tag{9-12}$$

由此式，可以看到以下两点。

①当溶液渐渐稀释时，溶液中溶质的摩尔分数 N_S 和单位体积内的离子数 n_0 均减少，分别使上式中右边两项减小。但 σ_S 减小得快，σ_G 减小得慢。因此，反离子主要集中在 Gouy 层，双电层主要表现出扩散双电层的性质。

②当溶液渐渐浓缩时，N_S 和 n_0 均增大，导致 σ_S 和 σ_G 增加，但前者增加得快而后者增加得慢。因此，反离子主要集中在 Stern 层，双电层可分为两部分处理。当浓度高到一定程度时，双电层接近于 Helmholtz 双电层的形式。因此，Stern 层和 Gouy 层共同构成双电层是常态。其他两种形态是溶液浓度稀释或者浓缩到一定程度时的极端情况。

上面给出了 σ_S 的表示式，但若要由此进行计算，则需知道范德华吸引位能。下面给出了另一种求算 σ_S 的方法。

Stern 层的厚度为 δ，当电势由固体表面的 φ_0 随距离的变化降低到 φ_δ 时，变化是线性的，因此有：

$$\frac{\mathrm{d}\varphi}{\mathrm{d}x}=\frac{\varphi_0-\varphi_\delta}{\delta} \tag{9-13}$$

由前面推导过的面积电荷密度的表示式，并考虑到 Stern 层的面积电荷密度与固体表面的面积电荷密度符号相反，有：

$$\sigma_S=-\left[-\frac{D'}{4\pi}\left(\frac{\mathrm{d}\varphi}{\mathrm{d}x}\right)_{x=0}\right]=\frac{D'}{4\pi}\left(\frac{\mathrm{d}\varphi}{\mathrm{d}x}\right)_{x=0}=\frac{D'}{4\pi\delta}(\varphi_0-\varphi_\delta) \tag{9-14}$$

式中，D' 为局部化介电常数，为固体表面处的介电常数，与本体溶液的介电常数不同。

由于 φ_δ 近似等于动电电位 ζ，可以测定，故由此式可以求出 Stern 面的面积电荷密度。

双电层理论在近代又有新的发展。20 世纪 40 年代，Frunkin 和 Grahama 等人对 GCS 模型进行了修正。他们指出，由于特性吸附，在双电层的紧密层部分还应区别为 IHP 和 OHP 两个平面。OHP 为紧密层与扩散层的分界，IHP 为特性吸附中心所在的平面。1963 年，Bockris 进一步明确，电极表面存在一个极性分子的吸附层[1]。

二、定位离子和 ζ 电位

1. ϕ_0 的决定因素

下面先看一个例子。AgI 粒子及其饱和溶液形成液/固界面。25℃时，AgI 的 K_{sp} 为 7.5×10^{-17}，由此可以算出溶液中的离子浓度为：

$$[Ag^+] = [I^-] = 8.7\times10^{-9} \ mol/L$$

此时，AgI 颗粒在其自身饱和的溶液中选择性地吸附 I^-，颗粒带负电。

若分别加入硝酸银或者碘化钾，改变溶液中的 $[Ag^+]$ 和 $[I^-]$，则：当 $[Ag^+] > 3.0\times10^{-6} \ mol/L$ 时，AgI 颗粒带正电；当 $[Ag^+] < 3.0\times10^{-6} \ mol/L$ 时，AgI 颗粒带负电；当 $[Ag^+] = 3.0\times10^{-6} mol/L$ 时，颗粒不带电。之所以有这样的变化，原因在于 Ag^+ 和 I^- 争夺固体表面的吸附位。固体表面的电荷密度为：

$$\sigma = e(\Gamma_{Ag^+} - \Gamma_{I^-})$$

当 AgI 颗粒表面吸附的 Ag^+ 和 I^- 数目相等时，固体表面的净电荷为零。此时，σ 和 φ_0 均为零。此时溶液中的离子浓度叫作零电荷点（point of zero charge），用 c_{ZP} 表示。φ_0 与浓度的关系为：

$$\varphi_0 = \frac{kT}{ze}\ln\frac{c}{c_{ZP}} = \frac{2.303RT}{zF}\lg\frac{c}{c_{ZP}} \tag{9-15}$$

式中，c 为溶液中离子浓度；c_{ZP} 为零电荷点；F 为法拉第常数。

因此，当 $c > c_{ZP}$ 时，$\varphi_0 > 0$；当 $c < c_{ZP}$ 时，$\varphi_0 < 0$；当 $c = c_{ZP}$ 时，$\varphi_0 = 0$。

25℃下，当 AgI 在其自身的饱和溶液中形成液/固界面时，表面电位为：

$$\varphi_0 = \frac{2.303RT}{1F}\lg\frac{8.7\times10^{-9}}{3.0\times10^{-6}} = -0.150 \ V$$

若用 $[I^-]$ 进行求算，则：

$$c_{IZP} = \frac{K_{sp}}{c_{Ag_{ZP}}} = 2.5\times10^{-11} \ mol/L$$

$$\varphi_0 = \frac{2.303RT}{(-1)F}\lg\frac{8.7\times10^{-9}}{2.5\times10^{-11}} = -0.150 \ V$$

当溶液中加入硝酸银时，随着 $[Ag^+]$ 的增加，AgI 颗粒的 φ_0 由负到零，再逐渐变为正值；当加入 KI 时，则会变得更负。这里 Ag^+ 和 I^- 被称为定位离子。定位离子不属于 Stern 层，也不一定与固体表面组成相同。定位离子完全脱离了本体相溶液，是非溶剂化的，与固体表面结合牢固。

Stern 层中吸附的反离子是溶剂化的，与固体表面靠物理吸附力和静电作用相结合，吸附相当强，在正交于表面的方向上相当稳定。Stern 层中的离子寿命长。

2. ζ 电位

在外加电场的作用下，荷电的胶体粒子定向移动，液/固界面之间存在一个剪切面，或者叫作切动面。该剪切面与液体内部的电势差叫作 ζ 电势或者 ζ 电位，又叫动电电位。该电位可以测定。

当胶体粒子在电场中移动时，Stern 层随质点一起移动，而 Gouy 层则不随质点移动。由于 Stern 层中除了吸附的水合反离子外，还有一部分溶剂（水）偶极子也与带电表面紧密结合，在电场中作为整体一起移动，因此一般认为，该面在比 Stern 面略靠外的溶液中，但位置难以确定。常近似地将 ζ 电位看作是 Stern 层边界上的电位 φ_δ。

由以上所述，可以把双电层分为这样几部分：最里面的是非溶剂化的化学吸附的内层，决定 φ_0；然后是厚度为 δ 的 Stern 层，层内的水合离子靠范德华力和静电力吸附在表面上，电势由 φ_0 降为 φ_δ；再稍稍向外是切动面，电位为 ζ，略低于 φ_δ；再向外为扩散层，如图 9-6 所示。

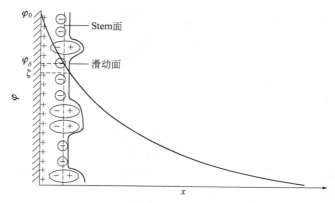

图 9-6 双电层中 Stern 面、滑动面示意图

三、 动电现象

双电层中带电表面和大量溶液之间的相对剪切运动的现象叫作动电现象。动电现象有四种形式，即电泳、电渗、流动电位和沉降电位。所谓电泳，是指溶胶粒子在外加电场中相对于静止不动的液相做定向移动的现象；所谓电渗，是指在外加电场作用下，液相相对于静止不动的带电表面（毛细管或多孔塞）运动的现象；流动电位，是指在外力作用下，使液体通过多孔膜，在多孔膜的两端出现电势差的现象，它是电渗的逆现象；而沉降电位，则是指分散相粒子在重力场或者离心力场的作用下迅速移动，在移动方向两端产生电势差的现象，它是电泳的逆现象。这四种动电现象之间的关系可用表 9-2 说明。

表 9-2 动电现象

电场	固体表面（液体表面）	
	不动（运动）	运动（不动）
外加的 诱导的	电渗 流动电位	电泳 沉降电位

1. 电泳

四种动电现象中，电泳的实用意义最大，主要用于测定 ζ 电位。双电层模型中的其他电位的直接测定均较困难。因此动电现象的研究对于双电层理论和胶体稳定性有重要意义。那么，如何通过动电现象的研究测定 ζ 电位呢？

假如外加电场的电场强度为 E，胶粒（或液体）运动速度为 v，则可推导 E、v 与 ζ 电位之间的定量关系式。如图 9-7 所示，若固体表面为平表面，在距离固体表面 x 处的溶液内取一面积为 A、厚度为 $\mathrm{d}x$ 的体积元。当该体积元与固体表面发生相对运动时，在最靠近

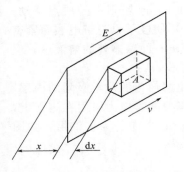

图 9-7 平表面邻近体积元的位置

固体表面的一个面上，黏滞力为：

$$F_x = \eta A \left(\frac{\mathrm{d}v}{\mathrm{d}x} \right)_x \qquad (9\text{-}16)$$

作用在另一个面上的黏滞力为：

$$F_{x+\mathrm{d}x} = \eta A \left(\frac{\mathrm{d}v}{\mathrm{d}x} \right)_{x+\mathrm{d}x} \qquad (9\text{-}17)$$

上式中 v 为颗粒相对于周围介质运动的速度。两式之差等于作用在该体积元上净的黏滞力：

$$F_{黏} = \eta A \left[\left(\frac{\mathrm{d}v}{\mathrm{d}x} \right)_{x+\mathrm{d}x} - \left(\frac{\mathrm{d}v}{\mathrm{d}x} \right)_x \right] \qquad (9\text{-}18)$$

当 x 很小时，有：

$$\left(\frac{\mathrm{d}v}{\mathrm{d}x} \right)_{x+\mathrm{d}x} = \left(\frac{\mathrm{d}v}{\mathrm{d}x} \right)_x + \left(\frac{\mathrm{d}^2 v}{\mathrm{d}x^2} \right)_x \mathrm{d}x$$

故式（9-18）变为：

$$F_{黏} = \eta A \left(\frac{\mathrm{d}^2 v}{\mathrm{d}x^2} \right)_x \mathrm{d}x \qquad (9\text{-}19)$$

同时，由于该体积元内存在带电粒子，使得该体积元上还受一个电场力的作用。达平衡时，电场力与黏滞力大小相等，方向相反。电场力等于电场强度与净电荷的乘积，而体积元内所包括的净电荷等于体积电荷密度与体积元体积的乘积。因此：

$$F_{电} = E\rho A \mathrm{d}x \qquad (9\text{-}20)$$

由 Poisson 方程，有：

$$\rho = -\frac{\varepsilon}{4\pi} \nabla^2 \varphi = -\frac{\varepsilon}{4\pi} \times \frac{\mathrm{d}^2 \varphi}{\mathrm{d}x^2}$$

将其代入式（9-20），且由于平衡时 $F_{电} = F_{黏}$，有：

$$\eta \frac{\mathrm{d}^2 v}{\mathrm{d}x^2} = -\frac{\varepsilon E}{4\pi} \times \frac{\mathrm{d}^2 \varphi}{\mathrm{d}x^2} \qquad (9\text{-}21)$$

将此式积分两次便可得到 v 与 φ 的关系。积分时假定 η 和 ε 都是常数。积分，有：

$$\int \frac{\mathrm{d}}{\mathrm{d}x} \times \eta \frac{\mathrm{d}v}{\mathrm{d}x} = \int -\frac{E}{4\pi} \times \frac{\mathrm{d}}{\mathrm{d}x} \times \frac{\varepsilon \mathrm{d}\varphi}{\mathrm{d}x}$$

则

$$\eta \frac{\mathrm{d}v}{\mathrm{d}x} = -\frac{\varepsilon E}{4\pi} \times \frac{\mathrm{d}\varphi}{\mathrm{d}x} + c_1 \qquad (9\text{-}22)$$

当 $x = \infty$ 时，$\frac{\mathrm{d}\varphi}{\mathrm{d}x} = \frac{\mathrm{d}v}{\mathrm{d}x} = 0$。所以 $c_1 = 0$。$\varphi = 0$ 时，$v = V$；$\varphi = \zeta$ 时，$v = 0$。积分上式，得：

$$\int_0^V \eta \mathrm{d}v = -\frac{\varepsilon E}{4\pi} \int_\zeta^0 \mathrm{d}\varphi$$

有

$$\eta V = \frac{\varepsilon E \zeta}{4\pi} \qquad (9\text{-}23)$$

令 $u = \frac{V}{E}$，u 称为电泳淌度，即单位电场强度下的电泳速度，则：

$$u = \frac{\varepsilon \zeta}{4\pi \eta} \qquad (9\text{-}24)$$

该式称为 Helmhotz-Smoluchowski 公式。在此式的推导中，假定固体表面为平表面。对于其他几何形状，只要曲率半径 R 比双电层有效厚度大得多，也就是二者的乘积很大，这个公式也能适用。

观察电泳现象的仪器是带有活塞的 U 形管，如图 9-8 所示。实验时，旋开活塞 1 和 2，将溶胶经漏斗 4 放入管中，关上活塞 1 和 2，倾出活塞上方的余液，在管的两臂中各放少量密度较溶胶小的某种电解质溶液，慢慢旋开活塞 1、2、3，再由漏斗放入溶胶，使溶胶液面上升，同时将上方电解质溶液顶到管端直至浸没电极 5。正确的操作可使溶胶与电解质溶液之间保持一个清晰的界面。关闭活塞 3，给电极接上 100～300V 直流电源即可观察溶胶移动情况。

研究发现，有的溶胶液面在负极一侧下降而在正极一侧上升，证明该溶胶粒子带负电，硫溶胶、金属硫化物溶胶及贵金属溶胶通常属于这种情况。有的溶胶液面在正极一侧下降而在负极一侧上升，证明该溶胶粒子带正电，金属氧化物溶胶通常属于这种情况。但有些物质，既可形成带负电的溶胶，又可形成带正电的溶胶。

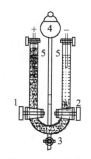

图 9-8 电泳仪
1～3—活塞；4—漏斗；5—电极

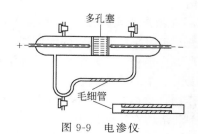

图 9-9 电渗仪

2. 电渗

电渗仪如图 9-9 所示。用电极施加外电场，回路上接一根毛细管，通过毛细管内气泡的移动来观察液体通过管子的流量 V。每秒钟流过的电解质溶液体积 V 和回路毛细管半径 r 的关系为：

$$V = \pi r^2 v$$

式中，v 为电解质溶液流动速度。若外加电场强度为 E，v 及 E 也符合式（9-23），所以：

$$V = \frac{r^2 \varepsilon \zeta E}{4\eta} \tag{9-25}$$

第二节　液/固界面的吸附

固体自溶液中的吸附可从以下四个方面来讨论：自非电解质稀溶液中的吸附；自非电解质浓溶液中的吸附；自电解质溶液中的吸附；液/固界面吸附的应用。

一、　自非电解质稀溶液中的吸附

这类吸附常表现为单分子层吸附，认为吸附层以外便是本体相溶液。溶质与固体表面的相互作用在一个吸附层以外便消衰，类似于固体表面气体的单分子层吸附。但与固体表面气体的单分子层吸附相比有两个不同点：一个是气/固界面的单分子层吸附常为化学吸附，而溶液吸附常为物理吸附（也有化学吸附）；另一个是溶液中至少有溶质和溶剂两个组分，均可被固体表面吸附。吸附是二者争夺固体表面吸附位的结果。若吸附层内，溶质浓度比本体相中的高，则为正吸附；反之为负吸附。当溶质为正吸附时，溶剂为负吸附；反之亦然。

1. 吸附等温线

吸附量为 1g 固体吸附剂吸附溶质的量，用 n_2^s 表示，则：

$$n_2^s = \Delta c_2 \frac{V_{sol}}{m} \tag{9-26}$$

式中，Δc_2 为因吸附引起的溶质浓度的变化；V_{sol} 为溶液总体积；m 为固体吸附剂的质量。该吸附量是由计算溶液中溶质的量的变化得到的，应该记为 n_2^s（表观），因为溶剂的吸附会改变溶液的体积及浓度，而此时没有考虑溶剂的吸附。但由于是稀溶液，溶剂的量大且溶质的吸附显著，故溶剂的吸附引起的变化可以忽略。此时可认为 n_2^s（表观）$\approx n_2^s$。

若令 $m=1$，则：

$$n_2^s = V\Delta c_2 = n_0 \Delta N_2 \tag{9-27}$$

式中，n_0 为与每 1g 固体吸附剂相对应的溶液的总量；ΔN_2 为吸附前后溶液中溶质的摩尔分数的变化。

吸附量 n_2^s 是溶质平衡浓度 c_2 和温度的函数，即 $n_2^s = f(c_2, T)$。一定温度下，由实验测定的吸附量对吸附平衡时溶质浓度所作的图，即 n_2^s-c_2 图，即为吸附等温线。

假定吸附层为单分子层，是由溶质和溶剂分子组成的二维理想溶液，分子面积相同（即一个吸附位吸附一个溶质或者溶剂分子），吸附质只与固体表面的吸附空穴有作用，不存在横向的相互作用。令摩尔分数 N_1 和 N_2 分别表示溶剂和溶质在本体相中的浓度，N_1^s 和 N_2^s 分别表示溶剂和溶质在吸附层中的浓度，则吸附过程可以表示为：

溶液中的溶质 N_2 ＋被吸附的溶剂 N_1^s ＝被吸附的溶质 N_2^s ＋溶液中的溶剂 N_1

即溶液中的溶质被吸附到固体表面的过程是先被吸附的溶剂被溶质取代的过程。因为吸附剂放入溶液中后，由于溶剂是大量的，故先吸附溶剂。但溶剂与固体的相互作用弱，易被取代，故吸附过程即为溶剂分子被溶质取代的过程。该过程的平衡常数为：

$$K = \frac{N_2^s N_1}{N_1^s N_2} = \frac{N_2^s a_1}{N_1^s a_2}$$

式中，a_1 和 a_2 分别为溶剂和溶质的活度。

对于自稀溶液的吸附来讲，a_1 基本不变，且 $N_1^s = 1 - N_2^s$，故：

$$N_2^s = \frac{Ka_2}{a_1 + Ka_2}$$

令 $b = \dfrac{K}{a_1}$，则：

$$N_2^s = \frac{\dfrac{K}{a_1}a_2}{1 + \dfrac{K}{a_1}a_2} = \frac{ba_2}{1 + ba_2}$$

由上述假定，一个空穴吸附一个溶质或者溶剂分子，故吸附溶质和溶剂的总量 n^s 可被看作是每克吸附剂表面吸附空穴的物质的量，也可认为是单分子层的饱和吸附量。有：

$$n_2^s = n^s N_2^s$$

因此有：

$$n_2^s = n^s \frac{ba_2}{1 + ba_2} \tag{9-28}$$

或者：

$$\theta = \frac{n_2^s}{n^s} = \frac{ba_2}{1+ba_2} \tag{9-29}$$

θ 即表面覆盖度。此即 Langmuir 吸附等温式。

当浓度很低时，活度 a_2 可被浓度 c_2 替代，则：

$$n_2^s = n^s \frac{bc_2}{1+bc_2} \approx bc_2 n^s$$

即吸附量随溶质浓度的增大线性增加。当浓度很高时，则：

$$n_2^s = n^s \frac{ba_2}{1+ba_2} \approx n^s \frac{ba_2}{ba_2} = n^s$$

即达到饱和吸附。吸附等温式可以变形为：

$$\frac{c_2}{n_2^s} = \frac{1}{n^s b} + \frac{c_2}{n^s} \tag{9-30}$$

因此，测出不同浓度下吸附平衡时的吸附量，以 $\frac{c_2}{n_2^s}$ 对 c_2 作图可得直线，由直线的斜率可得单分子层饱和吸附量 n^s。求出 n^s 后，由 $n^s = \frac{\Sigma}{N\sigma}$ 可求比表面积 Σ，式中，N 和 σ 分别为阿伏伽德罗常数和吸附质单分子面积。

除了 Langmuir 吸附等温式以外，还有指数型的吸附等温式，即 Freundlich 公式：

$$n_2^s = Kc_2^{1/n} \quad (n>1) \tag{9-31}$$

这两种吸附等温线如图 9-10 所示。

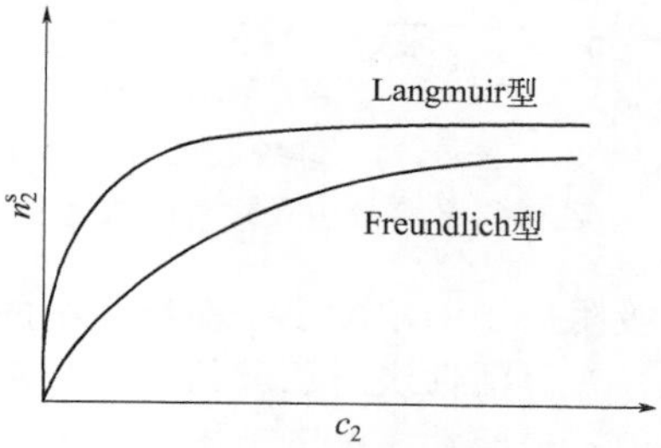

图 9-10 液/固界面吸附等温线

2. 吸附的一般规律

自稀溶液中的吸附，吸附质大多为有机化合物，如有机酸、有机酯等，吸附剂有氧化铝、二氧化硅、活性炭、糖、淀粉等。吸附可为化学吸附，也可为物理吸附。有以下几点规律。

（1）极性吸附剂易吸附极性较大的组分，非极性吸附剂易吸附极性较小的组分。如木炭对脂肪酸水溶液的吸附及硅胶对脂肪酸甲苯溶液的吸附，当吸附质浓度相同时，不同的脂肪酸在木炭上的吸附量有如下关系：丁酸 ＞ 丙酸 ＞ 乙酸 ＞ 甲酸；而不同的脂肪酸在硅胶上的吸附量则呈现出如下的规律：乙酸 ＞ 丙酸 ＞ 丁酸 ＞ 癸酸。吸附量与碳链长度有关。

（2）吸附量与吸附质在溶液中的溶解度有关。溶解度越低，化学位越高，自溶液中逃逸的倾向越大，越易被吸附。

（3）吸附放热，故升温会使吸附量降低。但也应该考虑到温度对溶解度的影响。

二、 自非电解质浓溶液中的吸附

1. 浓度变化等温线

所谓的非电解质浓溶液，指的是二元互溶的双液体系。这种体系由 A、B 两种组分组成，密度随组成而变化，两组分在吸附剂上均可吸附。

对于这种体系，吸附量可表示为：

$$n_2^s（表观）= n_0 \Delta N_2^l = n_0 (N_2^0 - N_2^l) \tag{9-32}$$

式中，N_2^0 和 N_2^l 分别为吸附前后溶液中组分 2 的摩尔分数；ΔN_2^l 为吸附前后组分 2 的摩尔分数之差。n_2^s（表观）是从吸附所引起的组分 2 的浓度变化求出的，由于此时组分 1 的浓度也有明显变化，故它不是组分 2 真实的吸附量。这与稀溶液的情况不同。尽管对稀溶液来讲，所求出的 n_2^s 与实际的吸附量也有差别，但二者之差可以忽略。但对浓溶液来讲，组分 1 的变化不可忽略。n_2^s（表观）叫作表观吸附量，以表观吸附量对吸附平衡时溶液的浓度作图所得到的曲线叫作浓度变化等温线。

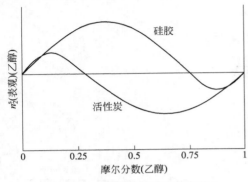

图 9-11　硅胶或者活性炭自苯/
乙醇混合溶液中吸附时的浓度变化等温线

图 9-11 为硅胶或者活性炭自苯/乙醇二元混合溶液中吸附时以乙醇的 n_2^s（表观）对乙醇的摩尔分数作图所得到的浓度变化等温线。当溶液中不含乙醇时，乙醇的表观吸附量为零；随着溶液中乙醇浓度的增加，乙醇的表观吸附量也增大；在达到最高值后又渐渐减小。当达到一定的浓度时，吸附量减小至零，然后随着乙醇浓度的增加进一步降低为负值，至最低值后，再逐渐增大至零。中间及最后的零吸附量并非没有吸附，而是表示吸附层内各组分的浓度与液相中的一样；某组分的正吸附意味着它在吸附层中的浓度大于在液相中的浓度；同理，某组分的负吸附表明它在吸附层中的浓度小于在液相中的浓度。

以活性炭对乙醇的吸附为例。当乙醇的摩尔分数在 $0\sim0.26$ 之间时，其表观吸附量为正值，说明在该浓度范围内，$N_2^0>N_2^l$；当摩尔分数在 0.26 左右时，乙醇的表观吸附量为零，说明此时 $N_2^0=N_2^l$；当摩尔分数在 $0.26\sim1$ 范围内时，乙醇的表观吸附量为负值，说明此时 $N_2^0<N_2^l$。这反映了溶液中两组分相对吸附量的大小。

还可以看出，与活性炭相比，硅胶作为吸附剂时，表观吸附量由正变负时所对应的乙醇的摩尔分数要高。这是由于硅胶是极性的吸附剂，对乙醇的吸附能力强的缘故。活性炭是非极性吸附剂，对苯的吸附能力要强一些。

浓度变化等温线表示了两组分被吸附后的总的结果，并非某一组分在吸附层中的真实吸附量。

2. 各组分真实吸附量之间的关系

由浓度变化等温线无法得到各组分的真实吸附量。那么，如何才能得到各组分的真实吸附量呢？

下面先来定义几个物理量。

令 n_1^0 和 n_2^0 分别为吸附前溶液中两组分的物质的量，有 $n_0=n_1^0+n_2^0$，n_0 为总物质的量；令 N_1^0 和 N_2^0 分别为吸附前溶液中两组分的摩尔分数，n_1^l 和 n_2^l 分别为吸附平衡时溶液中两组分的物质的量，N_1^l 和 N_2^l 分别为吸附平衡时溶液中两组分的摩尔分数，n_1^s 和 n_2^s 分别为吸附平衡时两组分在 1g 固体上吸附的物质的量，即两组分的真实吸附量。以 $n_0(N_2^0-N_2^l)$ 对 N_2^l 作图，得到的是浓度变化等温线；而以 n_1^s 对 N_1^l 或者以 n_2^s 对 N_2^l 作图，得到的是个别吸附等温线。

由 $\dfrac{n_2^l}{n_1^l}=\dfrac{N_2^l}{N_1^l}$，可得 $n_1^l=n_2^l\dfrac{N_1^l}{N_2^l}$。将其代入到 $n_1^s=n_1^0-n_1^l$ 中，则有：

$$n_1^s=n_1^0-n_1^l=n_1^0-n_2^l\frac{N_1^l}{N_2^l}$$

因此，有：

$$N_2^l n_1^s = N_2^l n_1^0 - N_1^l n_2^l \tag{9-33}$$

由 $\dfrac{n_2^l}{n_1^l}=\dfrac{N_2^l}{N_1^l}$，可得 $n_2^l = n_1^l \dfrac{N_2^l}{N_1^l}$。将其代入到 $n_2^s = n_2^0 - n_2^l$ 中，则有：

$$n_2^s = n_2^0 - n_2^l = n_2^0 - n_1^l \frac{N_2^l}{N_1^l}$$

因此，有：

$$N_1^l n_2^s = N_1^l n_2^0 - N_2^l n_1^l$$

由 $\dfrac{n_2^l}{n_1^l}=\dfrac{N_2^l}{N_1^l}$，还可得 $N_2^l n_1^l = N_1^l n_2^l$。将其代入到上式，则：

$$N_1^l n_2^s = N_1^l n_2^0 - N_1^l n_2^l \tag{9-34}$$

以式（9-34）减式（9-33），可得：

$$
\begin{aligned}
N_1^l n_2^s - N_2^l n_1^s &= N_1^l n_2^0 - N_2^l n_1^0 \\
&= N_1^l n_2^0 - N_2^l (n_0 - n_2^0) \\
&= N_1^l n_2^0 - N_2^l n_0 + N_2^l n_2^0 \\
&= (N_1^l + N_2^l) n_2^0 - N_2^l n_0 \\
&= n_2^0 - N_2^l n_0 \\
&= N_2^0 n_0 - N_2^l n_0 \\
&= n_0 (N_2^0 - N_2^l) \\
&= n_0 \Delta N_2^l
\end{aligned}
$$

因此，有：

$$n_2^s （表观）= N_1^l n_2^s - N_2^l n_1^s \tag{9-35}$$

式中，n_2^s（表观）、N_1^l 和 N_2^l 均可测得。因此，该式为以两组分的真实吸附量为变量的方程。

由该式，对于稀溶液来讲，由于 $N_2^l \to 0$，$N_1^l \to 1$，故 n_2^s（表观）$\approx n_2^s$，真实吸附量近似等于表观吸附量。

3. 各组分真实吸附量的求算

两组分真实吸附量之间的关系式中有两个变量，若想得到这两个变量的值，还需建立它们之间的另一个关系式。求解这两个关系式组成的方程组才能将各组分的真实吸附量求出。

Willians 给出了一个解决方法，假设固体暴露于与溶液达平衡的蒸汽中，所吸附的两组分的量和固体置于溶液中时吸附的两组分的量相同，则：

$$W = n_1^s + n_2^s \tag{9-36}$$

式中，W 为吸附剂暴露于与成分为 N_2^l 的液体相平衡的蒸汽中时每克吸附剂所增加的质量，是一个可测的量。因此，将此式与上面推导出的方程式联立，即可求出两组分的真实吸附量。

三、 自电解质溶液中的吸附

这种吸附会使固体表面带电。由于溶液中的某些离子被吸附到固体表面，或者固体表面的离子进入溶液中，双电层的组分会发生变化。

自电解质溶液中的吸附分为特性吸附和共性吸附，以表面活性物质及聚电解质的吸附等最为重要，是目前研究的热点。

1. 特性吸附离子

先介绍几个概念。

　　零电荷点：当溶液中的电势决定离子的浓度为一特定值时，固体表面上的净电荷为零。这时液、固之间由自由电荷引起的电位差为零。此时电势决定离子的浓度为零电荷点。

　　例如，25℃时，对于碘化银/水溶液体系来讲，其零电荷点为 $[Ag^+] = 3 \times 10^{-6}$ mol/L。

　　等电点：固体表面的 ζ 电位为零时的溶液中的离子浓度为等电点。

　　共性吸附：吸附行为只与离子价数和浓度有关的吸附为共性吸附。

　　特性吸附：吸附行为不仅与离子的价数和浓度有关，还与离子的本性有关的吸附。具有特性吸附能力的离子，与固体表面有特殊的相互作用，或者本身有特殊的相互作用，可大量进入 Stern 层。

　　碘化银水溶液中只有 Ag^+、I^-、H^+ 和 OH^-，这些都是共性吸附离子。即使为了改变其电位外加的硝酸银或者碘化钾中所解离出的 NO_3^- 或者 K^+，也均为共性吸附离子。当外加电解质浓度很高时，这些离子中的反离子可随着浓度的增加进入 Stern 层，压缩双电层而使 ζ 电位降低，但也只能无限接近于零而不能达到零。若使其 ζ 电位为零，只能在零电荷点处，此时不形成双电层。但有特性吸附离子存在时，由于特性吸附离子与表面之间的特殊的相互作用及离子之间的特殊的相互作用而使其大量进入 Stern 层。当浓度达到一定程度时，反离子几乎全部位于 Stern 层，Gouy 层中几乎没有反离子，此时 ζ 电位为零，达等电点。

　　特性吸附有以下三个特征。

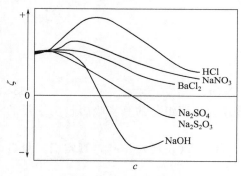

图 9-12　Al_2O_3 在各种
电解质溶液中的 ζ 电位

　　(1) ζ 电位反号　如图 9-12 所示，为一定温度下氧化铝在不同的电解质水溶液中吸附时的 ζ 电位随电解质浓度变化的曲线。氧化铝在水中会吸附离子而带电，H^+ 和 OH^- 为电势决定离子。氧化铝优先吸附 H^+ 而带正电，$\varphi_0 > 0$。

　　按电解质的吸附类型分以下几种情况进行介绍。

　　①加入电势决定离子　当加入 HCl 时，表面会吸附更多的 H^+，使 φ_0 增加，同时吸引更多的反离子进入 Stern 层。但浓度不高时进入 Stern 层的反离子少于被吸附在表面的电势决定离子，因此 ζ 电位会慢慢增加。当加入的 HCl 浓度高到一定程度后，表面吸附位被占满，不能吸附更多的电势决定离子，但反离子却可以不断地进入 Stern 层，故 ζ 电位又慢慢下降。

　　若加入 NaOH，则随浓度的增加，OH^- 逐步取代表面上的 H^+，φ_0 降低，ζ 电位降低。达一定浓度时，固体表面上 $[OH^-] = [H^+]$，$\varphi_0 = 0$，ζ 电位为零。当 NaOH 浓度进一步增加时，固体表面上 $[OH^-] > [H^+]$，$\varphi_0 < 0$，ζ 电位随之变号。变号后 ζ 电位先降后升，但不会升到零。此时为共性吸附，越来越多的反离子可以进入 Stern 层，但进入到 Stern 层的反离子的数目不会超过电势决定离子的数目。

　　②加入共性吸附离子　当加入 $NaNO_3$、$BaCl_2$ 等，当浓度低时，随着浓度的增加，ζ 电位升高。这可能是加入盐之后，阳离子数目增多，部分 OH^- 脱附，φ_0 升高所致。但随着浓度进一步增加，ζ 电位降低。这些离子不是电势决定离子，不能被吸附到固体表面，只能是其中的负离子进入 Stern 层，使 ζ 电位渐渐降低并趋于零。

　　③加入特性吸附离子　当加入 Na_2SO_4、$Na_2S_2O_3$ 时，随着浓度的增加，ζ 电位降低并且变为负值。这种 ζ 电位反号的现象是由于进入 Stern 层的 SO_4^{2-} 或 $S_2O_3^{2-}$ 的净电荷数超过了表面净电荷数所致。像 SO_4^{2-} 或 $S_2O_3^{2-}$ 这种与表面有特殊相互作用的离子叫作特性吸附离

子。此时，$\varphi_0 \neq 0$，但 φ_0 与 φ_δ 的相对大小随特性吸附离子的加入而变化。

因此，电势决定离子与表面相互作用并成为表面的一部分，决定 φ_0；共性吸附离子可进入 Stern 层，使 ζ 电位降低并趋于零；而特性吸附离子与表面有特殊的相互作用，可大量进入 Stern 层，可使 ζ 电位为零并使其反号。

（2）零电荷点（p. z. c.）和等电点（i. e. p.）的变化 若发生特性吸附，零电荷点和等电点均会发生变化，但变化的方向不同。阴离子特性吸附时，零电荷点变大，即浓度会增大；等电点降低，即浓度会减小。阳离子特性吸附时，变化趋势相反。

例如，对氧化铝而言，H^+ 和 OH^- 为电势决定离子。设以 $[OH^-]$ 来表征零电荷点和等电点，则无特性吸附时，零电荷点处的浓度为 $[OH^-]_1$。此时表面上 H^+ 和 OH^- 的吸附达平衡，二者数目相等。同时该浓度下也达到其等电点，$\zeta = 0$。若此时加入 Na_2SO_4，SO_4^{2-} 的吸附为特性吸附，Na^+ 的吸附为共性吸附。二者均可进入 Stern 层，但 SO_4^{2-} 进入得更多。由于 SO_4^{2-} 的特性吸附，H^+ 和 OH^- 在表面上的吸附平衡被打破，Stern 层中的 SO_4^{2-} 有利于 H^+ 的吸附而不利于 OH^- 的吸附，结果使 $\varphi_0 > 0$。为了重建零电荷点，则需要加入 OH^- 以与 H^+ 争夺吸附位。设重建零电荷点时的 OH^- 的浓度为 $[OH^-]_2$，则 $[OH^-]_2 > [OH^-]_1$，$\Delta(p. z. c.) > 0$。

由于 SO_4^{2-} 进入到 Stern 层，不但 $\varphi_0 \neq 0$，ζ 电位也不为零。为了使 ζ 电位等于零，重建等电点，则需加入 H^+，使其也挤入 Stern 层中，以抵消 SO_4^{2-} 的特性吸附所引起的 $\zeta < 0$ 的情况。重建等电点后，$\varphi_0 > 0$，$\zeta = 0$。由于加入了 H^+，若此时 OH^- 的浓度为 $[OH^-]_3$，则 $[OH^-]_3 < [OH^-]_1$，$\Delta(i. e. p.) < 0$。变化过程如图 9-13 所示。

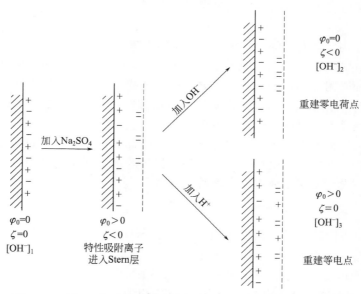

图 9-13 Al_2O_3 表面在特性吸附存在时零电荷点和等电点的变化

（3）若只发生共性吸附，则同价离子对表面的亲和力相同；若发生特性吸附，则同价离子（一个为共性吸附离子，一个为特性吸附离子，或者两个均为特性吸附离子）对表面的亲和力不同。

2. 小离子的吸附

小离子的吸附符合以下规律。

（1）Gouy 层中离子的分布 Gouy 层中的离子的分布受它与带电表面之间的静电作用

的控制。若溶液中只有一种对称电解质，则正、负离子在 Gouy 层中的吸附量为：

$$\Gamma_+ = \left(\frac{2n_0 DkT}{\pi}\right)^{1/2} \left(e^{-\frac{ze\varphi_\delta}{2kT}} - 1\right) \tag{9-37}$$

$$\Gamma_- = \left(\frac{2n_0 DkT}{\pi}\right)^{1/2} \left(e^{\frac{ze\varphi_\delta}{2kT}} - 1\right) \tag{9-38}$$

若表面带负电，则 $\varphi_\delta < 0$，$\Gamma_+ > 0$，$\Gamma_- < 0$，反离子的吸附量大于同号离子的。

（2）Stern 层中离子的吸附　吸附量可由 Langmuir-Stern 吸附公式进行计算：

$$\theta_i = \frac{1}{1 + \dfrac{1}{x_i} e^{-\frac{z_i e\varphi_\delta + \phi_i}{kT}}} \tag{9-39}$$

式中，x_i 为溶液中溶质的摩尔分数；ϕ_i 为特性吸附能，若无特性吸附，则可忽略之。对于稀的水溶液，有：

$$\frac{\theta_i}{1 - \theta_i} = \frac{c_i}{55.5} e^{-\frac{z_i e\varphi_\delta + \phi_i}{kT}} \tag{9-40}$$

式中，c_i 为物质的量浓度。

3. 表面活性离子的吸附

（1）吸附现象　表面活性离子的吸附是液/固界面吸附的一种特殊情况，特性吸附往往占支配地位。其吸附能比同价数的小离子大得多。表面活性离子发生吸附时，溶液中其他离子的吸附可以忽略。

吸附自由能可分为电性项和特性吸附项两部分：

$$\Delta G = \Delta G_e + \Delta G_s \tag{9-41}$$

①静电相互作用　当离子的特性吸附能不是很大时，离子与表面之间的静电相互作用为吸附的决定因素。例如，十二烷基硫酸钠（SDS）在氧化铝上的吸附，由于 H^+ 和 OH^- 为电势决定离子，而吸附靠的是 SDS 与 H^+ 之间的静电相互作用，故随着溶液 pH 的变化，吸附发生变化。随着 pH 的增加，表面吸附的 H^+ 数目减少而 OH^- 数目增多，SDS 的吸附量急剧下降。当达到零电荷点时，吸附量为零。

离子与表面之间的静电作用包括两部分，即与表面上的电荷之间的库仑吸引力 $ze\varphi_\delta$ 及与表面上的水偶极子之间的静电作用 ΔG_d。极性固体表面上通常都吸附有大量的水偶极子。表面活性剂的吸附总伴随着水偶极子自表面上的解吸。则有：

$$\Delta G_e = ze\varphi_\delta + \Delta G_d = ze\varphi_\delta + \sum_j \Delta n_j \mu_j E_s \tag{9-42}$$

式中，Δn_j 为吸附质表面上的偶极矩为 μ_j 的偶极子 j 的数目变化；E_s 为场强。一般来讲，ΔG_d 可以忽略，但并非所有情况下均可忽略。

②特性吸附作用　表面活性分子在液/固界面吸附时的特性吸附作用由碳氢链间的相互作用 ΔG_{cc}、碳氢链与固体表面间的相互作用 ΔG_{cs} 以及极性头与固体表面间的相互作用组成 ΔG_{hs}：

$$\Delta G_s = \Delta G_{cc} + \Delta G_{cs} + \Delta G_{hs} \tag{9-43}$$

对于极性表面来讲，ΔG_{cs} 为次要因素，ΔG_{cc} 为主要因素。表面活性分子的吸附可形成所谓的"半胶团"结构。一旦表面上由 ΔG_{hs} 或 ΔG_e 先起作用吸附了表面活性离子，则由 ΔG_{cc} 起作用，以它为核心靠链间的相互作用吸附其他表面活性离子，在表面上形成二维聚集体，即半胶团。当溶液中表面活性剂的浓度超过某个值时才会形成半胶团。形成半胶团时，吸附量自某一浓度急剧上升。

如图 9-14 所示，SDS 在氧化铝上吸附时，随着浓度的增加，吸附量增加，ζ 电位降低甚至变号，这是由于 SDS 链间的相互作用使之发生了特性吸附，形成了半胶团的缘故。

浓度很低时，溶液中的表面活性离子与 Gouy 层中的反离子发生离子交换，但不进入 Stern 层，因此吸附量上升而 ζ 电位不变。一定浓度后，二者均急剧变化，意味着发生了特性吸附，形成了半胶团。此时的浓度为"半胶团浓度"。

对于非极性表面，由于表面水化程度不高，ΔG_{cs} 为吸附的决定因素，接近于 ΔG_{cc}。

（2）表面活性剂在液/固界面的吸附理论　单一表面活性剂在液/固界面上的吸附等温线有三类，即 Langmuir 型、S 型和双平台（LS）型，如图 9-15 所示。

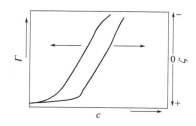

图 9-14　SDS 在 Al_2O_3 上吸附时吸附量和 ζ 电位随溶液中 SDS 浓度的变化示意图

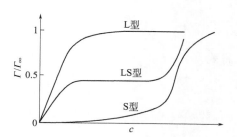

图 9-15　单一表面活性剂在液/固界面上的吸附等温线

1955 年，Gaudin 和 Fuerstenau 提出了液/固界面上表面活性剂吸附时由于疏水链间的缔合形成半胶团的理论。

1989 年，朱珧瑶、顾惕人将两阶段吸附模型和质量作用定律相结合，推导出可描述这些吸附等温线的吸附等温式。

假设表面活性剂在液/固界面上的吸附分为以下两个阶段。

第一阶段，个别的表面活性剂分子或者离子通过范德华力或者静电引力与固体表面相互作用而被吸附，则平衡时有：

$$吸附位＋单体 \Longleftrightarrow 吸附单体 \tag{9-44}$$

则

$$K_1 = \frac{a_1}{a_s a}$$

式中，a 为溶液中单体的活度；a_1 为吸附单体的活度；a_s 为空吸附位的活度。

第二阶段，表面活性分子或者离子通过链间相互作用形成表面胶团，第一阶段所吸附的单体则成为了表面胶团形成的活性中心：

$$(n-1)单体＋吸附单体 \Longleftrightarrow 表面胶团 \tag{9-45}$$

则

$$K_2 = \frac{a_{hm}}{a_1 a^{n-1}}$$

式中，a_{hm} 为半胶团的活度；n 为胶团聚集数。

将 a_1、a_{hm} 和 a_s 分别近似用单体的吸附量 Γ_1、表面胶团的吸附量 Γ_{hm} 和吸附位数目 Γ_s 替代，则：

$$K_1 = \frac{\Gamma_1}{\Gamma_s a} \approx \frac{\Gamma_1}{\Gamma_s c} \tag{9-46}$$

$$K_2 = \frac{\Gamma_{hm}}{\Gamma_1 a^{n-1}} \approx \frac{\Gamma_{hm}}{\Gamma_1 c^{n-1}} \tag{9-47}$$

任意浓度 c 时的总吸附量为：

$$\Gamma = \Gamma_1 + n\Gamma_{hm} \tag{9-48}$$

高浓度时，总饱和吸附量为：

$$\Gamma_\infty = n\Gamma_s + n\Gamma_1 + n\Gamma_{hm} \tag{9-49}$$

由式（9-46），可得：

$$\Gamma_s = \frac{\Gamma_1}{K_1 c} \tag{9-50}$$

由式（9-47），可得：

$$\Gamma_{hm} = K_2 \Gamma_1 c^{n-1} \tag{9-51}$$

将式（9-51）代入到式（9-48），有：

$$\Gamma = \Gamma_1 + nK_2\Gamma_1 c^{n-1} \tag{9-52}$$

将式（9-50）、式（9-51）代入到式（9-49），有：

$$\Gamma_\infty = \frac{n\Gamma_1}{K_1 c} + n\Gamma_1 + nK_2\Gamma_1 c^{n-1} \tag{9-53}$$

式（9-52）与式（9-53）相比，则：

$$\frac{\Gamma}{\Gamma_\infty} = \frac{\Gamma_1 + nK_2\Gamma_1 c^{n-1}}{\dfrac{n\Gamma_1}{K_1 c} + n\Gamma_1 + nK_2\Gamma_1 c^{n-1}} = \frac{1 + nK_2 c^{n-1}}{n\left(\dfrac{1}{K_1 c} + 1 + K_2 c^{n-1}\right)} = \frac{K_1 c\left(\dfrac{1}{n} + K_2 c^{n-1}\right)}{1 + K_1 c(1 + K_2 c^{n-1})} \tag{9-54}$$

讨论：

①当 $K_2 \to 0$，$n \to 1$ 时，由上式可导出 $\dfrac{\Gamma}{\Gamma_\infty} \approx \dfrac{K_1 c}{1 + K_1 c}$。此时不形成半胶团，等温线为 Langmuir 型，单分子极限吸附量为 Γ_∞。

②当 $n > 1$，且 $nK_2 c^{n-1} \ll 1$ 时，可得到 $\dfrac{\Gamma}{\Gamma_\infty} \approx \dfrac{K_1 c}{n(1 + K_1 c)}$。此时形成半胶团，等温线为 Langmuir 型。该式可变形为 $\dfrac{\Gamma}{\Gamma_\infty/n} \approx \dfrac{K_1 c}{1 + K_1 c}$。此时，单分子极限吸附量为 Γ_∞/n。

③当 $n > 1$，$K_2 c^{n-1} \gg 1$ 时，可得到 $\dfrac{\Gamma}{\Gamma_\infty} \approx \dfrac{K_1 K_2 c^n}{1 + K_1 K_2 c^n}$，得到 S 型等温线。

④当浓度越来越高时，由式（9-54）可得 $\dfrac{\Gamma}{\Gamma_\infty} \approx 1$，达饱和吸附。

如何理解式（9-49）呢？此时，可认为吸附分子全部以聚集数为 n 的半胶团的形式存在。因此，与任意浓度 c 时的吸附量相比，除了该浓度下形成的半胶团外，该浓度下的吸附单体及吸附空穴均作为活性中心也通过其他分子的吸附形成了半胶团。换句话说，这里似乎有一个隐含的假设，即每个半胶团占据一个吸附位。在关于单分子极限吸附量的讨论中，即单分子极限吸附量为 Γ_∞/n 也可以看到这一点。每个半胶团都有一定的大小，故每个半胶团占据一个吸附位的假定可能存在问题。尽管如此，利用式（9-54）可以对三种表面活性剂的吸附等温线给出说明，这种处理方式基本上是成功的。

(3) 液/固界面吸附层的结构　液/固界面的吸附层的结构可以通过测定接触角来确定。若不形成半胶团，则对于极性表面，浓度较低时，形成单层吸附膜；浓度升高时，则逐渐形成双层吸附膜。对于非极性表面，则形成单层吸附膜。表 9-3 为十二烷基三甲基溴化铵（DTAB）和十六烷基三甲基溴化铵（CTAB）分别在石英和十八烷表面上吸附时的液/固界面接触角的变化。

表 9-3　表面活性剂自不同浓度的水溶液向石英和十八烷表面吸附后接触角的变化

浓度/（mol/L）			0	10^{-7}	10^{-6}	10^{-5}	10^{-4}	5×10^{-4}	10^{-3}	5×10^{-3}	10^{-2}
$\theta/(°)$	DTAB	石英	0	47	71	85	92		91	57	0
		十八烷	106	105	101	96	88		72	0	0
	CTAB	石英	0	84	90	92	90	51	0		
		十八烷	106	102	96	86	64	24	0		

可以看出，当表面活性剂在石英表面吸附时，吸附后的固体表面对水的接触角先随表面活性剂浓度的增加而增大，达一最大值后又随浓度的增加而减小；而在十八烷表面吸附时，接触角随浓度的增加一直减小直至减小到零。这说明，在这两种固体表面上，形成的吸附膜不同。表面活性剂在亲水的石英表面吸附时，亲水的极性头基与表面接触，而碳氢链朝向溶液。当吸附饱和形成单层膜后，疏水的脂链作为疏水面再次吸附表面活性剂分子。此时脂链与脂链相接触，而头基朝向溶液。当吸附再次达到饱和后，由于膜中朝向溶液的头基荷有与表面活性剂分子的头基相同的电荷，故不再进一步吸附。吸附层为双层。而表面活性剂在疏水的十八烷表面上吸附时，脂链与表面相接触，形成的吸附膜荷电的头基朝外，达到饱和吸附后，不能再进一步吸附，只能形成单层膜，如图 9-16 所示。

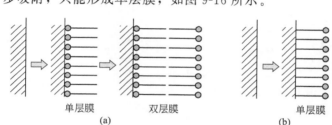

单层膜　　　　双层膜　　　　　　单层膜
(a)　　　　　　　　　　　(b)

图 9-16　表面活性剂分子在亲水和疏水表面上形成的吸附膜示意图
（a）在石英上的吸附；（b）在十八烷上的吸附

若形成半胶团，则液/固界面吸附层的结构要复杂得多。

第三节　液体对固体的润湿作用

一、润湿与接触角

1. 润湿作用

所谓润湿作用是指在固体表面上一种液体取代另一种与之不相混溶的液体的过程。这一作用涉及三相，一相为固相，另外两相为液相。

常见的润湿作用是固体表面上的气体被液体取代的过程。这里的气体指的是该种液体的蒸汽。

润湿现象是固体表面的结构和性质、液体的性质以及液/固界面分子间的相互作用等微观特性的宏观结果。润湿作用有以下三种形式。

（1）沾湿　沾湿是将气/液界面和气/固界面变成液/固界面的过程。在这个过程中，气/液界面消失了（图9-17）。

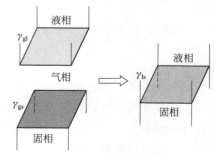

图 9-17　沾湿过程示意图

该过程的自由能变化为:

$$\Delta G = \gamma_{ls} - \gamma_{gl} - \gamma_{gs}$$

此时,环境对体系所做的功为 $W = \Delta G$,则体系对环境所做的功为:

$$W_a = -W = -\Delta G = \gamma_{gl} + \gamma_{gs} - \gamma_{ls} \tag{9-55}$$

W_a 叫作黏附功,是液固润湿时体系对环境所做的最大功。$W_a > 0$ 是液体自动沾湿固体的条件。W_a 越大,$-\Delta G$ 越大,液体对固体的沾湿性越好。

(2) 浸湿　浸湿是将固体完全浸入到液体中的过程,是将气/固界面变为液/固界面的过程。气/液界面在这一过程中没有变化(图 9-18)。

该过程的自由能变化为 $\Delta G = \gamma_{ls} - \gamma_{gs}$,环境对体系所做的功为 $W = \Delta G$,则体系对环境做的功为:

$$W_i = -\Delta G = \gamma_{gs} - \gamma_{ls} \tag{9-56}$$

W_i 叫作浸润功。$W_i > 0$ 是液体浸湿固体的条件。

所谓浸润,是浸湿的一种特殊情况,指的是多孔性固体表面的浸湿过程。在该过程中,气/固界面变为液/固界面,气/液界面没有变化。该过程又叫渗透过程,与毛细现象有关(图 9-19)。

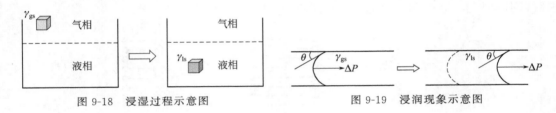

图 9-18　浸湿过程示意图　　　　图 9-19　浸润现象示意图

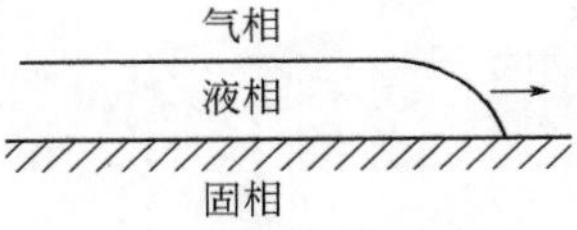

该过程的驱动力为弯曲液面下的附加压力 $\Delta P = \dfrac{2\gamma_{gl}cos\theta}{r}$。当 $0° \leqslant \theta \leqslant 90°$ 时,该过程自发进行。

(3) 铺展　铺展是液/固界面取代气/固界面的过程。在该过程中,气/液界面也扩大了(图 9-20)。

图 9-20　铺展过程示意图

在该过程中,气/固界面面积减少,气/液界面和液/固界面面积增加,减少和增加的量是相等的。因此,自由能的变化为 $\Delta G = \gamma_{gl} + \gamma_{ls} - \gamma_{gs}$。此时,环境对体系做了功。则体系对环境做的功为:

$$S = -\Delta G = \gamma_{gs} - \gamma_{gl} - \gamma_{ls} \tag{9-57}$$

S 叫作铺展系数。若 $S > 0$,则 $\Delta G < 0$,液体在固体表面上可自动铺展。

(4) 三种过程之间的关系　令 $W_i = A$,A 定义为黏附张力。则:

$$A = \gamma_{gs} - \gamma_{ls} \tag{9-58}$$

这样,黏附功和铺展系数可分别表示为:

$$W_a = \gamma_{gl} + \gamma_{gs} - \gamma_{ls} = \gamma_{gl} + A \tag{9-59}$$

$$S = \gamma_{gs} - \gamma_{gl} - \gamma_{ls} = (\gamma_{gs} - \gamma_{ls}) - \gamma_{gl} = A - \gamma_{gl} \tag{9-60}$$

由此可见,这三种过程均与黏附张力有关,且 $W_a > W_i > S$,因此,只要 $S > 0$,则其他润湿过程均可自发进行。铺展系数为体系润湿性能的表征。

2. 接触角

当少量液体在固体表面上平衡时会保持一定的形状。所谓接触角是指少量液体在固体表面上平衡时气、液、固三相交界线上任一点 "O" 的液体的表面张力 γ_{gl} 与液/固界面张力

γ_{ls} 之间的夹角，如图 9-21 所示。

此时，γ_{gl} 和 γ_{gs} 分别为与液体的饱和蒸汽成平衡的气/液界面和气/固界面的界面张力。显然，三个界面张力在三相交界线任一点上的合力为零时才会达到平衡。根据这个原理，1805 年英国科学家 Young 给出了三个界面张力之间的关系：

$$\gamma_{gs} = \gamma_{ls} + \gamma_{gl}\cos\theta \tag{9-61}$$

该式被称为 Young 公式。由此可见，接触角 θ 与 γ_{gs} 和 γ_{ls} 的相对大小有关，它取决于液体的种类及液体与固体间的相互作用。

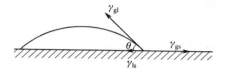

图 9-21 液滴在固体表面上的接触角

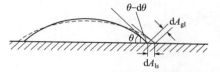

图 9-22 液滴发生小的形变时
接触角的微小变化示意图

除了从力的平衡的角度可以得到 Young 公式外，还可以从能量的角度得到该式。如图 9-22 所示，少量液体在固体表面上平衡时形成接触角 θ。若平衡条件（恒温恒压）下，液体产生一个小的位移，使液/固界面面积扩大了 dA_{ls}，相应的气/固界面面积缩小了 dA_{gs}，气/液界面面积扩大了 dA_{gl}，同时，接触角由 θ 变为 $\theta - d\theta$。

则体系自由能的变化为：

$$dG = \gamma_{ls}dA_{ls} + \gamma_{gs}dA_{gs} + \gamma_{gl}dA_{gl}$$

由于
$$dA_{gs} = -dA_{ls}, \quad dA_{gl} = dA_{ls}\cos(\theta - d\theta)$$

故
$$dG = \gamma_{ls}dA_{ls} - \gamma_{gs}dA_{ls} + \gamma_{gl}dA_{ls}\cos(\theta - d\theta)$$

$$\frac{dG}{dA_{ls}} = \gamma_{ls} - \gamma_{gs} + \gamma_{gl}\cos(\theta - d\theta)$$

平衡时，$d\theta \rightarrow 0$，$\dfrac{dG}{dA_{ls}} = 0$，故：

$$\gamma_{ls} - \gamma_{gs} + \gamma_{gl}\cos\theta = 0$$

即
$$\gamma_{gs} = \gamma_{ls} + \gamma_{gl}\cos\theta$$

将该式代入到黏附功 W_a、浸润功 W_i 及铺展系数 S 的表达式中，则有：

$$W_a = \gamma_{gl}(1 + \cos\theta) \tag{9-62}$$

$$W_i = A = \gamma_{gl}\cos\theta \tag{9-63}$$

$$S = \gamma_{gl}(\cos\theta - 1) \tag{9-64}$$

因此，只要测出接触角 θ，则黏附功 W_a、浸润功 W_i 或黏附张力 A 及铺展系数 S 均可求出。由上面的公式还可以推导出以下几点。

①$\theta \leqslant 180°$ 时，$W_a \geqslant 0$，沾湿可自发进行。也就是说，无论何种液体对何种固体的沾湿过程一定是自发的。

②$\theta \leqslant 90°$ 时，$W_i = A \geqslant 0$，浸湿可自发进行。因为浸湿是液/固界面取代气/固界面的过程，要求接触角不大于 90°。以浸润为例，满足了这个条件才会形成凹液面，液体才会浸润毛细管。

③$\theta \leqslant 0°$ 时，$S \geqslant 0$，铺展可自发进行。也就是说，当 $\theta = 0°$ 时，铺展才会自发进行。

一般认为，当 $\theta > 90°$ 时，液体对固体不润湿；当 $\theta < 90°$ 时，液体对固体是润湿的；当 $\theta = 0°$ 时，液体可在固体表面上铺展，此时为完全润湿。

接触角现象反映了气、液、固三相平衡的情况。固体表面必然已经与液体的饱和蒸汽相平衡，即固体表面已覆盖了一层液膜。因此，固体的表面自由能为 γ_{gs} 而不是 γ_s。二者之间的关系为 $\pi = \gamma_s - \gamma_{gs}$，$\pi$ 为表面压。

若将液滴 B 置于固体 A 上，B 在 A 上展开，固体表面面积减少 dA_A，液体表面面积增加 dA_B，液/固界面面积增加 dA_{AB}，有：

$$-dA_A = dA_B = dA_{AB}$$

故自由能变化为：

$$dG = \gamma_A dA_A + \gamma_B dA_B + \gamma_{AB} dA_{AB} = -\gamma_A dA_B + \gamma_B dA_B + \gamma_{AB} dA_B$$

则 B 在 A 上的铺展系数为：

$$S_{B/A} = -\frac{dG}{dA_B} = \gamma_A - \gamma_B - \gamma_{AB}$$

铺展起始时，有：

$$S_{B/A}(起始) = \gamma_s - \gamma_{gl} - \gamma_{ls} = \gamma_{gs} + \pi - \gamma_{gl} - \gamma_{ls}$$

此时，若 $S > 0$，则铺展；若 $S < 0$，则不铺展。

达平衡时，有：

$$S_{B/A}(平衡) = \gamma_{gs} - \gamma_{gl} - \gamma_{ls}$$

结合 Young 公式，有：

$$S_{B/A}(平衡) = \gamma_{gl}(\cos\theta - 1)$$

此时，只有当 $\theta = 0°$ 时才会铺展。

因此，有：

$$S_{B/A}(起始) = S_{B/A}(平衡) + \pi = \gamma_{gl}(\cos\theta - 1) + \pi \tag{9-65}$$

平衡时的铺展系数与起始时不同。平衡时铺展系数最大为零，很难满足大于零的条件，但起始时可以大于零。

需要指出的是，还可能存在 $\gamma_{gs} - \gamma_{ls} > \gamma_{gl}$ 的情况。此时，$\cos\theta = \dfrac{\gamma_{gs} - \gamma_{ls}}{\gamma_{gl}} > 1$，故 Young 公式不成立，但液体可在固体表面上完全铺展。

对于渗透或者浸润，有：

$$\Delta P = \frac{2\gamma_{gl}\cos\theta}{r} = \frac{2(\gamma_{gs} - \gamma_{ls})}{r}$$，故固体的表面能高，有利于渗透，此时 $\theta < 90°$；若固体的表面能低，则 $\theta > 90°$，附加压力的方向指向液体内部，不利于渗透。

3. 接触角的测定

有多种方法可以测定接触角。

(1) 躺滴法或贴泡法　如图 9-23 所示，通过观察外形，用量角器测量，或者照相后测量，可得接触角。

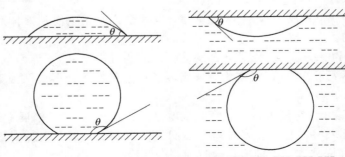

图 9-23　躺滴法或贴泡法测定接触角

（2）斜板法 如图 9-24 所示，将固体平板插入液体中，在三相交界处保持一定的接触角。改变插入角度，直到液面与平板接触处一点也不弯曲，则 θ 即为接触角。

（3）光反射法 如图 9-25 所示，强光通过狭缝后照射到三相交界处。改变入射光的方向，使反射光恰好沿着固体表面发出，则：

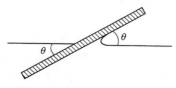

图 9-24 斜板法测定接触角

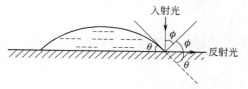

图 9-25 光反射法测定接触角

$$\theta = \frac{\pi}{2} - \phi \tag{9-66}$$

此法只能测定小于 90° 的接触角。

（4）小液滴法 如图 9-26 所示，若在固体表面上形成小液滴，小液滴可被看作是球体的一部分，则由其结构参数可求接触角：

$$\sin\theta = \frac{2hr}{h^2 + r^2} \tag{9-67}$$

$$\tan\frac{\theta}{2} = \frac{h}{r} \tag{9-68}$$

（5）垂片法 如图 9-27 所示，将固体片垂直插入到液体中，液体沿固体上升高度为 h，则：

$$\sin\theta = 1 - \frac{\rho g h^2}{2\gamma_{gl}} \tag{9-69}$$

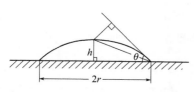

图 9-26 小液滴法测定接触角

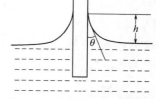

图 9-27 垂片法测定接触角

（6）表面张力法 当接触角不为零时，作用在吊片上的力为：

$$f = \gamma_{gl}\cos\theta \times p \tag{9-70}$$

式中，p 为吊片的周长。

4. 接触角滞后

液体在干的固体表面上前进时测出的接触角叫作前进角（advancing contact angle），用 θ_A 表示；在湿的固体表面上后退时测出的叫作后退角（receding contact angle），用 θ_R 表示。一般来讲，前进角大于后退角，二者不相等的现象叫作接触角滞后，用二者之差 $\Delta\theta = \theta_A - \theta_R$ 来表征。

例如，用斜板法测定接触角时，板插入时测出的是前进角，板抽出时测出的是后退角。再如，用躺滴法测定接触角时，注射液体时测出的是前进角，抽出液体时测出的是后退角。测出的前进角和后退角往往不同。

引起接触角滞后的原因有以下几点。

(1) 不平衡状态　接触角的测定应该在平衡状态下进行。若体系未达平衡状态，则会出现滞后。

(2) 液体或者固体表面的污染　Harkins 曾精心制备、测量了水在多种固体表面上的接触角，发现在理想的平整的、干净的、均匀的、不变形的固体表面上，接触角滞后现象可以消除。

尽管可以从力学角度或者热力学角度推导出 Young 公式，但该公式一直难以进行验证，即通过三个界面的界面张力计算液滴在固体表面上平衡时的接触角并与测定值相比较，因为固体的表面张力及液/固界面的界面张力不易测定。故有人对该公式的有效性特别是在重力场中的有效性有质疑，因为 Young 公式是忽略重力的影响的。另外，固、液、气三相接触线上的能量及界面吸附也不做考虑。但由 Harkins 的工作可以看出，在平整的、干净的、均匀的、不变形的理想表面上，处于平衡态的液滴与固体表面的接触角是唯一的，不存在滞后现象。

(3) 固体表面粗糙性　若固体表面粗糙不平，则粗糙的程度可以用粗糙度来度量。所谓粗糙度，指的是固体的真实表面积与假想的平滑表面积（表观表面积）的比，用 r 来表示。若该粗糙表面上有一滴液滴，接触角为 θ_r，假设在恒温恒压的平衡条件下，该液滴有一个小的位移，接触角由 θ_r 变为 $\theta_r - \mathrm{d}\theta$。此时，液/固界面的表观面积增加了 $\mathrm{d}A_表$，实际面积则增加了 $r\mathrm{d}A_表$；气/固界面的表观面积减少了 $\mathrm{d}A_表$，实际面积却减少了 $r\mathrm{d}A_表$；同时，气/液界面的面积增加了 $\mathrm{d}A_表\cos(\theta_r - \mathrm{d}\theta)$。因此，此过程体系的自由能变化为：

$$\mathrm{d}G = \gamma_{ls}r\mathrm{d}A_表 + \gamma_{gl}\mathrm{d}A_表\cos(\theta_r - \mathrm{d}\theta) - \gamma_{gs}r\mathrm{d}A_表$$

即

$$\frac{\mathrm{d}G}{\mathrm{d}A_表} = r\gamma_{ls} + \gamma_{gl}\cos(\theta_r - \mathrm{d}\theta) - r\gamma_{gs}$$

当 $\mathrm{d}\theta \to 0$ 时，$\dfrac{\mathrm{d}G}{\mathrm{d}A_表} \to 0$，故得到：

$$r\gamma_{ls} + \gamma_{gl}\cos\theta_r - r\gamma_{gs} = 0$$

即

$$r(\gamma_{gs} - \gamma_{ls}) = \gamma_{gl}\cos\theta_r \tag{9-71}$$

这就是 Wenzel 方程，它反映了粗糙平面上液体平衡时的接触角与平面的粗糙度及界面张力之间的关系。变化，得：

$$\cos\theta_r = \frac{r(\gamma_{gs} - \gamma_{ls})}{\gamma_{gl}} = r\cos\theta \tag{9-72}$$

式中，θ 为理想的平整表面上的接触角，可由 Young 方程得到。该式反映了平整表面上的接触角与粗糙表面上的接触角之间的关系。由于 r 总是大于 1，因此，当 $\theta > 90°$ 时，$\theta_r > \theta$；当 $\theta < 90°$ 时，$\theta_r < \theta$。

上面讨论了理想的平整表面上的接触角与粗糙表面上的接触角之间的关系，但该方程与 Young 方程一样，均认为对于一定的固体表面和液滴，给出的是唯一的接触角。那么，为什么固体表面粗糙不平可造成接触角滞后呢？

图 9-28　液滴在粗糙表面上的亚稳状态

对于固体表面粗糙性造成接触角滞后的原因，人们从多个角度入手进行了探讨，现在仍在不断研究中。一种是亚稳平衡态理论，如图 9-28 所示。由于表面不均匀，液体在表面上展开时需克服一系列由于表面起伏不平所造成的势垒。当液滴的振动能小于势垒的能量时，液滴便达不到 Wenzel 方程所要求的平衡态而处于某种亚稳平衡态，这样表观接触角可能就会大于或者小于 Wenzel 方程所给出的值。较大者为前进角，较小者为后退角。因此，表面粗糙性造成了接触角滞后。

Adam 和 Jessop 于 1925 年提出，在固、液、气三相的接触线上存在一种与液滴的运动趋势相反的静摩擦力[2]。后来，Kamusewitz 等人用实验证实了这个静摩擦力的存在[3]。王晓东等人把这个静摩擦力称为滞后阻力，它迟滞了液滴的相对运动，造成了接触角的滞后[4~6]。综合起来，由于静摩擦力的存在和表面粗糙造成接触角滞后的理论可概括如下。

当将一滴液滴置于一个粗糙的固体表面上时，实验表明，当不断向液滴中加液体时，液滴可以处于图 9-29（上）所示的三种状态而三相线保持不动，对应于三个不同的接触角。如果接触线上只有三个界面张力，则不可能出现这种情况。故三相线上应该还存在由于粗糙表面而引起的附加的力。这种力被称为滞后阻力，它具有静摩擦力的性质。除了三个界面张力外，在三相接触线上还存在一个静摩擦力，即滞后阻力 f。规定其方向与 γ_{ls} 的方向一致时，$f>0$；方向与 γ_{gs} 的方向一致时，$f<0$。因此，由力的平衡条件，有：

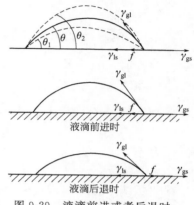

图 9-29　液滴前进或者后退时所遇到的滞后阻力示意图

$$\gamma_{gs} = \gamma_{ls} + \gamma_{gl}\cos\theta + f \tag{9-73}$$

因此，有：

$$\cos\theta = \frac{\gamma_{gs} - \gamma_{ls}}{\gamma_{gl}} - \frac{f}{\gamma_{gl}} = \cos\theta_Y - \frac{f}{\gamma_{gl}} \tag{9-74}$$

式中，θ_Y 为由 Young 公式得出的接触角。从热力学角度出发也可以推导出该式。由于 f 随液、固接触面积的变化而变化，因此，接触角不是唯一的值，而是在某一区域内变化。当 f 达到最大值 f_{max} 时，对应的接触角为前进角 θ_A；当 f 为最小值 f_{min} 时，对应的接触角为后退角 θ_R。

故可以得到：

$$\cos\theta_A = \cos\theta_Y - \frac{f_{max}}{\gamma_{gl}} \tag{9-75}$$

$$\cos\theta_R = \cos\theta_Y - \frac{f_{min}}{\gamma_{gl}} \tag{9-76}$$

因此，接触角可以取 θ_A 和 θ_R 之间的任何值，故出现了接触角滞后。当 $f=0$ 时，前进角和后退角相等，即在理想的固体表面上，不存在接触角滞后。这也就是说，静摩擦力或者滞后阻力是由于表面粗糙而产生的。

通过分析液滴系统的自由能变化发现，接触角与液、固接触面积 A 有关。当 $A>A_R$，即液、固接触面积大于接触角为后退角时的接触面积时，$\theta<\theta_R$；或者当 $A<A_A$，即液、固接触面积小于接触角为前进角时的接触面积时，$\theta>\theta_A$。在这两种情况下，体系的自由能均未达到最小值，三相接触线会自动收缩或者扩张分别达到 θ_R 和 θ_A。当 $A_A<A<A_R$ 时，$\theta_R<\theta<\theta_A$，系统的自由能为常数，体系处于随遇平衡态，可有多个力学上稳定的接触角。此时，接触角的取值具有多值性和随机性。

Schulze 等人[7]给出了前进和后退角与滞后角之间的线性关联经验公式：

$$\theta_A = \theta_Y + A\Delta\theta \tag{9-77}$$

$$\theta_R = \theta_Y + (A-1)\Delta\theta \tag{9-78}$$

式中，$A\geqslant0$，为常数；$\Delta\theta$ 为滞后角，也是表面粗糙度的度量。可见，随着表面粗糙度的增加，前进角逐渐变大，后退角逐渐变小。这也说明了表面粗糙是造成接触角滞后的一个重要原因。

(4) 固体表面组成不均匀 设固体表面由物质 A 和 B 组成，其在表面的分数分别为 x_A 和 x_B。令 θ 为复合表面上液滴的接触角，θ_A 和 θ_B 分别为液滴在纯的 A 和 B 平整表面上的接触角。若从能量的角度考虑，则推导 Young 公式时所得到的 $\frac{dG}{dA_{ls}} = \gamma_{ls} - \gamma_{gs} + \gamma_{gl}\cos(\theta - d\theta)$ 可写作：

$$\frac{dG}{dA_{ls}} = [(\gamma_{ls})_A x_A + (\gamma_{ls})_B x_B] - [(\gamma_{gs})_A x_A + (\gamma_{gs})_B x_B] + \gamma_{gl}\cos(\theta - d\theta)$$

平衡时，$d\theta \to 0$，$\frac{dG}{dA_{ls}} = 0$，故：

$$\gamma_{gl}\cos\theta = x_A(\gamma_{gs} - \gamma_{ls})_A + x_B(\gamma_{gs} - \gamma_{ls})_B$$

将 Young 公式代入，得：

$$\gamma_{gl}\cos\theta = x_A \gamma_{gl}\cos\theta_A + x_B \gamma_{gl}\cos\theta_B$$

故有：

$$\cos\theta = x_A \cos\theta_A + x_B \cos\theta_B \tag{9-79}$$

此式为 Cassie 方程或者 Cassie-Baxter 方程。它反映了不均匀表面上液滴的表观接触角与纯的各组分平整表面上的接触角及不均匀表面中各组分的面积分数之间的关系。

表面不均匀性可引起接触角滞后，原因在于液滴与固体表面上亲和力弱的部分的接触角为前进角，此时固体表面对液滴具有推阻作用，不让液滴展开；液滴与固体表面上亲和力强的部分的接触角为后退角，此时固体表面对液滴具有拉拽的作用，不使液滴收缩。前进角和后退角分别反映了液体与亲和力弱及强的那部分固体表面的润湿性质。对于低能表面，与水的亲和力弱，前进角重现性好；对于高能表面，与水的亲和力强，后退角重现性好。

此外，还有研究者将润湿看作是吸附和解吸附现象，将接触角滞后看作是液、固分子间相互作用的结果。除了从热力学角度进行探讨外，还有研究者从动力学出发对接触角滞后现象进行说明，发现接触角滞后与液相分子体积、固相分子移动性以及液体分子渗透及表面膨胀等因素有关。目前，接触角滞后的原因仍是值得大家从多方面、多角度探讨的一个问题。

应该指出的是，Wenzel 方程和 Cassie-Baxter 方程是近年来成为研究热点的超亲水和超疏水现象的研究基础。下一节将对这方面的研究做简要介绍。

5. 固体表面的润湿性和临界表面张力

结合 Young 方程，可得到液体 B 在固体 A 表面上的铺展系数为：

$$S_{B/A} = \gamma_{gl}(\cos\theta - 1)$$

因此，当 $\theta = 0°$ 时，B 可在 A 上铺展。将该条件代入到 Young 公式中，有：

$$\gamma_{gs} = \gamma_{gl} + \gamma_{ls}$$

故自然可以推论，当 $\gamma_{gs} > \gamma_{gl}$ 时，固体才有可能被液体润湿。

一般液体的表面自由能小于 100 mN/m。故将 γ_{gs} 大于 100 mN/m 的固体表面称为高能表面，把 γ_{gs} 小于 100 mN/m 的固体表面称为低能表面。一般来讲，高能表面容易被液体润湿，而低能表面难以被液体润湿。

(1) 低能表面的润湿性和临界表面张力 Zisman 等人系统地研究了不同液体对低能表面的润湿性。他们发现，在接近理想的平整、干净的聚合物表面上，液体的前进角和后退角相等，不存在接触角滞后；液体的同系物在同一个固体表面上的接触角随着液体的表面张力的降低而变小，且 $\cos\theta$ 与 γ_{gl} 呈直线关系，将直线延长至 $\cos\theta = 1$，即 $\theta = 0°$ 处，对应一个

γ_{gl}，意味着具有该表面张力的液体可完全润湿该固体表面，即可在该固体表面上铺展。他们还发现，对于同一个固体表面，用不同的液体同系物外推所得到的 γ_{gl} 非常相近。这说明，这个 γ_{gl} 值与液体的本性关系不大，所反映的是固体表面的特性。因此，他们把这个 γ_{gl} 称为该固体表面的临界表面张力 γ_c。

临界表面张力是表征固体表面润湿性的经验参数。具有表面张力小于固体临界表面张力的液体才能完全润湿该固体表面，并在表面上铺展；大于临界表面张力的液体不能展开，并有一定的接触角，且与临界表面张力相差越多，接触角越大。对于固体来讲，临界表面张力越低，可润湿性越差。表 9-4 给出了一些有机固体表面的临界表面张力。

有机固体的临界表面张力主要与其表面组成有关，即主要取决于表面上最外层的原子或者原子团的性质。例如，聚四氟乙烯的最外层主要是—CF_2—，其临界表面张力为 18 mN/m；而若全氟十二酸形成一定向的单分子层，暴露在表面上的基团为—CF_3—，其临界表面张力只有 6 mN/m，是迄今所发现的最难以润湿的表面。这类表面的临界表面张力比水和大部分有机液体的表面张力都小得多，既疏水又疏油，为双疏表面。

表 9-4　一些有机固体表面的临界表面张力

固体表面	γ_c/(mN/m)	固体表面	γ_c/(mN/m)
聚甲基丙烯酸全氟辛酯	10.6	聚苯乙烯	33
聚四氟乙烯	18	萘	36
甲基硅树脂	20	聚乙烯醇	37
聚三氟乙烯	22	聚甲基丙烯酸甲酯	39
正三十六烷	22	聚氯乙烯	39
聚偏二氟乙烯	25	聚偏二氯乙烯	40
石蜡	26	聚酯	43
聚一氟乙烯	28	尼龙 66	46
聚三氟氯乙烯	31	纤维素及其衍生物	40～50
聚乙烯	31		

（2）高能表面上的自憎现象　一般而言，大部分液体均能在高能表面上铺展，因为高能表面的表面自由能比大部分液体（液态汞除外）的表面自由能高。但也有一些低表面张力的有机液体在高能表面上不能自动铺展。这类液体大多为双亲分子，它们易被高能的固体表面定向吸附而形成极性基团与表面结合、非极性基团朝向液体的吸附膜，使高能表面变成了低能表面。若这种低能表面的临界表面张力甚至低于这些液体自身的表面张力时，这些液体便不能在其自身形成的吸附膜上铺展。这就是高能表面的自憎现象。

不但极性有机液体在高能表面上可能会有自憎现象，极性有机物的溶液也可能会出现这种现象，原因也是极性有机物的定向吸附形成了单分子层，将高能表面变成了低能表面。

（3）表面活性剂对固体表面润湿性的影响　一般来讲，水在低能表面上不能自动铺展。而表面活性剂的水溶液则可以在一些低能表面上铺展。对于表面活性剂的这种作用，有不同的解释。Harkins 和 Fowkes 曾给出过解释。他们认为，表面活性剂在低能表面上吸附，疏水基与低能表面相作用，而亲水基朝向水溶液，低能表面变成了高能表面，因此水溶液可以铺展。Zisman 认为，水溶液之所以可在低能表面上铺展，是表面活性剂降低了水的表面张力的结果。若加入的表面活性剂可将水的表面张力降低至固体表面的 γ_c，则可铺展；若

不能降低至 γ_c，则仍不能铺展。表面活性剂水溶液在聚四氟乙烯和聚乙烯表面上的铺展行为证明了这种判断是正确的。Zisman 等人还对不同浓度的阳离子、阴离子和非离子型表面活性剂在聚四氟乙烯和聚乙烯表面上的润湿行为进行了研究，发现随着表面活性剂浓度的增加，接触角逐渐变小。$\cos\theta$ 与表面活性剂水溶液的表面张力 γ_{gl} 之间存在两种线性关系：在 cmc 之前，$\cos\theta$ 随 γ_{gl} 的降低线性增加，变化较缓；cmc 之后，$\cos\theta$ 随 γ_{gl} 的降低也线性增加，但变化迅速。cmc 附近出现转折点。将不同表面活性剂溶液的 cmc 之后的直线延长，发现对同一个固体表面延长线交于一点。对于聚四氟乙烯和聚乙烯，与交点对应的表面张力分别为 $16.5 \sim 19.5$ mN/m 和 $27.5 \sim 31.5$ mN/m，与上面表中这两个固体表面的临界表面张力相当。这说明，表面活性剂水溶液在低能固体表面上的铺展是水溶液表面张力降低的结果。表面张力的降低是表面活性剂在气/液界面的吸附引起的。吸附时，表面活性剂的亲水基附着在水面上，脂链朝向空中。因此，水面的组成发生了变化。影响润湿性能的主要是表面的组成，这相当于表面活性分子与水分子形成的混合分子层润湿低能固体表面。随着浓度的增加，吸附量逐渐增加，表面分子层中表面活性剂逐渐增多，水分子逐渐减少，故接触角逐渐变小。当浓度达 cmc 时，吸附达到饱和，表面活性分子在水面上定向排列，对低能表面的润湿性增强。当浓度进一步增加时，吸附层中的分子排列愈加紧密，原来残留的水分子被进一步排出，表面活性剂水溶液对固体表面的润湿相当于碳氢链形成的脂链层对固体表面的润湿，润湿性随浓度的增加迅速增强。cmc 处转折点的出现与气/液界面上吸附层的结构变化有关。转折点之前，没有形成完整的吸附层；转折点之后，吸附层形成，只是随着浓度的增加吸附层更加紧密。这可以与气/液界面上不溶物单分子膜的 $\pi - A$ 等温线上液态膜向固态膜的转变相类比。因此，Zisman 认为，表面活性剂在低能表面上的定向吸附是润湿的结果而不是润湿的原因。

尽管如此，表面活性剂在固体表面上的吸附也不能完全排除。表面活性剂水溶液在低能表面上的铺展行为之所以不能与双亲分子溶液或者极性有机液体在高能表面上的铺展行为相类比，可能是由于低能表面上表面活性剂的吸附形成的吸附膜不如高能表面上形成的吸附膜牢固，稳定性不高，因为表面活性剂在低能表面上吸附时作用力为较弱的分子间的相互作用。

6. 固体表面自由能的估算

在第八章中，曾提到用键能、挥发能等估算固体的表面自由能。这里介绍利用接触角来估算固体表面自由能的方法。Young 方程中，γ_{gl} 和接触角是可以测定的。因此，γ_{gs} 和 γ_{ls} 之间便建立了对应关系。若能找到二者之间的另一种对应关系，结合 Young 方程便可以得到 γ_{gs} 和 γ_{ls} 的值。

(1) Girifalco-Good 法   将处理液/液界面张力的 Girifalco-Good 公式应用到液/固界面上，则有：

$$\gamma_{ls} = \gamma_s + \gamma_{gl} - 2\phi\sqrt{\gamma_s\gamma_{gl}} \tag{9-80}$$

式中，γ_s 为固体在真空中的表面自由能；ϕ 是液/固界面相互作用参数。对于与液体的饱和蒸汽吸附达平衡的固体表面，则有：

$$\gamma_{ls} = \gamma_{gs} + \gamma_{gl} - 2\phi\sqrt{\gamma_s\gamma_{gl}} + \pi \tag{9-81}$$

式中，π 为表面压。与 Young 方程相结合，可得：

$$\gamma_s = \frac{[(\gamma_{gs} - \gamma_{ls}) + \gamma_{gl} + \pi]^2}{4\phi^2\gamma_{gl}} = \frac{(\gamma_{gl}\cos\theta + \gamma_{gl} + \pi)^2}{4\phi^2\gamma_{gl}} = \frac{[\gamma_{gl}(\cos\theta + 1) + \pi]^2}{4\phi^2\gamma_{gl}} \tag{9-82}$$

对应低能表面，$\cos\theta > 0$，表面压 π 可忽略，则上式简化为：

$$\gamma_s = \frac{\gamma_{gl}(\cos\theta + 1)^2}{4\phi^2} \tag{9-83}$$

式中，$\phi = \phi_V \phi_a$。ϕ_V是与分子大小有关的参数。若两相分子差别不大，可近似认为等于 1。ϕ_a是与固体、液体和固、液两相分子间的引力常数有关的参数。由于γ_{gl}和θ可测出，且ϕ可由计算得到，故γ_s可得。

（2）Fowkes 法 将 Fowkes 关于液/液界面张力的理论用于液/固界面，若液、固两相间只有色散力起作用，则：

$$\gamma_{ls} = \gamma_s + \gamma_{gl} - 2\sqrt{\gamma_s^d \gamma_{gl}^d} = \gamma_{gs} + \gamma_{gl} - 2\sqrt{\gamma_s^d \gamma_{gl}^d} + \pi \tag{9-84}$$

式中，γ_s^d和γ_{gl}^d分别为色散力对固体表面自由能和液体表面张力的贡献。与 Young 公式相结合，且对低能表面，表面压可以忽略，有：

$$\gamma_s^d = \frac{\gamma_{gl}^2(\cos\theta + 1)^2}{4\gamma_{gl}^d} \tag{9-85}$$

由第四章中的描述可知，通过设计实验可以得到各种液体的γ_{gl}^d，故γ_s^d可求出。但需要指出的是，该法求出的只是表面自由能的色散成分。若液体为非极性分子，其表面张力只有色散成分，故公式可简化为：

$$\gamma_s^d = \frac{\gamma_{gl}(\cos\theta + 1)^2}{4} \tag{9-86}$$

（3）Owens-Wendt-Kaelble 法及 Wu 法 液体与固体之间除了色散力之外，还应该存在可穿越相间的诱导力的作用。因此，Kaelble 等人将液/固界面自由能写作：

$$\gamma_{ls} = \gamma_s + \gamma_{gl} - 2\sqrt{\gamma_s^d \gamma_{gl}^d} - 2\sqrt{\gamma_s^p \gamma_{gl}^p} = \gamma_{gs} + \gamma_{gl} - 2\sqrt{\gamma_s^d \gamma_{gl}^d} - 2\sqrt{\gamma_s^p \gamma_{gl}^p} + \pi \tag{9-87}$$

式中，γ_s^p和γ_{gl}^p分别为极性力对固体表面自由能和液体表面张力的贡献。结合 Young 公式，并忽略表面压，有：

$$\gamma_{gl}(1 + \cos\theta) = 2\sqrt{\gamma_s^d \gamma_{gl}^d} + 2\sqrt{\gamma_s^p \gamma_{gl}^p} \tag{9-88}$$

若有已知γ_{gl}^d和γ_{gl}^p的两种液体，分别测定其在固体表面上的接触角，则由上式可得两方程。解此方程组，可求出γ_s^d和γ_s^p。固体的γ_s为二者之和。

除了上述处理方法外，Wu 还用倒数平均法进行计算：

$$\gamma_{ls} = \gamma_s + \gamma_{gl} - \frac{4\gamma_s^d \gamma_{gl}^d}{\gamma_s^d + \gamma_{gl}^d} - \frac{4\gamma_s^p \gamma_{gl}^p}{\gamma_s^p + \gamma_{gl}^p} = \gamma_{gs} + \gamma_{gl} - \frac{4\gamma_s^d \gamma_{gl}^d}{\gamma_s^d + \gamma_{gl}^d} - \frac{4\gamma_s^p \gamma_{gl}^p}{\gamma_s^p + \gamma_{gl}^p} + \pi \tag{9-89}$$

同样得到：

$$\gamma_{gl}(1 + \cos\theta) = \frac{4\gamma_s^d \gamma_{gl}^d}{\gamma_s^d + \gamma_{gl}^d} + \frac{4\gamma_s^p \gamma_{gl}^p}{\gamma_s^p + \gamma_{gl}^p} \tag{9-90}$$

（4）固体的临界表面张力 γ_c 和固体的表面自由能 γ_s 之间的关系 由公式$\gamma_s = \frac{\gamma_{gl}(\cos\theta + 1)^2}{4\phi^2}$，当$\theta = 0$。可得$\gamma_s = \gamma_{gl}/\phi^2 = \gamma_c/\phi^2$，因此：

$$\gamma_c = \gamma_s \phi^2 \tag{9-91}$$

因此，固体的临界表面张力主要由固体表面性质来决定，但也与液体的性质有关。故用不同的液体得到的临界表面张力略有不同。当$\phi \rightarrow 1$时，临界表面张力近似于固体的表面自由能；一般情况下，略小于表面自由能。

7. 动润湿

当液体与固体表面相对运动时，固体与液体间形成的接触角随时间而变化，为动接触角。与之对应的润湿现象为动润湿。

图 9-30 动润湿时接触角的变化

如图 9-30 所示,液体静止时与管壁形成的接触角为静态接触角,记为 θ_s。液体运动时,前进角为 $\theta_{d,A}$,后退角为 $\theta_{d,R}$。有 $\theta_{d,R} < \theta_s < \theta_{d,A}$。

水在运动着的疏水界面上,若界面运动速度不大,则 $\theta_{d,A}$ 变化不大。随运动速度的增加,动接触角变大,并趋于一定值。但在静态接触角小于 90° 的亲水界面上,当运动速度增加时,前进角可能会大于 90°。这样,本来可润湿的变成了不可润湿的。在保持润湿的条件下,所允许的最大界面运动速度称为润湿临界速度。

二、 液/液界面上固体的润湿现象

固体颗粒可存在于液/液界面上。其在液/液界面上稳定存在的程度取决于粒子与油相及水相的接触角。固体颗粒在液/液界面上与油、水两相的润湿性在颗粒稳定的乳液及液/液界面上制备和组装固体颗粒的微纳米结构等方面都有重要应用。

图 9-31 中所示的接触角为固相与两个互不相溶的液相(水相 l 和油相 o)间的接触角。通常,固、液、气接触角可表示为 θ_{slg},固、液、液接触角表示为 θ_{slo}。定义 θ_{slo} 为液/液界面张力 γ_{lo} 和固体与水相间的液/固界面张力 γ_{ls} 间的夹角。

Schulman 通过实验证明,当矿物粒子、水和烃之间的接触角接近于 90° 时,所得乳状液最稳定。若接触角略大于 90°,则形成 W/O 型乳状液;若接触角略小于 90°,则形成 O/W 型乳状液。随着接触角的变化,固体颗粒可自一相转移到另一相。

固、液、液三相接触角可以通过测定水和油在固体表面上形成的液滴的接触角来进行计算。如图 9-32 所示,水或者油在同一固体表面上形成液滴,由 Young 公式,有:

$$\gamma_{gs} - \gamma_{ls} = \gamma_{gl} \cos\theta_{water}$$

$$\gamma_{gs}' - \gamma_{os} = \gamma_{go} \cos\theta_{oil}$$

两式相减,并认为 γ_{gs} 和 γ_{gs}' 之间的差别可以忽略,则:

$$\gamma_{os} - \gamma_{ls} = \gamma_{gl} \cos\theta_{water} - \gamma_{go} \cos\theta_{oil} \tag{9-92}$$

而对于如图 9-32 所示的固、液、液体系,由 Young 公式,有:

$$\gamma_{os} - \gamma_{ls} = \gamma_{lo} \cos\theta_{slo}$$

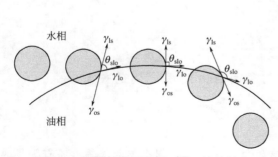

图 9-31 不同情况下的固、液、液接触角

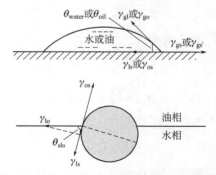

图 9-32 油滴或水滴在固体表面上的接触角及固体在油/水界面上的接触角示意图

因此,有:

$$\gamma_{lo} \cos\theta_{slo} = \gamma_{gl} \cos\theta_{water} - \gamma_{go} \cos\theta_{oil} \tag{9-93}$$

所以,当测定 θ_{water} 和 θ_{oil} 后,便可求算 θ_{slo}。

那么，固体颗粒如何稳定存在于两相界面上呢？Von Reinder 认为以下存在三种情况。

（1）$\gamma_{os} > \gamma_{lo} + \gamma_{ls}$，即油相和固体间的界面张力大于油/水界面张力和水相与固体间的界面张力之和时，油相和固体间的界面不会形成，固体颗粒悬浮于水相中。

（2）$\gamma_{ls} > \gamma_{lo} + \gamma_{os}$，即固体与水相间的界面张力大于固体与油相间的界面张力与油/水界面张力之和时，固体与水相间的界面不会形成，颗粒悬浮于油相中。

（3）$\gamma_{lo} > \gamma_{ls} + \gamma_{os}$，即油/水界面张力大于固体与水相及油相形成的两个液/固面张力之和时，为了减少高界面张力的液/液界面的面积，降低体系的能量，颗粒存在于界面上。

可见，颗粒能否稳定地存在于界面上，取决于三个界面张力的相对大小。

由 Young 方程，$\gamma_{os} - \gamma_{ls} = \gamma_{lo}\cos\theta_{slo}$，有以下三种情况。

（1）当 $\gamma_{os} > \gamma_{ls}$ 时，$\cos\theta_{slo} > 0$，$\theta_{slo} < 90°$，则颗粒大部分位于水相。

（2）当 $\gamma_{os} = \gamma_{ls}$ 时，$\cos\theta_{slo} = 0$，$\theta_{slo} = 90°$，颗粒一半在油相，一半在水相。

（3）当 $\gamma_{os} < \gamma_{ls}$ 时，$\cos\theta_{slo} < 0$，$\theta_{slo} > 90°$，颗粒大部分在油相。

由空间效应，要使更多的粒子处于界面上才能形成致密的膜，所以固体颗粒大部分浸入的相必为外相，即分散介质。$\theta_{slo} > 90°$时，颗粒憎水，大部分在油相，故形成 W/O 型乳状液，如炭黑作为固体稳定剂时即是如此；$\theta_{slo} < 90°$时，颗粒亲水，大部分在水相，故形成 O/W 型乳状液，如 Al_2O_3 颗粒作为固体稳定剂时便形成该型乳状液；$\theta_{slo} = 90°$时，难以形成稳定的乳状液，但此时，固体颗粒在平的液/液界面上可以组装形成平整的阵列结构。

另外，固体颗粒参与的乳状液的稳定性还取决于固体颗粒形成的膜的牢固程度，膜越牢固，乳状液越稳定。表面光滑的球形粒子不如片状粒子好，因为后者可产生机械摩擦阻力，并随粒子间的距离的减小产生了更大的毛细力，使粒子层更加致密和牢固。但应注意的是，若形成固体颗粒稳定的乳状液，颗粒的尺寸要远远低于液滴的尺寸才行。

三、 气/液界面上胶体粒子的润湿性能

通常，溶胶粒子趋向于向液/液界面、气/液界面运动并被界面俘获。前一小节讲述了液/液界面上固体颗粒的润湿性能。研究表明，胶体粒子在界面的俘获是表面张力和静电力作用的结果，是在液/液界面和气/液界面上组装溶胶粒子薄膜的基础。席时权等人发现，约 6nm 大小的 SnO_2 和 Fe_2O_3 粒子可在水溶胶的气/液界面自发形成单层膜[8,9]。其机理如何呢？

胡家文[10] 等人研究发现，无论胶体粒子是亲水还是疏水，均倾向于向界面运动并被界面吸附，且脱附很难。粒子在界面上自组织形成薄膜。

如图 9-33 所示，若胶体粒子在被气/液界面吸附之前完全浸没在水中，则体系的自由能为：

$$E_{before} = A_p\gamma_{pw} + A_{wa}\gamma_{wa} \tag{9-94}$$

被界面吸附之后，体系的自由能为：

$$E_{after} = A_{pw}\gamma_{pw} + A_{pa}\gamma_{pa} + (A_{wa} - A_c)\gamma_{wa} \tag{9-95}$$

式中，γ_{pw}、γ_{pa} 和 γ_{wa} 分别为粒子/水、粒子/气相和水/气相之间的界面自由能；A_p、A_{pw} 和 A_{pa} 分别为粒子的总表面积、处于界面上时浸在水中的表面积及暴露在气相中的表面积；A_c 是由于粒子的吸附导致的气/液界面减少的面积。若接触角为 θ，粒子半径为 r，则这些面积可分别表示为：

$$A_p = 4\pi r^2$$
$$A_{pw} = 2\pi r^2(1 + \cos\theta)$$

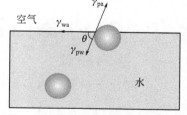

图 9-33　胶体粒子在被气/液界面吸附前后的位置示意图[10]

$$A_{pa}=2\pi r^2(1-\cos\theta)$$
$$A_c=\pi r^2\sin^2\theta$$

将其代入到上面两个方程中，并使两式相减，则一个完全浸没于水中的粒子转移到水面上时，体系的能量变化为：

$$\Delta E=E_{after}-E_{before}=A_{pa}(\gamma_{pa}-\gamma_{pw})-A_c\gamma_{wa} \tag{9-96}$$

将 Young 方程 $\gamma_{pa}-\gamma_{pw}=\gamma_{wa}\cos\theta$ 代入，有：

$$\Delta E=-\pi r^2\gamma_{wa}(\cos\theta-1)^2 \tag{9-97}$$

可以看出，无论粒子是亲水还是疏水，该过程的能量变化 $\Delta E\leqslant 0$。这表明，纳米粒子自水相迁移到水面，有利于降低体系的能量。因此，从热力学的角度来讲，粒子趋向于向界面运动；疏水性的粒子更容易被吸附。粒子越大，越容易被吸附。

若粒子到达了气/液界面，则自界面脱附到水中所需的能量为：

$$\Delta E'=-\Delta E=\pi r^2\gamma_{wa}(\cos\theta-1)^2 \tag{9-98}$$

粒子越大，脱附能越高；随接触角增加，脱附能单调上升，如图 9-34 所示。实验测定，Ag 粒子的接触角为 40°。由脱附活化能与接触角的关系图可知，其从气/液界面上脱附所需能量约为 $10^4 kT$（k 为 Boltzmann 常数），故吸附后需很大的脱附能才可脱附。所以，可以认为，纳米粒子自溶液向界面的吸附是一个不可逆过程。胶体粒子在气/液界面上的吸附与胶体的稳定性似乎相矛盾。对此，他们也做了深入分析。

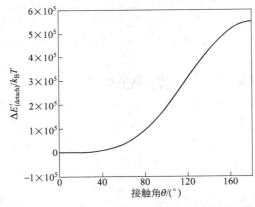

图 9-34　被俘获的 Ag 粒子（粒径 50 nm）脱离界面所需能量与粒径的关系[10]

第四节　超疏水、超亲水表面

一、基本概念

一般分子级平整的表面，即使用疏水性最强的碳氟链修饰，水的接触角 WCA（water contact angle）最大也只能达到 120°[11]。因此，若水的接触角高于该值，则该固体表面即为超疏水的表面。超疏水表面有两个特征参数：WCA＞150°；液滴的滑动角（sliding angle），又叫摩擦角，SA＜5°。该角指表面相对于水平面倾斜的角度，是表面上的水滴滚落的最小角度。有时也用倾斜角（tilt angle）来描述。

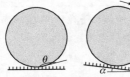

图 9-35　超疏水表面的接触角和滑动角示意图

超亲水表面则是指 WCA＜10°的表面。超疏水表面的接触角和滑动角如图 9-35 所示。

二、 荷叶效应

Neinhuis 首先对荷叶等叶片表面的超疏水性进行了研究[12]。他首先研究了水对八种植物的叶子的润湿性，发现四种叶子可被润湿，WCA＜110°，SA＞40°，这类叶子在微米尺度上是平整的；另外四种叶子，包括荷叶，不能被水润湿，其 WCA＞150°，SA＜5°，这类叶子比较粗糙，不仅有蜡质的表皮（epicuticula wax），而且有微米级的突起的结构（papillae）。这就造成了莲具有出淤泥而不染的独特气质，因为水不能润湿叶片，而且滑动角很小，水滴滚落时，会将叶片上的尘、土等微粒带走，如图 9-36 所示。

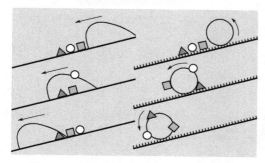

图 9-36 超疏水表面自洁过程示意图[12]

图 9-37 具有超疏水特性的叶子上的水珠[13]

Neinhuis 还对其他六种植物叶片的可润湿性进行了研究[13]，得出了这样的结论：叶子表面微观上的粗糙不平和疏水性的蜡质的存在造成了超疏水，水在这种表面上不铺展，只是在这种微结构的尖顶上形成水珠，如图 9-37 所示。

Otten 研究了旱金莲（Indian cress，或 tropaeolum）和斗篷草（Lady's mantle）叶片的润湿性[14]，发现这两种植物的叶片均具有超疏水性，其表面形成的是毛发状的结构，如图 9-38 所示。

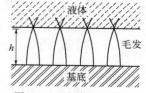

图 9-38 叶片毛发状结构上的水珠[14]

三、 超疏水原理

由 Neinhuis 和 Otten 的研究可知，具有超疏水的植物叶片表面必须粗糙且具有疏水性。水滴在粗糙表面的顶端，在水滴和表面的其他部分之间存在空气。

实际上，超疏水有两种情况，分别叫作均质润湿（homogeneous wetting）和非均质润湿（heterogeneous wetting）。1936 年，Wenzel 总结了均质润湿的规律[15]。1944 年，Cassie 和 Baxter 总结了非均质润湿的规律[16]。详细介绍可见文献 [17,18]。

1. Wenzel 公式

在前面介绍接触角滞后时，提到过 Wenzel 公式：

$$\cos\theta_W = r\cos\theta_Y$$

式中，θ_W 为均质润湿时在一个粗糙固体表面上的表观接触角，即式（9-72）中的 θ_Y；θ_Y 为在理想的平整表面上的接触角，即式（9-72）中的 θ，可由 Young 公式求出；r 为粗糙比，为固体表面的真实面积与凸起的部分的面积之比。前面的定义中，是真实面积与理想平面的面积之比。不同场合定义稍有不同。

若表面本身为疏水表面，则 $\theta_Y＞90°$。由 Wenzel 公式，由于 $r＞1$，故可知此时 $\theta_W＞\theta_Y$。若可使 $\theta_W＞150°$，则该表面即为超疏水表面。而若表面本身是亲水的，则 $\theta_Y＜90°$。由 Wenzel 公式，此时 $\theta_W＜\theta_Y$。若使 $\theta_W＜10°$，则为超亲水表面。这也是为什么在用吊片法测定表面张力时，常将吊片打毛的原因。均质润湿的物理模型如图 9-39 所示。

2. Cassie-Baxter（CB）公式

如图 9-40 所示，非均质润湿时，水滴在固体表面上只与凸起的顶端接触，水滴的其余部分与空气接触（图 9-37 和图 9-38 也表示了同样的意思）。

图 9-39　均质润湿的物理模型

图 9-40　非均质润湿的物理模型

这相当于表面是由固体与空气构成的。因此，由前面曾经介绍过的 Cassie-Baxter 公式[式（9-79）] 可知，此时：

$$\cos\theta_{CB}=\phi_1\cos\theta_1+\phi_2\cos\theta_2 \tag{9-99}$$

式中，θ_{CB} 为非均质润湿时的表观接触角；θ_1 和 θ_2 分别为在理想的由组分 1 和 2 构成的均质表面上的接触角；ϕ_1 和 ϕ_2 分别为组分 1 和 2 的面积分数。

若组分 1 为固体，组分 2 为空气，则 $\theta_2=180°$。因此，公式变为：

$$\cos\theta_{CB}=\phi_1\cos\theta_1-\phi_2=\phi_1\cos\theta_1-(1-\phi_1)=\phi_1(\cos\theta_1+1)-1 \tag{9-100}$$

若使 $\phi_1\rightarrow0$，则 $\theta_{CB}\rightarrow180°$。因此，可尽量使固体表面上尖顶的面积分数降低，就有可能使 $\theta_{CB}>150°$，形成超疏水表面。

四、 滑动角

1. 早期研究情况

液滴在固体表面上的稳定性及浸液在毛细管中的运动很早就引起了人们的关注。Jamin 的研究表明，浸液运动的阻力似乎与其前进角和后退角的差别有关[19]。后来，West 和 Yarnold 表明，实际上这种阻力由几种因素控制，包括前进角和后退角的余弦值的差别、管的半径及液体的表面张力[20,21]。对于平的固体表面上液滴的运动，研究表明，液滴的表面张力非常重要[23~26]。故 Bikerman 指出，液滴碰到叶片之后所黏附上的量应取决于叶片的倾斜度、液滴的大小及空气、液滴和叶片间的接触角[27]。这些研究给出了下面的方程：

$$\frac{mg\sin\alpha}{w}=const=k\gamma_{gl} \tag{9-101}$$

式中，m 为液滴的质量；α 为可使液滴滑动的倾斜角；w 为液滴的宽度；γ_{gl} 为液滴的表面张力；k 为常数。该式将滑动角与液滴的表面张力相联系。

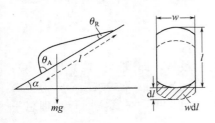

图 9-41　液滴滑动示意图

Furmidge 给出了一个将倾斜角与液滴的前进角和后退角相联系的关系式[28]。如图 9-41 所示，为一个沿表面匀速且缓慢滑动的液滴。使液滴向下运动的推动力为重力沿表面的分量 $mg\sin\alpha$。

液滴下行 dl 距离后做的功为：

$$W=mg\sin\alpha\,dl$$

假定液滴与表面的接触面为矩形，宽度为 w，则 $w\,dl$ 的面积被液滴的前端润湿，类似的面积由于尾端前行而去润湿。单位面积的固体表面在润湿时所做的功为 $\gamma_{gl}(1+\cos\theta_A)$，而单位面积的表面去润湿时所做的功为 $\gamma_{gl}(1+\cos\theta_R)$。当 $\theta<90°$ 时，润湿功应为

负值。因此，液滴移动 $\mathrm{d}l$ 距离所做的功为：

$$W = \gamma_{\mathrm{gl}} w \, \mathrm{d}l \cos\theta_{\mathrm{R}} - \gamma_{\mathrm{gl}} w \, \mathrm{d}l \cos\theta_{\mathrm{A}}$$

由以上两式，可得到：

$$\frac{\mathrm{mg}\sin\alpha}{w} = \gamma_{\mathrm{gl}}(\cos\theta_{\mathrm{R}} - \cos\theta_{\mathrm{A}}) \tag{9-102}$$

Rosano 曾将液滴与固体的接触面看成圆形，直径为 l，得到 $mg\sin\alpha/l = \Delta\tau$，式中，$\Delta\tau$ 为单位面积润湿功和去润湿功之差。可以看出，该式与 Furmidge 方程是等价的。

MacDougall 和 Ockrent 也曾推导出 $A\rho g\sin\alpha = \gamma_{\mathrm{gl}}(\cos\theta_{\mathrm{R}} - \cos\theta_{\mathrm{A}})$，式中，$A$ 为液滴截面积，ρ 为密度。该式与 Furmidge 方程也是类似的。

这个公式将 α 与 θ_{R} 和 θ_{A} 联系起来，即测出了液滴的前进角和后退角，就可以求出使该液滴滑动的倾斜角。还可以看出，前进角和后退角之间的差越小，倾斜角越小，液滴越易滑动。

Frenkel 对倾斜表面上液滴的滑动角进行了研究，给出了一个可预测倾斜表面上液滴开始滑动时的倾斜角的关系式：

$$mg\sin\alpha = w(\gamma_{\mathrm{gl}} + \gamma_{\mathrm{gs}} - \gamma_{\mathrm{ls}}) \tag{9-103}$$

式中，$\gamma_{\mathrm{gl}} + \gamma_{\mathrm{gs}} - \gamma_{\mathrm{ls}}$ 为可逆黏附功。如图 9-42所示，假定所有阻止液滴滑动的初始阻力均来自于液滴的后部，假定液滴开始滑动时的倾斜角为 α，此时前进力超过了液滴后部的滞后力，则由于滞后力 f_{R} 作用一段距离 $\mathrm{d}s$ 所做的功为：

$$\mathrm{d}W = f_{\mathrm{R}} \mathrm{d}s$$

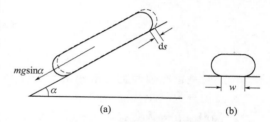

图 9-42　液滴滑动示意图
（a）侧视图；（b）后视图

在液滴后边沿形成了一个新的液体表面和一个新的固体表面，同时液/固界面消失了。因此，当面积为 $\mathrm{d}A$ 的固体表面暴露出来后，液滴后部所做的功为：

$$\mathrm{d}W = (\gamma_{\mathrm{gl}} + \gamma_{\mathrm{gs}} - \gamma_{\mathrm{ls}})\mathrm{d}A = (\gamma_{\mathrm{gl}} + \gamma_{\mathrm{gs}} - \gamma_{\mathrm{ls}})w\,\mathrm{d}s$$

因此，有：

$$f_{\mathrm{R}} = (\gamma_{\mathrm{gl}} + \gamma_{\mathrm{gs}} - \gamma_{\mathrm{ls}})w$$

而滞后力 f_{R} 与前进力 $mg\sin\alpha$ 相等，故：

$$mg\sin\alpha = (\gamma_{\mathrm{gl}} + \gamma_{\mathrm{gs}} - \gamma_{\mathrm{ls}})w$$

Olsen 等人将此式与 Young 公式结合，得到：

$$mg\sin\alpha = w\gamma_{\mathrm{gl}}(1 + \cos\theta) \tag{9-104}$$

他们指出，严格来讲，该式只有在忽略了液体蒸汽在固体表面上的吸附的情况下才正确。但对水在低能固体表面上形成的液滴来讲是一个较好的近似。可用平衡接触角预测倾斜角。该式也可以写作 $mg\sin\alpha = wW_{\mathrm{a}}$，故测得倾斜角后还可以求算可逆黏附功[29]。

2. 近年来的研究状况

近年来，人们对滑动角的研究一直抱有浓厚的兴趣，特别是超疏水表面上液滴的滑动与表面结构之间的关系，更是受到了人们的关注。下面介绍几个例子。

Xiu 等人[30] 研究了超疏水表面的黏附功与接触角滞后之间的关系，得到了粗糙表面上的接触角滞后与面积分数的关系。对于超疏水表面，有 Cassie-Baxtar 公式：

$$\cos\theta = f_1\cos\theta_{\mathrm{Y}} + f_1 - 1$$

式中，f_1 为固体表面所占的面积分数；θ_{Y} 为液滴在平整表面上的接触角。由 Young-

Dupre 方程，黏附功可表示为：

$$W_a = \gamma_{gl}(1 + \cos\theta_Y)$$

对于在一个倾斜表面上运动的水滴，由 Furmidge 关系式，有：

$$\frac{mg\sin\alpha}{w} = \gamma_{gl}(\cos\theta_R - \cos\theta_A) \quad 或者 \quad \frac{F}{w} = \gamma_{gl}(\cos\theta_R - \cos\theta_A)$$

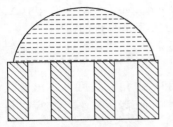

图 9-43   结构化表面上的水滴[30]

如图 9-43 所示，为位于图案化的柱顶上的水滴。此时，黏附功为：

$$W_a = \gamma_{gl}f_1(1 + \cos\theta_Y)$$

可假定在此粗糙表面上移动水滴的力即为克服黏附功所需的力。有研究认为，液滴前进时没有能障，而液滴后退时有能障。液滴的后退线克服能障所需能量为：

$$F\delta = W_a\delta\pi R$$

式中，$F\delta$ 为力 F 在移动 δ 距离时所做的功；R 为液滴与固体表面的接触半径。故 $\delta\pi R$ 为液滴后接触线后退 δ 距离时的面积变化。由此可得到：

$$F = W_a\pi R$$

即

$$2R\gamma_{gl}(\cos\theta_R - \cos\theta_A) = \gamma_{gl}f_1(1 + \cos\theta_Y)\pi R$$

故

$$\cos\theta_R - \cos\theta_A = \frac{\pi}{2}f_1(1 + \cos\theta_Y) \tag{9-105}$$

这就是粗糙表面上接触角滞后与平整表面上的接触角及固体所占的面积分数之间的关系。面积分数越小，滞后越小。

Wolfram 等人曾提出了一个描述平整表面上液滴滑动角的经验公式为[31]：

$$\sin\alpha = k\frac{2r\pi}{mg} \tag{9-106}$$

式中，r 为接触面半径；k 为比例常数。Murase 等人改进了这一经验公式[32]，以描述滑动角与接触角之间的关系。他们将 $r = R\sin\theta$、$\frac{4}{3}\pi R'^3\rho g = mg$ 和 $R' = \left[\frac{1}{4}(2 - 3\cos\theta + \cos^3\theta)\right]^{1/3}R$ 代入到 Wolfram 经验公式中，得到：

$$k = \left[\frac{9m^2(2 - 3\cos\theta + \cos^3\theta)}{\pi^2}\right]^{1/3}\frac{\sin\alpha g\rho^{1/3}}{6\sin\theta} \tag{9-107}$$

式中，R' 为质量为 m 的液滴以球体存在时的半径；R 为同样质量的液体附着在固体表面上时形成的液滴的半径。因此，由 α、θ 和 m，任何平表面上的 k 均可以求出。Murase 指出，k 与液、固间的相互作用能有关。他们还给出了相互作用能的计算式为：

$$E = \frac{(3mg)^{2/3}\rho^{1/3}\cos\alpha}{6\pi^{2/3}d\sin\theta}(2 - 4\cos\theta - \cos^2\theta + \cos^3\theta)^{1/3} \tag{9-108}$$

式中，d 为一个水分子的大小，取 0.5nm；E 为单位面积的相互作用能。

Miwa 等人则研究了表面粗糙度对水滴在超疏水表面上的滑动角的影响[33]。他们给出了如图 9-44 所示的一个模型。

假设表面上有一系列的均匀的针状结构，既考虑到粗糙度，又考虑到表面的异质结构，将 Wenzel 公式与 Cassie 公式相结合，有：

$$\cos\theta = rf\cos\theta_Y + f - 1 \tag{9-109}$$

式中，θ 和 θ_Y 分别为粗糙表面上的接触角和平整表面上的接触角；r 为针状结构侧面积与底面积之比，大小等于 a/b；f 为表面与水相接触的凸起的面积分数，等于 $\Sigma b/(\Sigma b + $

Σc）。rf 代表了基底/水界面面积与凸起的表面积之比。他们假定以下三点。

①对于整个表面来讲，针状结构的尖顶的形状是一致的，这样 r 具有恒定值，接触角仅随 f 变化。

②水与基底间的相互作用能正比于真实的接触面积，为表观接触面积的 rf 倍。这样，Murase 所给出的 k 值可被假定为平表面上的 rf 倍。

③实验接触角等于平衡接触角。

将假定②引入到 Murase 给出的 k 的表达式中，有：

$$\sin\alpha = \frac{2rfk\sin\theta}{g}\left[\frac{3\pi^2}{m^2\rho(2-3\cos\theta+\cos^3\theta)}\right]^{1/3}$$

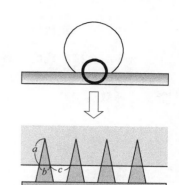

图 9-44 具有系列针状结构的表面模型[33]

由 $\cos\theta = rf\cos\theta_Y + f - 1$，得到 $f = \dfrac{1+\cos\theta}{r\cos\theta_Y+1}$。将其代入到上式，有：

$$\sin\alpha = \frac{2rk\sin\theta\ (\cos\theta+1)}{g(r\cos\theta_Y+1)}\left[\frac{3\pi^2}{m^2\rho(2-3\cos\theta+\cos^3\theta)}\right]^{1/3} \tag{9-110}$$

该式描述了 α 与 θ 间的关系。他们用实验验证了该式，结果表明，接触角和滑动角均受表面结构的影响。由较高的针状物形成的表面具有较高的接触角和较低的滑动角。在疏水区，滑动角随接触角的增大而减小。

Lv 等人[34]构建了一个由边长一致、间距相同的正方形柱状体组成的粗糙表面，研究了该表面上水滴的滑动角与水/固体界面面积分数、水滴体积及 Young 平衡接触角之间的关系。他们发现，当表面慢慢倾斜至一定角度时，原来黏附在柱面上的水滴的前、后接触线会发生不同的变化。开始时后接触线慢慢脱离柱顶，而前接触线不变；随后前接触线跳跃至下一个柱面，水滴向前移动。随着这种持续的脱离-接触的循环过程，水滴向前滑动。一滴水滴在一个微型柱状结构的表面上开始滑动如图 9-45 所示。

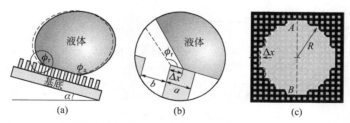

图 9-45 一滴水滴在一个微型柱状结构的表面上开始滑动示意图[34]
(a) 侧视图；(b) 柱顶端后接触线的放大图；(c) 表面上三相接触线的俯视图

水滴的滑动角由后接触线何时开始分离移动来决定。假定在前接触线不动的情况下后接触线由 0 线性增大到其最大值 Δx（$\Delta x \ll a$），则这种接触线的脱离运动导致了一个微小的面积变化：

$$\Delta S = \Delta x R\,\frac{a}{a+b}$$

式中，R 为润湿半径；a 为柱面边长；b 为柱间距。该面积为气/固界面增大的面积，亦为气/液界面增加的面积，但却是液/固界面减少的面积。故体系的总能量的变化为：

$$\Delta E = (\gamma_{gl}+\gamma_{gs}-\gamma_{ls})\Delta S = \gamma_{gl}\ (1+\cos\theta)\Delta x R\,\sqrt{f}$$

式中，f 为液/固界面的面积分数，$f = \dfrac{a^2}{(a+b)^2}$。

这样一个接触线的脱离必然导致液滴向下倾斜。为简便起见，假定液滴的重心沿表面向下倾斜的距离为 $\Delta x/2$，则相应的势能降低为 $(\Delta x/2)\rho g V \sin\alpha$。因此，开始滑动时，有（动能及热耗散均忽略）：

$$\frac{\Delta x}{2}\rho g V \sin\alpha = \gamma_{gl}(1+\cos\theta)\Delta x R \sqrt{f}$$

即

$$\rho g V \sin\alpha = 2R\gamma_{gl}(1+\cos\theta)\sqrt{f}$$

这说明，粗糙度通过表观润湿半径 R 及面积分数的方根影响滑动角。R 与液滴体积 V 及静态接触角 θ 之间的关系为：

$$R = \left[\frac{3V}{\pi(2-3\cos\theta+\cos^3\theta)}\right]^{1/3}\sin\theta$$

因此，由 Cassie 公式及以上两式，可得到：

$$\sin\alpha = \frac{2\sqrt[3]{3}\gamma_{gl}}{\rho g \sqrt[3]{\pi V^2}} \times \frac{\sqrt{2(1+\cos\theta_Y)-(1+\cos\theta_Y)^2 f}}{\sqrt{4-3(1+\cos\theta_Y)^2 f^2+(1+\cos\theta_Y)^3 f^3}}(1+\cos\theta_Y)f \qquad (9\text{-}111)$$

故只要有面积分数 f、液滴体积 V 及在平整表面上的接触角 θ_Y 的数据，便可以预测滑动角。

上面两个例子就不同的模型进行分析，给出了不同的计算公式。可见，采用什么样的计算式，要视模型而定。这也说明了接触角、滑动角等的复杂性。

Roura 和 Fort 从力的平衡的角度给出了 Furmidge 公式[35]，如图 9-46 所示。

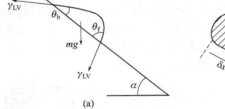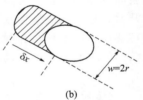

(a)　　　　　　　　　　(b)

图 9-46　倾斜表面上液滴滑动示意图[35]

(a) 滑动液滴的侧视图；(b) 滑动液滴的俯视图（液滴滑动后在其后留下被润滑的表面）

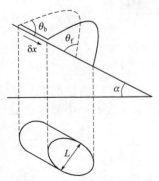

图 9-47　液滴滑动时的侧视图（上）及俯视图（下）[36]

他们主要关注当倾斜角为 90°，即表面竖起时，若水滴仍可以停留在表面上，液滴的临界体积及直径是多少。他们首先研究了可润湿的表面，即 $\theta < 90°$ 的表面。他们认为，当表面倾斜到一定程度，水滴滑动后，会留下一个湿的区域，如图 9-47 所示，即留下一层液膜。这层液膜的面积为 $\delta A_{ls} = L\delta x = \delta A_{gl}$。

从能量的角度看，当一个液滴稳定时，其总能量由两部分构成——势能和界面张力：

$$U_g = mgh$$
$$U_\gamma = \gamma_{gl}A_{gl} + A_{ls}(\gamma_{ls}-\gamma_{gs})$$

当液滴轻微滑动一个微小的 δx 时，U_g 将降低，$\delta U_g = -mg\delta x \sin\alpha$。由于是亲水表面，会留下一层液膜，故 $\delta U_\gamma = L\delta x(\gamma_{gl}+\gamma_{ls}-\gamma_{gs})$。这说明，液滴滑动后气/液界面和液/液界面面积增加 $L\delta x$（因为是液膜），而气/固界面面积减少了 $L\delta x$。

将其与 Young 方程相结合，有：

$$\delta U_\gamma = L\delta x \gamma_{gl}(1-\cos\theta)$$

膜的形成需要能量。这一能量恰好由表面倾斜到一定程度后势能的减少来供给。由于：

$$\delta U_g + \delta U_\gamma = 0$$

故（此时倾斜角达到其临界角 α_c）：

$$mg\delta x \sin\alpha_c = L\delta x \gamma_{gl}(1-\cos\theta)$$

$$\sin\alpha_c = \frac{\gamma_{gl}(1-\cos\theta)L}{mg} = \frac{\gamma_{gl}(1-\cos\theta)}{\rho g} \times \frac{L}{V} \tag{9-112}$$

当 $\alpha_c = 90°$ 时，可得到可停留在表面上的液滴的 $\frac{L}{V}$ 的临界值。当液滴小到一定程度时，其形状趋近于球冠，故：

$$V_c = \left(\frac{\gamma_{gl}}{\rho g}\right)(1-\cos\theta)L_c \tag{9-113}$$

$$L_c = \left(\frac{\gamma_{gl}}{\rho g}\right)^{1/2}\sqrt{\frac{24\sin^3\theta}{\pi(1-\cos\theta)(2+\cos\theta)}} \tag{9-114}$$

他们还利用 Miwa 模型给出了粗糙的疏水表面上可在竖直表面上平衡的极限液滴的大小：

$$\left(\frac{V}{L}\right)_c = \frac{\gamma_{gl}(\cos\theta_R - \cos\theta_A)}{\rho g} \tag{9-115}$$

$$\left(\frac{V}{L}\right)_c = fr\frac{\gamma_{gl}}{\rho g}(1-\cos\theta_Y) \tag{9-116}$$

五、 接触线

在上面的描述中已经涉及接触线。Pease 于 1945 年首次建议滞后是一个关于一维的问题，只受接触线的结构的影响[37]。在研究超疏水问题时，Wenzel 和 Cassie 理论受到了极大的重视[38]。这两个理论涉及的是面积而不是接触线。不过，现在一些研究已开始关注在液滴前进或者后退过程中发生在接触线上的故事[39~43]。

McCarthy 等人[41]认为，用单一静态接触角或者前进角来描述一个表面的疏水性是不完备的，应考虑到前进角及后退角，亦应考虑到三相线。粗糙表面的拓扑结构在决定疏水性上很重要，因为它控制了三相线的连续性及接触角滞后。图 9-48 展示了不同的表面拓扑结构和三相线。

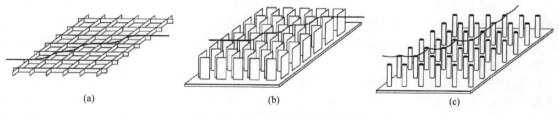

(a)　　　　　　　　　　(b)　　　　　　　　　　(c)

图 9-48　不同的表面拓扑结构[41]

（a）屏风状，接触线连续；（b）分开的山脊状，虽不连续但仍为真正的接触线；（c）分开的柱状，非常不连续

他们制备了一些硅氧烷修饰的表面，发现尽管液滴（如水、十六烷和碘甲烷等）在这些表面上的接触角较低，但滞后很小或几乎没有滞后，因此这些液滴很容易滑落。他们解释说，这些硅氧烷形成的单层膜很柔软，类似于液体，液滴在其上不同介稳态间的能障（势

垒）低[41]。

他们提出了这样的观点，即判断一个表面的疏水性的标准应该是接触角滞后而不是静态接触角。如图 9-49 所示，哪个疏水性更强呢？

若按静态接触角来讲，当然是图 9-49（a）中表面的疏水性更强。但若按接触角滞后，则图 9-49（c）中表面的疏水性更强，因为其接触角滞后为零，当表面稍稍倾斜时，水滴即滑落[42]。

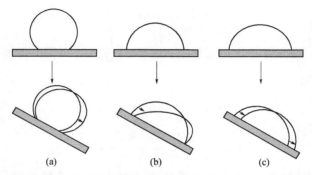

图 9-49   由于接触角及接触角滞后，水滴在倾斜表面上具有不同的表现[42]
（a）液滴中液体的量由 5mL 增加到 10mL，然后倾斜；（b）液滴中液体的量
由 15mL 减少到 10mL，然后倾斜；（c）液滴中液体的量为 10mL

他们进一步提出了如下的观点。

（1）当液滴运动时，只有润湿新表面及原先湿表面的去润湿的界面水分子运动，其他分子是不动的。这就像坦克履带，大部分链齿是不动的。在一个非常小的运动发生的情况下，如移动 0.5nm，移动的是三相接触线上的水分子（一个水分子的宽度为 0.5nm）。因此，三相线的结构及稳定性应该是液滴运动时应关注的中心问题。在接触线上任何一点所发生的事情均对滞后有贡献。

（2）液滴运动可以是滑动，可以是滚动，也可以是这两种极端情况的结合。采用哪种方式，取决于表面化学及拓扑结构。采用不同方式时，液滴内部及界面上水分子的运动状态不同。水分子在一定距离内如何移动是动力学过程。从热力学的观点看，无论是滑动还是滚动，在能量上是等价的。

（3）液滴需要沿整个三相线向前或者向后运动，除非滞后为零，否则在其运动之前液滴的变形是必须的，这种形变可认为是液滴运动所需克服的活化能。

（4）液滴前进或后退是完全不同的过程，具有不同的活化能，二者可以不同步。前进可诱发后退，反之亦然。这意味着围绕接触线可发生多个同步或连续的过程，且这些过程具有多个活化能。一个运动的液滴的形状及其液、固接触线的形状取决于接触线周边前进及后退的相对速度。

（5）那么，液滴的接触角 θ_R 和 θ_A 究竟与什么相关呢？他们举了一个有趣的例子：在一个硅片上有一层硅氧烷形成的膜，水的接触角为 $\theta_A/\theta_R = 118°/98°$。假设三个体积相同的液滴置于其上，调整其接触角分别为 98°、108° 和 118°。若表面倾斜，那么液滴表现出什么行为呢？98° 的液滴开始时应收缩，但其下面的接触线将保持不动，直到达其前进角；118° 的液滴开始将前进，但其上面的接触线将保持不动，直到达其后退角；由于 108° 介于前进角和后退角之间，故起始时既不前进也不后退，而是变形，直到达其 θ_R 和 θ_A。每个液滴在最后运动时会达到同一形状，但达到这一形状却经历了不同的过程，这些过程有不同的前进及后退机制和不同的活化能。因此，假设滞后以活化能为特征，那么对这三个过程来讲，活化能是不同的，即使是相同的液滴在同一个表面上。

　　接触角滞后反映了一个表面上液滴运动时从一个介稳态到另一个介稳态所需的活化能。这可根据界面面积及界面自由能的变化来定量描述，也可以从接触线的观点来观察液滴的运动及滞后。接触线是唯一的、动态的界面元素。接触线的运动需要活化能，从宏观上看就是液滴的变形。

　　再回到前面讲过的液滴在硅氧烷修饰的表面上接触角滞后很小或者几乎无滞后的例子。研究表明，修饰在界面上的硅氧烷分子可以自由旋转，因此表面像流体一样。表面基团的旋转使接触线移动，接触线是动态的，将介稳态间的活化能降至最低，故液滴易滑落，如图9-50所示[44]。

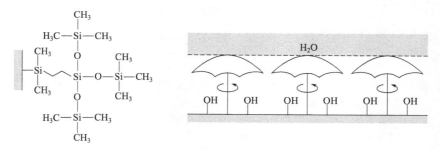

图 9-50　硅氧烷单层膜修饰的表面上的水滴[44]

六、 对 Wenzel 公式和 Cassie 公式的讨论

　　Extrand 曾做过这样的实验[45]，他在亲液的硅片上用聚苯乙烯做了一个疏液的"岛（island）"，或者在疏液的含氟的聚合物膜上刻蚀出亲液的"畴（domains）"，使表面变得不均匀，如图 9-51（a）所示。然后在其上滴加液体。开始时液滴小，完全在中间的岛上，给出一个接触角；随着液体量的增加，液滴变大，其三相线越过了岛的边界与基质表面接触，给出另一个接触角。这两个接触角的相对大小取决于形成岛的材料与基质的疏水性的相对强弱［图 9-51（b）］。假设液体中有一个气泡，如图 9-51（c）所示，并不影响接触角。表观接触角是由接触线上的相互作用而不是由接触面积来决定。即，如果非均质性完全包含在接触面积之内而不是横穿接触线，那么就不会出现 Cassie 公式中的接触角以面积平均的计算方法。

　　Gao 与 McCarthy 设计了三种不同的表面：亲水的点在疏水的表面上、粗糙的点在平整的表面上、平整的点在粗糙的表面上，如图 9-52 所示[46]。然后分别测量不同条件下的水的接触角。他们得出的结论是，接触角行为（包括前进角、后退角和滞后）仅仅由液体和固体在三相线上的相互作用来决定，而与接触线以内的界面面积无关。润湿性是接触线从一种介稳态向另一种介稳态运动时所必须越过的活化能的函数，在这个过程中，接触面积没有起到任何作用。那么什么情况下 Wenzel 方程和 Cassie 方程才是正确的呢？只有当接触面反映了接触线的基态能量及跃迁态间的能量时才行。

　　而 Panchagnula 和 Vedantam 认为，Cassie 理论与 Extrand 的结果并不矛盾[47]。构成 Cassie 理论的基础是表面能最小化，实际上也类似于无接触角滞后时的接触线动力学。Cassie 理论在处理接触角问题时所关注的是"净能量的变化"，所涉及的并非是液滴的全部接触面积，而是三相线附近的面积分数。Cassie 理论与 Extrand 的实验不相符合不是源自于 Cassie 理论的错误，而是源自于对面积分数的不正确的理解。根据前进时三相接触线附近的面积分数应用 Cassie 理论可得到所期望的结果。在与能量最小原理的精神一致的情况下，

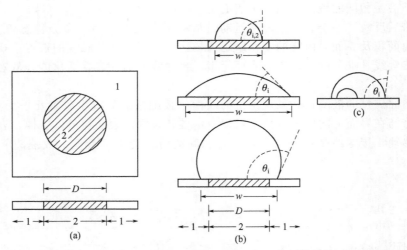

图 9-51　由物质 1 和物质 2 构成的表面的结构及液滴在该表面上的存在形态[45]

（a）由物质 2 构成的圆形畴嵌在由物质 1 构成的表面上；（b）大小不同的液滴在该表面
上的存在状况：液滴位于圆形畴内、液滴位于圆形畴外且物质 1 的疏水性弱于物质 2、
液滴位于圆形畴外且物质 1 的疏水性强于物质 2；（c）液滴中有一个气泡[45]

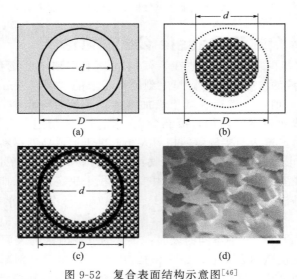

图 9-52　复合表面结构示意图[46]

（示意图中的 d 表示点的直径，而 D 则为液滴的直径）

（a）疏水区内一个亲水的点；（b）平整的区域内的粗糙的点；（c）粗糙区内一个平整的点；

（d）对应于（b）、（c）粗糙区的 SEM 图像

当液滴前进时接触线所经历的界面面积分数可用于 Cassie 方程。在已报道的符合 Cassie 方程的情况中，均来自于这样一个事实，即接触线所经历的界面的面积分数与总的界面的面积分数相一致。

　　Gao、McCarthy 和 Panchagnula 等人继续对此进行了研究，明确了三相线的重要性，并探讨了非均质材料长度尺度的影响[48~51]。发现 Cassie 理论只有在零长度尺度（合金）的情况下才可使用，对于有限的不均匀长度尺度，无论是前进角还是后退角，均偏离 Cassie 理论。

七、 超疏水表面的准备

上面用了较长的篇幅总结了有关超疏水、滑动角及接触线等方面的理论研究成果。下面总结一下超疏水表面实验方面的进展。无论在理论上有什么样的分歧和讨论，实验中所制备出的超疏水表面却是实实在在存在着的，且有望在一些领域获得应用。因此，对实验中取得的进展进行总结是很有必要的。

制备超疏水表面必须制备一个粗糙的疏水表面。这样既可以俘获空气，又有低的表面自由能。因此，超疏水表面的制备方法无非就两种：将疏水材料表面粗糙化，或者将粗糙表面疏水化。

1. 先制备粗糙表面， 再使之疏水化

制备粗糙表面的技术有多种，如电化学沉积、化学刻蚀、悬浮液涂膜等。当粗糙表面形成后，用疏水材料修饰使之疏水化，便有可能得到超疏水表面。

例如，张希等人用水热合成法制备了玫瑰花状的 SiO_2/Al_2O_3 的具有超亲水性粗糙结构，然后用辛基三甲氧基硅烷修饰，得到了超疏水表面。结果表明，水的接触角为 154°，滑动角小于 3°[52]。江雷等人用电化学法沉积疏水的 ZnO 薄膜，接触角为 128.3°±1.7°；再用含碳氟链的硅氧烷修饰，接触角为 152°±2.0°[53]。有研究者用化学法刻蚀 Al、Cu、Zn 的表面，再用氟代硅氧烷修饰，得到了超疏水表面[54]。而将一水软铝石（AlOOH）的悬浮液涂膜，然后用升华法将乙酰丙酮化铝镀在该膜上[55]，或在硅片上顺序沉积 $CaCO_3$-PNIPAM 的悬浮液和 SiO_2（或者 PS）的悬浮液，然后用己基硫醇修饰[56]，均可得到超疏水表面。甚至 LbL 组装技术也被用来构筑超疏水表面。例如，先利用 LbL 技术在 ITO 片上沉积聚电解质的多层膜，然后以电化学法沉积 Ag，得到 Ag 的粗糙表面后，再用十二烷基硫醇使之疏水化。该表面水的接触角大于 154°，滑动角小于 3°[57]。

Wu Xuedong 等人先制备了 ZnO 的粗糙表面，然后用不同链长的脂肪酸修饰，研究了这些表面不同的疏水性能。他们发现，当用 $C_8\sim C_{14}$ 的脂肪酸修饰时，为 Wenzel 型，即均质润湿，有较大的接触角回滞环；当脂链大于 C_{16} 时，为 Cassie 型，即非均质润湿。对于 C_{18}，前进角与后退角接近，后退角为 152°。当所用脂肪酸为辛酸时，会发生由 Cassie 态向 Wenzel 态的不可逆的转变[58]。

2. 一步粗糙疏水化

通过适当的设计，可实现一步粗糙疏水化。例如，使有机硅烷通过氢键形成溶胶，再掺杂 PDMS，使之凝胶化，形成薄膜。实验表明，该表面上水的接触角大于 150°[59]。Rao 等人通过硅氧烷水解聚合得到各种形貌的粗糙疏水表面，水的接触角介于 159°～173°之间[60]。

江雷等人以平均孔径为 68.7nm 的阳极 Al_2O_3 膜（密度为 $1.23×10^{10}$ 孔$/cm^2$）为模板，得到了聚乙烯醇（PVA）的纳米纤维阵列。纳米纤维顶部平均直径为 72.1nm，纤维间距为 361.8nm，密度为 $7.07×10^8$ 根$/cm^2$。由于亚甲基向外，如图 9-53 所示，因此为疏水表面，水的接触角为 171.2°±1.6°[61]。他们还将 PS 溶于 DMF，利用

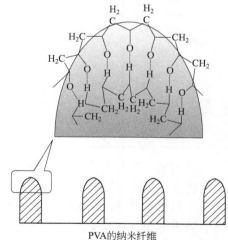

PVA的纳米纤维

图 9-53 PVA 分子在气/固界面的可能构象[61]

电纺丝技术，使溶液通过一个喷嘴在高电压下喷射到金属片上。溶剂挥发后形成粗糙的膜也

具有超疏水性[62]。

3. 形成规整表面

先形成结构规整的表面，然后处理使之疏水化。主要目的是探讨结构与超疏水性之间的关系。

例如，江雷等人先在硅片上用光刻法制得高 30μm、边长 10μm、间隔分别为 6μm、10μm、13μm、15μm 和 20μm 的柱，然后化学沉积碳纳米管，纳米管排成一束束的结构，长度均匀，约为 10μm，再用乙烯基三甲氧基硅烷或者 2-氟代辛基乙基三甲氧基硅烷修饰。所得结构如图 9-54 所示[63]。所测水在不同表面上的接触角总结在表 9-5 中。可以看出，间距和修饰剂均对接触角有影响。

图 9-54　间隔分别为 20μm、15μm 和 10μm 的柱阵列的 SEM 图像及单个柱的放大图[63]
(a) 间隔为 20μm 的柱阵列的 SEM 图像；(b) 间隔为 15μm 的柱阵列的 SEM 图像；
(c) 间隔为 10μm 的柱阵列的 SEM 图像；(d) 单个柱的放大图

表 9-5　不同表面上水的接触角[63]

间距/μm		20	15	13	10	6
接触角	未修饰表面	22.2°±4.1°	142.9°±1.8°	—	25.5°±2.7°	10°±1.5°
	乙烯基三甲氧基硅烷修饰的表面	21.2°±1.5°	153.3°±3.3°	154.9°±1.5°	27.2°±1.8°	20.8°±2.3°
	2-氟代辛基乙基三甲氧基硅烷修饰的表面	162.7°±1.5°	159.6°±0.3°	—	154.2°±1.8°	153.8°±2.6°

H. Yabu 等人[64]将一个含氟聚合物溶于 $CF_3CF_2CHCl_2/CClF_2CHClF$ 混合物中，室温下湿度为 40%～60% 时滴在玻璃上，形成蜂巢状（honeycomb）膜。用胶带把膜的上端揭去，形成针插状（pincushion structure）膜，如图 9-55 所示。测定了水在这些表面上的接触角。结果表明，水在平面上的接触角为 117°，接近于碳氟化合物平整平面接触角的最大值 120°；水在蜂巢状表面上的接触角为 145°；而在针插状表面上则为 170°。可以看出不同结构对接触角的影响。

Shiu 和 Chen 等人[65]将均匀的 PS 微球铺展成密堆积的单层膜或多层膜。用 O_2 等离子体刻蚀不同时间，降低 PS 球的直径，但间距不变。然后镀 20nm 厚的 Au 膜，再用十八烷基硫醇修饰。处理后的表面具有疏水或超疏水性，如图 9-56 所示。不同表面上水的接触角列于表 9-6 中。可以看出，表面结构对接触角有很大影响。

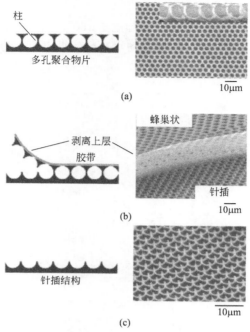

图 9-55　蜂巢状结构、剥离过程和针插状结构示意图及相应的 SEM 图像[64]
（a）蜂巢状结构；（b）剥离过程；（c）针插状结构

图 9-56　直径为 440nm 的 PS 球的膜经过 120s O_2 等离子体处理后的 SEM 图像[65]
（修饰后接触角为 170°）

表 9-6　水在不同处理方式得到的表面上的接触角[65]

氧气处理时间/s	所测直径/nm	前进角/(°)	后退角/(°)
0	440	130	110
15	412	141	126
40	378	153	128
80	279	158	134
100	213	161	130
120	193	167	137

八、 超疏水研究进展

1. 逼近极限

由 $\cos\theta_{CB}=f(\cos\theta_Y+1)-1$，若使 θ_{CB} 趋近于 180°，则必须尽量降低 f，使液体与表面的接触面积尽可能地小。那么，迄今所得到的水在超疏水表面上的接触角最大为多少呢？

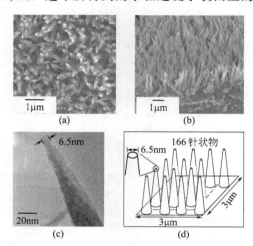

图 9-57　薄膜的 SEM 图像及模型图[66]
（a）俯视图；（b）侧视图；（c）单个纳米锥的形貌；（d）薄膜的结构模型

H. Zhou 等人[66]制备了形貌为锥状的微纳米结构，如图 9-57 所示。计算得到该结构的 f 值为 6.12×10^{-4}，而所用材料形成平整表面时水的接触角 θ_Y 为 75.2°± 6.6°，故推算 θ_{CB} 可达 177.8°± 0.1°。实测为 178°。图 9-58 给出了水滴在该表面上的照片，水滴为球形。另外，江雷等人也制备出了接触角达 174°的超疏水表面[67]。

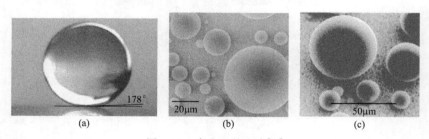

图 9-58　表面上的水滴[66]
（a）光学显微图像；（b）环境扫描电子显微镜图像俯视图；（c）环境扫描电子显微镜图像侧视图

2. 超疏水- 超亲水可逆转化

Lau 等人[68]用化学气相沉积法得到了硅片上的碳纳米管的阵列结构，形成粗糙表面；然后在碳纳米管上形成一层 ZnO，使其疏水。他们发现，未用 ZnO 修饰的表面，水的接触角为 146°，且随时间的延长而减小；用 ZnO 修饰的表面，水的接触角为 159°，且不随时间而变化。而且，在紫外线照射下，接触角降低，由 159°降至 46°。但将其置于暗处，12h 后，超疏水恢复。这实现了超疏水和超亲水表面之间的可逆转变。

他们对这一现象进行了分析。他们认为，未用 ZnO 修饰的表面，随时间的延长，水慢慢渗入到空隙中；用 ZnO 修饰的表面，当紫外线照射时，改变了表面的化学状态，在 ZnO

表面产生了电子-空穴对。一些空穴可以与晶格氧反应，形成表面氧空穴。一些电子与晶格 Zn^{2+} 反应，形成 Zn_s^+。Zn_s^+ 与表面吸附的 O_2 结合：$Zn_s^+ + O_2 \longrightarrow Zn_s^{2+} + O_2^-$。水分子可配位在氧空穴点上，导致表面吸附的水分子的解离。这样就增强了水的吸附，变为亲水。这种润湿性的变化与表面的化学组成有关。

江雷等人[69]直接用化学气相沉积法制备 ZnO 的粗糙表面，接触角为 164.3°。紫外线照射下接触角变小，2h 后可降至 <5°。当于暗处放置时，又恢复超疏水性。这也与表面的化学组成的改变相关。

他们[70]还用低温水热合成技术在玻璃基片上沉积了 TiO_2 纳米棒的膜，清洗后存于暗处两周。测得水在膜上的接触角为 154°±1.3°，膜具有超疏水性。但光照时，膜由超疏水变为超亲水。因为 TiO_2 为光敏材料，紫外线照射下产生空穴，空穴与晶格氧反应，生成表面氧空穴，水分子与其配位，增强了表面亲水性。这样水沿着纳米棒向下填充凹槽，赶出空气，导致 CA 趋于 0°。置于暗处，则恢复超疏水。

另外，Cho 等人[71]制备了玫瑰花状的氧化钒表面。该表面具有紫外线驱动的超疏水-超亲水可逆转化的特性。Borras 等人[72]则制备了 $Ag@TiO_2$ 核壳结构的纳米纤维组成的薄膜。与前面的研究不同的是，该薄膜在紫外线照射下逐渐变为超亲水表面，而在可见光照射下（而不是放在暗处）则逐渐具有超疏水性，从而实现了紫外线及可见光照射下的超疏水和超亲水之间的转化。

Y. Yan[73]认为前面所得到的 ZnO 和 TiO_2 的可逆转化，费时且不方便，为此他做了改进。他在镀金玻璃上，通过电化学聚合，得到了聚吡咯的膜。通过调节电压，实现超疏水和超亲水之间的可逆转化，如图 9-59 所示。

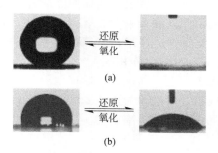

图 9-59　电压调节的超疏水和超亲水之间的转化[73]
（a）水滴在多孔薄膜上的行为；（b）水滴在致密的薄膜上的行为

Pillai 发现[74]，臭氧化后的多壁碳纳米管制备成的薄膜具有电润湿行为，水滴或者水溶液液滴的接触角随着施加的电压而变化，由超疏水变为超亲水。江雷等人[75]则用对 pH 敏感的 DNA 修饰表面，通过变化体系的 pH，实现超疏水和超亲水之间的转化。

3. 水滴的移动

江雷等人[76]制备了一个由疏水的 PS 纳米管排列而成的膜，管的密度为 $6.76×10^6$ 根/mm^2。管长为 （57.8 ± 0.8）μm，外径为 （283.4 ± 4.1）nm，壁厚为 （59.8 ± 1.9）nm。对于平整的聚苯乙烯，水的接触角为 95°；对于该薄膜，水的接触角为 162.0°±1.7°，具有超疏水性。但令人感到奇怪的是，一般的超疏水材料，WCA > 150°，SA < 10°。而这个材料，有很大的 WCA 回滞，而且 SA 很大。这个超疏水表面不但有疏水性，还有强的黏附力。这种效应叫作壁虎效应（gecko mechanism）。壁虎脚上有约 50 万根刺毛（seta-setae）。通过范德华力，这些刺毛与固体基底接触时产生强的吸附力。利用这个效应，实现了水滴的移动。在另一项研究中，他们制备了具有磁性的 Fe 的粗糙表面[77]。通过磁化-去磁化，使含

有 Fe_3O_4 的液滴吸附或者滑落。

　　这种所谓的壁虎效应很有意思。实际上，此时水滴与表面的黏附力或者亲和力非常强。如果用滑动角来衡量，这类表面不是超疏水表面。从接触角滞后的观点来看，它也不具备超疏水性。但水的接触角确实大于 $150°$。是不是此时由于某种原因使三相线难以移动，从而造成了这一现象呢？笔者以为，这是个值得探讨的问题。

　　Picraux 等人[78]在 Si (111) 面上生长 Si 纳米线，纳米线向上生长，形成了粗糙表面。空气氧化或者部分氧化，进一步生成了 SiO_2 表面。用具有光致变色性能的螺吡喃修饰（图9-60）。紫外线照射下，开环变为极性分子；可见光照射下，闭环变为非极性分子。

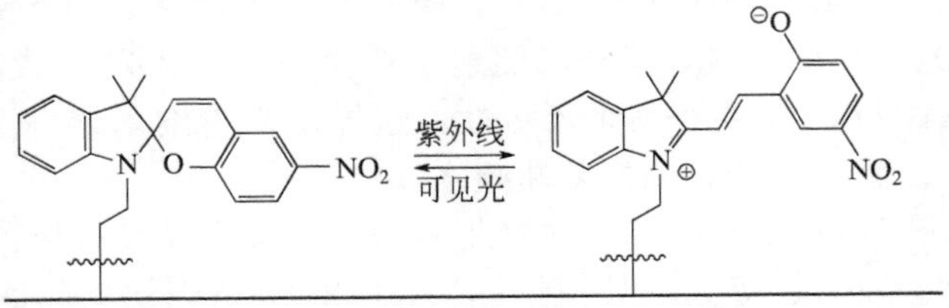

图 9-60　紫外线及可见光照射下结合在表面上的螺吡喃的开关示意图[78]

　　由 Wenzel 模型，可以得到下面的公式：

$$\cos\theta_{W1} - \cos\theta_{W2} = r(\cos\theta_{Y1} - \cos\theta_{Y2})$$

　　该式的意思是，假设有一个外部刺激，θ_Y 由 θ_{Y1} 变为 θ_{Y2}，则 θ_{W1} 应变为 θ_{W2}。由于 $r > 1$，因此，外部刺激对粗糙表面上 WCA 的影响大于对平滑表面上 WCA 的影响。

　　接触角有前进角和后退角两种，二者之差叫作回滞或者回滞环。这个差值有时很大，有时很小，视表面性质而定。当用紫外线照射时，螺吡喃开环，表面亲水，WCA 变小；用可见光照射，螺吡喃闭环，WCA 变大。在平滑表面上，前进角之差为 $12°$；在粗糙表面上，为 $23°$。因此，根据上面的公式，有放大作用。

　　在闭环的情况下，在平滑表面上，前进角－后退角＝$37°$；在粗糙表面上，则为 $17°$。

　　在平滑表面上，用紫外线照，前进角为 $110°$；用可见光照，后退角为 $85°$。若液滴的一端用紫外线照，另一端用可见光照，则液滴不动。

　　若在粗糙表面上，用紫外线照，前进角为 $133°$；用可见光照，后退角为 $140°$。这样，当用紫外-可见光，形成一个光梯度照在粗糙表面上的液滴两端时，则液滴向着紫外线照射的一端移动，因为向这一端的前进角 $133°$ 比另一端的后退角还要小。这样便实现了光诱导水滴的移动。

4. 两种模型的运用范围

　　这两种超疏水模型均可对超疏水现象进行描述。那么每种模型的使用条件是什么呢？研究者对此也进行了探讨。如 Patanker 等人[79]认为，当温和地将小液滴放在表面上，可用 Cassie 模型；当小液滴在一定高度处落下，用 Wenzel 模型。还有研究表明[80]，当对液滴施加一个压力时，则由 Cassie 模型变为 Wenzel 模型；且用较小的液滴时，为 Cassie 模型；用较大的液滴时，为 Wenzel 模型。研究者用了两种液滴，发现使用 $5\mu L$ 的液滴时，接触角大于 $170°$；而用 $15\mu L$ 的液滴时，接触角降至 $157°$。

5. 超双疏表面

　　近年来，利用既疏水又疏油的碳氟类化合物修饰表面时，发现形成的表面对水和油的接触角均可高于 $150°$。这种表面就是超疏水表面。

　　D. Xiong 和 G. Liu[81]等人用双嵌共聚物（图9-61）处理棉纤维，发现在处理后的棉纤维上水、二碘甲烷、十六烷、润滑油、食用油、泵油及使用过的泵油均形成小液珠（图 9-61），接触角分别为 164°、153°、155°、154°、156°、157° 和 152°。这说明这种棉纤维既疏水又疏油，为超双疏（superamphiphobic）材料。

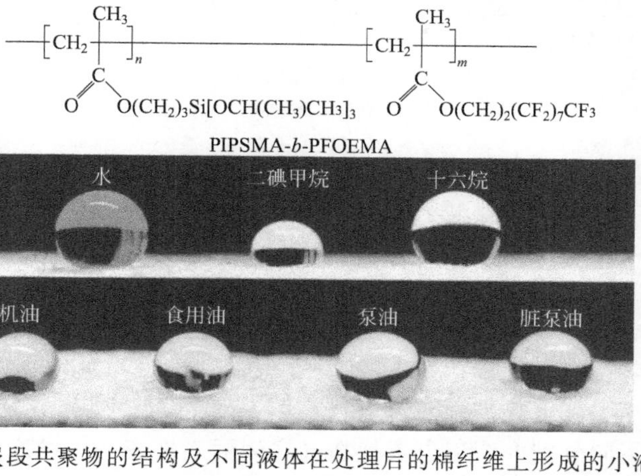

图 9-61　嵌段共聚物的结构及不同液体在处理后的棉纤维上形成的小液珠[81]

周峰等人[82]先将碳氟链接枝到多壁碳纳米管上，使之与聚氨酯等于适当的溶剂中混合，利用喷涂法得到了复合涂层，研究了不同液体在该涂层上的润湿性。结果表明，水和有机液体均形成小液珠。水、0.5％十二烷基硫酸钠的水溶液、十六烷、二碘甲烷、甘油、菜籽油、多烷基取代环戊烷、聚烯烃和 1-甲基-3-己基六氟磷酸咪唑在该涂层上的接触角分别为 162°、152°、152°、150°、155°、152°、152°、150° 和 158°，滑动角分别为 5°、15°、40°、30°、10°、35°、30°、30° 和 12°。这说明该涂层具有超双疏性。

这些表面之所以具有超双疏性，应该与涂层中含有的碳氟化合物有关。利用这一特性制备更多的超双疏或者双疏表面的研究必将不断涌现。同时，近年来利用薄膜的润湿性进行油水分离的研究也日渐增多。

总之，液体对表面的润湿性是一个理论上不断深化的研究课题，也是一个具有广阔应用前景的领域。本节总结了超疏水原理、滑动角和接触线等方面的研究成果。尽管在某些方面存在争议，但对于这些有争议的问题的探讨对于润湿理论的发展是特别有益的。同时，还总结了近年来超疏水、超双疏表面制备方面的成果，这是与应用密切相关的。希望这些总结对大家能有所裨益。

第五节　液/固界面在微纳米结构制备中的应用

发生在液/固界面上的反应和吸附已被广泛用于微纳米结构的合成和组装。液/固界面上可发生多种反应。本节仅就利用液/固界面上的置换反应即所谓的流电置换（galvanic displcement）在基底表面沉积金属微纳米结构做简单总结，以说明液/固界面上发生的反应在微纳米结构制备中的应用。前面已详细讨论了液/固界面上的吸附现象。本节则简单总结一下利用液/固界面上的特性吸附组装微纳米结构的情况。

一、　基底表面上流电置换合成微纳米结构

基底表面微纳米结构的沉积方式有电沉积和无电沉积（electroless deposition），而无电沉积有三种形式（图 9-62）。

自催化是指生成的金属作为金属盐被外加还原剂进一步还原的催化剂，会生成较厚的

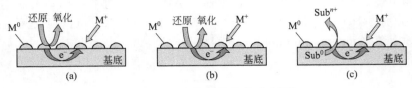

图 9-62　无电沉积的几种形式[83]

(a) 自催化；(b) 基底催化；(c) 流电置换

膜；基底催化是指基底作为催化剂催化金属盐的还原。反应进行到一定程度会停止；流电置换是指表面既作为还原剂又作为电子源。只要离子能够渗入、电子能够通过膜传递，反应可以一直进行。

利用流电置换进行沉积时，作为还原剂和电子源的基底可以是半导体也可以是金属。生成的产物应该与基底间有较强的相互作用，从而沉积在基底上。研究认为，沉积开始时发生的是置换反应，随着反应的进行，发生的是原电池反应[84]，如图 9-63 所示，因此可以通过比较电极反应的标准电极电势来判断流电置换可否发生。

下面以基底的不同分别介绍流电置换在基底表面上形成的微纳米结构。

1. 半导体基底

常用的半导体基底有硅片和锗片。此时，硅或者锗提供电子，自身被氧化。电镀液中有无 F^- 对于硅基底上的沉积非常重要，因为无 F^- 时形成 SiO_2，沉积在基底表面，阻止反应的进一步进行；有 F^- 时，则硅以 SiF_6^{2-} 的形式溶解于水中，如图 9-64 所示。对于锗基底而言，有无 F^- 关系不大，因为锗以 H_2GeO_3、$HGeO_3^-$ 或者 GeO_3^{2-} 的形式溶解于水中。

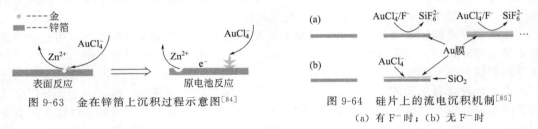

图 9-63　金在锌箔上沉积过程示意图[84]

图 9-64　硅片上的流电沉积机制[85]

(a) 有 F^- 时；(b) 无 F^- 时

在这两种基底上生成的产物与基底的作用也有差异。将硅片或者锗片浸入 $KAuCl_4$/HF 电镀液中，在基底上均生成一层薄薄的金膜。在锗片上生成的金膜较牢固，因为在基底与金膜间有化学键形成；而在硅片上生成的金膜则不牢固[86]。Porter 等人[83]在锗片上沉积金、铂纳米结构。他们认为，在生成的金和基底之间存在 Au—Ge 键。研究表明，Au 粒子在 Ge 基底上的生长为外延生长，二者晶格间存在匹配（四个金晶格点/三个锗晶格点）关系[87]。在同一种基底上沉积同一种金属，由于实验条件的不同，形成的微纳米结构也会有很大差别。比如，银在锗片上沉积时可得到精巧的塔状结构[88]。研究者称之为"Inukshuk"，即因纽特人的原住民石像，如图 9-65 所示。

尽管有研究认为硅基底上形成的金属纳米结构不够稳定，但并没有影响到人们对硅基底上金属纳米结构制备的兴趣。例如，Sayed 等人研究了有 F^- 存在时金在硅片上生长，发现四个金晶格点与三个硅晶格点匹配，为异质外延生长，且在金与硅间存在金属间层[89]；铂在硅片上沉积，形成纳米花[90]；硅片浸入 AgF/KF 水溶液中，在不同比例、不同时间及浓度时，得到了银的纳米薄膜、纳米粒子、纳米晶和玫瑰状纳米结构[91]；硅片浸入 $AgNO_3$/HF 水溶液中，沉积得到 Ag 纳米晶，并经 Ostwald 熟化后用作 SERS 的基底[92]；将硅片浸没

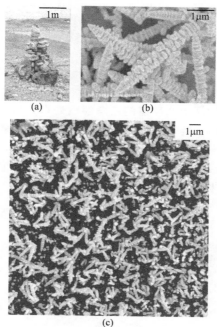

图 9-65　锗基底上形成的银的微纳米结构[88]

（a）加拿大北部因纽特人的石碓；（b），（c）类似于因纽特人的石碓的银纳米结构的扫描电子显微镜照片

在 $PtCl_2$/HF 水溶液中，沉积的 Pt 纳米粒子被用作催化剂催化 Si 纳米线阵列的生长[93]。在硅片上沿其原子台阶还可以沉积一维线形纳米点阵列或者纳米线。将硅片浸入到碱性硝酸银水溶液中，沿原子台阶生成银纳米线，线的宽度和厚度与溶液中溶解氧的量有关[94]；将硅片浸入不同浓度和 pH 的预先除氧的硫酸铜水溶液中，则形成 Cu 的线形纳米点阵列，沿原子台阶排列[95]。

除了硅片和锗片之外，GaAs 和 InP 薄片也被用作流电沉积的基底。例如，将 GaAs 片浸入硝酸银水溶液中可得到银片，并被用作 SERS 的基底[96,97]。反应方程式为：

$$12AgNO_3 + 2GaAs + 6H_2O \longrightarrow 2Ag + Ga_2O_3 + As_2O_3 + 12HNO_3$$

生成的 Ga_2O_3 和 As_2O_3 均可溶于水中：

$$Ga_2O_3 + 6H^+ \longrightarrow 2Ga^{3+} + 3H_2O$$

$$As_2O_3 + 3H_2O \longrightarrow 2H_2AsO_3^- + 2H^+$$

InP 和 GaAs 片浸入 $AgNO_3$ 或 $KAuCl_4$ 水溶液中，发生金属沉积。研究发现，在基底与生成的金之间存在一个三明治型的金属间层，成分可能为 γ-Au_9Ga_4 和 AuGa 以及 AuIn 和 $AuIn_2$，而 Ag 则与基底间不形成夹层[98]。这说明了生成物与基底间的相互作用。

2. 金属基底

化学性质较为活泼的金属（如铝、锌、铜等）常被用作流电置换沉积金属微纳米结构的基底。有研究认为，用纯度高达 99.997％ 的铝箔时，由于表面致密的氧化层而难以沉积；而用含铝-铜合金层（99.5％/0.5％）则可以沉积银，得到球形纳米粒子，且粒径随反应时间的延长而增加[99]。为了克服氧化层的影响，Gutes 等人先用 HF 处理铝箔，然后置于 AgF 水溶液中，得到可以作为 SERS 基底的银枝状结构[100]。

有许多在锌箔上经流电置换过程沉积金、银和铜微纳米结构的研究工作。例如，将锌箔置于氯金酸的离子液体系中，在非平衡生长条件下于锌箔表面上沉积了具有三重对称性的金枝晶结构[84]；而将锌箔置于 $AgNO_3$ 水溶液中，则得到树枝状结构[101,102]；将氯化铜溶于水/双氧水，并用乙酸调 pH，加入锌箔后，水热 120℃反应，得到铜的枝状结构[103]。另外，铅也可以通过流电置换在锌箔表面沉积微纳米结构。Chen 等人便得到了铅纳米线及由其作为模板形成的 ZnO 纳米管[104]。

在铜基底上沉积金、银微纳米结构，所得到的一般也是多枝状结构。例如，在铜箔上加银氨配离子的水溶液，置换反应制备银的纳米花[105]；将铜片置于硝酸银水溶液中沉积不同时间，得到枝晶结构，取出后用十八硫醇的乙醇溶液处理，得到超疏水薄膜[106]。

大家应该注意到，当使用金属基底进行沉积时，得到的大多数为金属的多枝状微纳米结构。这与活泼金属反应性较高，反应较快有关。在这种情况下，微纳米结构一般在远离平衡态下生长，扩散限制的生长或聚集机制发挥了重要作用，离子的浓度梯度和扩散对微纳米结构有重要影响。多枝状微纳米结构的形成过程如图 9-66 所示。

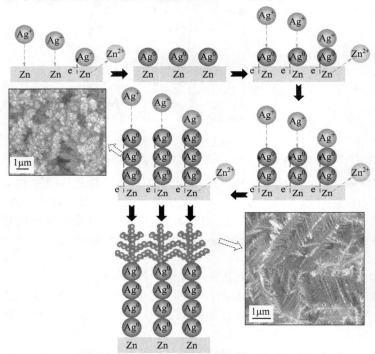

图 9-66　锌箔上通过流电置换沉积银微纳米结构示意图[102]

3. 表面活性剂的影响

当电镀液中含有表面活性剂时，表面活性剂分子会吸附在形成的金属纳米粒子表面，从而影响其生长，得到与不含表面活性剂时不同的微纳米结构。例如，在十六烷基三甲基氯化铵（CTAC）存在时，氯化铜与铝箔间的流电置换生成铜纳米带，硝酸银与铜箔间的流电置换生成银纳米带[107]。铜、银纳米带形成过程如图 9-67 所示。在双链阳离子表面活性剂存在时通过氯化铜与铝箔间的流电置换则得到了铜纳米棒构成的珊瑚状结构[108]。

溶液中的其他组分也会影响微纳米结构的形貌。例如，占金华等人[109]将铜箔浸没在含有 2-硝

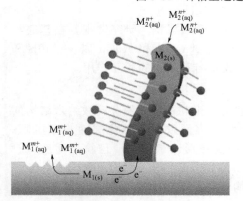

——●=CH₃(CH₂)₁₅N(CH₃)₃⁺Cl⁻(CTAC)
Case1：M₁=Al，m=3；M₂=Cu，n=2
Case2：M₁=Cu，m=2；M₂=Ag，n=1
图 9-67　铜、银纳米带形成过程示意图[107]

基苯甲酸的硝酸银水溶液中，在铜箔表面沉积了 Ag 纳米片，可作为 SERS 的基底。但溶液中没有 2-硝基苯甲酸时，则得到枝状结构。

4. 模板诱导下的流电置换

双亲嵌段共聚物在溶液中形成的胶束或者反胶束常常被用作纳米结构组装的模板。最近，研究者将这一技术与基底上的流电置换相结合，制备了有序微纳米结构。Aizawa 和 Buriak 在 Si、Ge、InP、GaAs 表面上旋涂 PS-*b*-P4VP/Ag$^+$ 反胶束，通过流电置换，得到了银纳米点阵[110]。他们还使 PS-*b*-P2VP 或 PS-*b*-P4VP 在溶液中形成反胶束，其中包含金属配合物氯金酸、硝酸银、硫酸铜、氯铂酸钠、氯钯酸钠等，将其旋涂于半导体基底 Ge、InP 和 GaAs 上；或者先将不含有金属前体的反胶束旋涂在基底上，然后浸入金属前体水溶液中。通过界面上的 Galvanic 沉积，得到金属粒子的点阵结构。若用 HF 处理，则反胶束翻转，得到金属环构成的二维阵列结构，形成过程如图 9-68 所示[111]。Wang 等人[112]将 PS-*b*-P2VP 反胶束旋涂于硅片上，乙酸处理，反胶束翻转，形成纳米孔结构。加入 NaAuCl$_4$/HF 电镀液，发生 Galvanic 沉积，得到金纳米柱。一旦纳米孔被填满，继续反应，则得到帽形结构；再继续反应，得到一层厚厚的金膜。

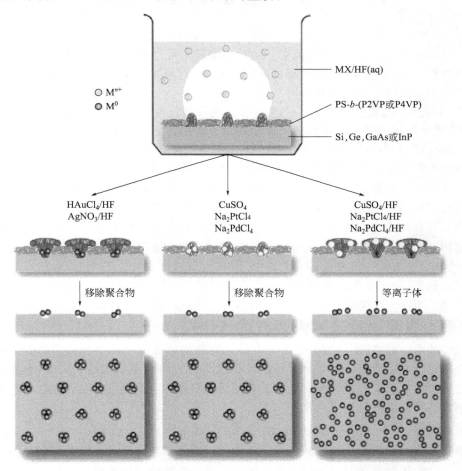

图 9-68　嵌段共聚物胶束模板诱导下的流电置换沉积纳米结构示意图[111]

5. 金属微纳米结构的复合型沉积

当进行流电置换时，利用一些材料的电子传导作用，可将得到的金属微纳米结构沉积在这些材料而不是基底上。例如，Huang 等人[113]将硅片的一面粗糙化，并粘上一片锡箔。将其放入含有 CTAC、氯金酸和硝酸钠的水溶液中。一定时间后，表面上出现由金纳米棒构成的刺猬状的结构。在此过程中，CTAC 诱导了棒的生长。而将黏附于铜箔上的碳纳米管浸没于电镀液（氯金酸、氯铂酸钾或氯钯酸铵水溶液）中时，纳米管作为阴极，金属在其上沉积；而铜箔则作为阳极（图 9-69）[114]。用该方法沉积时，得到的金属纳米粒子的形状与电镀液中有无氯化铜有关。有氯化铜时，得到纳米立方体；无氯化铜时，则得到球形纳米粒子[115]。

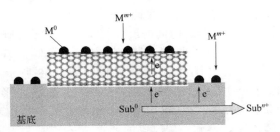

图 9-69　利用流电置换在碳纳米管上沉积金属纳米粒子示意图[114]

还可以利用该方法将金属纳米粒子沉积在石墨烯上。先利用 CVD 技术将石墨烯沉积在铜箔上，然后浸没在 $AgNO_3$ 水溶液中。此时铜溶解，给出电子；石墨烯作为缓冲层，可以将电子短程传送给金属离子，使其成核及生长[116]。利用此方法可将球形纳米粒子、纳米片等与石墨烯形成复合材料，可被用作 SERS 的基底。

笔者也利用流电置换技术做了一点工作。笔者将气/液界面上的 Langmuir 单层膜技术与液/固界面上的流电置换结合起来，将金属微纳米结构沉积在镀有碳膜的铜网上。具体做法是，先将头基可与金属前体离子或者配离子相结合的双亲分子铺展在气/液界面上形成单层膜，然后将镀有碳膜的铜网置于单层膜上。由于单层膜不是特别致密，电解质溶液能够到达铜网，从而发生置换反应。又由于碳膜的导电性，Cu 溶解变成 Cu^{2+} 后给出的电子可以通过碳膜传递，当 Ag^+ 或者 $AuCl_4{}^-$ 等得到电子后便可以在碳膜上沉积。笔者得到了沉积在碳膜上的边长达数微米的银片[117]、银的枝晶结构[118]和金的万寿菊状纳米花、枝晶和雪花状微纳米结构[119]。这些结构的形成与电解质溶液的浓度、温度、双亲分子的结构及其形成的 Langmuir 单层膜的结构等因素有关。

总之，利用液/固界面上的流电置换沉积可以得到多种金属微纳米结构，而这些微纳米结构在催化、SERS 等领域有重要应用，所以很有进一步研究的必要。

二、　液/固界面特性吸附组装微纳米结构

溶液中的溶质在液/固界面上吸附时，若有特殊的相互作用，则为特性吸附。这种特殊的相互作用包括吸附质与界面的相互作用及吸附质分子间的相互作用。由液/固界面上吸附质的特性吸附发展出了自组装单层膜技术和层层组装技术。这是胶体与界面化学基本原理应用于微纳米结构组装方面的成功实例。

1. 自组装单层膜（self-assembled monolayer）

自组装单层膜是借助于成膜分子与固体衬底材料之间的化学反应而自发形成的一种热力学稳定的、分子排列有序的单层膜。早期的成膜分子为硅烷和硫醇类化合物，借助于其头基与基底（如玻璃和金属）间的共价相互作用而形成单层膜，如十八烷基三氯硅烷在玻璃基底上形成的自组装单层膜[120]。后来，自组装单层膜的驱动力逐渐扩展到氢键、配位键、电荷相互作用、范德华力、静电力等。除了极性头基与基底的相互作用外，分子之间的相互作用

对于膜的形成也很重要。例如，含有两个羧基的原卟啉IX在金表面上形成自组装膜时，一个羧基与基底形成共价键，另一个羧基与相邻分子形成氢键[121]。在吸附成膜过程中，界面力和分子间力之间的竞争对膜的结构有重要影响[122]，溶剂的介电常数、分子的偶极矩、吸附-脱附动力学和分子间的偶极-偶极相互作用对自组装膜的形成也都具有重要影响[123]。

自组装单层膜具有高的有序性和取向性、高度密堆积、低缺陷和高的结构稳定性。例如，Zn 表面上硫醇形成的自组装膜，经接触角测定、红外光谱、电化学表征后发现，膜中分子有序组织、缺陷少，脂链近似于垂直基片取向[124]。

自组装单层膜的这些优点满足了实用性的要求。因此，在非线性光学、分子器件、微电子器件、化学-生物传感器、表面材料工程、金属防腐、电化学修饰电极等方面都有重要应用。例如，一端为巯基，另一端为氮杂 18-冠-6 的分子在金基底上形成的自组装单层膜对 Li+ 有电化学响应，可作为 Li+ 探测器[125]。硫代单链寡核苷酸与 4-巯基-1-丁醇共吸附于金基底上形成自组装单层膜，可被用作 DNA 探测器[126]。含有卟啉大环的自组装单层膜则具有电化学和光谱电化学特性[127,128]。

除了上面所述的自组装单层膜外，分子通过液/固界面上的吸附在平整的表面上形成的特别规整的二维超晶格也是由特性吸附而形成的自组装单层膜。例如，在 Au（111）晶面上，苯二肼胺和萘四羧基二酰亚胺可单独或者混合形成由一维链组成的二维超晶格[129]；直链烷烃，如十六烷和三十六烷，均可以形成二维超晶格[130]。这些超晶格的形成，分子与基底之间的相互作用和分子之间的相互作用起到了重要作用。

2. 层层组装膜 [layer-by-layer（LbL） assembly film]

一般认为层层组装技术发端于 Decher 等人的研究[131]。运用层层组装技术制备多层膜的一般过程是，将荷两种不同电荷的聚电解质分别溶于水，形成水溶液；然后将经过处理的、表面荷某种电荷的基片浸没于荷相反电荷的聚电解质溶液中，则聚电解质分子由于与基片表面间的静电吸引作用而吸附于基片表面，形成第一层膜；取出，清洗，然后浸没于带相反电荷的聚电解质溶液中，则由于与先吸附的聚电解质分子的电荷电性不同，则第二种聚电解质分子吸附于第一种聚电解质上，形成第二层膜。依次浸没、吸附、清洗，则得到多层吸附膜。随着研究的深入和进展，组装过程变得多样化，如非水介质中的组装等。

层层组装技术的驱动力是两种组装物微粒（分子、离子、粒子、分子聚集体等）之间的相互作用，如静电吸引、氢键、偶极相互作用、配位键甚至共价键等。利用层层组装技术可以在固体基底上制备平整的多层膜（有可能得到自支持膜）和借助于球形颗粒、棒状（线形）微粒或者管状结构的模板作用得到微胶囊和纳米管等微纳米结构。这些薄膜、微胶囊或者纳米管等可由聚电解质或其他聚合物、聚合物与微粒（如纳米粒子）、聚合物与染料分子、配体与金属离子，甚至两种纳米粒子构成等。

该技术过程较简单，速度快，获得的结构会随着环境的变化发生可逆的适应性重组。因此，通过对组装过程的控制，可以调整所得微纳米组装体的结构和性质，进而在分子水平上对所得材料的性质进行控制。该技术最大的特点是可以通过改变组装条件，在分子水平上控制薄膜的组成、结构和厚度。

（1）聚合物-聚合物构成的多层膜 对于两种荷相反电荷的聚电解质来讲，其 LbL 组装的基本原理是聚电解质在界面上的特性吸附，因为聚电解质与界面之间、先吸附的聚电解质与后吸附的聚电解质之间有特殊的静电相互作用。同时，也是聚电解质在界面上的"超量吸附"。如当带有负电荷的固体基片浸入带正电荷的聚电解质溶液中时，它会因为静电作用力自发地吸附一层聚阳离子。吸附的聚阳离子所带的正电荷，除了有部分与基片表面接触，用于抵消基片表面所带的负电荷外，必然还有一部分过量的正电荷暴露于溶液一侧，从而使吸附了聚阳离子的基片表面发生了电性反转，由负电性转变为正电性。再将其浸入含有聚阴离子的溶液中，经过带负电荷的聚阴离子的超量吸附，又可使表面恢复原来的负电性。如果重复上面的步骤，就可以在一个固体基片的表面上形成一个层层组装的多层膜。人们利用静电吸附组装了多种薄膜和微纳米结构，对组装条件、性能等进行了多方面的研究。例如，李峻柏等人[132]以阳极 Al_2O_3 为模板，借助于 LbL 技术，在孔中交替沉积聚丙烯氯化铵和聚 4-乙烯基苯磺酸钠。干燥后，用酸将模板刻蚀掉，得到聚合物纳米管。

聚合物与聚合物还可以利用氢键来进行 LbL 组装[133]。借助于聚合物某些基团间的氢键相互作用，张希及其合作者得到了由聚丙烯酸-聚 4-乙烯基吡啶的 LbL 多层膜[134]和聚 4-乙烯基苯酚-聚 4-乙烯基吡啶的多层膜[135]。他们还利用部分季铵化的聚 4-乙烯基吡啶与聚丙烯酸间的氢键和静电相互作用得到了这两种聚合物形成的多层膜[136]。由于氢键对 pH 有响应，因此将膜浸没于碱性溶液中时，氢键被破坏，聚丙烯酸盐释放到水中，而聚乙烯基吡啶由于离子化程度变低，链节间斥力减小而收缩，形成了微孔结构（图 9-70）。

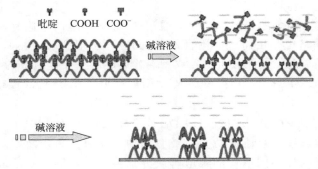

图 9-70　LbL 薄膜中微孔形成示意图[136]

阳离子-偶极相互作用也被用于 LbL 组装。例如，借助于聚乳酸中的羰基和聚赖氨酸中的质子化的氨基间相互作用，Ogawa 等人制得了由二者交替沉积形成的多层膜[137]。

为了提高所得微纳米结构的稳定性，人们试图利用共价键进行 LbL 组装。这方面的组装分为两种类型。一种是，先以其他弱相互作用（如静电相互作用）将两种聚合物组装成薄膜或者微纳米结构，然后使这两种聚合物交联形成共价键。例如，将聚 4-乙烯基苯磺酸钠与一种含叠氮基的树脂交替沉积于聚苯乙烯微球上，得到多层膜后用紫外线照射使之交联，溶出微球后即得到微胶囊[138]。另一种是，在沉积过程中即形成共价键。例如，聚 4-乙烯基苯甲酸酯或者聚丙烯酸酯溶于 THF，聚丙烯酰胺溶于乙醇，使基底分别在 THF 和乙醇溶液中交替沉积，在沉积过程中由于酯基与氨基间的酰胺化反应形成了共价键[139]。将聚乙烯亚胺与一种含吖内酯的聚合物分别溶解于丙酮（或者二氯甲烷）中，交替沉积得到多层膜。在沉积过程中，两种聚合物上的基团发生反应，生成共价键[140]。

（2）嵌入生色团的聚合物多层膜　具有光电特性的生色团可以嵌入到 LbL 多层膜中，得到功能性的薄膜。染料分子可作为一方与聚合物交替沉积。例如，酞菁 Ni 与聚丙烯氯化铵交替沉积可得到多层膜，其中酞菁环的取向可以调控，从而使膜表现出各向异性的光学、介电和电学性质[141]。而以多孔氧化铝为模板，交替沉积聚乙烯亚胺和苝四甲酸二酐时，聚合物与染料分子间形成共价键，最后得到以共价键相结合的聚合物——染料分子纳米管[142]。染料分子也可以结合在某种聚合物上，与另一种聚合物交替沉积。例如，将卟啉 Mn 嫁接到荷正电的聚乙烯基吡啶盐上，与聚乙烯基磺酸钠交替沉积，得到了具有优良电化学特性和催化特性的多层膜[143]；将对光有响应的螺噁嗪基团嫁接在聚丙烯酸上，与聚 4-乙烯基吡啶通过氢键进行组装，得到多层膜[144]；将 9-丙酸钠蒽先与聚二烯丙基二甲基氯化铵在溶液中结合，然后再与聚苯乙烯磺酸钠交替沉积，得到多层膜[145]。嵌段共聚物形成的胶束可以将生色团包裹在内部，与另一种荷相反电荷的聚合物进行 LbL 组装，形成多层膜。例如，将偶氮苯[146]或者偶氮苯衍生物[147]包裹在聚苯乙烯-嵌-聚丙烯酸形成的胶束中，与聚二烯丙基二甲基氯化铵交替沉积，得到具有光照变色性的多层膜。

（3）嵌入纳米粒子的聚合物多层膜　通过 LbL 技术制备含有纳米粒子的聚合物多层膜的途径有以下几种。第一种，以纳米粒子为一方与聚合物交替沉积。表面带有某种电荷的纳米粒子分散在水中形成溶胶，可以直接与带相反电荷的聚合物进行层层组装。例如，荷负电的 CdS、CdS-ZnS 合金量子点与聚二烯丙基二甲基氯化铵交替沉积形成多层膜[148]；荷负电的 Fe_2O_3 纳米粒子[149]、荷负电的 V_2O_5 纳米粒子[150]分别与溶解在二甲基乙酰胺/水酸性混合溶剂中的聚苯胺交替沉积形成多层膜。有时，纳米粒子要先进行修饰，然后再组装。例如，DNA 修饰的金纳米粒子与聚二烯丙基二甲基氯化铵交替沉积，得到可作为生物传感器的多层膜[151]；Pt 纳米粒子先用聚乙烯亚胺修饰，然后与聚苯乙烯磺酸钠进行 LbL 组装[152]。此类组装并不仅限于一般无机纳米粒子。例如，荷正电的 Mg-Al 层状双氢氧化物片亦可与荷负电的聚合物进行 LbL 组装[153]；而荷负电的氧化石墨烯[154]和羧基修饰的碳纳米管[155]均可与聚苯胺进行 LbL 组装。

第二种，运用 LbL 技术得到聚合物多层膜后，吸附纳米粒子。例如，利用氢键使聚甲基丙烯酸与聚乙烯基吡唑啉酮形成多层膜，然后用乙二胺使聚甲基丙烯酸化学交联，并释放出聚乙烯基吡唑啉酮，形成水凝胶状薄膜。该薄膜可使金纳米棒嵌入其中，形成复合薄膜[156]；而 Pt 粒子和 Fe_3O_4 粒子可被吸附在聚苯乙烯磺酸钠与聚烯丙基氯化铵形成的微胶囊壁内，具有催化性能且易回收[157]。

第三种，形成多层膜后，吸附前体，经过反应得到纳米粒子/聚合物复合膜。例如，聚烯丙基胺盐酸盐与聚 4-乙烯基苯磺酸钠形成 LbL 多层膜，在上面吸附一层聚-L-酪氨酸后，浸入到氯金酸水溶液中。吸附后还原，在表面上生成 Au 纳米粒子[158]；透明质酸与聚二烯丙基二甲基氯化铵形成 LbL 多层膜，吸附 Ag^+ 后进行光化学还原，得到嵌有 Ag 纳米粒子的聚合物多层膜[159]。

（4）LbL 组装方法的进展　传统的 LbL 组装为基底在两种聚合物溶液间交替沉积，或者至少有一种为聚合物溶液。随着研究的深入，层层组装技术发展出了一些新的组装体系。在这些组装体系中，可以不用聚合物溶液。

例如，外层分别带有羧基和氨基的嵌段共聚物形成的纳米纤维，分别形成分散体系，而使基底在这两种分散体系中交替沉积，得到自支持薄膜及多孔膜[160]。尽管仍为聚合物薄膜，但组装的基本构建单元为聚合物形成的纳米粒子。利用静电相互作用，Zn-Cr 层状双金属氢氧化物纳米片与层状 TiO_2 组装成具有光催化性能的 LbL 多层膜[161]；多金属氧酸盐 $Na_9[Eu(W_{10}O_{36})] \cdot 32H_2O$ 与 Mg-Al 层状双金属氢氧化物纳米片组装成具有发光性能的 LbL 多层膜[162]；而多金属氧酸盐遇亚甲基蓝也可以形成 LbL 多层膜[163]。利用配位作用，巯基紫精衍生物修饰的碳纳米管与 Cu^{2+} 交替沉积，形成了具有电化学活性的多层膜[164]；以 $PdCl_4^{2-}$ 离子作为媒介，利用其与四吡啶基卟啉锌和吡啶修饰的纳米 TiO_2 间的配位作用，交替沉积卟啉和 TiO_2，形成了具有光催化活性的多层膜[165]。

Lin 等人[166]利用 LbL 技术进行了三维胶体超晶格的组装。他们先将十八硫醇修饰的胶体粒子分散在甲苯中，使之形成过饱和分散体系，这样界面上便会有胶体粒子形成的膜；然后运用类似 LB 沉积的方式将浸在分散体系中的基片竖直提拉，粒子吸附在基片上，形成致密单层膜。该单层膜是疏水的，故用等离子体处理，使朝向空气的一面亲水，而与基底结合的一面仍然疏水，形成 Janus 型膜。然后再沉积第二层，处理后再沉积第三层，以此类推。这可视为对 LbL 技术的改进和发展。

LbL 技术仍在不断发展中。运用该技术构建的聚合物薄膜、微胶囊和纳米管等在许多领域，特别是在药物输送、酶催化、生物医药等方面有着广阔的应用前景[167~170]。随着 LbL 技术的扩展，功能性的生色团及纳米粒子等被组装进薄膜、微胶囊及纳米管等微纳米结构中。这种复合微纳米结构具有光学、电子、催化等性质，在诸多领域有重要应用。希望这一基于胶体与界面化学基本原理而发展起来的组装技术在功能材料的组装方面发挥更大作用，同时希望与这一组装技术相关的基本理论问题也能受到关注[171]。

参 考 文 献

[1] 苏文煜. 大学化学，1994，9（5）：34.

[2] Adam N K，Jessop G. J Chem Soc（London），1925，127：1863.

[3] Kamusewitz H，Possart W，Paul D. Colloids Surf A，1999，156：271.

[4] 王晓东，彭晓峰，闵敬春，刘涛. 应用基础与工程科学学报，2001，9：343.

[5] 王晓东，彭晓峰，闵敬春，刘涛. 工程热物理学报，2002，（1）：67.

[6] 王晓东，彭晓峰，陆建峰，刘涛，王补宣. 热科学与技术，2003，2（3）：230.

[7] Schulze R D，Possart W，Kamusewitz H，Bischof C. J Adhesion Sci Technol，1989，3：39.

[8] Yuan X，Cao L，Wan H，Zeng G，Xi S. Thin Solid Films，1998，327-329：33.

[9] Huo L，Li W，Lu L，Cui H，Xi S，Wang J，Zhao B，Shen Y，Lu Z. Chem Mater，2000，12：790.

[10] Hu J W，Han G B，Ren B，Sun S G，Tian Z Q. Langmuir，2004，20：8831.

[11] Nishino T，Meguro M，Nakamae K，Matsushita M，Ueda Y. Langmuir，1999，15：4321.

[12] Barthlott W，Neinhuis C. Planta，1997，202：1.

[13] Wagner P，Furstner R，Barthlott W，Neinhuis C. J Exp Bot，2003，54（385）：1295.

[14] Otten A，Herminghaus S. Langmuir，2004，20：2405.

[15] Wenzel R N. Ind Eng Chem，1936，28：988.

[16] Cassie A B D，Baxter S. Trans Faraday Soc，1944，40：546.

[17] Patankar N A. Langmuir，2003，19：1249.

[18] Marmur A. Langmuir，2004，20：3517.

[19] Jamin J. Cours de Physique（Paris），1861，3：430.

[20] West G D. Proc Roy Soc（London），1911，86A：20.

[21] Yarnold G D. Proc Phys Soc（London），1938，50：540.

[22] MacDougall G，Ockrent C. Proc Roy Soc（London），1942，180A：151.

[23] Frenkel Y I. J Exptl Theoret Phys（USSR），1948，18：659.

[24] Bikerman J J. J Colloid Sci，1950，5：349.

[25] Rosano H L. Mem Services Chim Etat（Paris），1951，36：437.

[26] Buzagh A，Wolfram E. Kolloid-Z，1958，157：50.

[27] Bikerman J J. Surface Chemistry. 2nd Ed. New York：Academic Press，1958：364.

[28] Furmidge C G L. J Colloid Sci，1962，17：309.

[29] Olsen D A，Joyner P A，Olsen M D. J Phys Chem，1962，66：883.

[30] Xiu Y，Zhu L，Hess D W，Wong C P. J Phys Chem C，2008，112：11403.

[31] Buzagh A，Wolfram E. Kolloid-Z，1956，149，125.

[32] Murase H，Nanishi K，Kogure H，Fujibayashi T，Tamura K，Haruta N. J Appl Polym Sci，1994，54：2051.

[33] Miwa M，Nakajima A，Fujishima A，Hashimoto K，Watanabe T. Langmuir，2000，16：5754.

[34] Lv C，Yang C，Hao P，He F，Zheng Q. Langmuir，2010，26：8704.

[35] Roura P，Fort J. Langmuir，2002，18：566.

[36] Roura P，Fort J. Phys Rev E，2001，64：11601.

[37] Pease D C. J Phys Chem，1945，49：107.

[38] Gao L，McCarthy T J，Zhang X. Langmuir，2009，25：14100.

[39] Extrand C W. Langmuir, 2002, 18: 7991.

[40] Extrand C W. Langmuir, 2006, 22: 1711.

[41] Chen W, McCarthy T J. Langmuir, 1999, 15: 3395.

[42] Oner D, McCarthy T J. Langmuir, 2000, 16: 7777.

[43] Youngblood J P. Macromolecules, 1999, 32: 6800.

[44] Gao L, McCarthy T J. Langmuir, 2006, 22: 6234.

[45] Extrand C W. Langmuir, 2003, 19: 3793.

[46] Gao L, McCarthy T J. Langmuir, 2007, 23: 3762.

[47] Panchagnula M V, Vendantam S. Langmuir, 2007, 23: 13242.

[48] Gao L, McCarthy T J. Langmuir, 2007, 23: 13243.

[49] Gao L, McCarthy T J. Langmuir, 2009, 25: 7249.

[50] Gray V R. Chem Ind, 1965, 23: 969.

[51] Anantharaju N, Panchagnula M V, Vedantam S, Neti S, Tatic-Lucic S. Langmuir, 2007, 23: 11673.

[52] Shi F, Chen X, Wang L, Niu J, Yu J, Wang Z, Zhang X. Chem Mater, 2005, 17: 6177.

[53] Li M, Zhai J, Liu H, Song Y, Jiang L, Zhu D. J Phys Chem B, 2003, 127: 9954.

[54] Qain B, Shen Z. Langmuir, 2005, 21: 9007.

[55] Nakajima A, Fujishima A, Hashimoto K, Watanabe T. Adv Mater, 1999, 11: 1365.

[56] Zhang G, Wang D, Gu Z Z, Mohwald H. Langmuir, 2005, 21: 9143.

[57] Zhao N, Shi F, Wang Z, Zhang X. Langmuir, 2005, 21: 4713.

[58] Wu X, Zheng L, Wu D. Langmuir, 2005, 21: 2665.

[59] Han J T, Lee D H, Ryu C Y, Cho K. J Am Chem Soc, 2004, 126: 4796.

[60] Rao A V, Kulkarni M M, Amalnerkar D P, Seth T. J Non-Cryst Solids, 2003, 330: 187.

[61] Feng L, Song Y, Zhai J, Liu B, Xu J, Jiang L, Zhu D. Angew Chem Int Ed, 2003, 42: 800.

[62] Jiang L, Zhao Y, Zhai J. Angew Chem Int Ed, 2004, 43: 4338.

[63] Sun T, Wang G, Liu H, Feng L, Jiang L, Zhu D. J Am Chem Soc, 2003, 125: 14996.

[64] Yabu H, Takebayashi M, Tanaka M, Shimomura M. Langmuir, 2005, 21: 3235.

[65] Shiu J Y, Kuo C W, Chen P, Mou C Y. Chem Mater, 2004, 16: 561.

[66] Hosono E, Fujihara S, Honma I, Zhou H. J Am Chem Soc, 2005, 127: 13458.

[67] Feng L, Li S, Li H, Zhai J, Song Y, Jiang L, Zhu D. Angew Chem Int Ed, 2002, 41: 1221.

[68] Huang L, Lau S P, Yang H Y, Leong E S P, Yu S F, Prawer S. J Phys Chem B, 2005, 109: 7746.

[69] Liu H, Feng L, Zhai J, Jiang L, Zhu D. Langmuir, 2004, 20: 5659.

[70] Feng X, Zhai J, Jiang L. Angew Chem Int Ed, 2005, 44: 5115.

[71] Lim H S, Kwak D, Lee D Y, Lee S G, Cho K. J Am Chem Soc, 2007, 129: 4128.

[72] Borras A, Barranco A, Gonzalez-Elipe A R. Langmuir, 2008, 24: 8021.

[73] Xu L, Chen W, Mulchandani A, Yan Y. Angew Chem Int Ed, 2005, 44: 6009.

[74] Kakade B, Mehta R, Durge A, Kulkarni S, Pillai V. Nano Lett, 2008, 8: 2693.

[75] Wang S, Liu H, Liu D, Ma X, Fang X, Jiang L. Angew Chem Int Ed, 2007, 46: 3915.

[76] Jin M, Feng X, Feng L, Sun T, Zhai J, Li T, Jiang L. Adv Mater, 2005, 17: 1977.

[77] Cheng Z, Feng L, Jiang L. Adv Funct Mater, 2008, 18: 3219.

[78] Rosario R, Gust D, Garci A A, Hayes M, Taraci J L, Clement T, Dailey J W, Picraux S T. J Phys Chem B, 2004, 108: 12640.

[79] Patankar N A. Langmuir, 2003, 19: 1249.

[80] Bico J, Marzolin C, Quere D. Europhys Lett, 1999, 47 (2): 220.

[81] Xiong D, Liu G. Langmuir, 2012, 28: 6911.

[82] Wang X, Hu H, Ye Q, Gao T, Zhou F, Xue Q. J Mater Chem, 2012, 22: 9624.

[83] Porter Jr L A, Choi H C, Ribbe A E, Buriak J M. Nano Lett, 2002, 10: 1067.

[84] Qin Y, Song Y, Sun N, Zhao N, Li M, Qi L. Chem Mater, 2008, 20: 3965.

[85] Gutes A, Carraro C, Maboudian R. ACS Appl Mater Interf, 2011, 3: 1581.

[86] Magagnin L, Maboudian R, Carraro C. Phys Chem B, 2002, 106: 401.

[87] Sayed S Y, Buriak J M. ACS Appl Mater Interf, 2010, 2: 3515.

[88] Aizawa M, Cooper A M, Malac M, Buriak J M. Nano Lett, 2005, 5: 815.

[89] Sayed S Y, Wang F, Malac M, Meldrum A, Egerton R, Buriak J M. ACSnano, 2009, 3: 2809.

[90] Kawasaki H, Yao T, Suganuma T, Okumura K, Iwaki Y, Yonezawa T, Kikuchi T, Arakawa R. Chem Eur J, 2010, 16: 10832.

[91] Gutes A, Laboriante I, Carraro C, Maboudian R. J Phys Chem C, 2009, 113: 16939.

[92] Brejna P R, Sahaym U, Norton M G, Griffiths P R. J Phys Chem C, 2011, 115: 1444.

[93] Cerruti M, Doerk G, Hernandez G, Carraro C, Maboudian R. Langmuir, 2010, 26: 432.

[94] Tokuda N, Sasaki N, Watanabe H, Miki K, Yamasaki S, Hasunuma R, Yamabe K. J Phys Chem B, 2005, 109: 12655.

[95] Nagai T, Imanishi A, Nakato Y. J Phys Chem B, 2006, 110: 25472.

[96] Sun Y, Yan H, Wiederrecht G P. J Phys Chem C, 2008, 112: 8928.

[97] Sun Y, Lei C, Gosztola D, Haasch R. Langmuir, 2008, 24: 11928.

[98] Sayed S Y, Daly B, Buriak J M. J Phys Chem C, 2008, 112: 12291.

[99] Brevnov D A, Olson T S, Lopez G P, Atanassov P. J Phys Chem B, 2004, 108: 17531.

[100] Gutes A, Carraro C, Maboudian R. J Am Chem Soc, 2010, 132: 1476.

[101] You H, Fang J, Chen F, Shi M, Song X, Ding B. J Phys Chem C, 2008, 112: 16301.

[102] Xie S, Zhang X, Yang S, Paau M C, Xiao D, Choi M M F. RSC Adv, 2012, 2: 4627.

[103] Yan C, Xue D. Cryst Growth Des, 2008, 8: 1849.

[104] Wang C Y, Lu M Y, Chen H C, Chen L J. J Phys Chem C, 2007, 111: 6215.

[105] Qu L, Dai L. J Phys Chem B, 2005, 109: 13985.

[106] Xu X, Zhang Z, Yang J. Langmuir, 2010, 26: 3654.

[107] Huang T K, Cheng T H, Yen M Y, Hsiao W H, Wang L S, Chen F R, Kai J J, Lee C Y, Chiu H T. Langmuir, 2007, 23: 5722.

[108] Mahima S, Karthik C, Garg S, Mehta R, Teki R, Ravishankar N, Ramanath G. Cryst Growth Des, 2010, 10: 3925.

[109] Lai Y, Pan W, Zhang D, Zhan J. Nanoscale, 2011, 3: 2134.

[110] Aizawa M, Buriak J M. J Am Chem Soc, 2005, 127: 8932.

[111] Aizawa M, Buriak J M. Chem Mater, 2007, 19: 5090.

[112] Wang Y, Becker M, Wang L, Liu J, Scholz R, Peng J, Gosele U, Christiansen S, Kim D H, Steinhart M. Nano Lett, 2009, 9: 2384.

[113] Huang T K, Chen Y C, Ko H C, Huang H W, Wang C H, Lin H K, Chen F R, Kai J J, Lee C Y, Chiu H T. Langmuir, 2008, 24: 5647.

[114] Qu L, Dai L. J Am Chem Soc, 2005, 127: 10806.

[115] Qu L, Dai L, Osawa E. J Am Chem Soc, 2006, 128: 5523.

[116] Li Z, Zhang P, Wang K, Xu Z, Wei J, Fan L, Wua D, Zhu H. J Mater Chem, 2011, 21: 13241.

[117] Wang C W, Ding H P, Xin G Q, Chen X, Lee Y I, Hao J, Liu H G. Colloids Surf A, 2009, 340: 93.

[118] Ding H P, Xin G Q, Chen K C, Zhang M, Liu Q, Hao J, Liu H G. Colloids Surf A, 2010, 353: 166.

[119] Ding H P, Wang M, Chen L J, Fan W, Lee Y I, Qian D J, Hao J, Liu H G. Colloids Surf A, 2011, 387: 1.

[120] Sagiv J. J Am Chem Soc, 1980, 102: 92.

[121] Zhang Z, Imae T. Nano Lett, 2001, 1: 241.

[122] Bent S F. ACSnano, 2007, 1: 10.

[123] Kang J F, Liao S, Jordan R, Ulman A. J Am Chem Soc, 1998, 120: 9662.

[124] Nogues C, Lang P. Langmuir, 2007, 23: 8385.

[125] Wanichacheva N, Soto E R, Lambert C R, McGimpsey W G. Anal Chem, 2006, 78: 7132.

[126] Steichen M, Brouette N, Buess-Herman C, Fragneto G, Sferrazza M. Langmuir, 2009, 25: 4162.

[127] Lu X, Li M, Yang C, Zhang L, Li Y, Jiang L, Li H, Jiang L, Liu C, Hu W. Langmuir, 2006, 22: 3035.

[128] Gomes I, Di Paolo R E, Pereira P M, Pereira I A C, Saraiva L M, Penads S, Franco R. Langmuir, 2006, 22: 9809.

[129] Ruiz-Oss M, Gonzlez-Lakunza N, Silanes I, Gourdon A, Arnau A, Ortega J E. J Phys Chem B, 2006, 110: 25573.

[130] Xie Z X, Xu X, Tang J, Mao B W. J Phys Chem B, 2000, 104: 11719.

[131] Decher G, Hong J D. Ber Bunsen-Ges, 1991, 95: 1430.
[132] Ai S F, Lu G, He Q, Li J B. J Am Chem Soc, 2003, 125: 11140.
[133] Kharlampieva E, Kozlovskaya V, Sukhishvili S A. Adv Mater, 2009, 21: 3053.
[134] Wang L, Fu Y, Wang Z, Fan Y, Zhang X. Langmuir, 1999, 15: 1360.
[135] Zhang H, Wang Z, Zhang Y, Zhang X. Langmuir, 2004, 20: 9366.
[136] Bai S, Wang Z, Zhang X, Wang B. Langmuir, 2004, 20: 11828.
[137] Ogawa Y, Arikawa Y, Kida T, Akashi M. Langmur, 2008, 24: 8606.
[138] Pastoriza-Santos I, Schöler S, Caruso F. Adv Funct Mater, 2001, 11: 122.
[139] Seo J, Schattling P, Lang T, Jochum F, Nilles K, Theato P, Char K. Langmuir, 2010, 26: 1830.
[140] Broderick A H, Manna U, Lynn D M. Chem Mater, 2012, 24: 1786.
[141] Dey S, Pal A J. Langmuir, 2011, 27: 8687.
[142] Tian Y, He Q, Tao C, Li J. Langmuir, 2006, 22: 360.
[143] Wang H L, Sun Q, Chen M, Miyake J, Qian D J. Langmuir, 2011, 27: 9880.
[144] Fu Y, Chen H, Qiu D, Wang Z, Zhang X. Langmuir, 2002, 18: 4989.
[145] Chen H, Zeng G, Wang Z, Zhang X, Peng M L, Wu L Z, Tung C H. Chem Mater, 2005, 17: 6679.
[146] Ma N, Wang Y, Wang Z, Zhang X. Langmuir, 2006, 22: 3906.
[147] Ma N, Wang Y, Wang B, Wang Z, Zhang X, Wang G, Zhao Y. Langmuir, 2007, 23: 2874.
[148] Kim D, Okahara S, Shimura K, Nakayama M. J Phys Chem C, 2009, 113: 7015.
[149] Soler M A G, Paterno L G, Sinnecker J P, Wen J G, Sinnecker E H C P, Neumann R F, Bahiana M, Novak M A, Morais P C. J Nanopart Res, 2012, 14: 653.
[150] Shao L, Jeon J W, Lutkenhaus J L. Chem Mater, 2012, 24: 181.
[151] Chang Z, Chen M, Fan H, Zhao K, Zhuang S, He P, Fang Y. Electrochim Acta, 2008, 53: 2939.
[152] Knowles K R, Hanson C C, Fogel A L, Warhol B, Rider D A. ACS Appl Mater Interf, 2012, 4: 3575.
[153] Yan D, Lu J, Wei M, Han J, Ma J, Li F, Evans D G, Duan X. Angew Chem Int Ed, 2009, 48: 3073.
[154] Sarker A K, Hong J D. Langmuir, 2012, 28: 12637.
[155] Hyder M N, Lee S W, Cebeci F C, Schmidt D J, Shao-Horn Y, Hammond P T. ACSnano, 2011, 5: 8552.
[156] Kozlovskaya V, Kharlampieva E, Khanal B P, Manna P, Zubarev E R, Tsukruk V V. Chem Mater, 2008, 20: 7474.
[157] Nakamura M, Katagiri K, Koumoto K. J Colloid Interf Sci, 2010, 343: 64.
[158] Kharlampieva E, Slocik J M, Tsukruk T, Naik R R, Tsukruk V V. Chem Mater, 2008, 20: 5822.
[159] Cui X, Li C M, Bao H, Zheng X, Lu Z. J Colloid Interf Sci, 2008, 327: 459.
[160] Li X, Liu G. Langmuir, 2009, 25: 10811.
[161] Gunjakar J L, Kim T W, Kim H N, Kim I Y, Hwang S J. J Am Chem Soc, 2011, 133: 14998.
[162] Xu J, Zhao S, Han Z, Wang X, Song Y F. Chem Eur J, 2011, 17: 10365.
[163] Anwar N, Vagin M, Naseer R, Imar S, Ibrahim M, Mal S S, Kortz U, Laffir F, McCormac T. Langmuir, 2012, 28: 5480.
[164] Liu J, Chen M, Qian D J. Langmuir, 2012, 28: 9496.
[165] Ren X B, Chen M, Qian D J. Langmuir, 2012, 28: 7711.
[166] Lin M H, Chen H Y, Gwo S. J Am Chem Soc, 2010, 132: 11259.
[167] He Q, Cui Y, Ai S, Tian Y, Li J. Curr Opin Colloid Interf Sci, 2009, 14: 115.
[168] del Mercato L L, Rivera-Gil P, Abbasi A Z, Ochs M, Ganas C, Zins I, Sonnichsen C, Parak W J. Nanoscale, 2010, 2: 548.
[169] Skirtach A G, Yashchenok A M, Mohwald H. Chem Commun, 2011, 47: 12736.
[170] Matsusaki M, Ajiro H, Kida T, Serizawa T, Akashi M. Adv Mater, 2012, 24: 454.
[171] Lyklema J, Deschênes L. Adv Colloid Interf Sci, 2011, 168: 135.

第十章

溶胶

第一节 胶体分散体系的制备

一、分散体系的形成

一般来讲，分散体系的形成有两类方法，即分散形成法和凝聚形成法。

1. 分散形成法

按照分散方式的不同，分为以下几种。

(1) 机械法 即研磨法。有振动磨、胶体磨和空气磨等。振动磨能耗小，效率高，胶体磨可将粒度分散至 $0.1\sim1\mu m$。磨料时需加入分散剂和稳定剂。

(2) 超声分散法 利用超声波将体系分散。

(3) 电分散法 将需分散的金属制成两个电极，浸在冷的分散介质中，调节电解池中电解质浓度、电压及电极间距，将金属分散成原子而后凝聚，得到金属粒子分散体系，或者将金属氧化后再凝聚，得到化合物的分散体系。

(4) 胶溶法 先将胶体聚沉物中的多余电解质除去，然后加入少量稳定剂使之分散。这是一种先凝聚再分散的方法。

(5) 激光烧蚀法 (laser ablation) 用脉冲激光照射介质（水）中的金属片，如金[1]、铂[2]、锡[3]等。由于激光强度很高，被照射的金属在很短的时间内局部受热达到其熔点，原子自表面逸出，再于水中聚集形成纳米粒子。若金属易被氧化，则可得到氧化物纳米粒子。通常在该介质中加入表面活性剂作为形成的纳米粒子的保护剂，以防止粒子聚集。

2. 凝聚形成法

这是将单个的原子或者分子结合成胶体大小的聚集体的方法，可形成小于 10nm 的颗粒。

(1) 物理法 改变溶剂或者浓度，使物相析出，形成微不均相体系。例如，将硫的乙醇溶液逐滴加入水中，可形成硫的溶胶。

(2) 化学法 利用化学反应生成不溶物微粒，并使之在介质中分散。由化学反应的类型，有还原法、氧化法、水解法和复分解法等几种方法。

3. 溶胶的纯化

胶体制备以后，为使体系稳定，需将胶体中多余的电解质及杂质除去。过多的电解质会压缩双电层，使双电层变薄，而杂质的存在则易形成大的粒子。

(1) 若与体系中的粗颗粒分开，则用沉淀法。粗颗粒沉淀，而胶体不沉淀。

(2) 若与体系中的分子或者离子分开，则可以用以下方法。

①过滤法 用过滤法，胶体粒子不通过，而分子或者离子可以通过。

②超离心法 胶体可以沉淀下来，而分子或者离子不能沉淀。这样，胶体沉淀物可用胶

溶法重新分散。

③渗析法　用半透膜将胶体与纯水隔开。胶体粒子不能通过半透膜，而分子或者离子可以通过，这样靠渗透作用将体系中的分子或者离子除去。

④电渗析法　在胶体溶液中放置正、负电极，通过施加一定的电压，胶体粒子与溶液中的反离子向不同的方向运动，可加快渗析过程。

⑤层析法　通过吸附交换将体系中多余的分子或者离子除去，纯化溶胶。

4. 单分散、 单一形状的纳米颗粒的制备

纳米颗粒的某些特性（如尺寸效应）与其粒度相关，同时，纳米颗粒的性能还与其形状密切相关。因此单分散、单一形状的纳米颗粒对于其性质的研究和实际应用均十分重要。

（1）单分散纳米颗粒的制备技术

① 运用"成核扩散控制"模型　在第一批晶核出现之后，浓度尽管高于饱和浓度，但低于最低成核浓度，则不会再形成第二批晶核。这样，晶核逐渐生长，可得到单分散的纳米颗粒。具体操作如下：对于两种液相混合产生沉淀的体系，可将浓度高的 A 液加到浓度低的 B 液中，产生局部过饱和，形成晶核。但又处在稀溶液中，浓度 c 与饱和浓度 s 之差较小，不再形成晶核，晶体生长；在浓度与饱和浓度之差很小时，引入极细的晶核，则晶核缓慢生长，得到单分散的粒子；粒子生长过程中使浓度与饱和浓度之差很小并保持恒定，可得到单分散的粒子。

"成核扩散控制"模型制备单分散纳米颗粒如图 10-1 所示。

② 浓度一致法（即双注法）　同时从两个注射器加入反应液体，在容器中反应，并在该过程中使浓度与饱和浓度之差保持一致。

③ 分级分离　并非所有的体系均可以得到单分散的胶体颗粒，故有时候需进行分级分离。如利用重力沉降法或者离心分离沉淀法。下面介绍两种方法。

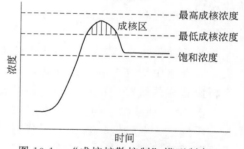

图 10-1　"成核扩散控制"模型制备
单分散纳米颗粒示意图

第一种是分级沉淀法。对于粒径小于 10nm 的胶体体系可采用此方法进行分离。如有人[4]合成了由三正辛基氧化膦作为保护剂的 CdSe 纳米粒子，体系中粒子的粒度不同。为了将这些粒度不同的粒子分开，首先将纯化好的粒子分散在无水正丁醇中，形成清液。然后滴加甲醇，则体系极性变大，出现浑浊，粒度最大的那一部分粒子沉淀了，离心分离之。上层清液再滴加甲醇，又出现浑浊，则离心分离之。依次进行，则可将粒径不同的粒子完全分开。

第二种是电泳分级法，或者凝胶电泳法。大小不同的粒子带电量不同，在电场中的运动速度不同。例如，将 CdS 溶胶置于凝胶上，加电压，粒子由于带正电而向阴极移动。由于小粒子比表面积大，故同样体积的粒子带电多，移动快，大粒子则移动慢，因此可将粒径不同的粒子分开。CdS 粒子的光吸收及光发射与其粒径有关，小粒子发蓝色荧光，大粒子发绿色荧光。故可发现，不同位置的粒子发光不同。

（2）单一形状纳米粒子的制备　有多种方法可以得到单一形状的纳米粒子。例如，制备过程中加入表面活性剂等控制纳米粒子的方向性生长，或者使用模板进行调控等。

二、 胶体形成过程的热力学基础

1. 相图、 平衡相和亚稳相

相图是研究相平衡的状态图，它反映了在相平衡条件下热力学参数，如温度、压力和组

分等之间的关系。

图 10-2 即为某单元物系的相图。图中的实线为相平衡线，实线所包括（围）的区域为平衡相，即气、液、固三相。

现在来考察自状态 A 至状态 E 的变化过程。

从理论上讲，若在压力恒定为 P_1 的情况下逐渐降温，则当温度由 T_A 降至 T_B 时，与气相相平衡的液相会析出。此时温度不再变化，直到蒸汽全部变为液体（当然，仍在气相中存留与液相相平衡的饱和蒸汽）。然后温度进一步下降，至 T_D 时，液相开始变为固相。当液相全部变为固相后，温度进一步降低，进入固相区。

但实际上，当温度降至 T_B 时，蒸汽并不变成液体，只有降至 T_C 时才会有液体出现；当温度降至 T_D 时液体并不变成固体，只有降至 T_E 时才会出现固体。这是由于理论上能发生相变的部分区域内所形成的新相并不稳定，处于介稳状态。这种理论上应该发生相变而实际上并不发生相变的区域叫作亚稳区，又叫亚稳相。图 10-2 中的阴影部分即为亚稳相。

为什么旧相能以亚稳态存在，而新相在亚稳区无法形成呢？这是因为冷却到平衡相变温度时，开始形成的是微小的液滴或者晶核。对于液滴，由 Kelvin 公式：

$$\ln \frac{P}{P_0} = \frac{2\gamma M}{RT\rho} \times \frac{1}{r} \tag{10-1}$$

可知，液滴的半径 r 越小，其饱和蒸汽压 P 越大，超出体相液体的饱和蒸汽压 P_0 越多。因此，蒸汽对于大块液体是饱和的，但对于形成的微小的液滴来讲则未饱和。故小液滴即使形成了，也会很快蒸发，故不能稳定存在。从能量的角度考虑也会得到同样的结论。由于小液滴的饱和蒸汽压高，故有：

$$\mu = \mu*(T) + RT\ln P$$

其化学位也会很高，物系处于较不稳定的状态。对于晶核来讲，由于粒径小，比表面积大，表面自由能高，故在达到其临界成核半径之前不能稳定存在。只有在一定的过冷度下，当析出新相的微粒的粒径大于其临界成核半径 r_k 时，才会生长成为胶粒。

图 10-3 是某物质的溶解度随温度变化的曲线。图中实线为饱和曲线，虚线为过饱和曲线，阴影区为亚稳区。若将处于状态 A 的该物质自溶液中以晶体的形式析出，理论上可以通过降低温度到 B 点，或者使溶剂挥发，增大浓度到 B' 点来实现。实际上，由于存在亚稳区，在 B 和 B' 点并不能析出晶体，只有越过亚稳区，到 C 和 C' 点才行。一般采用混合途径，由 A 经 B'' 到 C'' 点。

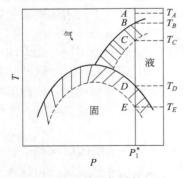

图 10-2 某单元物系的相图

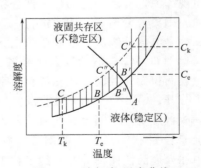

图 10-3 溶解度-温度曲线

为什么亚稳区内不能形成晶体呢？这可以用与 Kelvin 公式类似的 Ostwald-Freundlich 方程来说明：

$$\ln\frac{S_2}{S_1}=\frac{2\gamma M}{RT\rho}\left(\frac{1}{r_2}-\frac{1}{r_1}\right) \tag{10-2}$$

式中，S_1 和 S_2 分别为粒径为 r_1 和 r_2 的粒子的溶解度；γ 为液/固界面的界面张力；M 和 ρ 分别为固体的摩尔质量和密度。可以看出，溶解度与粒径相关。粒径越小，溶解度越大。因此，与大粒子相对应的饱和浓度对于小粒子来讲则未饱和，故小粒子形成后在粒径达到其临界成核半径之前不能稳定存在。

C' 处的浓度 c_k 叫作临界浓度，B' 处的浓度 c_e 叫作平衡浓度，二者之差 $\Delta c=c_k-c_e$ 叫作临界过饱和度，$c-c_e$ 为过饱和度；B 处的温度 T_e 为平衡温度，C 处的温度 T_k 为临界温度，二者之差 $\Delta T_k=T_e-T_k$ 为临界过冷度，T_e-T 为过冷度。

2. 胶体形成过程的推动力

胶体的形成过程是新相的生成及生长过程。这一过程的推动力可近似用自由能的变化来描述。对于如下所示的变化：

$$A(\text{sol}) \Longleftrightarrow A(\text{cryst})$$

开始时，溶液和晶体的活度分别为 a 和 1，平衡时分别为 a_e 和 1，则由 van't Hoff 方程，有：

$$\Delta G=-RT\ln K+RT\ln Q \tag{10-3}$$

式中，K 为平衡常数，$K=a_e^{-1}$；Q 为各组分的活度比，$Q=a^{-1}$。因此：

$$\Delta G=RT\ln\frac{Q}{K}=RT\ln\frac{a^{-1}}{a_e^{-1}}=RT\ln\frac{a_e}{a}\approx RT\ln\frac{c_e}{c} \tag{10-4}$$

若过程自发，则 $\Delta G<0$。因此，$\dfrac{c_e}{c}<1$，即 $\dfrac{c}{c_e}>1$。$\dfrac{c}{c_e}$ 叫作相对过饱和度，$\dfrac{c}{c_e}>1$ 为溶液析晶过程的推动力。

上式也可以写作：

$$\Delta G=RT\ln\frac{c_e}{c}=RT\ln\left(1-\frac{c-c_e}{c}\right)=RT\ln\left(1-\frac{\Delta c}{c}\right) \tag{10-5}$$

故过饱和度 $c-c_e>0$ 也是溶液析晶过程的推动力。

而 $\dfrac{\Delta c}{c}<1$。上式展开为代数式并忽略高次项后，有：

$$\Delta G=-RT\ln\frac{\Delta c}{c}$$

在平衡相变过程中，$\Delta G=\Delta H-T\Delta S=0$，故：

$$\Delta S=\frac{\Delta H}{T_e}$$

在不平衡温度 T 发生相变时，若 ΔH 和 ΔS 可以用平衡时的数据代替，则：

$$\Delta G=\Delta H-T\Delta S=\Delta H-T\frac{\Delta H}{T_e}=\Delta H\left(1-\frac{T}{T_e}\right)=\Delta H\frac{T_e-T}{T_e}=\Delta H\frac{\Delta T}{T_e} \tag{10-6}$$

若过程自发，则需 $\Delta G<0$。若过程为凝聚，$\Delta H<0$，故由上式，$\Delta T>0$，即 $T_e>T$ 才行。也就是说，实际相变温度比平衡相变温度低时才能发生。

若过程为蒸发、熔融，$\Delta H>0$，故由上式，$\Delta T<0$，即 $T_e<T$ 才行。也就是说，实际相变温度比平衡相变温度高时才会发生。

因此，过冷度 ΔT 也是相变过程的推动力。究竟平衡相变温度与实际相变温度相对大小如何，要视过程是蒸发还是凝聚而定。

三、 胶体形成过程的动力学基础

胶体的形成过程包括新相的形成（成核）和生长到胶体粒子大小的过程。

1. 相变速率公式

若一物相 α 快速越过亚稳区冷却到物相 β 的稳定区，并维持一定时间 t，生成的新相 β 的体积为 V_β，原来旧相 α 的体积为 V_α，则：

$$
\begin{array}{ccc}
 & \alpha \rightarrow \beta & \\
t=0 & V & 0 \\
t=t & V_\alpha & V_\beta
\end{array}
$$

假设：

①粒子生长速率是各向同性的，生成的是球形粒子。

②新相的生长速率 u 以单位时间内球体增长的半径来表示，$r=ut$，且 u 不随 t 变化。

③新、旧两相的密度相同，即 $V_\alpha = V - V_\beta$。

则 dt 时间内形成新相的粒子数为：

$$N_t = IV_\alpha dt \tag{10-7}$$

式中，I 为形成新相核的速率。

dt 时间内形成的新相 β 的体积为：

$$dV_\beta = v_\beta N_t \tag{10-8}$$

式中，v_β 为一个新相粒子的体积。由假设②，$r=ut$。因此，t 时间后，粒子的体积为：

$$v_\beta = \frac{4}{3}\pi r^3 = \frac{4}{3}\pi(ut)^3$$

因此，形成新相的体积为：

$$dV_\beta = v_\beta N_t = \frac{4}{3}\pi(ut)^3 IV_\alpha dt = \frac{4}{3}\pi u^3 t^3 IV_\alpha dt \tag{10-9}$$

（1）相变初期的速率方程　在相变开始阶段，$V_\alpha \approx V$，因此：

$$dV_\beta = \frac{4}{3}\pi u^3 t^3 IV dt \tag{10-10}$$

由于 u 与 t 无关，且在相变初期可认为 I 也与 t 无关。积分，得：

$$V_\beta = \frac{4}{3}\pi u^3 IV \int_0^t t^3 dt = \frac{1}{3}\pi u^3 IVt^4 \tag{10-11}$$

故 t 时间内形成新相的体积分数为：

$$\frac{V_\beta}{V} = \frac{1}{3}\pi u^3 It^4 \tag{10-12}$$

这就是相变初期的近似速率方程。随着相变的进行，$V_\alpha \neq V$，且 I 与 t 有关，该式不再适用。

（2）Avrami 改进　由于粒子间的碰撞和相变时旧相体积的减少会影响到新相的生成速率，因此相变过程中，$V_\alpha \neq V$。令 $\alpha = \dfrac{V_\beta}{V}$ 为 t 时间内生成的 β 相的体积分数，那么，$1-\alpha$ 即为 t 时间内未发生相变的旧相的体积分数。因此，α 相的体积为 $V_\alpha = V(1-\alpha)$。将其代入到速率方程中，有：

$$dV_\beta = \frac{4}{3}\pi u^3 t^3 IV(1-\alpha) dt \tag{10-13}$$

由 $\alpha = \dfrac{V_\beta}{V}$，可得 $d\alpha = \dfrac{dV_\beta}{V}$。因此，$\dfrac{d\alpha}{1-\alpha} = \dfrac{dV_\beta}{V(1-\alpha)} = \dfrac{4}{3}\pi u^3 t^3 I dt$。

仍设 I 为常数，认为成核速率不变，对上式积分，则有：

$$-\ln(1-\alpha)=\frac{1}{3}\pi u^3 I t^4$$

因此：

$$\frac{V_\beta}{V}=\alpha=1-\exp\left(-\frac{1}{3}\pi u^3 I t^4\right) \tag{10-14}$$

这就是经过改进的适用于球形粒子生长的 JMA（Johnson-Mehl-Avrami）速率方程。在相变初期，由于 t 很小，该式可还原为代数式，即相变初期的近似速率方程。

对于不同形状的粒子的生长，方程不同。

①对于球形粒子，可在三个方向生长。一个小粒子的体积为 $v_\beta=\frac{4}{3}\pi(ut)^3$，新相的体积 $V_\beta\propto(ut)^3$，新相的体积分数 $\alpha\propto t^4$。

②对于薄片，可在两个方向上生长。一个小粒子的体积为 $v_\beta=d\pi(ut)^2$，d 为薄片的厚度。$V_\beta\propto(ut)^2$，$\alpha\propto t^3$。

③对于细丝，在一个方向上生长。一个小粒子的体积为 $v_\beta=Aut$，A 为细丝的截面积。$V_\beta\propto ut$，$\alpha\propto t^2$。

（3）Christian 校正　由于时间 t 对新相核的生成速率 I 和新相生长速率 u 都有影响，故做了进一步校正，得到如下公式：

$$\frac{V_\beta}{V}=1-\exp(-at^n) \tag{10-15}$$

式中，a 是与 I 及 u 有关的系数；n 为 Avrami 指数。这里 n 不再固定为 3、2 及 1，而是可以取小数。

以 $\frac{V_\beta}{V}$ 对 t 作图，可得 S 形的曲线。$t=0$ 时，$\frac{V_\beta}{V}=0$；$t\to\infty$ 时，$\frac{V_\beta}{V}\to 1$。

新相的体积分数随时间的变化如图 10-4 所示。

曲线可分为三个阶段。

①相变初始阶段，即成核阶段，为相变的诱导期。此时对 I 的影响大，对 u 的影响小。

②当生成大量的晶核后，进入生长阶段，相变速率迅速增加，为自动催化期。

③相变后期，新相大量生成，过饱和度减小，新相生长速率变慢。

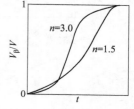

图 10-4　新相的体积分数随时间的变化

2. 过冷度或温度对成核过程和生长过程的影响

平衡相变温度与实际相变温度之差为过冷度，$\Delta T=T_e-T$。温度对成核和生长过程的影响体现在两个方面：一方面，温度降低，分子动能下降，吸引力相对增大，有利于成核及生长；另一方面，温度降低，液体黏度增加，分子移动困难，成核速率和生长速率减慢，因为生长过程需要分子有较大距离的迁移和扩散。因此，应该存在最佳的温度。

图 10-5 为 I-ΔT 及 u-ΔT 图。图中左边阴影区为高温亚稳区，右边阴影区为低温亚稳区，或叫高黏度亚稳区。A 点为凝固点，对应的温度 T_A 为平衡相变温度；B 点对应的温度 T_B 为临界析晶温度。

由此图可以看出以下几点。

（1）ΔT 过高或者过低都不利于成核和生长。在某一 ΔT 时，I 或 u 达到最大值。

（2）I 和 u 的最大值处不重叠，u 的峰值在较低过冷度，即较高温度处；I 的峰值在较高过冷度，即较低温度处。

（3）两条曲线的重叠区叫作析晶区。在该区域内易成核和生长。两曲线交叉处，成核速率和生长速率相同。交叉处的左边，成核速率慢而生长速率快，则成核少，有利于大粒子的形成；右边，成核速率高于生长速率，成核多，生长慢，有利于胶体的形成。

（4）两侧阴影区为亚稳区。在这两个区域内，理论上可以形成新相，实际上不析出。在高温亚稳区，无法满足新相形成的热力学条件；在低温亚稳区，黏度太高，分子难以移动。在两条曲线的重叠区，冷却到一定温度下保温可析出新相。

若两条曲线不重叠（图 10-6），则先冷却到成核区形成晶核，再升温到生长区使之生长。

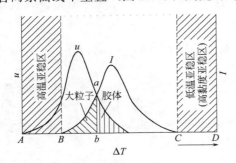

图 10-5 成核速率、生长速率与 ΔT 的关系示意图

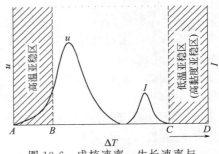

图 10-6 成核速率、生长速率与 ΔT 的关系示意图

四、 成核过程

1. 成核机理

（1）液相、固相和微小晶粒的自由能-温度关系 由 $\mathrm{d}G = -S\mathrm{d}T + V\mathrm{d}P$，恒压时，有 $\left(\dfrac{\partial G}{\partial T}\right)_P = -S$。而 $S > 0$，故 $\left(\dfrac{\partial G}{\partial T}\right)_P < 0$，即物质的自由能随温度的升高而降低。

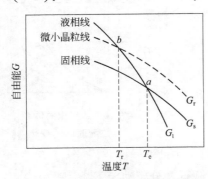

图 10-7 液相、固相及微小晶粒的自由能与温度的关系示意图

图 10-7 为固相、液相及微小晶粒的自由能与温度的关系曲线。固相线与液相线的交点 a 处为两相平衡点，对应于平衡温度 T_e。此时，$G_s = G_l$，$\Delta G = 0$。因此，从理论上讲，如果 $T > T_e$，则 $G_s > G_l$，$\Delta G = G_s - G_l > 0$，晶体不会析出；如果 $T < T_e$，则 $G_s < G_l$，$\Delta G = G_s - G_l < 0$，晶体自动析出。

实际上，晶体析出时，液相与微小晶粒相平衡，而不是与大块晶体相平衡。对小晶粒而言，$\mathrm{d}G = -S\mathrm{d}T + V\mathrm{d}P + \gamma\mathrm{d}A$，故微小晶粒的自由能曲线在大块晶体的自由能曲线之上。微小晶粒的自由能曲线与液相自由能曲线交于 b 点，对应的温度 T_r 叫作临界析晶温度。当 $T < T_r$ 时，才会析出新相。

（2）核的形成——浓度涨落理论（fluctuation theory） 如图 10-8 所示，当 $T < T_r$ 时，液体分子动能降低，部分区域出现短程有序的排列，形成"核胚"。这是形成稳定核的条件。温度升高，核胚消失；温度降低，核胚生长成核。

处于过冷状态下的液体，由于分子的热运动使溶液内部组成和结构上有差异，浓度不均匀。局部浓度会高于平均浓度，且随着过冷度的增加，高浓度范围扩大，形成核胚。核胚进一步生长达到了热力学稳定态，则形成核。

(3) 成核的自由能变化 新相的形成使体系的总的自由能发生变化。变化量 ΔG_r 包括新相形成引起的体积自由能减少 ΔG_V 和新的液/固界面的出现导致的自由能的增加 ΔG_S 两部分：

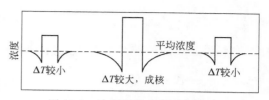

图 10-8 浓度涨落成核示意图

$$\Delta G_r = \Delta G_V + \Delta G_S \tag{10-16}$$

ΔG_V 并非是总体积的变化引起的，而是由于同样体积的液相变成了固相，而在临界成核温度以下时 $G_s < G_1$ 引起的。ΔG_r 的正负取决于 ΔG_V 和 ΔG_S 的相对大小，而这又取决于形成的胶粒的大小。

对于球形粒子，胶粒表面积与体积之比为：

$$\frac{A}{V} = \frac{4\pi r^2}{\frac{4}{3}\pi r^3} = \frac{3}{r}$$

因此，r 越小，$\frac{A}{V}$ 越大，体积小且比表面积高，ΔG_S 的影响比 ΔG_V 强，$\Delta G_r > 0$，过程不自发；随着 r 变大，$\frac{A}{V}$ 减小，ΔG_S 的影响渐渐弱于 ΔG_V 的影响，可能使 $\Delta G_r < 0$，过程自发。因此，只有当形成的胶粒达到一定大小时，即达到临界值时，ΔG_r 才会由正变负。此时形成的稳定胶粒叫作临界稳定核。

2. 临界核的形成

恒温恒压下，过冷液体析出半径为 r 的微粒，体系的自由能变化为：

$$\Delta G_r = \Delta G'_V + \Delta G_S = \frac{4}{3}\pi r^3 \Delta G_V + 4\pi r^2 \gamma_{ls} \tag{10-17}$$

式中，ΔG_V 表示单位体积自由能的变化，以与 γ_{ls} 相对应。

图 10-9 为 ΔG_V、ΔG_S 和 ΔG_r 随 r 变化的关系图。可见，当 $r < r_k$ 时，$\frac{\mathrm{d}(\Delta G_r)}{\mathrm{d}r} > 0$，难以形成稳定的晶核；当 $r = r_k$ 时，$\frac{\mathrm{d}(\Delta G_r)}{\mathrm{d}r} = 0$。尽管此时并未达到 $\Delta G_r = 0$，但这却是一个转折点，预示着随 r 的进一步增大，就可能使 $\Delta G_r < 0$。当 $r > r_k$ 时，$\frac{\mathrm{d}(\Delta G_r)}{\mathrm{d}r} < 0$，此时随着粒径的增加，$\Delta G_r$ 变小。当 $\Delta G_r < 0$ 时，即形成稳定的晶核，新相才会稳定存在和生长。这种变化只有当 $r > r_k$ 时才会实现。r_k 叫作临界成核半径，是形成稳定晶核的最小尺寸。

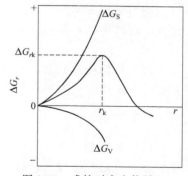

图 10-9 成核时自由能随核半径变化示意图

由 $r = r_k$ 时，$\frac{\mathrm{d}(\Delta G_r)}{\mathrm{d}r} = 0$，有：

$$8\pi r \gamma_{ls} + 4\pi r^2 \Delta G_V = 0$$

故

$$r_k = -\frac{2\gamma_{ls}}{\Delta G_V} \text{ 或 } \Delta G_V = -\frac{2\gamma_{ls}}{r_k}$$

因此，形成临界核时所需的自由能的变化为：

$$\Delta G_{r_k} = \Delta G'_V + \Delta G_S = \frac{4}{3}\pi r_k{}^3 \left(-\frac{2\gamma_{ls}}{r_k}\right) + 4\pi r_k{}^2 \gamma_{ls} = \frac{4}{3}\pi r_k{}^2 \gamma_{ls} \tag{10-18}$$

其为形成的胶粒界面自由能的 1/3。当 ΔG_r 小于该值时，就有可能析出晶核。或者将 $r_k = -\frac{2\gamma_{ls}}{\Delta G_V}$ 代入，有：

$$\Delta G_{r_k} = \Delta G'_V + \Delta G_S = \frac{4}{3}\pi \left(-\frac{2\gamma_{ls}}{\Delta G_V}\right)^3 \Delta G_V + 4\pi \left(-\frac{2\gamma_{ls}}{\Delta G_V}\right)^2 \gamma_{ls} = \frac{16}{3} \times \frac{\pi \gamma_{ls}{}^3}{(\Delta G_V)^2} \tag{10-19}$$

而
$$\Delta G_V = \frac{\rho}{M}\Delta G = \frac{\rho}{M}\Delta H \frac{\Delta T}{T_e}$$

式中，ΔG_V 为单位体积自由能的变化；ΔG 为 1mol 分子发生相变时的自由能变化。将其代入到上式，有：

$$\Delta G_{r_k} = \frac{16\pi \gamma_{ls}^3 M^2}{3\rho^2 \Delta H^2} \times \frac{T_e^2}{\Delta T} \tag{10-20}$$

ΔG_{r_k} 为一势垒。只有克服了该势垒的粒子才能形成稳定的晶核。ΔT 越大，ΔG_{r_k} 越小。还可以得到：

$$r_k = -\frac{2\gamma_{ls}}{\Delta G_V} = -\frac{2\gamma_{ls} M T_e}{\rho \Delta H \Delta T} \tag{10-21}$$

该式说明，r_k 除与物系本身的性质（如 ρ、M 和 γ）有关外，还与 ΔT 有关。ΔT 越大，r_k 越小，越易析晶。

临界晶核的大小还可以用临界大小常数 q 表示，为形成临界核所必需的分子数：

$$q = \frac{8\pi r_k^2 \gamma_{ls}}{3kT \ln S_1} \tag{10-22}$$

式中，S_1 为相对临界过饱和度，$S = \frac{c_1}{c_e}$。S_1 越大，即 c_1 越大，c_e 越小，q 值越小，越有利于成核。

3. 均相核化速率

由 Volmer-Weber 均相核化速率理论，核化速率 I 为每秒钟形成晶核的数目。它等于单位体积液体中临界晶核以上的晶核数目 n_k 乘以每秒钟到达临界晶核的原子数目 D：

$$I = n_k D \tag{10-23}$$

由成核势垒的概念，能形成临界核的分子必须具有高于 ΔG_{r_k} 的能量才能成核。由玻耳兹曼分布定律，n_k 与单位体积液相中的分子数 N 之间的关系为：

$$n_k = N \exp\left(-\frac{\Delta G_{r_k}}{kT}\right) \tag{10-24}$$

成核过程是液体中的原子附着在核胚上，使其长大成为临界核的过程。原子自液相中迁移到核胚上是扩散过程。D 为扩散系数，有：

$$D = B \exp\left(-\frac{\Delta G_a}{kT}\right) \tag{10-25}$$

式中，ΔG_a 为扩散活化能；$B = a\nu_0$，其中，a 为界面上一个原子在核胚方向的振动概率，ν_0 为原子振动频率。

因此，核化速率可表示为：

$$I = N \exp\left(-\frac{\Delta G_{r_k}}{kT}\right) B \exp\left(-\frac{\Delta G_a}{kT}\right) = NB \exp\left(-\frac{\Delta G_{r_k} + \Delta G_a}{kT}\right) \tag{10-26}$$

因此，核化过程必须克服临界核形成势垒 ΔG_{r_k} 和扩散过程势垒 ΔG_a（图 10-10）。还可以看出，温度 T 对 I 有影响。温度的影响有两个方面，即影响到 ΔG_{r_k} 和 $1/kT$。就 ΔG_{r_k} 而言，由于 $\Delta G_{r_k} \propto 1/\Delta T^2$，因此随温度升高，$\Delta T$ 减小，ΔG_{r_k} 增大，I 值降低，不利于成核。就 $1/kT$ 而言，温度升高，$1/kT$ 减小，I 增大，有利于成核。图 10-11 为 I-T 图。I 随温度的增加先增大后减小，有极大值出现。在低温阶段，扩散控制成核过程；在高温阶段，ΔG_{r_k} 控制成核过程。由 $dI/dT = 0$，可求出：

$$I_{max} = c \exp\left(\frac{2\beta T_e^2}{k \Delta T^3}\right) \qquad (10\text{-}27)$$

式中，β 为常数。

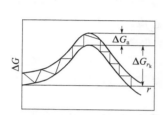

图 10-10 临界核形成势垒和扩散过程势垒示意图

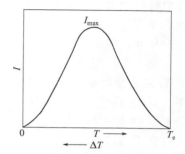

图 10-11 核化速率与温度的关系示意图

第二节 胶体的稳定与聚沉

一、 聚沉与絮凝

胶体粒子相互结合在一起变成大粒子的过程叫作聚结（aggregation）。由小的胶粒聚集成的大粒子叫作聚集体（aggregate）。如果聚集的最终结果导致粒子从溶胶中沉淀析出，则该过程被称为聚沉（coagulation）。聚沉过程一般比较缓慢，粒子堆积较紧密。加入电解质可引发聚沉。加入的电解质叫作聚沉剂。有些外界因素也可以促使胶体的聚沉，如光照、电场及加热等。

若胶体聚沉时加入的聚沉剂是高分子物质、表面活性剂或者高价异号离子，沉淀可以较快地形成，且沉淀下来的粒子堆积较疏松。该过程叫作絮凝（flocculation），沉淀叫作絮凝物（floc）。絮凝物可以在几分钟内快速形成，其中常夹杂着部分溶剂。

二、 胶体的稳定与不稳定因素

1. 不稳定因素

（1）热力学因素 胶体分散体系是一种热力学不稳定体系。由于 $\Delta G = \gamma_{ls} \Delta A$，因此在恒温恒压下，液/固界面的界面张力不变时，粒子聚结可使粒子比表面积降低，从而使体系自由能降低。胶体的聚结是一个自发过程。聚结的根源在于粒子间的范德华力。

（2）动力学因素 胶粒一直在作无规则的布朗运动。这种运动使胶粒碰撞，加剧了聚结过程。由双电层的存在所具有的聚结稳定性一旦失去，动力学稳定性随之消失。

2. 稳定因素

（1）聚结稳定性 胶粒周围带电，且同一种胶体，胶粒所带电荷相同。胶粒间具有相互排斥的作用，从而使胶体稳定。胶粒间的排斥力是决定胶体稳定的主要因素。

　　（2）动力学稳定性　　胶粒始终作不规则的布朗运动。尽管增加了相互碰撞的概率，但由于有双电层的存在，故在粒子的动能不越过势垒的情况下，布朗运动有利于胶体的稳定。

　　胶体分散体系从本质上讲是不稳定的，稳定存在只是暂时的。可以采取措施使之稳定，也可以将其破坏，引发聚沉或者絮凝。

三、　电解质对胶体的聚沉和稳定作用

1. 带电胶粒稳定性的理论——DLVO 理论

　　前苏联学者 Dajaguin 和 Landau 于 1941 年、荷兰学者 Verwey 和 Overbeek 于 1948 年分别独立提出了关于带电胶粒稳定性的理论，后来称之为 DLVO 理论。该理论认为，带电胶粒间存在两种作用力，即双电层重叠时的静电斥力和粒子间的长程范德华力；这两种力使得胶粒间具有相互排斥位能和吸引位能以及总位能，且位能的大小随粒子间距离的变化而变化；这两种相互作用位能的相对大小决定了溶胶稳定或者聚沉；外加电解质对胶粒间的相互吸引位能影响不大，但却极大地影响相互排斥位能及总位能，从而影响胶体的稳定。

　　（1）胶粒重叠时的静电斥力　　胶粒带有电荷，即电势决定离子层，向外依次为紧密层和扩散层，即 Stern 层和 Gouy 层。这两层中的净的反离子所带电量与胶粒上的电势决定层中离子的电量相等，符号相反。扩散层外任何一点不受胶粒电荷的影响。因此，胶粒间的相互作用会存在下面两种情况。

　　当两个胶粒处在其扩散层尚未接触的距离时，它们之间不存在任何排斥力；当两个胶粒靠近到其扩散层相互重叠时，则产生排斥力。此时，重叠区的反离子浓度增大，使原来胶粒各自的扩散层的对称性被破坏。这样会产生两种排斥力：首先，扩散层中离子的分布平衡被破坏，使得离子从浓度高的重叠区向浓度低的未重叠区扩散，产生渗透性的排斥力；其次，扩散层的重叠破坏了双电层的静电平衡，引起胶粒间静电性的排斥力。这两种排斥力都随扩散层重叠程度的增加而增强，且与粒子的形状有关。其中，静电排斥力为主要的排斥作用。

　　① 两个平面粒子双电层重叠时的斥力位能　　当两个相互平行的平面双电层相互靠近时，由于双电层的重叠，在平面间产生排斥力。

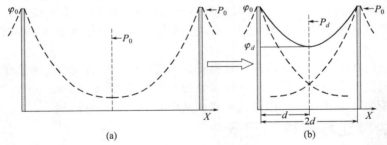

(a)　　　　　　　　　　　　　　(b)

图 10-12　两平行的平面双电层在外压推动下逐渐靠近至平衡时板间电位的变化示意图

(a) 双电层未交叠；(b) 双电层交叠，平衡

　　如图 10-12 所示，为两个相互平行的平面双电层，浸在电解质浓度为 n_0 的溶液中，固体表面的电位为 φ_0。溶液分为内区和外区。内区指两个平行板之间的区域，外区指仅受一个平板影响的区域。在外压 P_0 的推动下，两个平行板逐渐靠近。当两个平行板之间距离很远时，无论在内区还是外区，电位随距离的增大而降低的规律均服从前面所推导的公式；当双电层交叠时，外区的电位变化不受影响，而内区电位的变化受到很大影响。

　　双电层交叠，两个平行板之间产生静电排斥力。若板距减小为 $2d$ 时，板距保持不变，两板保持平衡。此时，必须外加一个作用力，且外加的作用力等于静电斥力。

假若在内区中任取一个体积元，使其平行于平板，并与某平板相距 x，则这个体积元上有两个力：压力和电场力。压力 P 表示在这个体积元的单位面积上所受的作用力，则该单位体积元上的作用力为：

$$F_x = \frac{dP}{dx} \tag{10-28}$$

同时，在此体积元上还有一个电场力，它等于电场强度和电荷密度之积：

$$F_e = -\rho \frac{d\varphi}{dx} \tag{10-29}$$

平衡时，作用在体积元上的合力为零，故：

$$\frac{dP}{dx} + \rho \frac{d\varphi}{dx} = 0 \tag{10-30}$$

电荷分布的 Poisson 方程为：

$$\frac{\partial^2 \varphi}{\partial x^2} + \frac{\partial^2 \varphi}{\partial y^2} + \frac{\partial^2 \varphi}{\partial z^2} = -\frac{4\pi\rho}{D}$$

式中，D 为介电常数。由于两个平行板在二维方向上长度可认为趋于无穷大，故上式可简化为：

$$\frac{d^2 \varphi}{dx^2} = -\frac{4\pi\rho}{D}$$

故：

$$\rho = -\frac{D}{4\pi} \times \frac{d^2 \varphi}{dx^2} \tag{10-31}$$

将此式代入到式（10-30）中，有：

$$\frac{dP}{dx} - \frac{D}{4\pi} \times \frac{d^2 \varphi}{dx^2} \times \frac{d\varphi}{dx} = 0 \tag{10-32}$$

由于 $\dfrac{d^2 \varphi}{dx^2} \times \dfrac{d\varphi}{dx} = \dfrac{1}{2} \times \dfrac{d}{dx}\left(\dfrac{d\varphi}{dx}\right)^2$，因此，上式变为：

$$\frac{dP}{dx} - \frac{D}{8\pi} \times \frac{d}{dx}\left(\frac{d\varphi}{dx}\right)^2 = 0$$

故：

$$\frac{d}{dx}\left[P - \frac{D}{8\pi}\left(\frac{d\varphi}{dx}\right)^2 \right] = 0 \tag{10-33}$$

因此，有：

$$P - \frac{D}{8\pi}\left(\frac{d\varphi}{dx}\right)^2 = 常数 \tag{10-34}$$

该式表明，两个平行板平衡的条件为，作用在内区内任一体积元上的合力（外压与静电排斥力之和）为零；也相当于要求在溶液的各个部位上，单位面积受到的压力和电场作用之差为一常数。

由图 10-12 可见，内区的电位变化是对称的。当 $x = d$ 时，电位达到极小值 φ_d。此时，$d\varphi/dx = 0$。将其代入到上式，可得到该常数为内区中点位置处单位面积上所受到的压力 P_d。这意味着在两个平行板形成的内区的任何部位上，单位面积上所受压力和电场作用之差恒等于 P_d。整个区域的特征就可以用中点位置的参数来表示，即双电层的斥力将与中点电位 φ_d 有关。

当两个平行板在 P_0 的推动下逐渐靠近至双电层接触而未交叠时，内区中点处某体积元单位面积上受到的压力为 P_0。此时，由于双电层未交叠，故无排斥力。两个平行板继续靠近至板间距离为 $2d$ 时，达平衡。此时，内区中点处某体积元单位面积上受到的压力为 P_d。可以看出，P_d 是随着平行板的靠近，由 P_0 逐渐增大而来的。而压力之所以会逐渐增大，是为了对抗双电层交叠而导致的排斥力。因此，由力学平衡条件，压力的增量也就等于将两个平行板推开 $2d$ 距离的静电排斥力，即 $P_R = P_d - P_0$。那么，如何求 P_R 呢？

由 $\dfrac{\mathrm{d}P}{\mathrm{d}x} + \rho\,\dfrac{\mathrm{d}\varphi}{\mathrm{d}x} = 0$，有：

$$\mathrm{d}P + \rho\,\mathrm{d}\varphi = 0 \tag{10-35}$$

对于 $z:z$ 型电解质，有：

$$\rho = \sum_i z_i e n_i = \sum_i z_i e n_0 \exp\left(-\frac{z_i e\varphi}{kT}\right)$$

因此，有：

$$\mathrm{d}P = -\left[z e n_0 \exp\left(-\frac{z e\varphi}{kT}\right) + (-z)\, e n_0 \exp\left(-\frac{(-z) e\varphi}{kT}\right) \right]\mathrm{d}\varphi$$

$$= -z e n_0 \left[\exp\left(-\frac{z e\varphi}{kT}\right) - \exp\left(\frac{z e\varphi}{kT}\right) \right]\mathrm{d}\varphi$$

在边界条件，$\varphi = 0$ 时，$P = P_0$，$\varphi = \varphi_d$ 时，$P = P_d$ 下积分上式，则：

$$P_R = P_d - P_0 = 2kTn_0 \left\{ \frac{1}{2} \times \left[\exp\left(\frac{z e\varphi_d}{kT}\right) + \exp\left(-\frac{z e\varphi_d}{kT}\right) \right] - 1 \right\} \tag{10-36}$$

该式给出了在 $x = d$ 处所应加的压力，也等于将两个平行板推开距离为 $2d$ 时的静电斥力。该式为对两个带电平板粒子靠近时斥力的精确描述。由于：

$$\frac{1}{2}(\mathrm{e}^x + \mathrm{e}^{-x}) = 1 + \frac{x^2}{2!} + \frac{x^4}{4!} + \cdots$$

故可将精确式展开并忽略掉高次项，则有：

$$P_R = kTn_0 \left(\frac{z e\varphi_d}{kT}\right)^2 \tag{10-37}$$

当距离相当远时，可近似把内区中点处的电位 φ_d 看作是两个平板表面电位的叠加。由双电层外缘部分电势随距离的变化关系，即 $\varphi = \dfrac{4kT\nu_0}{z e}\exp(-\kappa x)$，有：

$$\varphi_d = \varphi_1 + \varphi_2 = \frac{8kT\nu_0}{z e}\exp(-\kappa x)$$

式中

$$\nu = \frac{\exp\left(\dfrac{z e\varphi}{2kT}\right) - 1}{\exp\left(\dfrac{z e\varphi}{2kT}\right) + 1}$$

因此，有：

$$P_R = kTn_0 [8\nu_0 \exp(-\kappa x)]^2 = 64n_0 kT\nu_0^2 \exp(-2\kappa d) \tag{10-38}$$

这是对两个带电平板粒子间斥力的近似描述。

当静电斥力求出后，便可以求算斥力位能。位能等于力乘以在该力作用下移动的距离。因此，有：

$$\mathrm{d}U_R = -P_R \mathrm{d}(2d) \tag{10-39}$$

式中的负号表示位能随距离的增加而降低。将静电斥力的表达式代入，有：

$$\mathrm{d}U_R = -64n_0 kT\nu_0^2 \exp(-2\kappa d)\mathrm{d}(2d)$$

当 $2d=\infty$ 时，$U_R=0$；$2d=2d$ 时，$U_R=U_R$。积分上式，有：

$$U_R=\frac{64n_0kT\nu_0^2}{\kappa}\exp(-2d\kappa)\qquad(10\text{-}40)$$

这就是单位面积上斥力位能的近似公式。由此可以讨论一下影响 U_R 的因素。

首先是电解质浓度 n_0 的影响。由于 $\kappa\propto n_0^{1/2}$，故斥力位能公式可写成：$U_R=k_1n_0^{1/2}\exp(-k_2n_0^{1/2})$，$k_1$ 和 k_2 为常数。因此，n_0 对 U_R 有双重影响。随着 n_0 的增加，$n_0^{1/2}$ 增加，但 $\exp(-n_0^{1/2})$ 却是降低的。故应该有一个最佳的浓度，使斥力位能达到最大值，从而使溶胶处于相对稳定的状态。浓度过高，会引发聚沉，因为此时大量反离子进入 Stern 层，双电层受到压缩，ζ 电位降低。此时应通过渗析除去过量的电解质。浓度过低，难以形成双电层，也会引发聚沉。

反离子的价数也会影响到斥力位能。由于 $\kappa\propto z$，故斥力位能表达式可以写成：$U_R=\frac{k_1}{z}\exp(-k_2z)$。因此，价数的增加会导致斥力位能的降低。故高价反号离子易使胶体聚沉。

此外，粒子间距离也有影响。由于 $U_R\propto\exp(-2d\kappa)$，故随着距离的增大，斥力位能降低。

② 两个球形粒子双电层重叠时的斥力位能　上面通过两个相互平行的片状粒子间的斥力位能为例，得到了求算斥力位能 U_R 的公式。实际上，这个公式有两个限定条件，即平面状粒子，且相互平行。在实际情况中，即使是两个平面状粒子，也会存在取向问题，而且，球形粒子的情况更为常见。之所以首先探讨两个相互平行的平板状粒子间的斥力，是因为此时情况相对简单，且由此出发可以推导两个球形粒子间斥力位能的表达式。

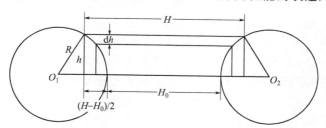

图 10-13　两个球之间的斥力位能计算示意图

如图 10-13 所示，为半径为 R 的两个球，球面之间的最短距离为 H_0。可以将每个球面看作是由圆心同在两球轴心连线上的无数平行的圆片组成的，每个圆片相当于半径为 h 的圆环。相邻两个圆环的半径之差为 dh，两个球体相对应的圆环之间的距离为 H。这些一一对应的圆环便可以看作是两个相对的平面。那么，两个球体之间的斥力位能便可以认为是这些平行平面相互作用的总和。由图 10-13 可知：

$$\frac{H-H_0}{2}=R-(R^2-h^2)^{1/2}\qquad(10\text{-}41)$$

该式中有 H 和 h 两个变量。微分，有：

$$dH=2h(R^2-h^2)^{-1/2}dh$$

将其变形，有：

$$R\left(1-\frac{h^2}{R^2}\right)^{1/2}dH=2hdh$$

如图 10-14 所示，第 i 个圆环平面的面积为：

$$dA_i=\pi(h+dh)^2-\pi h^2\approx2\pi hdh$$

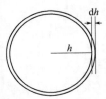

图 10-14　圆环面积
　求算示意图

故：

$$dA_i = \pi R \left(1 - \frac{h^2}{R^2}\right)^{1/2} dH$$

现只考虑两个相平行的半径相同的圆环间的斥力，则两个球的第 i 个圆环间相互排斥位能为：

$$dU_i = U_i dA_i = \pi R \left(1 - \frac{h^2}{R^2}\right)^{1/2} U_i dH$$

$$= \pi R \left(1 - \frac{h^2}{R^2}\right)^{1/2} \frac{64 n_0 k T \nu_0^2}{\kappa} \exp(-H\kappa) dH \tag{10-42}$$

式中，U_i 为第 i 个圆环间单位面积的斥力位能。

可以想象，两球面前端所切出的圆环之间的斥力作用强，而后面的由于距离远，作用弱。故可假定 $h/R \ll 1$，上式可简化为：

$$dU_i = \frac{64 \pi R n_0 k T \nu_0^2}{\kappa} \exp(-H\kappa) dH \tag{10-43}$$

在边界条件 $H = \infty$，$U_R = 0$，$H = H_0$ 时，$U_R = U_R$ 下积分上式，有：

$$U_R = \frac{64 \pi R n_0 k T \nu_0^2}{\kappa^2} \exp(-\kappa H_0) \tag{10-44}$$

这就是两个球形胶粒之间的斥力位能表达式。

由该式可看出，电解质浓度、粒子半径和双电层有效厚度 κ 对斥力位能均有影响。由于 $\kappa \propto n_0^{1/2}$，故表达式可写作：$U_R = k_1 \exp(-k_2 n_0^{1/2})$。故随着浓度的增加，斥力位能降低。这与平板粒子时有所不同。$U_R \propto R$，故半径越大，斥力位能越高。随着 κ 的增大，双电层有效厚度减小，斥力位能降低。因此若使胶体稳定，需增大斥力位能。提高 φ_0，增大双电层的有效厚度，可使斥力位能增加。

(2) 胶粒间的长程范德华力　胶粒间的吸引力可认为是组成胶粒的分子/原子间的范德华引力的加和。在第四章的第一节中已经介绍过，范德华力由静电力、诱导力和色散力组成。这三种力均与微粒间距离的 6 次方成反比，即随着距离的增加而快速降低，为短程范德华力。而胶粒间的范德华力与粒子的形状及尺寸有关，为长程范德华力。前面已介绍过，长程力有两种，即色散力的加和和诱导力的传播。胶粒间的长程力是组成胶粒的微粒间的色散力的加和所导致的。

如何求算胶粒间的引力位能呢？

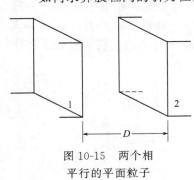

图 10-15　两个相
平行的平面粒子

① 两个平面粒子间的范德华吸引位能　如图 10-15 所示，为两个相距为 D 的相互平行的平面粒子，且这两个平面粒子可无限扩展。则通过两步过程可以求出这两个粒子间的引力位能。

第一步，先求粒子 2 中的一个微粒对粒子 1 的吸引位能。先考虑粒子 2 中的一个微粒对粒子 1 中的一个体积单元的吸引位能，再积分，扩展到整个粒子 1。

第二步，求粒子 2 对粒子 1 的吸引位能。自粒子 2 中的一个分子对粒子 1 的吸引位能扩展到粒子 2 中的一个体积单元对粒子 1 的吸引位能，再扩展到整个粒子 2 对粒子 1 的作用。

经过这两步过程，可以得到：

$$U_A = -\left(\frac{\rho N_A}{M}\right)^2 \frac{\beta\pi}{12} D^{-2} \tag{10-45}$$

式中，ρ 为物质密度；N_A 为 Avogadro 常数；M 为物质的摩尔质量；β 为相同分子的相互作用参数。

如果令：

$$A = \left(\frac{\pi\rho N_A}{M}\right)^2 \beta \tag{10-46}$$

则：

$$U_A = -\frac{A}{12\pi} D^{-2} \tag{10-47}$$

A 为 Hamaker 常数，其大小与物质的本性有关，其值在 $10^{-20} \sim 10^{-19}$ J 范围内。由式 (10-47) 可知，$U_A \propto D^{-2}$。这种吸引位能随着距离的增加而衰减的速度变慢。

② 两个球粒间的范德华吸引位能 先讨论一个球粒上的微粒与另一个球粒间的相互作用，再逐步扩展到两个球粒之间。若两个球粒之间的相对位置如图 10-16 所示，则可得到：

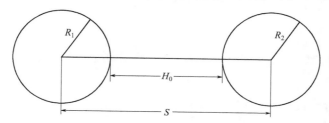

图 10-16 两个球心相距为 S 的球形粒子

$$U_A = -\frac{A}{6H_0} \times \frac{R_1 R_2}{R_1 + R_2} \tag{10-48}$$

对于相同的粒子，有：

$$U_A = -\frac{A}{12} \times \frac{R}{H_0} \tag{10-49}$$

若为一个半径为 R 的球粒和一个平面粒子，球粒与平面粒子间的距离为 D，则：

$$U_A = -\frac{AR}{6D} \tag{10-50}$$

③ 分散介质对吸引位能的影响 上面求算吸引位能时，是在假定粒子处于真空中进行的。实际上粒子是处于介质中的，因此介质对粒子间的吸引位能会有影响。如图 10-17 所示，粒子与介质相混合。若混合是理想混合，没有化学反应和吸附等。

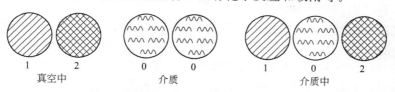

图 10-17 真空中、介质及介质中的粒子

混合前，$U' = U_{12} + U_{00}$，U_{12} 和 U_{00} 分别为粒子 1 和 2 间及介质间的相互作用。混合后，$U'' = U_{102} + U_{10} + U_{20}$，$U_{102}$、$U_{10}$ 和 U_{20} 分别为粒子 1 和 2 被介质隔开时的相互作用、粒子 1 与介质和粒子 2 与介质间的相互作用。

当其他条件不变时，体系内能的变化为吸引位能的变化，且此变化为零。故：

$$U_{12}+U_{00}=U_{102}+U_{10}+U_{20} \tag{10-51}$$

若粒子 1 和 2 相同，则：

$$U_{11}+U_{00}=U_{101}+U_{10}+U_{10}$$

故：

$$U_{101}=U_{11}+U_{00}-2U_{10} \tag{10-52}$$

若所有的粒子，包括粒子 1、2 和分散介质均具有相同的半径，且间距相同，则 $U_A=-\dfrac{A}{12}\times\dfrac{R}{H_0}$。由此可得：

$$A_{101}=A_{11}+A_{00}-2A_{10} \tag{10-53}$$

式中，各项分别为两相同粒子在分散介质中的 Hamaker 常数、真空中两粒子相互作用的 Hamaker 常数、分散介质的 Hamaker 常数和粒子与介质间相互作用的 Hamaker 常数。若 Hamaker 常数间的几何平均可近似成立：

$$A_{10}=\sqrt{A_{11}A_{00}}$$

则：

$$A_{101}=A_{11}+A_{00}-2\sqrt{A_{11}A_{00}}=(\sqrt{A_{11}}-\sqrt{A_{00}})^2 \tag{10-54}$$

故可以用分散相和分散介质的 Hamaker 常数求算处于分散介质中的分散相的 Hamaker 常数。

④ 对吸引位能的讨论　由 $U_A=-\dfrac{A}{12}\times\dfrac{R}{H_0}$ 可以看出，吸引位能与 Hamaker 常数成正比。因此，Hamaker 常数增大引起吸引位能的增加，会引发聚沉；若 Hamaker 常数减小，吸引位能会降低，溶胶稳定。

无论是 A_{00}、A_{11}，还是 A_{101}，均大于零。因此，无论是在真空中，还是在介质中，均存在吸引位能。

由于 $A_{101}<A_{11}$，故介质的存在可降低吸引位能，有利于胶体的稳定。

当 $A_{11}=A_{00}$ 时，$A_{101}=0$。因此，当分散相和分散介质形状相同时，可形成稳定的胶体。例如，胶粒若形成极好的溶剂化层则胶体会很稳定。

由于 $(A_{11}^{1/2}-A_{00}^{1/2})^2=(A_{00}^{1/2}-A_{11}^{1/2})^2$，因此 $A_{101}=A_{010}$。这说明粒子 1 被介质 0 分开的吸引位能等于介质 0 形成同样几何形状的粒子后被物质 1 分开同样距离时的吸引位能。例如，水在油中或油在水中可形成同样大小和浓度的乳状液。

减少 A_{11} 和 A_{00} 间的差别，有利于胶体稳定。

(3) DLVO 理论

① 要点　DLVO 理论有如下几个要点。

a. 胶粒之间存在着斥力位能和引力位能。前者是由于带电胶粒相互靠近时双电层重叠所产生的静电排斥力所致；后者则是胶粒间的长程范德华力作用的结果。

b. 胶粒间斥力位能和引力位能的相对大小决定了体系的总位能，决定了胶体的稳定性。

c. 斥力位能、引力位能和总位能均随粒子间的距离的变化而变化，但规律不同。

d. 电解质的存在对引力位能的影响小，对斥力位能的影响大。

② 位能曲线　图 10-18 给出了胶粒间的斥力位能、引力位能和总位能随胶粒间距离变化的曲线。可以看出，随着胶粒间距离的减小，U_R 和 U_A 均增加。随着 H_0 的减小，U_R 从无穷远时的零斥力位能平缓地增加。由于 $U_R\propto\exp(-\kappa H_0)$，因此当 $H_0=0$ 时，U_R 增大为一定值。距离为无穷远时，U_A 也趋于零。随着间距的减小，U_A 增加。在距离较远时，变化较

为平缓；在距离较短时，变化较为剧烈，引力位能随距离的减小陡然增加，并在间距趋于零时趋于无穷大。

当胶粒开始逐渐靠近时，由于此时双电层未重叠或者重叠较少，引力占优，故总位能曲线在引力位能一侧并在一定距离时出现第二极小值。随着距离的减小，斥力占优，故总位能增加，曲线到了斥力位能一侧，并出现一个极大值 U_{max}。但距离小到一定程度后，引力又重新占有优势，故总位能减少，曲线重回引力位能一侧。但随着距离的进一步减小，到一定程度时，胶核之间产生强大的点电荷之间的斥力，即博恩斥力，总位能急剧增加。这样在引力位能一侧出现第一极小值。

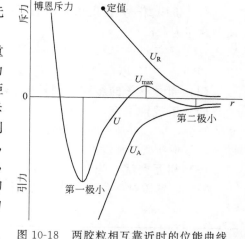

图 10-18　两胶粒相互靠近时的位能曲线

U_{max} 即为势垒。若粒子的热运动可以克服该势垒，则胶体聚沉。势垒的高度通常为 $15\,kT$。若粒子靠近达到第二极小值所对应的距离，胶体也会聚沉。第二极小值常常为几 kT。但此时粒子相距较远，且第二极小值较低，所以当外界条件变化时，粒子分离。这类聚沉叫作可逆聚沉或者临时聚沉，沉淀疏松且不稳定，具有触变性。越过势垒 U_{max} 达第一极小值的聚沉叫作不可逆聚沉或者永久性聚沉。

③ Hamaker 常数 A、电位 φ_0 及浓度 n_0 对总位能 U 的影响　由于吸引位能与 Hamaker 常数成正比，因此随着 Hamaker 常数的增大，总位能降低，势垒高度也随之降低，胶体的稳定性变差。

由于 $U_R = \dfrac{64\pi R n_0 kT \nu_0^2}{\kappa^2}\exp(-\kappa H_0)$，而 $\nu_0 = \dfrac{\exp\left(\dfrac{ze\varphi_0}{2kT}\right)-1}{\exp\left(\dfrac{ze\varphi_0}{2kT}\right)+1}$，$U_R$ 与 ν_0 有关，而 ν_0 与 φ_0

有关，故 φ_0 会影响到 U_R，进而影响到总位能 U。当 $\varphi_0 = 0$ 时，$\nu_0 = 0$；当 $\varphi_0 = \infty$ 时，$\nu_0 = 1$。ν_0 在 $0 \sim 1$ 之间变化，且随 φ_0 的增加而增加。φ_0 越大，U 就越大，势垒就越高。当 φ_0 足够大时，ν_0 趋于 1，φ_0 不再影响 U_R 和 U。

n_0 可以直接影响 U_R，也可以通过影响 κ 而影响 U_R。前面讨论过，n_0 增加既可能使 U_R 增加，也可能使其减小。故 n_0 对 U 的影响较为复杂。存在一个最佳的使胶体稳定的 n_0。

2. 电解质对溶胶的聚沉规律

通常用聚沉值或者聚沉率来表征电解质对溶胶的聚沉能力。所谓聚沉值，是能使溶胶聚沉的电解质的最低浓度。这是一个相对值，与实验条件有关，单位为 mol/L。而聚沉率则是聚沉值的倒数。

（1）Schulze-Hardy 规则　该规则包括两点：与胶粒电荷相反的离子聚沉作用强，同号离子聚沉作用弱；离子价数越高，聚沉作用越强，聚沉值越小。聚沉值与离子价数倒数的 6 次方成反比，即：

$$M^+ : M^{2+} : M^{3+} = \left(\frac{1}{1}\right)^6 : \left(\frac{1}{2}\right)^6 : \left(\frac{1}{3}\right)^6$$

（2）感胶离子序（lyotropic series）　感胶离子序是同价离子聚沉能力的次序。这个顺序与水合离子半径次序大致相同。水合离子半径越小，越易靠近胶体粒子，聚沉率高，聚沉值小。

对一价阳离子，聚沉值有如下顺序：$Li^+ > Na^+ > K^+ > Rb^+ > Cs^+ > H^+$；水合离子半径的顺序为：$Li^+ > Na^+ > K^+ > Rb^+ > Cs^+$。可见二者是一致的。对二价阳离子，顺序为：$Mg^{2+} > Ca^{2+} > Sr^{2+} > Ba^{2+}$。一价阴离子聚沉值的顺序为：$CNS^- > I^- > Br^- > ClO_3^- > Cl^- > BrO_3^- > H_2PO_4^- > IO_3^- > F^-$。

（3）同号离子的影响　同号离子可使溶胶稳定，但若被胶粒吸附，也会引发聚沉。

（4）不规则聚沉　由于胶体粒子对高价异号离子强烈吸附，故开始加入少量电解质，胶体便会聚沉。再加入时，胶粒可重新分散，但带电与原来相反。若再加入，则由于电解质过多，影响到离子强度及双电层厚度，溶胶再次聚沉。这就是不规则聚沉。

（5）相互聚沉　当两种带相反电荷的溶胶相混合时，引发的聚沉为相互聚沉。

一些电解质对一些胶体体系的聚沉值见表 10-1。

表 10-1　一些电解质对一些胶体体系的聚沉值　　　　单位：mmol/L

As_2S_3（负电）		AgI（负电）		Al_2O_3（正电）	
LiCl	58	$LiNO_3$	165	NaCl	43.5
NaCl	51	$NaNO_3$	140	KCl	46
KCl	49.5	KNO_3	136	KNO_3	60
KNO_3	50	$RbNO_3$	126	K_2SO_4	0.30
$CaCl_2$	0.65	$Ca(NO_3)_2$	2.40	$K_2Cr_2O_7$	0.63
$MgCl_2$	0.72	$Mg(NO_3)_2$	2.60	$K_2C_2O_4$	0.69
$MgSO_4$	0.81	$Pb(NO_3)_2$	2.43	$K_3[Fe(CN)_6]$	0.08
$AlCl_3$	0.093	$Al(NO_3)_3$	0.067		
$(1/2)Al_2(SO_4)_3$	0.096	$La(NO_3)_3$	0.069		
$Al(NO_3)_3$	0.095	$Ce(NO_3)_3$	0.069		

3. DLVO 理论对电解质引起的聚沉规律的说明

尽管 Schulze-Hardy 规则是一个经验规则，但运用 DLVO 理论可以对其做出合理的解释。这说明，Schulze-Hardy 规则是有科学根据的；同时还说明，DLVO 理论是可以由实验验证的。

由 DLVO 理论，U_{max} 是决定是否聚沉的主要因素。为简便起见，设 $U_{max} = 0$ 时胶体聚沉，则有：

$$U = 0, \quad \frac{dU}{dH} = 0$$

式中，H 为粒子间距。

设两粒子为方块状，则聚沉时：

$$U = U_R + U_A = \frac{64 n_0 kT \nu_0^2}{\kappa} \exp(-\kappa H) - \frac{A}{12\pi} H^{-2} = 0$$

因此，有：

$$\frac{dU}{dH} = \frac{64 n_0 kT \nu_0^2}{\kappa} \exp(-\kappa H)(-\kappa) - \frac{A}{12\pi}(-2) H^{-1} H^{-2} = -\kappa U_R - \frac{2}{H} U_A = 0$$

故：

$$\kappa H = -\frac{2U_A}{U_R}$$

由 $U = U_R + U_A = 0$，可得 $U_R = -U_A$。故 $\kappa H = 2$。而由 $U_R = -U_A$，有：

$$\frac{64 n_0 k T \nu_0^2}{\kappa} \exp(-\kappa H) = \frac{A}{12\pi} H^{-2}$$

将 $\kappa H = 2$ 代入，则：

$$\frac{64 n_0 k T \nu_0^2}{\kappa} \exp(-2) = \frac{A}{12\pi} \times \frac{\kappa^2}{4}$$

因此，有：

$$\kappa^3 = \frac{415.75 \pi n_0 k T \nu_0^2}{A}$$

对于 $z : z$ 型电解质，由 κ 的定义，$\kappa^2 = \frac{8\pi n_0 z^2 e^2}{DkT}$，并将 $n_0 = N_A c$ 代入，有：

$$\left(\frac{8\pi N_A c z^2 e^2}{DkT} \right)^{3/2} = \frac{415.75 \pi n_0 k T \nu_0^2}{A}$$

由此式，可得 $U = 0$ 时的浓度 c_e，即聚沉值为：

$$c_e = \frac{107.5 D^3 k^5 T^5 \nu_0^4}{e^6 A^2 N_A} \times \frac{1}{z^6} \tag{10-55}$$

此为方块状粒子的聚沉值与离子价数的关系。若为球形粒子，也可以得到类似的关系式，只是前面的系数不同。

由此式可以看出，当其他条件不变时，$c_e \propto \frac{1}{z^6}$，与 Schulze-Hardy 规则是一致的。还可以看出，聚沉值随着 Hamaker 常数 A 的增加而降低，说明胶粒间引力增加时，聚沉值降低。φ_0 通过 ν_0 影响聚沉值。低 φ_0 下，φ_0 对 c_e 影响明显，随着 φ_0 的增加，ν_0 增加，c_e 增大；高 φ_0 下，ν_0 趋于 1，φ_0 对 c_e 几乎没有影响。由此式，看不出同价不同类型的离子对聚沉值的影响。其实，同价离子由于水化半径不同，吸附能力不同，对聚沉值有一定影响。

另外，该式也给出了一个求算 Hamaker 常数的方法。当 φ_0 确定后，可求出 ν_0；由实验测出 c_e 后，则可求 Hamaker 常数 A。

四、 高聚物对溶胶的稳定和聚沉作用

高聚物对溶胶的稳定作用有两种表现形式，即胶体吸附聚合物而稳定及自由聚合物对溶胶的稳定作用。前者叫作空间稳定理论（steric stabilization），后者叫作空缺稳定理论（depletion stabilization）。

1. 空间稳定理论

当水溶胶，特别是非水溶胶，因为有聚合物的存在而稳定时，稳定的主要因素是吸附的聚合物层，而不是扩散层重叠时的静电斥力。胶体粒子吸附聚合物层之后，有如下效应。

①胶粒吸附带电聚合物后会增加胶粒之间的静电斥力位能，可用 DLVO 理论进行处理。

②高聚物的存在通常会减少胶粒间的 Hamaker 常数，减少吸引位能。

③高聚物的存在会产生一种新的斥力位能，即空间排斥位能 U_R^S（steric repulsive energy），故：

$$U = U_R + U_A + U_R^S \tag{10-56}$$

当有聚合物或者非离子型表面活性剂存在时，U_R^S 对溶胶的稳定起主要作用。这种稳定叫作空间稳定。胶体的这种空间稳定理论又叫胶体的吸附聚合物稳定理论。

图 10-19　两个粒子相互靠近
时吸附层被压缩示意图

(1) 空间斥力位能 U_R^S　当两个带有聚合物吸附层的粒子靠近到吸附层相互接触后，会出现以下两种情况。

① 吸附层被压缩　当吸附层被压缩时（图 10-19），会出现两种效应，即熵效应和弹性效应。

若刚棒状聚合物分子一端连在胶粒上，可自由转动。如图 10-20 所示，粒子不接触时，聚合物分子有 Ω_∞ 个可能的构型。当两粒子相互靠近，距离为 H 时，粒子相接触。接触处受压缩，棒状分子的转动受到限制。则在相互作用区内，可能的构型数减少为 Ω_H 个。聚合物失去了结构熵，产生熵斥力位能 U_R^e。结构熵的变化为：

$$\Delta S = S_H - S_\infty = k \ln \Omega_H - k \ln \Omega_\infty = k \ln \frac{\Omega_H}{\Omega_\infty} \tag{10-57}$$

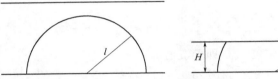

图 10-20　连在胶粒上的聚合物分子的构型示意图

构型熵正比于长度为 l 的棒扫过的面积，则 $\Omega_\infty \propto 2\pi l^2$，为半球面积；$\Omega_H \propto 2\pi l H$，为近似球台侧面积。则：

$$\Delta S = k \ln \frac{2\pi l H}{2\pi l^2} = k \ln \frac{H}{l}$$

单个分子由于熵变产生的斥力位能为：

$$U_R^e = \Delta G_{\infty \to H} = -T \Delta S = -kT \ln \frac{H}{l}$$

由于 $\ln x = (x-1) - \frac{1}{2}(x-1)^2 + \frac{1}{3}(x-1)^3 - \cdots$，当 x 很小时，$\ln x = (x-1)$。故当 H/l 很小时，有：

$$U_R^e = -kT\left(\frac{H}{l} - 1\right) = kT\left(1 - \frac{H}{l}\right) \tag{10-58}$$

若以 N_S 表示单位吸附面积上的分子数，以 θ_∞ 表示 $H = \infty$ 时，即未接触时表面被分子覆盖的程度。则 $N_S \theta_\infty$ 为单位固体表面积上的分子数。因此，单位面积上的分子产生的熵斥力位能为：

$$U_R^e = N_S kT \theta_\infty \left(1 - \frac{H}{l}\right) \tag{10-59}$$

U_R^e-H 曲线类似于 DLVO 曲线，出现势垒及最小值。棒越长，熵斥力位能越大，势垒越高，胶体越稳定。若吸附的聚合物形状变化，如为挠曲状，则熵斥力位能也发生变化。

当吸附的聚合物为弹性体，则两粒子靠近到其距离小于两倍吸附层厚度时，则吸附层受压产生弹性斥力位能 U_R^E。如图 10-21 所示，$U_R^E = 0.75 G x^{5/2}(R+\delta)^{1/2}$。式中，$G$ 为吸附层弹性模量，R 为球粒半径，δ 为吸附层厚度，x 为被压缩的吸附层厚度，$x = \delta - H/2$，H 为两粒子间距。

② 吸附层相互渗透　吸附层相互渗透如图 10-22 所示。此时由于吸附层的重叠，重叠

区内高聚物浓度增大，则具有低浓度处扩散的趋势，产生渗透压及渗透斥力位能 U_R^O。同时由于浓缩，发生熵变，产生焓斥力位能 U_R^H。

若产生的过剩渗透压为 π_E，吸附层重叠区总体积为 $\int_0^V dV$，则渗透斥力位能为：

$$U_R^O = 2\pi_E \int_0^V dV \tag{10-60}$$

式中的 2 表示对两个粒子均有影响。而 $\pi_E = B_2 RTc_2^2$，B_2 为第二维里系数，c_2 为吸附层浓度。吸附层重叠部分体积为：

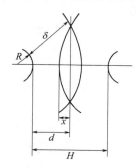

图 10-21 两粒子靠近时弹性斥力位能计算示意图

图 10-22 两个粒子相互靠近时吸附层相互渗透示意图

$$\int_0^V dV = \frac{2}{3}\pi\left(\delta - \frac{H}{2}\right)^2\left(3R + 2\delta + \frac{H}{2}\right)$$

因此：

$$U_R^O = \frac{4}{3}\pi B_2 RTc_2^2\left(\delta - \frac{H}{2}\right)^2\left(3R + 2\delta + \frac{H}{2}\right) \tag{10-61}$$

B_2 反映了溶剂与聚合物之间的亲和力。若为良溶剂，B_2 较大且为正值；若为不良溶剂，B_2 较小且可能为负值。B_2 越大，渗透斥力位能越大，胶体越稳定。还可以看出，c_2 越高，胶体越稳定。同时，吸附层厚度 δ 增大也有利于胶体稳定。

当吸附层交叠时，交叠区浓度增加，相当于溶液浓缩，产生浓缩焓变量及焓斥力位能。若认为吸附层浓缩时浓缩热焓变量为溶液稀释热的负值，则：

$$U_R^H = 2n'\int_{c_\infty}^{c_H} -\left(\frac{\partial \Delta H}{\partial c}\right)_n dc \tag{10-62}$$

式中，n' 为重叠区内吸附聚合物分子的量；c_H 为 $H < 2\delta$ 时重叠的吸附区内聚合物的浓度；c_∞ 为 $H > 2\delta$ 时吸附层中聚合物的浓度；$\left(\frac{\partial \Delta H}{\partial c}\right)_n$ 为聚合物在分散介质中的微分吸附热；n 为溶液中聚合物的量。因此：

$$U_R^S = U_R^e + U_R^E + U_R^O + U_R^H \tag{10-63}$$

（2）吸附层对引力位能的影响

①具有均匀吸附层的两平板粒子间的吸引位能　对于两个无限厚的平行平板粒子，当具有厚度为 δ 的吸附层时，引力位能为：

$$U_A = -\frac{1}{12\pi}\left[\frac{A_{303}}{D^2} - \frac{2A_{130}}{(D+\delta)^2} + \frac{A_{131}}{(D+2\delta)^2}\right] = -\frac{A_{eff}}{12\pi D^2} \tag{10-64}$$

式中，A_{303} 为聚合物被溶剂分开时的 Hamaker 常数；A_{130} 是粒子与溶剂被聚合物分开时的 Hamaker 常数；A_{131} 是粒子被聚合物分开时的 Hamaker 常数；A_{eff} 为有效 Hamaker 常数；δ 为吸附层厚度；D 为两粒子吸附层表面之间的距离。下标中的 0、1、2 和 3 分别代表溶剂、粒子 1、粒子 2 和聚合物。由此式，可得到：

$$A_{\text{eff}} = A_{303} - \frac{2A_{130}}{\left(1 + \dfrac{\delta}{D}\right)^2} + \frac{A_{131}}{\left(1 + \dfrac{2\delta}{D}\right)^2} \tag{10-65}$$

当 $\dfrac{\delta}{D} \to \infty$ 时，吸附层很厚，粒子间距离很近，$A_{\text{eff}} = A_{303}$；当 $\dfrac{\delta}{D} \to 0$ 时，吸附层很薄，距离很远，$A_{\text{eff}} = A_{303} - 2A_{130} + A_{131} \approx 0 - 2 \times 0 + A_{101} = A_{101}$。$A_{\text{eff}}$ 与 A_{11} 相比，可能变大，或者变小，甚至为负。吸附层越厚，A_{eff} 和 U_A 越小，溶胶越稳定。

②具有均匀吸附层的两球粒间的 U_A　在 $A_{11} > A_{00}$ 的情况下，U_A 随 A_{33} 的增加先减小后增大。A_{33} 可使 U_A 减小，也可使其增大。故吸附层既可以使胶体稳定，也可以使其聚沉。

(3) 空间稳定性的影响因素

①吸附聚合物的分子结构对空间稳定性有影响。最有效的吸附聚合物为嵌段共聚物或者接枝聚合物。

②分子量及吸附层厚度也有影响。由熵效应及渗透斥力效应，胶体稳定性随着吸附层厚度的增加而增强。一般来讲，吸附层厚度随分子量的增加而增大。故高分子量的吸附聚合物有利于胶体稳定。

③分散介质的可溶解度，即分散介质对聚合物的溶解能力也有影响。若分散介质为 θ 溶剂，则聚合物溶液具有理想溶液的性质，聚合物链节的混合不会导致自由能发生变化。故在 θ 溶剂中，胶粒表面的聚合物吸附层发生重叠时，不会影响其位能。可溶性良好的溶剂，比 θ 溶剂具有更强的可溶性，对聚合物链节有较大亲和力。当吸附层重叠时，链节不会发生吸引作用，胶体稳定。可溶性差的溶剂，会使胶体絮凝。

2. 空缺稳定理论

这种情况与空间稳定理论恰好相反。此时，粒子对聚合物产生负吸附，粒子表面的聚合物浓度低于体相浓度，结果在粒子表面形成一层"空缺层"。空缺层也会发生重叠，此时也产生斥力位能和引力位能，从而使位能曲线发生变化并产生势垒。这种稳定作用是靠空缺层的形成，即靠体相中的自由聚合物而达到的，又叫"自由聚合物稳定理论"。

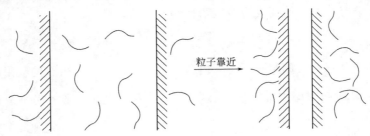

图 10-23　胶粒空缺稳定示意图

如图 10-23 所示，开始时两粒子相距较远，粒子之间存在自由聚合物分子。当粒子逐渐靠近时，渐渐将聚合物分子及溶剂挤出。当两粒子间距小于聚合物链的端-端均方根距离 $(S^2)^{1/2}$ 时（S 为分子链的端-端距离），聚合物分子被完全挤出而只剩下溶剂。这样会引起以下两种效应。

①由于空缺层的形成，粒子间的空间与体相溶液产生浓度差，因而产生渗透压。这会使粒子进一步靠近而聚沉。这是引力效应的结果。

②由于这一过程是将均匀的聚合物溶液分成一个更高浓度的聚合物溶液及纯溶剂的过程，对于良溶剂来讲，形成均匀的聚合物溶液是自发的，分离则是非自发的，因为这样会使 $\Delta G > 0$。因此此时会产生斥力位能，使粒子分开，聚合物分子重新进入粒子之间的空间，从而使胶体稳定。

一般来讲，低浓度时，引力占优；高浓度时，斥力占优。

除了电性质外，溶胶还具有光学性质（光散射）、动力学性质（布朗运动、扩散、沉降等），请读者参阅其他参考书。另外，溶胶-凝胶法已成为制备纳米结构材料的一个重要方法，在纳米化学和材料化学中有重要应用。

参 考 文 献

[1] Mafuné F, Kohno JY, Takeda Y, Kondow T. J Phys Chem B, 2002, 106：7575.
[2] Mafuné F, Kondow T. Chem Phys Lett, 2004, 383：343.
[3] Liang C, Shimizu Y, Sasaki T, Koshizaki N. J Phys Chem B, 2003, 107：9220.
[4] Murray C B, Norris D J, Bawendi M G. J Am Chem Soc, 1993, 115：8706.

索 引

（按汉语拼音排序）